浙江省普通本科高校"十四五"重点教材
普通高等学校机械基础课程规划教材

高等工程力学

（汉英双语版）

主　编　魏义敏
副主编　俞亚新　李　昳
　　　　章利特　贾会霞
主　审　李剑敏

U0279314

华中科技大学出版社
中国·武汉

内容简介

本书是为了满足机械类和能源类专业学生进一步学习的需要而编写的，分为8章，包括压杆稳定、碰撞、动载荷、交变应力、虚位移原理、拉格朗日方程、能量法和静不定结构。另外，结合各高校机械类、能源类专业的国际化全英文教学要求，本书还提供了上述内容的英文部分。

本书不仅可作为高等学校本科机械类、能源类专业的教材，也可在各高校机械类、能源类专业国际化全英文教学中使用。

图书在版编目(CIP)数据

高等工程力学 ：汉英对照 / 魏义敏主编. -- 武汉 ：华中科技大学出版社，2024. 8. --(普通高等学校机械基础课程规划教材). -- ISBN 978-7-5680-5726-4

Ⅰ. TB12

中国国家版本馆 CIP 数据核字第 2024WD7099 号

高等工程力学(汉英双语版) 魏义敏 主编

Gaodeng Gongcheng Lixue(Han-Ying Shuangyu Ban)

策划编辑：万亚军
责任编辑：李梦阳
封面设计：刘 卉
责任校对：李 琴
责任监印：朱 玢

出版发行：华中科技大学出版社(中国·武汉) 电话：(027)81321913
武汉市东湖新技术开发区华工科技园 邮编：430223

录 排：华中科技大学惠友文印中心
印 刷：武汉市洪林印务有限公司
开 本：710mm×1000mm 1/16
印 张：19.75
字 数：504千字
版 次：2024年8月第1版第1次印刷
定 价：59.80元

本书若有印装质量问题，请向出版社营销中心调换
全国免费服务热线：400-6679-118 竭诚为您服务
版权所有 侵权必究

前　言

目前国内高校部分专业根据人才培养需要对“理论力学”和“材料力学”课程进行了改革，调整了课时。同时，为满足学生进一步学习的需要，这些专业在调整的基础上开设了“高等工程力学”课程。教学经验表明，开设“高等工程力学”课程可以加强学生对力学课程基本内容和方法的理解，帮助学生全面认识复杂工程问题及其对社会、安全等方面的影响，是培养学生综合力学分析能力的关键举措，为学生学习机械类专业相关课程打下基础。

本书是编者结合“高等工程力学”课程建设经验及机械类专业课程对力学知识的要求而编写的，主要内容为：第1章压杆稳定，包括压杆稳定的概念、不同条件下细长杆的临界压力，以及提高压杆稳定性的措施；第2章碰撞，包括碰撞的定义与特点、动量定理、角动量定理等；第3章动载荷，包括动载荷的概念和要求、达朗贝尔原理的应用、冲击载荷因数的计算等；第4章交变应力，包括交变应力的概念、交变应力的特征、持久极限的分析等；第5章虚位移原理，包括虚位移、虚功的概念，刚体系统的虚位移原理等；第6章拉格朗日方程，包括动力学普遍方程、拉格朗日方程的首次积分等；第7章能量法，包括能量法的概念、变形能的计算、互等定理、单位载荷法等；第8章静不定结构，包括静不定结构的概念以及静不定问题的求解等。

本书内容采用汉英双语对照编写，不仅可作为高等学校本科机械类、能源类专业的教材，也可在各高校机械类、能源类专业国际化全英文教学中使用。

本书由魏义敏主编，参加本书编写工作的还有俞亚新、李昳、章利特、贾会霞等。具体编写分工为：魏义敏负责第1、2章的编写以及全书统稿；俞亚新负责第3、4章的编写；章利特主要负责第5、7章的编写；贾会霞主要负责第6章的编写；李昳主要负责第8章的编写。全书由李剑敏教授审阅。本书在编写过程中还得到了浙江理工大学力学课程组其他老师和研究生的帮助，在此一并表示感谢！

限于编者水平，本书内容难免有疏漏和不妥之处，恳请广大读者批评和指正，以便编者后续对本书进行改进。

编　者

2024年3月

目　　录

第1章　压杆稳定

第1章　压杆稳定

1.1　压杆稳定的基本概念及工程实例

根据材料力学或工程力学相关知识可知，要保证杆类构件正常工作，在设计时，必须使其满足强度、刚度和稳定性三方面的要求。受拉的杆件或部件满足强度和刚度要求即能正常工作。但受压的杆件或部件除了要满足强度和刚度要求外，还要满足稳定性要求。

工程中受压杆件因稳定性问题而导致重大事故不乏先例。例如，1907 年加拿大长达 548.6 m 的魁北克大桥，在施工时因两根压杆稳定性失效而坍塌，造成 75 人丧生。图 1-1(a)所示千斤顶的丝杠、图 1-1(b)所示内燃机配气机构中的挺杆、图 1-1(c)所示空气压缩机的连杆等，均为受压杆件，设计时都需要考虑稳定性问题。桁架结构中的压杆、建筑物中的立柱等，都存在稳定性问题。

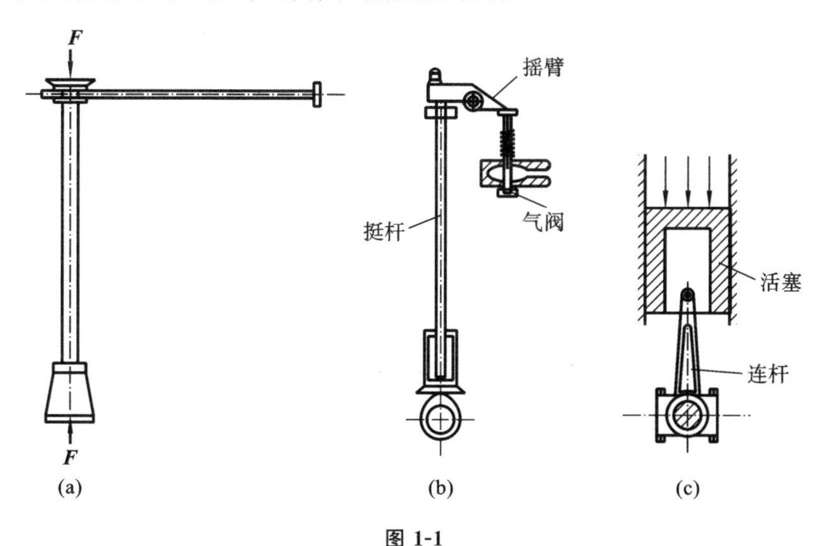

图 1-1

稳定性是指构件保持原有平衡状态的能力。为了判断原有平衡状态的稳定性，必须使研究对象微微地偏离其原有的平衡位置，观察其是否能够回归原有的平衡位置。因此，在研究压杆稳定性时，用一微小横向干扰力 δF 使处于直线平衡状态的压杆偏离原有的位置，如图 1-2(a)所示。在轴向压力 F_1 由小变大的过程中，当 F_1 值较小时，若去掉横向干扰力，压杆将在直线平衡位置左右摆动，最终将回到原来的直线平衡位置,如图 1-2(b)所示。而当 F_1 大于某个值 F_{cr} 时,如图 1-2(c)所示,一旦施加微小的横向干扰力,压杆就会继续弯曲。此时即使去除横向干扰力,压杆也不能再回到原来的直线平衡位置,而是在某个微弯状态下达到新的平衡。此时,如果进一步增加杆件压力,杆件必然被进一步压弯,直至折断。F_{cr} 称为临界压力(或临界载荷),它是压杆由稳定的平衡状态转变为不稳定的平衡状态的临界值。

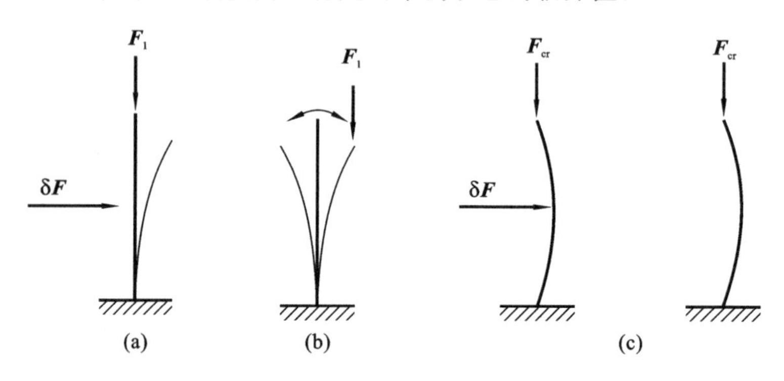

图 1-2

压杆由直线形状的平衡状态转变为曲线形状的平衡状态,这一现象称为稳定性丧失,简称失稳,也称为屈曲。杆件失稳后,压力的微小增加将引起弯曲变形的显著增大,杆件已经丧失了承载能力。这是因为失稳造成失效,它可以导致整个机器或结构的破坏。细长压杆失稳时,正应力并不一定很高,常常低于比例极限,这种失效形式并非因为强度不够,而是因为稳定性不够。

1.2　两端铰支细长压杆的临界压力

设两端铰支的细长压杆的轴线为直线,轴向压力与轴线重合,选取图 1-3 所示坐标系。假设压杆在轴向压力 F 作用下处于微弯的平衡状态,即压杆既不回到原来的直线平衡状态,也不偏离微弯的平衡位置而发生更大的弯曲变形。当杆内压力不超过材料的比例极限时,压杆挠曲方程为 $\omega=\omega(x)$。

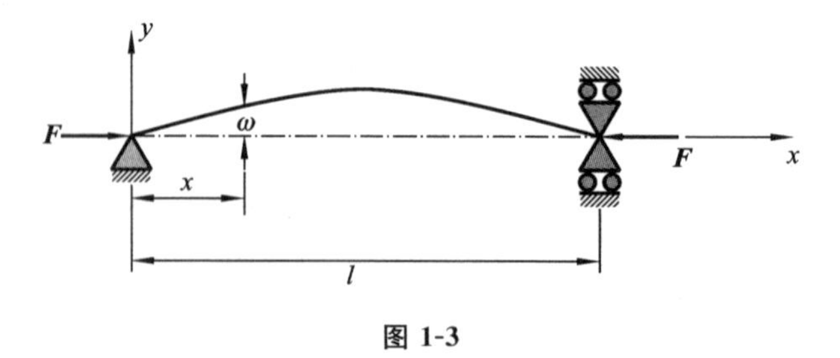

图 1-3

由图 1-3 可知,杆 x 截面处的弯矩方程为 $M(x)=-F\omega$,压杆挠曲线近似微分方

程为 $EI\omega'' = M(x)$，即 $EI\omega'' = -F\omega$，令 $k^2 = \dfrac{F}{EI}$，则有

$$\omega'' + k^2\omega = 0 \tag{1-1}$$

式(1-1)的通解为

$$\omega = C_1\sin kx + C_2\cos kx \tag{1-2}$$

式中：C_1 和 C_2 是两个待定的积分常数，可由压杆的已知位移边界条件确定。

根据两端铰支的两个边界(约束)条件：①当 $x=0$ 时，$\omega_A=0$；②当 $x=l$ 时，$\omega_B=0$，并将这两个条件代入式(1-2)，可以确定 $C_2=0$ 和 $\omega = C_1\sin kl = 0$。要满足 $\omega = C_1\sin kl = 0$，则有 $C_1=0$ 或 $\sin kl=0$。显然只能取 $\sin kl=0$，则有 $kl = n\pi(n=1,2,\cdots)$，于是，$k=\sqrt{\dfrac{F}{EI}} = \dfrac{n\pi}{l}$，可得

$$F = \frac{n^2\pi^2 EI}{l^2} \tag{1-3}$$

考虑到临界压力是使压杆在微弯状态下保持平衡的最小轴向压力，取 $n=1$，可得临界压力为

$$F_{cr} = \frac{\pi^2 EI}{l^2} \tag{1-4}$$

式(1-4)即两端铰支细长压杆的临界压力计算公式，这一公式由著名数学家欧拉(L. Euler)于 1757 年最先求得，故通常称为两端铰支细长压杆的**欧拉公式**。

由式(1-4)可知，临界压力与杆的抗弯刚度 EI 成正比，与杆长 l 的平方成反比。

(1) 压杆总是在抗弯能力最弱的纵向平面内首先失稳，因此，当杆端各个方向的约束相同(如球形铰支)时，欧拉公式中的 I 值应取压杆横截面的最小惯性矩 I_{min}。

(2) 在式(1-4)所决定的临界压力 F_{cr} 的作用下，有 $kl=\pi$，得 $k=\dfrac{\pi}{l}$，这样式(1-2)为

$$\omega = C_1\sin kx = C_1\sin\frac{\pi}{l}x \tag{1-5}$$

例 1.1

某 Q235 钢柱长度为 10 m，两端固定。其横截面尺寸如图 1-4 所示。试确定临界压力。弹性模量 $E=200$ GPa。

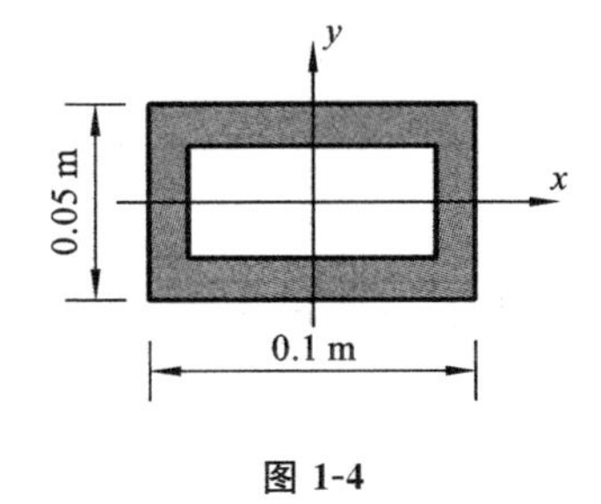

图 1-4

解　由已知条件可知：

$$I_x = \frac{0.1\times 0.05^3}{12}\ \mathrm{m^4} = 1.0417\times 10^{-6}\ \mathrm{m^4}$$

$$I_y = \frac{0.05 \times 0.1^3}{12}\ \mathrm{m}^4 = 4.1667 \times 10^{-6}\ \mathrm{m}^4$$

考虑到 $I_x < I_y$，所以 Oxz 平面更容易失稳。

将相关参数代入 $F_{cr} = \frac{\pi^2 EI}{l^2}$，可知：

$$F_{cr} = 82.25\ \mathrm{kN}$$

1.3 其他约束条件下细长压杆的临界压力

工程中还有很多不能简化为两端铰支细长压杆的情形。例如，千斤顶丝杠的下端可简化为固定端，上端可简化为自由端，如图 1-5 所示。又如，连杆在垂直于摆动面的平面内发生弯曲时，连杆的两端就可以简化成固定支座。由于这些压杆支承条件有异，因此边界条件不同，临界压力的计算公式也与两端铰支细长压杆有所不同。

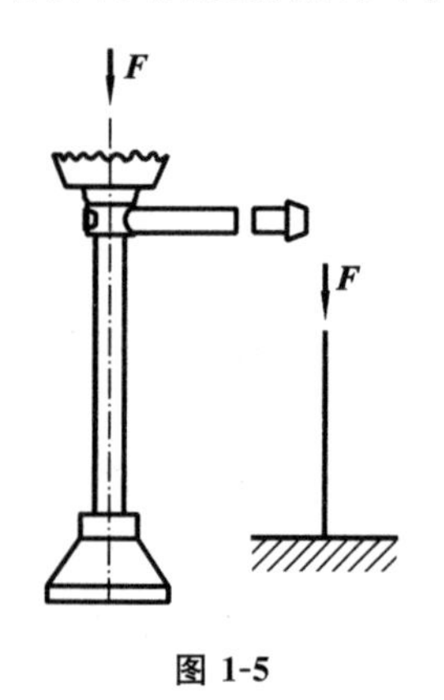

图 1-5

应用与上一节类似的方法，可以得到不同支承条件下压杆临界压力的计算公式。但为简化起见，通常将各种不同支承条件下的压杆在临界状态时的微弯变形曲线，与两端铰支细长压杆的临界微弯变形曲线(半波正弦曲线)进行比较。确定这些压杆微弯时与一个半波正弦曲线相当部分的长度，并用 μl 表示。然后用 μl 代替式(1-3)中的 l，便得到计算各种支承条件下压杆临界压力的一般公式：

$$F_{cr} = \frac{\pi^2 EI}{(\mu l)^2} \tag{1-6}$$

式中：μl 称为压杆的相当长度；μ 称为长度系数(或因数)，它反映支承对压杆临界压力的影响。图 1-6 给出了四种常见支承条件下压杆的微弯变形曲线对比，以及两端铰支($\mu=1$)、一端固定一端自由($\mu=2$)、两端固定($\mu=0.5$)、一端固定一端铰支($\mu=0.7$)各情况下相应的 μ 值。对于工程中其他的支承条件，其长度系数 μ 值可从相关的设计手册或规范中查到。

从图 1-6 中可见，对于一端固定一端自由并在自由端承受轴向压力的压杆，其微弯变形曲线相当于半个正弦半波。因此，它与一个半波正弦曲线相当的长度为 $2l$，所以 $\mu=2$。

1.3.1 临界应力和柔度

用压杆的临界压力除以压杆的横截面积，所得到的应力为临界应力，用 σ_{cr} 表示：

$$\sigma_{cr} = \frac{F_{cr}}{A} = \frac{\pi^2 E}{(\mu l)^2}\frac{I}{A} \tag{1-7}$$

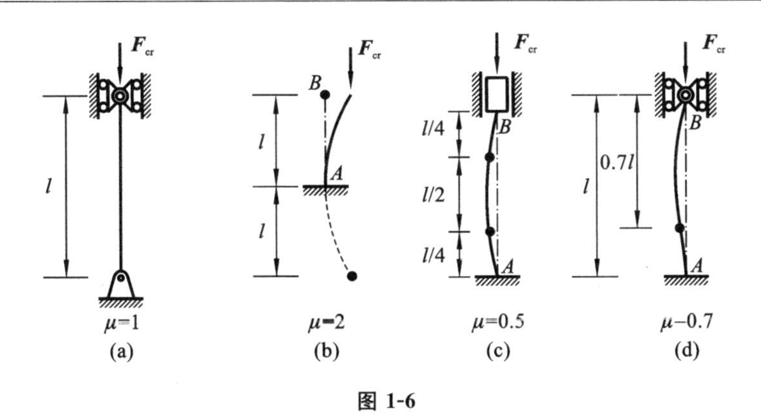

图 1-6

因为 $i=\sqrt{\dfrac{I}{A}}$ 为横截面的惯性半径，是一个与横截面形状和尺寸有关的几何量，将此关系代入式(1-7)，得

$$\sigma_{cr}=\frac{\pi^2 E}{(\mu l)^2}i^2=\frac{\pi^2 E}{\left(\dfrac{\mu l}{i}\right)^2} \tag{1-8}$$

引入符号 λ，令其为

$$\lambda=\frac{\mu l}{i} \tag{1-9}$$

则临界应力 σ_{cr} 为

$$\sigma_{cr}=\frac{\pi^2 E}{\lambda^2} \tag{1-10}$$

式(1-10)称为欧拉临界应力公式。式中 λ 称为压杆的柔度(长细比)，是一个无量纲的量。它综合反映了压杆的约束条件、截面尺寸和形状及压杆长度对临界应力的影响。由式(1-10)可以看出，压杆的临界应力与柔度的平方成反比，柔度越大，压杆的临界应力越低，压杆越容易失稳。因此，在压杆的稳定性分析中，柔度 λ 是一个重要的参数。当压杆的长度、截面尺寸和形状、约束条件一定时，压杆的柔度是一个完全确定的量。

1.3.2 欧拉公式的适用范围

欧拉公式是根据压杆的挠曲线近似微分方程推导出来的，只有在线弹性范围内该微分方程才能成立。因此，只有当压杆的临界应力 σ_{cr} 不超过材料的比例极限 σ_P 时，欧拉公式才能适用。具体来说，欧拉公式的适用条件是

$$\sigma_{cr}=\frac{\pi^2 E}{\lambda^2}\leqslant\sigma_P \tag{1-11}$$

解得

$$\lambda\geqslant\pi\sqrt{\frac{E}{\sigma_P}}$$

即欧拉公式的适用条件转化为

$$\lambda \geqslant \lambda_P \tag{1-12}$$

式中:

$$\lambda_P = \pi \sqrt{\frac{E}{\sigma_P}} \tag{1-13}$$

λ_P 只与材料性质有关,是材料参数。

于是欧拉公式的适用条件可用压杆的柔度来表示,要求压杆的实际柔度 λ 不能小于压杆所用材料的 λ_P,即 $\lambda \geqslant \lambda_P$,只有这样才能保证 $\sigma_{cr} \leqslant \sigma_P$(即材料处于线弹性范围之内)。能满足上述条件的压杆在工程中称为大柔度杆或细长杆。对于工程上常用的 Q235 钢,弹性模量 $E=200$ GPa,比例极限 $\sigma_P=200$ MPa,代入式(1-13)可得 $\lambda_P=99.3$。

1.4 非细长杆的临界应力

工程上有些常用的压杆的柔度往往小于 λ_P。试验结果表明,这种压杆丧失承载能力的部分原因仍然是失稳,对于这类非细长杆,一般不能完全照搬欧拉公式,因为非细长杆的稳定性要比细长杆好一些。因此,有必要研究非细长杆,即柔度 $\lambda < \lambda_P$ 的压杆的临界应力计算方法。

非细长杆按柔度 λ 的大小,又可分为中柔度杆(中长杆)和小柔度杆(短粗杆)。它们受到超过临界值的轴向压力时,失效的机理是不同的。

1.4.1 中柔度杆

对于中柔度杆失稳问题,人们曾进行过许多理论和试验研究工作,得出了理论分析的结果。但工程上对这类压杆的临界应力计算,一般使用以试验结果为依据的经验公式。在这里,我们介绍两种经常使用的经验公式:直线公式和抛物线公式。

1. 直线公式

把临界应力与压杆的柔度表示成如下的线性关系:

$$\sigma_{cr} = a - b\lambda \tag{1-14}$$

式中:a、b 是与材料性质有关的参数。一些材料的 a、b 数值列于表 1-1 中。由式(1-14)可见,临界应力 σ_{cr} 随着柔度 λ 的减小而增大。

表 1-1 直线型经验公式中的 a、b 数值

材料(σ_b、σ_s/MPa)	a/MPa	b/MPa
Q235 钢 $\sigma_b \geqslant 372$, $\sigma_s=235$	304	1.118

续表

材料(σ_b、σ_s/MPa)	a/MPa	b/MPa
优质碳钢 $\sigma_b \geqslant 471$ $\sigma_s = 306$	461	2.568
硅钢 $\sigma_b \geqslant 510$ $\sigma_s = 353$	578	3.744
铬钼钢	980	5.296
铸铁	332.2	1.454
硬铝	373	2.143
松木	39.2	0.199

必须指出，直线公式虽然是基于 $\lambda<\lambda_P$ 的压杆建立的，但决不能认为凡是 $\lambda<\lambda_P$ 的压杆都可以应用直线公式。因为当 λ 很小时，按直线公式得到的临界应力较高，可能早已超过了材料的屈服极限 σ_s（或抗压强度极限 σ_b），这是杆件强度条件所不允许的。因此，只有在临界应力 σ_{cr} 不超过屈服极限 σ_s（或抗压强度极限 σ_b）时，直线公式才能适用。以塑性材料为例，它的应用条件可表示为

$$\sigma_{cr} = a - b\lambda \leqslant \sigma_s \quad \text{或} \quad \lambda \geqslant \frac{a-\sigma_s}{b}$$

若用 λ_s 表示对应于 σ_s 时的柔度，则

$$\lambda_s = \frac{a-\sigma_s}{b} \tag{1-15}$$

此处，柔度 λ_s 是直线公式成立时压杆柔度 λ 的最小值，它仅与材料有关。对于Q235 钢来说，$\sigma_s = 235$ MPa，$a = 304$ MPa，$b = 1.118$ MPa，将这些数值代入式(1-15)可得 $\lambda_s = 61.7$，当压杆的柔度 λ 满足 $\lambda_s \leqslant \lambda < \lambda_P$ 条件时，临界应力用直线公式计算，这样的压杆被称为中柔度杆或中长杆。

2. 抛物线公式

在某些工程设计规范中，对于中、小柔度杆采用统一的抛物线型经验公式计算其临界应力，即

$$\sigma_{cr} = \sigma_s\left[1-0.43\left(\frac{\lambda}{\lambda_c}\right)^2\right], \quad \lambda < \lambda_c \tag{1-16}$$

式中：λ_c 是欧拉公式与抛物线公式适用范围的分界柔度。对于低碳钢和低锰钢来说，有

$$\lambda_c = \sqrt{\frac{\pi^2 E}{0.57\sigma_s}}$$

1.4.2 小柔度杆

当压杆的柔度满足 $\lambda<\lambda_s$ 条件时，这样的压杆称为小柔度杆或短粗杆。试验结

果证明,小柔度杆主要在应力达到材料的屈服极限 σ_s(或者抗压强度极限 σ_b)的条件下发生破坏,破坏时很难观察到失稳现象。小柔度杆通常由材料强度不足引起破坏,应将材料的屈服极限或抗压强度极限作为极限应力,这属于强度问题。若在形式上也以稳定性问题来考虑,临界应力可写为

$$\sigma_{cr} = \sigma_s(\text{或 } \sigma_b) \tag{1-17}$$

需要注意的是,在稳定性计算中,临界应力的值总是取决于杆件的整体变形。压杆横截面的局部削弱对杆件的整体变形影响很小。因此,在计算临界应力时,可以采用未经削弱的惯性矩 I 和横截面积 A。

1.5 临界应力总图

以柔度 λ 为横轴,临界应力 σ_{cr} 为纵轴,可以绘制临界应力随压杆柔度变化的曲线,称为临界应力总图,如图 1-7 所示,其中,中柔度杆采用直线公式形式。

(1) 当 $\lambda \geqslant \lambda_P$ 时,如图 AC 段,为根据式(1-10)绘制的双曲线形式。此时,压杆为细长杆,存在着材料比例极限内的稳定性问题,临界应力用欧拉公式计算。

(2) 当 λ_s(或 λ_b)$\leqslant \lambda < \lambda_P$ 时,如图 AB 段,为根据式(1-14)绘制的直线形式。此时,压杆为中长杆,存在超过比例极限的稳定性问题,临界应力用直线公式计算。

(3) 当 $\lambda < \lambda_s$(或 λ_b)时,如图 BD 段,为根据式(1-17)绘制的水平直线形式。此时,压杆为短粗杆,不存在稳定性问题,只是强度问题,临界应力就是屈服极限 σ_s 或抗压强度极限 σ_b。

从图 1-7 中可以看出,随着柔度的增大,压杆的破坏性质由强度破坏逐渐向失稳破坏转化。如果 AD 段采用抛物线型经验公式(1-16)绘制,可得图 1-8 所示的临界应力总图。

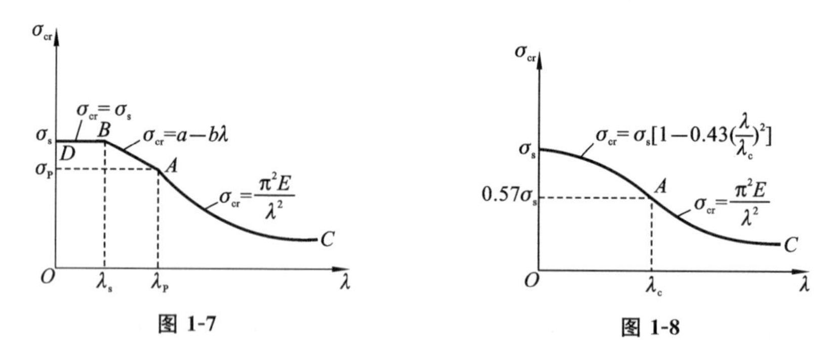

图 1-7　　图 1-8

1.6 提高压杆稳定性的措施

由临界压力和临界应力的计算公式可知,影响压杆稳定性的主要因素是压杆的柔度或长细比,即 $\lambda = \frac{\mu l}{i}$。一般来说,压杆的柔度愈大,其临界应力就愈低。因此,可

以从压杆的截面形状、长度、杆端约束条件以及材料的力学性质等方面着手，在设计允许的条件下，采取一些工程措施，尽量提高压杆抵抗失稳的能力。

1.6.1　合理选择截面形状

无论从欧拉公式、经验公式还是从表1-1中均可以看出，柔度 λ 增大，临界应力 σ_{cr} 将降低。由于柔度 $\lambda=\frac{\mu l}{i}$，因此在压杆截面面积不变的前提下，有效地增大截面的惯性半径可以减小 λ。可见，如果不增大截面面积，尽可能地把材料放在离截面形心较远处，以得到较大的 I 和 i，就相当于提高了临界压力。由此可知，若实心圆形截面面积与空心环形截面面积相等，则后者的 I 和 i 要比前者大得多，因此，空心环形截面比实心圆形截面合理，如图1-9所示。

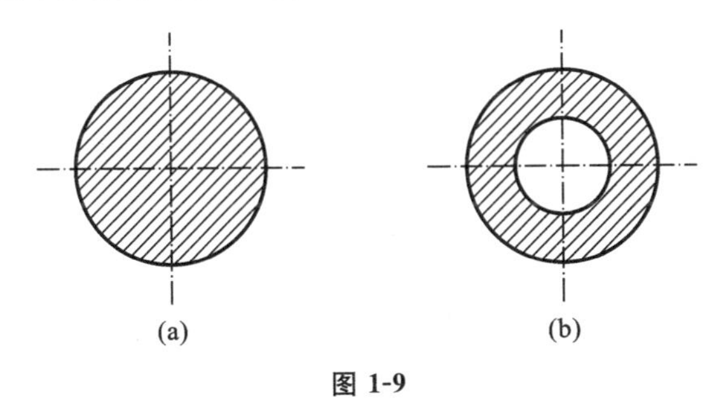

图 1-9

同理，若用四根等边角钢组成起重臂（见图1-10(a)）的组合截面，应将四根角钢放在组合截面的四个角上，如图1-10(b)所示，而不是集中地放置在截面形心附近，如图1-10(c)所示。由型钢组成的桥梁桁架中的压杆或厂房等建筑物的立柱，也都是将型钢分开放置，如图1-11(a)所示。但应注意，由型钢组成的压杆，应用足够的缀条或缀板将若干分开放置的型钢连接成一个整体构件，如图1-11(b)所示，以保证组合截面的整体稳定性为控制条件（一般钢结构设计规范中有具体规定），否则，各独立型钢将可能因单独压杆的局部失稳而导致整体破坏。

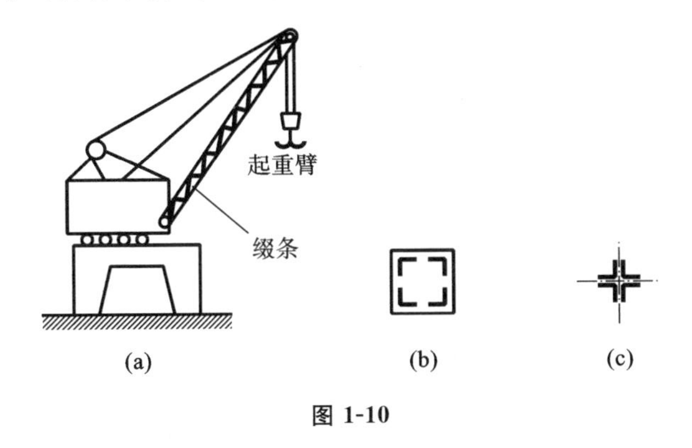

图 1-10

类似地，若用环形截面，也不能因增大 I 和 i 而无限制地增大环形截面的平均直

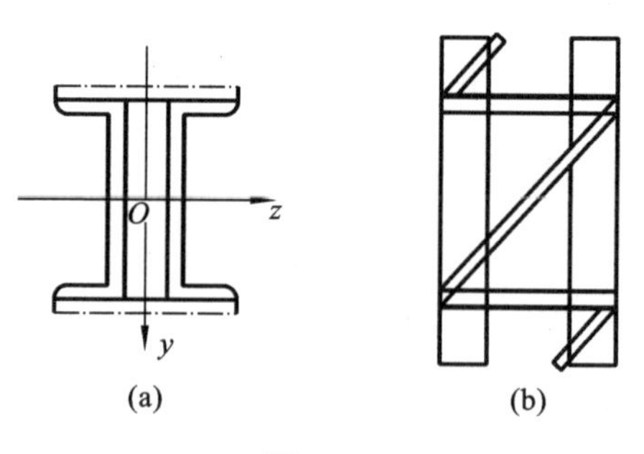

(a) (b)

图 1-11

径,使臂变得很薄,这种薄壁管柱也将可能引起局部失稳,发生局部屈曲,从而使整个压杆失去承载能力。

由于压杆的失稳平面必然发生在某截面的最小惯性平面内,如果压杆的相当长度 μl 在各平面内均相等,则应使截面对任意形心轴的 i 也都相等或接近相等。这样在任意平面内压杆的柔度 λ 都相等或接近相等,以保证压杆在各平面内有大致相同的稳定性,圆形、圆环形、正多边形截面等都可以满足这一要求。组合截面也应尽量使截面对其形心主轴的惯性矩 I_y 和 I_z 相等,从而使 λ_y 和 λ_z 相等,如图 1-10(b)和图 1-11(b)所示,以保证组合截面在主惯性平面内有大致相同的稳定性。相反,在不同的平面内,某些压杆的相当长度 μl 难以保持相同,而不同平面内的约束条件也可能不相同。

例如,在摆动平面内,发动机的连杆的两端可以简化为铰支座,如图 1-12(a)所示,$\mu_z=1.0$,而在垂直于摆动平面的平面内,两端可简化为固定端,如图 1-12(b)所示,$\mu_y=0.5$。这时可以使连杆截面对其形心主轴 y 和 z 有不同的 i_y 和 i_z。同时,两个平面杆长 $l_1\neq l_2$,这样仍然可以满足 $\lambda_y=\dfrac{\mu_y l_2}{i_y}$ 与 $\lambda_z=\dfrac{\mu_z l_1}{i_z}$ 接近相等,使连杆在两个主惯性平面内仍然有接近相等的稳定性。

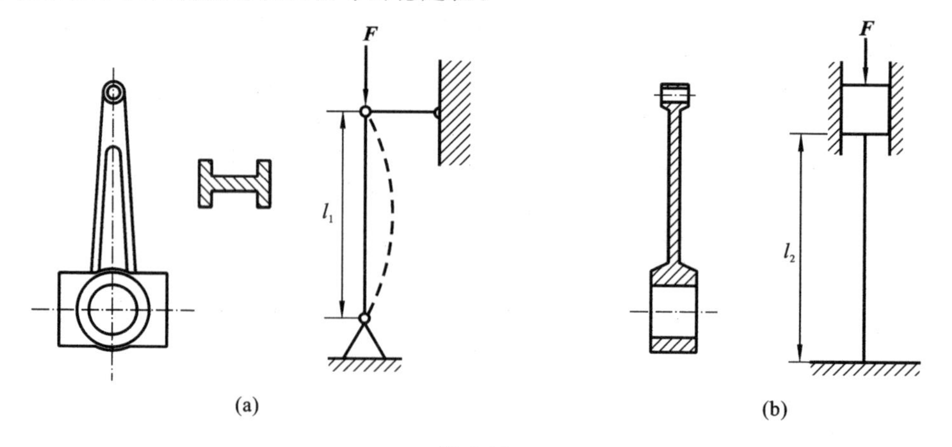

(a) (b)

图 1-12

1.6.2　合理安排压杆约束与选择杆长

压杆的长度越大，其柔度越大，稳定性就越差。因此，在可能的情况下，应尽量减小压杆的长度。但一般情况下，压杆的长度是由结构要求决定的，通常不允许改变。可通过增加中间支座来减小压杆的支承长度，从而使柔度减小。例如，图 1-13(a)展示了一个两端铰支轴向受压细长杆及其失稳时的挠曲线形状，l 为一个半波正弦曲线对应的长度。显然，图 1-13(b)中杆的临界压力是图 1-13(a)中杆的临界压力的 4 倍(计算公式分别为 $F_{cr}=\frac{\pi^2 EI}{l^2}$ 和 $F_{cr}=\frac{\pi^2 EI}{(l/2)^2}$)。

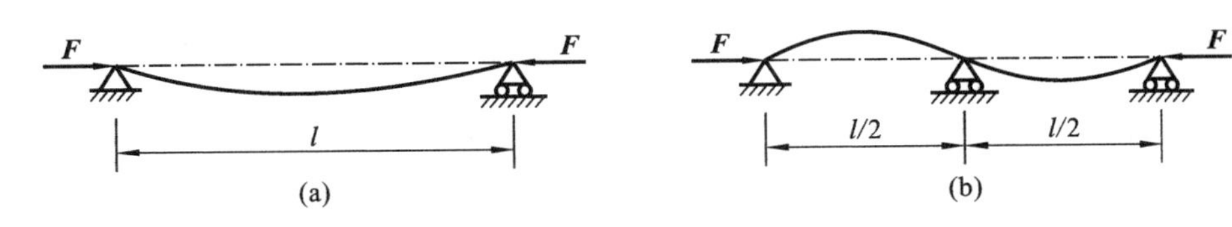

图 1-13

压杆的杆端约束条件不同，压杆的长度系数 μ 就不同。从图 1-13 中可以看出，杆端约束的刚性越好，压杆的长度系数就越小，其柔度值也就越小，临界应力就越大。因此，增强杆端约束的刚性，可达到提高压杆稳定性的目的。例如，图 1-14(a)展示了一个一端固定一端自由的轴向受压细长杆，其长度系数 $\mu_1=2$；如果在上端加一铰链约束，如图 1-14(b)所示，其长度系数 $\mu_2=0.7$，压杆的临界压力提高$(\mu_1/\mu_2)^2=8.16$ 倍；如果上端再改为固定端，如图 1-14(c)所示，其长度系数 $\mu_3=0.5$，则临界压力提高 16 倍。

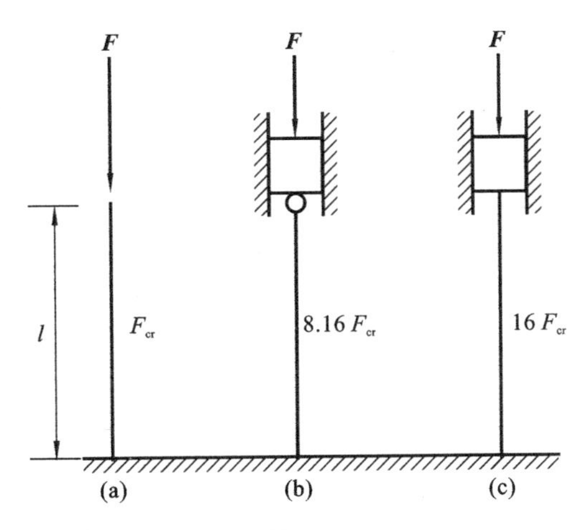

图 1-14

1.6.3 合理选用材料

对于大柔度杆,临界应力与材料的弹性模量 E 成正比。因为钢制压杆比铜、铸铁或铝制压杆的临界压力高,但各种钢材的弹性模量 E 基本相同,所以对于大柔度杆,选用优质钢材与选用低碳钢并无较大差别。对于中柔度杆,由临界应力总图可以看到,材料的屈服极限 σ_s 和比例极限 σ_P 越高,临界应力越大。这时选用优质钢材会提高压杆的承载能力。至于小柔度杆,本来就是强度问题,优质钢材的强度高,其承载能力的提高是显然的。

最后尚需指出,对于压杆,除了可以采取上述几个方面的措施以提高其承载能力外,在可能的条件下,还可以从结构方面采取相应的措施。例如,将结构中的压杆转换成拉杆,这样,就可以从根本上避免失稳问题。

例 1.2

如图 1-15(a)所示,一型号 12 的工字钢的长度 $l=12$ m,两端固定,截面面积 $A=17.818\ \text{cm}^2$。为了增加它的承载能力,在 y—y 轴方向上增加了支撑柱,支撑柱通过销轴连接到钢柱的中心位置。试确定钢柱能承受的压力,并且保证材料本身不会发生破坏。已知:$E=200$ GPa 和 $\sigma=160$ MPa。

解 钢柱的屈曲行为会因支撑不同而在 x—x 轴和 y—y 轴上有所不同。两种情况下的屈曲形状分别如图 1-15(b)和图 1-15(c)所示。由图 1-15(b)可知,绕 x—x 轴屈曲的相当长度 μl 为 6 m,由图 1-15(c)可知,绕 y—y 轴屈曲的相当长度 μl 为 4.2 m。型号 12 的工字钢转动惯量为:$I_x=436\ \text{cm}^4$,$I_y=46.9\ \text{cm}^4$。由式(1-4)可知:

$$(F_{cr})_x=\frac{\pi^2 EI_x}{(\mu l)_x^2}=\frac{\pi^2\times 200\times 10^9\times 436\times 10^{-8}\times 10^{-3}}{6^2}\ \text{kN}=239\ \text{kN}$$

$$(F_{cr})_y=\frac{\pi^2 EI_y}{(\mu l)_y^2}=\frac{\pi^2\times 200\times 10^9\times 46.9\times 10^{-8}\times 10^{-3}}{4.2^2}\ \text{kN}=52.48\ \text{kN}$$

相比之下,钢柱更容易绕 y—y 轴发生屈曲。

钢柱截面内的平均压应力为

$$\sigma_{cr}=\frac{F_{cr}}{A}=\frac{52.48\times 10^3}{17.818\times 10^{-4}}\ \text{Pa}=29.45\times 10^6\ \text{Pa}=29.45\ \text{MPa}$$

由于该压应力小于屈服应力,在材料屈服之前钢柱就会发生屈曲。因此,有

$$F_{cr}=52.48\ \text{kN}$$

例 1.3

如图 1-16(a)所示,一铝制立柱底部固定,顶部用缆绳支承,以防止顶部沿 x—x 轴移动。试求可以施加的最大允许压力 F 而不会使该立柱失稳。屈曲安全系数 n 取为 3。已知:$E=70$ GPa,$\sigma=215$ MPa,$A=7.5\times10^{-3}\ \text{m}^2$,$I_x=61.3\times10^{-6}\ \text{m}^4$,$I_y=23.2\times10^{-6}\ \text{m}^4$。

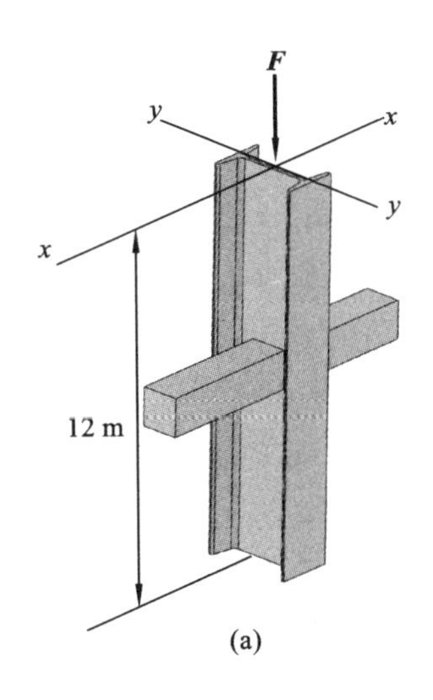

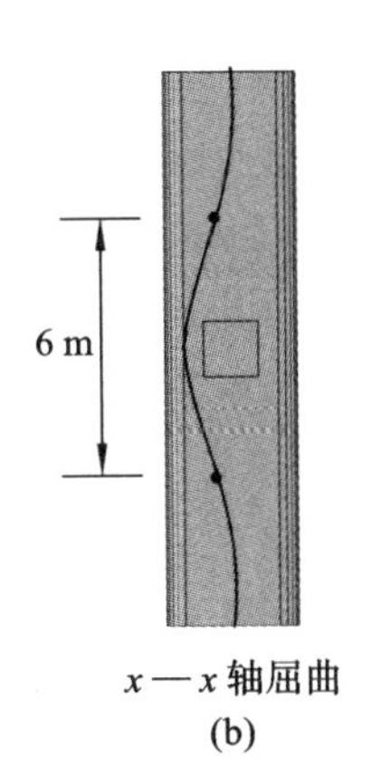

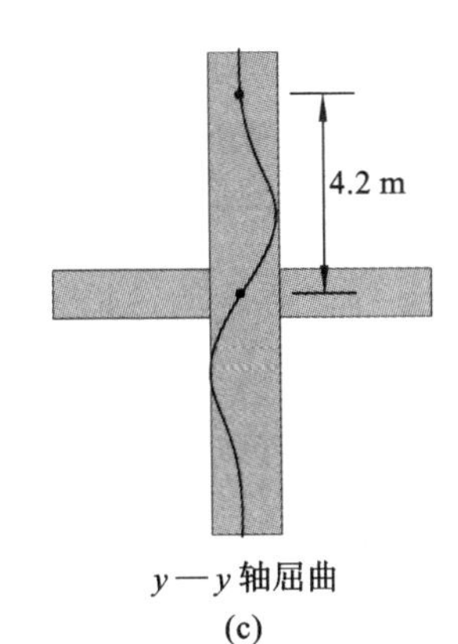

图 1-15

解 绕 x—x 轴和 y—y 轴的屈曲分别如图 1-16(b)和图 1-16(c)所示。对于 x—x 轴屈曲有 $(\mu l)_x=10$ m,对于 y—y 轴屈曲有 $(\mu l)_y=3.5$ m。

由式(1-4)可知,两种情况下的临界压力分别为

$$(F_{cr})_x=\frac{\pi^2 EI_x}{(\mu l)_x^2}=\frac{\pi^2\times 70\times 10^9\times 61.3\times 10^{-6}\times 10^{-3}}{10^2}\ \text{kN}=424\ \text{kN}$$

$$(F_{cr})_y=\frac{\pi^2 EI_y}{(\mu l)_y^2}=\frac{\pi^2\times 70\times 10^9\times 23.2\times 10^{-6}\times 10^{-3}}{3.5^2}\ \text{kN}=1308\ \text{kN}$$

相比之下,随着 F 的增加,立柱将绕 x—x 轴屈曲。因此,最大允许压力为

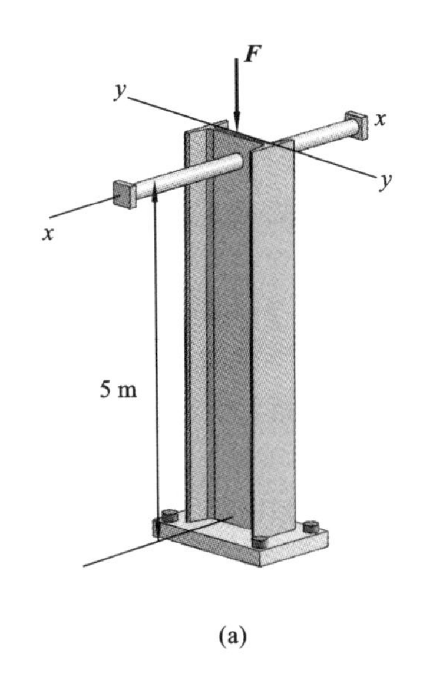

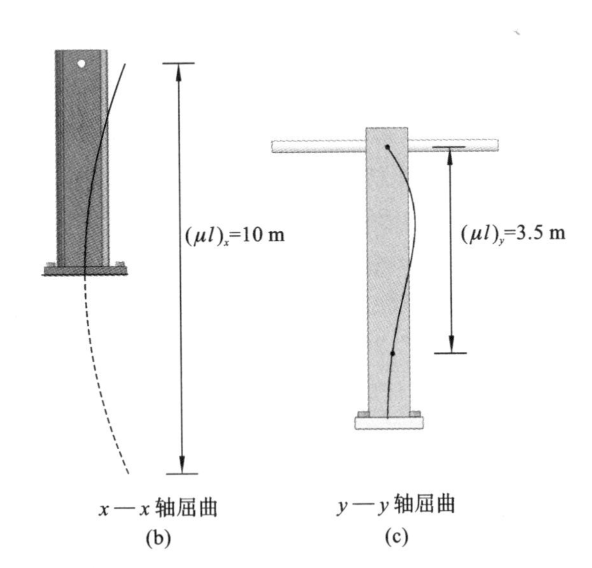

图 1-16

$$F_{allow} = \frac{F_{cr}}{n} = \frac{424}{3}\ \text{kN} = 141\ \text{kN}$$

因为

$$\sigma_{cr} = \frac{F_{cr}}{A} = \frac{424 \times 10^3 \times 10^{-6}}{7.5 \times 10^{-3}}\ \text{MPa} = 56.5\ \text{MPa} < 215\ \text{MPa}$$

所以,立柱发生屈曲时,材料不会被破坏。

习　题

1.1　有三根圆形截面压杆,直径均为 $d=160$ mm,材料为 Q235 钢,$E=200$ GPa,$\sigma_P=200$ MPa,$\sigma_s=235$ MPa,$a=304$ MPa,$b=1.12$ MPa。两端均为铰支,长度分别为 l_1、l_2 和 l_3,且 $l_1=2l_2=4l_3=5$ m。试求各杆的临界压力 F_{cr}。

1.2　某型飞机起落架中承受轴向压力的斜撑杆如图 1-17 所示。杆件为空心圆管,外径 $D=52$ mm,内径 $d=44$ mm,$l=950$ mm。材料的 $\sigma_P=1200$ MPa,$\sigma_b=1600$ MPa,$E=210$ GPa。试求斜撑杆的临界压力和临界应力。

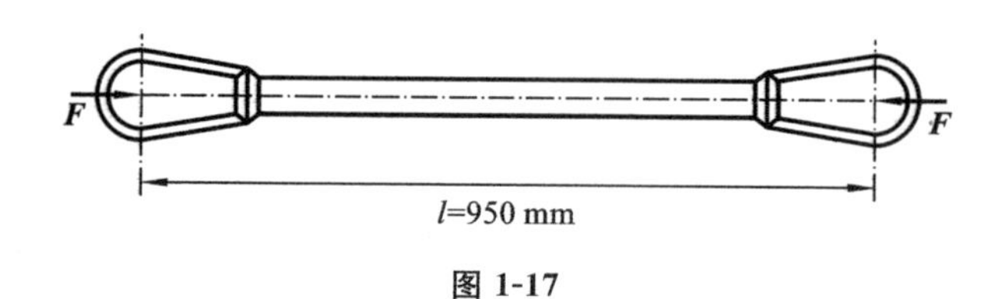

图 1-17

1.3　试求刚性杆和弹簧系统(见图 1-18)的临界压力 F_{cr}。每个弹簧的刚度均为 k。

1.4　将图 1-19(a)中的腿看成立柱,并将其用两个铰接的组件来建模,如图1-19(b)所示,图中扭簧的刚度为 k。试求出临界压力 F_{cr}。

1.5　确定系统的临界压力 F_{cr}。刚性杆 AB 和 BC 在 B 处用铰链连接,D 处的弹簧刚度为 k,如图 1-20 所示。

1.6　Q235 钢柱长度为 4 m,两端固定。横截面尺寸如图 1-21 所示,确定临界压力。如果柱子底部固定,顶部也固定,则临界压力为多少?

1.7　如图 1-22 所示,压杆直径均为 d,材料为 Q235 钢。试求:

(1) 哪个杆件的临界压力大;

(2) $d=160$ mm,$E=205$ GPa,$\sigma_P=200$ MPa,两个杆件的临界压力。

1.8　在图 1-23 所示铰接杆系 ABC 中,杆 AB 和杆 BC 皆为细长压杆,且截面、材料相同,点 A、点 C 之间的距离为 l。若该系统在 ABC 平面内因失稳而发生破坏,并规定 $0°<\theta<90°$,试确定 F 为最大值时的 θ 角。

1.9　一木柱两端铰支,其横截面为 $120\times200\ \text{mm}^2$ 的矩形,长度为 4 m。木材的

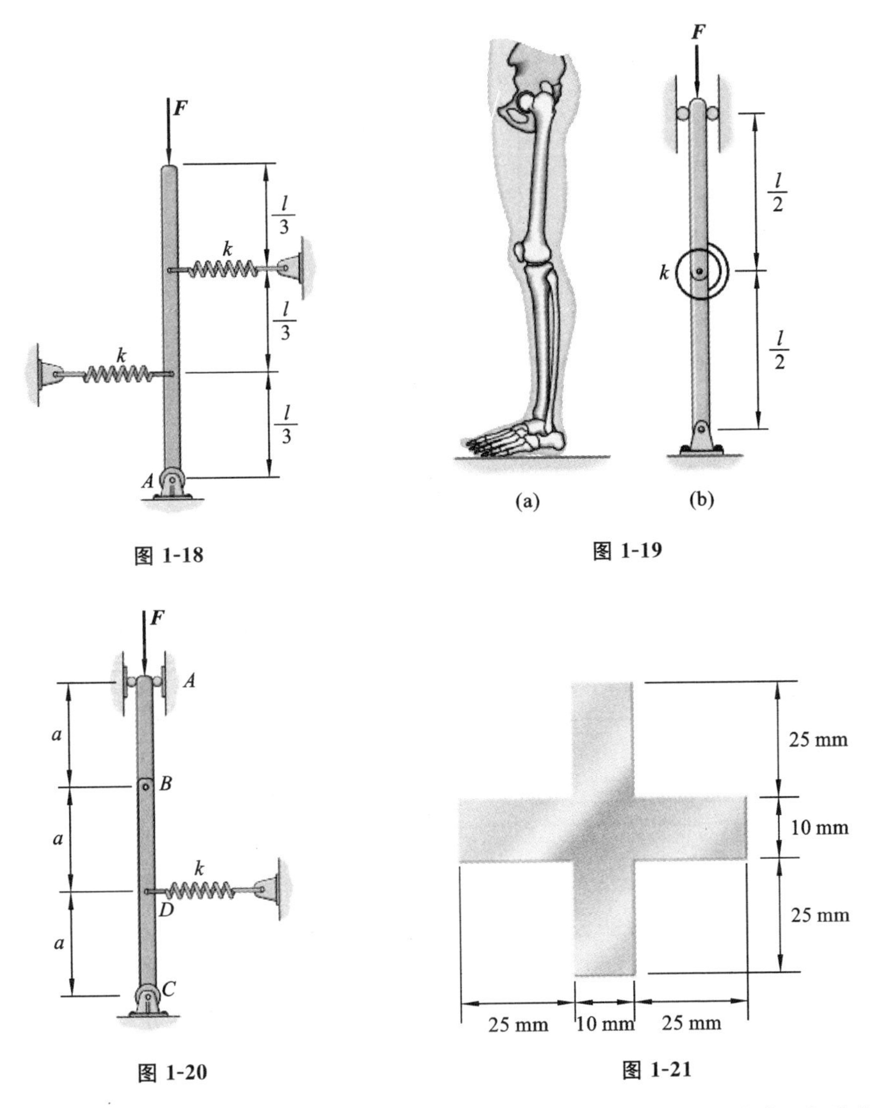

图 1-18

图 1-19

图 1-20

图 1-21

$E=10$ GPa，$\sigma_P=20$ MPa。试求木柱的临界应力。计算临界应力的公式有：①欧拉公式；②直线公式 $\sigma_{cr}=28.7-0.19\lambda$。

1.10　如图 1-24 所示蒸汽机的活塞杆 AB，所受的压力 $F=120$ kN，长度 $l=180$ cm，横截面为圆形，直径 $d=7.5$ cm。材料为 45 钢，$E=210$ GPa，$\sigma_P=240$ MPa，规定 $[n_{st}]=8$。试校核该活塞杆的稳定性。

1.11　在图 1-25 所示托架中，杆 AB 的直径 $d=4$ cm，长度 $l=80$ cm，两端可视为铰支，材料为 Q235 钢。

(1) 试按杆 AB 的稳定条件求托架的临界压力 F_{cr}。

(2) 若已知实际压力 $F=70$ kN，稳定安全系数 $[n_{st}]=2$，问此托架是否安全？

1.12　在图 1-26 所示结构中，杆 AC（矩形截面）和杆 CD（圆形截面）均用相同钢

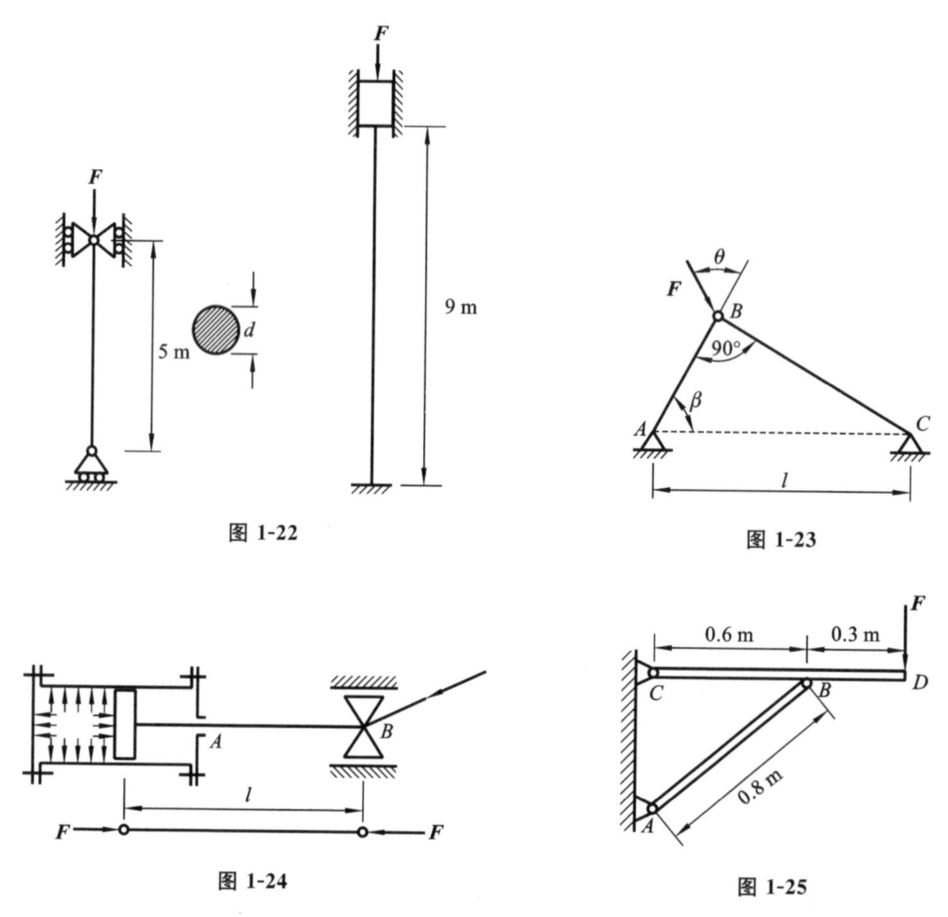

图 1-22

图 1-23

图 1-24

图 1-25

材制成,C、D 两处均为球铰。已知 $d=20$ mm,$b=100$ mm,$h=180$ mm;$E=200$ GPa,$\sigma_s=235$ MPa,$\sigma_b=400$ MPa;强度安全系数 $n=2.0$,稳定安全系数$[n_{st}]=3.0$。试确定该结构的最大许可压力。

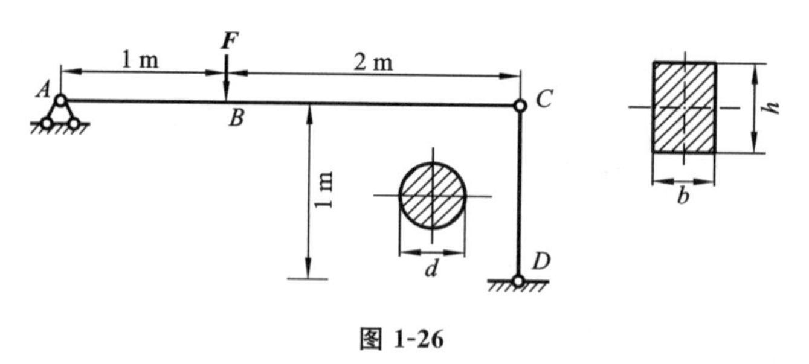

图 1-26

1.13 在图 1-27 所示结构中,梁 AB 为 14 号普通热轧工字钢,支撑柱的直径 $d=20$ mm,二者的材料均为 Q235 钢,$E=206$ GPa,$\sigma_P=200$ MPa,$[\sigma]=165$ MPa。A、C、D 三处均为球形铰链约束。已知 $F=25$ kN,$l_1=1.25$ m,$l_2=0.55$ m,规定稳定安全系数$[n_{st}]=3.0$。试校核此结构是否安全。

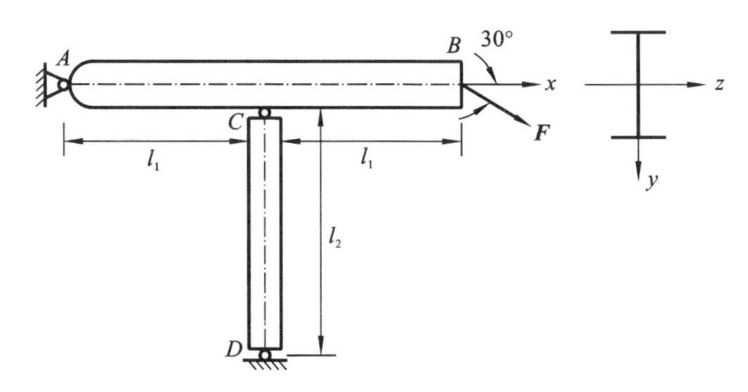

图 1-27

1.14 正方形桁架如图 1-28 所示，五根杆均为直径 $d=5$ cm 的圆形截面杆，$a=1$ m，材料为 Q235 钢，$E=200$ GPa，$\sigma_P=200$ MPa，$\sigma_s=240$ MPa。试求：

(1) 该结构的临界压力；

(2) 压力 F 的方向相反时，该结构的临界压力。

1.15 如图 1-29 所示，压杆两端用柱形铰连接(在 Oxy 平面内视为两端铰支；在 Oxz 平面内视为两端固定)。压杆的横截面为 $b\times h$ 的矩形截面。已知压杆的材料为 Q235 钢，$E=200$ GPa，$\sigma_P=200$ MPa。试求：

(1) 当 $b=40$ mm，$h=60$ mm，$l=2.4$ m 时，压杆的临界压力；

(2) 压杆在 Oxy 平面和 Oxz 平面内失稳的可能性相同时，b 和 h 的比值。

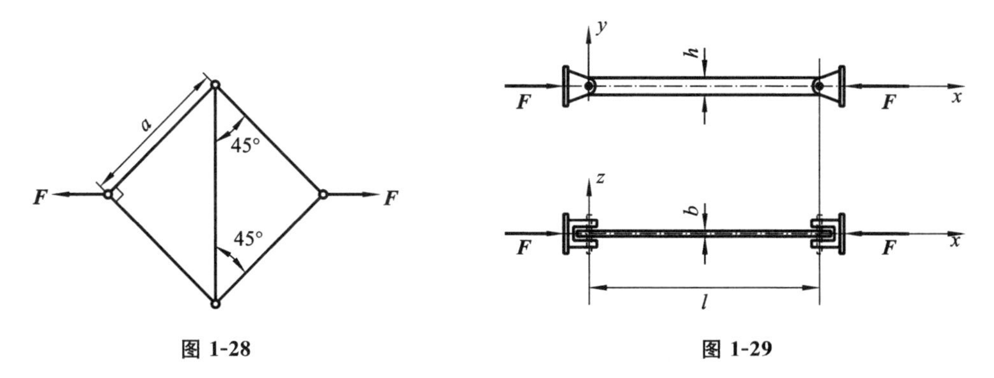

图 1-28　　图 1-29

1.16 压杆的一端固定，另一端自由，如图 1-30(a)所示。为提高其稳定性，在中点增加支座，如图 1-30(b)所示。试求加强后压杆的欧拉公式，并与加强前的压杆进行比较。

1.17 如图 1-31 所示千斤顶，丝杠长度 $l=500$ mm，内径 $d=52$ mm，最大压力 $F=150$ kN。丝杠工作时可以认为下端固定、上端自由。$E=210$ GPa，$\lambda_P=100$，$\lambda_s=60$，$a=304$ MPa，$b=1.12$ MPa。试计算该千斤顶的工作安全系数。

1.18 某塔架的横撑杆长度 $l=6$ m，截面如图 1-32(a)所示，材料为 3 号钢，$E=$

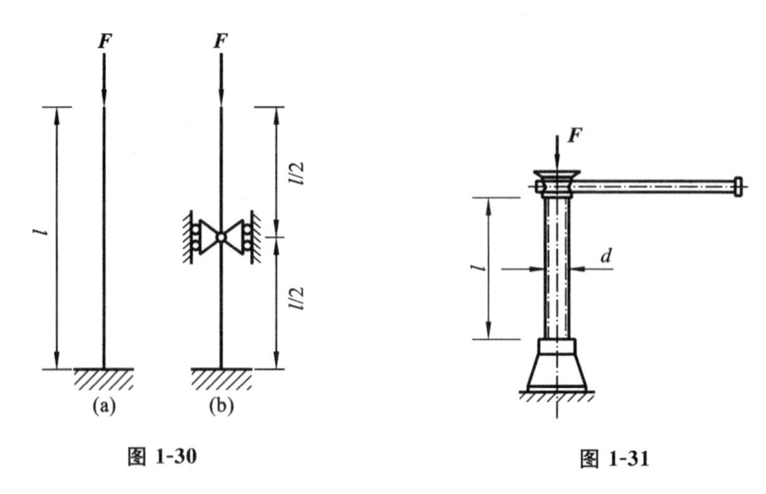

图 1-30　　图 1-31

210 GPa,稳定安全系数$[n_{st}]=1.75$。若按一端固定、一端铰支的细长压杆考虑,试求此杆所能承受的最大轴向安全压力。若将组合截面改为图 1-32(b)所示的形式,则最大轴向安全压力提高多少? $a=2\times75$ mm,中长杆 $\sigma_{cr}=240-0.0088\lambda^2$。

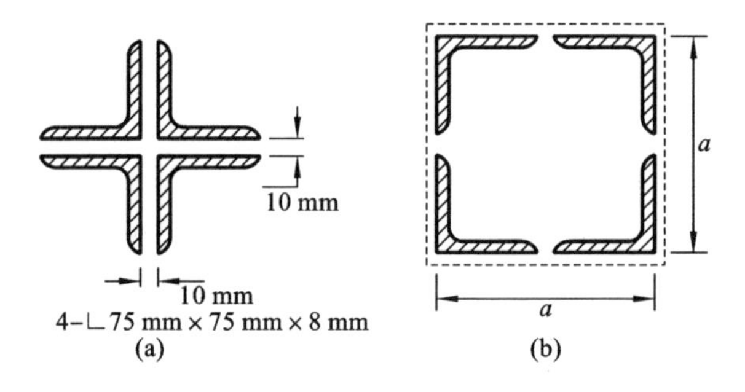

图 1-32

第 2 章　碰　　撞

第 2 章　碰撞

两个或两个以上相对运动的物体在瞬间接触，速度发生突然改变的力学现象称为碰撞。碰撞是工程与日常生活中一种常见而又非常复杂的动力学问题，如机械加工中的锤锻、建筑工地上的打桩、用锤子钉钉子以及各种球类活动中球的弹射等。在一定的简化条件下，本章讨论两个物体碰撞过程中的一些基本规律。

2.1　求解碰撞问题的基本定理

2.1.1　冲量和动量

在本节中，我们将对质点关于时间的运动方程进行积分，从而得到冲量和动量定理的表达式。由此得到的方程将有助于解决涉及力、速度和时间的问题。

利用运动学知识，质量为 m 的质点的运动方程可以写成

$$\sum \boldsymbol{F} = m\boldsymbol{a} = m\frac{\mathrm{d}\boldsymbol{v}}{\mathrm{d}t} \tag{2-1}$$

式中：$\boldsymbol{a}$ 和 $\boldsymbol{v}$ 都是从惯性参考系中测得的。重新排列式(2-1)并对其进行积分：

$$\sum \int_{t_1}^{t_2} \boldsymbol{F}\mathrm{d}t = m\int_{v_1}^{v_2} \mathrm{d}\boldsymbol{v} \quad \text{或} \quad \sum \int_{t_1}^{t_2} \boldsymbol{F}\mathrm{d}t = m\boldsymbol{v}_2 - m\boldsymbol{v}_1 \tag{2-2}$$

由推导过程可以看出，该方程为运动方程对时间的积分。当质点的初速度 $\boldsymbol{v}_1$ 已知时，作用在质点上的力要么是常数，要么可以表示为时间的函数，该方程可以直接获得质点在特定时间段后的最终速度 $\boldsymbol{v}_2$。

线动量　$\boldsymbol{L}=m\boldsymbol{v}$ 被称为质点的线动量。由于质量 m 是一个标量，线动量的方向与 $\boldsymbol{v}$ 的方向相同。

线冲量　$\boldsymbol{I} = \int \boldsymbol{F}\mathrm{d}t$ 被称为线冲量，是矢量，用来衡量在力作用时间内力的影响。由于时间 t 是一个标量，则冲量的方向与力的作用方向相同。

如果力是时间的函数，冲量可以通过力对时间的积分直接计算得到。如果力的大小和方向都是恒定的，则产生的冲量为

$$I = \int_{t_1}^{t_2} F_{\mathrm{c}}\mathrm{d}t = F_{\mathrm{c}}(t_2 - t_1)$$

1. 质点的动量定理

为了便于求解，可将式(2-2)改写为以下形式：

$$m\boldsymbol{v}_1 + \sum \int_{t_1}^{t_2} \boldsymbol{F}\mathrm{d}t = m\boldsymbol{v}_2 \tag{2-3}$$

质点在 t_1 时刻的初始动量，加上从 t_1 开始到 t_2 施加到所有质点上的冲量的和，等于质点在 t_2 时刻的最终动量，如图 2-1 所示。

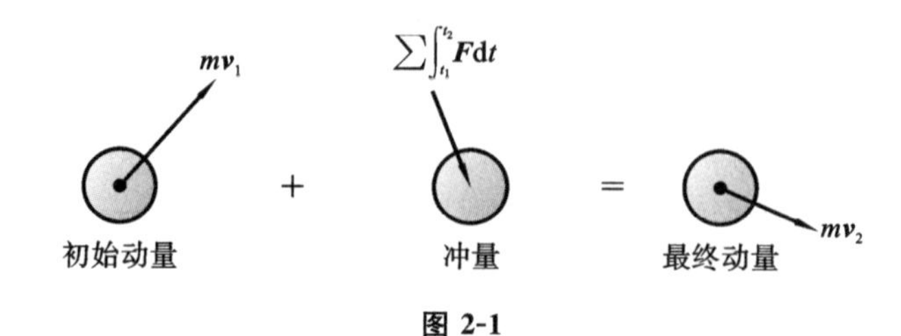

图 2-1

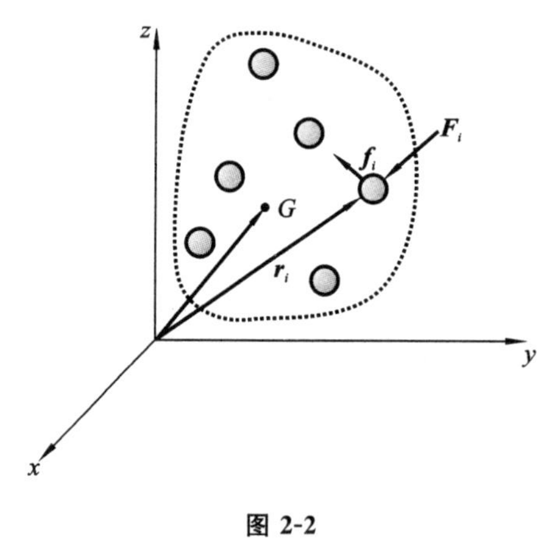

图 2-2

2. 质点系的动量定理

图 2-2 所示为一惯性系下的质点系，其动量定理可由质点系的运动方程得到，第 i 个质点的运动方程为

$$\sum \boldsymbol{F}_i = \sum m_i \frac{\mathrm{d}\boldsymbol{v}_i}{\mathrm{d}t} \tag{2-4}$$

左边项只表示作用在质点上的外力之和。作用在质点之间的内力不会出现在这个总和中，根据牛顿第三定律，它们以大小相等但方向相反的共线对出现，因此相互抵消。方程两边同时乘以 $\mathrm{d}t$ 并进行积分，可得

$$\sum m_i(\boldsymbol{v}_i)_1 + \sum \int_{t_1}^{t_2} \boldsymbol{F}_i \mathrm{d}t = \sum m_i(\boldsymbol{v}_i)_2 \tag{2-5}$$

该方程表明系统的初始线动量加上作用于系统上的所有外力的冲量等于系统的最终线动量。

由于系统质心 G 的位置是由所有质点的总质量决定的，如图 2-2 所示。对时间求导，可以得到

$$m\boldsymbol{v}_G = \sum m_i \boldsymbol{v}_i$$

上式说明，质点系的总线动量等价于一个“虚构的”以质心速度运动的质点的线动量。代入式(2-5)可得

$$m(\boldsymbol{v}_G)_1 + \sum \int_{t_1}^{t_2} \boldsymbol{F}_i \mathrm{d}t = m(\boldsymbol{v}_G)_2 \tag{2-6}$$

此处，质点系的初始线动量加上作用在质点系上的外部冲量等于集合质点的最终线动量。

3. 质点系的线动量守恒

当作用在质点系上的外部冲量之和为零时，式(2-5)简化为

$$\sum m_i(\boldsymbol{v}_i)_1 = \sum m_i(\boldsymbol{v}_i)_2 \tag{2-7}$$

式(2-7)称为线动量守恒方程。它表示质点系的总线动量在时间周期内保持恒定，把 $m\boldsymbol{v}_G = \sum m_i\boldsymbol{v}_i$ 代入式(2-7)，我们还可以得到

$$(\boldsymbol{v}_G)_1 = (\boldsymbol{v}_G)_2 \tag{2-8}$$

这表明，如果没有外部冲量作用于质点系，质点系的质心速度不会改变。

2.1.2　角动量

1. 角动量的定义

质点关于 O 点的角动量 $\boldsymbol{H}_O$ 被定义为质点线动量关于 O 点的“矩”。其计算过程类似于求一个力绕 O 点的力矩，所以角动量有时亦被称为动量矩。

如图 2-3 所示，如果一个质点沿着 Oxy 平面上的曲线运动，其在任意时刻关于 O 点的角动量都可以被求出。$\boldsymbol{H}_O$ 被定义为

$$(\boldsymbol{H}_O)_z = \boldsymbol{d} \times m\boldsymbol{v} \tag{2-9}$$

式中：$\boldsymbol{d}$ 为 O 点垂直指向 $m\boldsymbol{v}$ 作用线的向量。$(\boldsymbol{H}_O)_z$ 的方向由右手定则定义。如图2-3所示，右手手指的弯曲方向表示 $m\boldsymbol{v}$ 绕 O 点旋转的方向，拇指所指方向为 $\boldsymbol{H}_O$ 的方向(垂直于 Oxy 平面)。

矢量公式为

$$\boldsymbol{H}_O = \boldsymbol{r} \times m\boldsymbol{v} \tag{2-10}$$

如图 2-4 所示，如果质点沿某一空间轨迹运动，则可以用矢量叉乘来确定关于 O 点的角动量。$\boldsymbol{r}$ 表示从 O 点到质点的位置向量，$\boldsymbol{H}_O$ 垂直于包含 $\boldsymbol{r}$ 和 $m\boldsymbol{v}$ 的阴影平面。

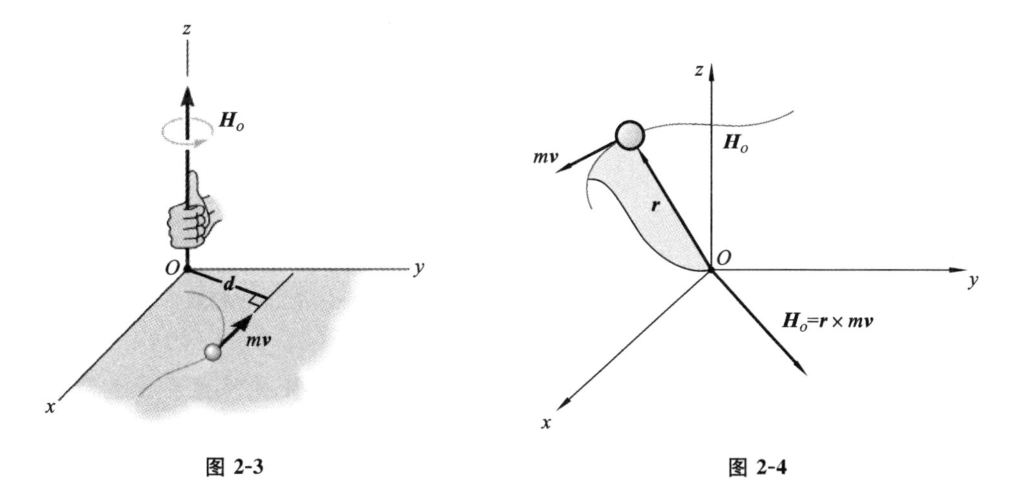

图 2-3　　图 2-4

为了求外积，$\boldsymbol{r}$ 和 $m\boldsymbol{v}$ 可用它们的笛卡儿分量表示，角动量可以通过如下行列式来确定：

$$\boldsymbol{H}_O = \begin{vmatrix} \boldsymbol{i} & \boldsymbol{j} & \boldsymbol{k} \\ r_x & r_y & r_z \\ mv_x & mv_y & mv_z \end{vmatrix} \tag{2-11}$$

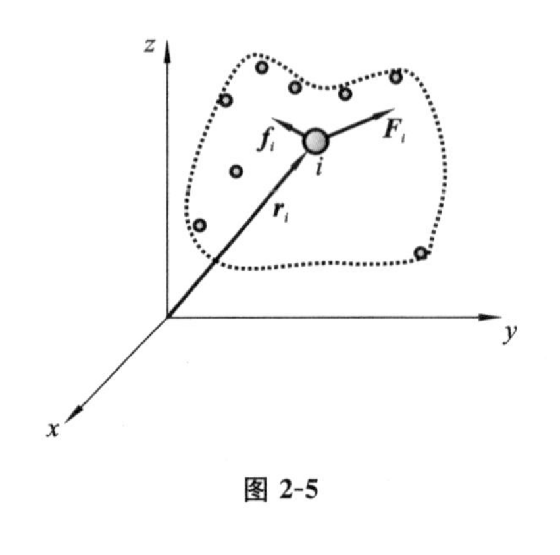

图 2-5

2. 力矩和角动量之间的关系

图 2-5 中,作用在某一质点上所有力关于 O 点的力矩可以通过运动方程与质点角动量联系起来。如果该质点的质量为常数,则有

$$\sum \boldsymbol{F} = m\dot{\boldsymbol{v}}$$

所有力关于 O 点的力矩可以通过将上式的两边同时叉乘位置向量 $\boldsymbol{r}$ 得到,位置向量 $\boldsymbol{r}$ 是从 xyz 惯性参考系中测得的。我们有

$$\sum \boldsymbol{M}_O = \boldsymbol{r} \times \sum \boldsymbol{F} = \boldsymbol{r} \times m\dot{\boldsymbol{v}}$$

考虑到 $\boldsymbol{r} \times m\boldsymbol{v}$ 的导数可以写成

$$\dot{\boldsymbol{H}}_O = \frac{\mathrm{d}}{\mathrm{d}t}(\boldsymbol{r} \times m\boldsymbol{v}) = \boldsymbol{r} \times m\dot{\boldsymbol{v}} + \dot{\boldsymbol{r}} \times m\boldsymbol{v}$$

向量与自身的叉乘为零,因此,上式右边的第二项 $\dot{\boldsymbol{r}} \times m\boldsymbol{v} = m(\dot{\boldsymbol{r}} \times \dot{\boldsymbol{r}}) = \boldsymbol{0}$,则可以得到

$$\sum \boldsymbol{M}_O = \dot{\boldsymbol{H}}_O \tag{2-12}$$

式(2-12)表示作用在质点上的所有力关于 O 点的力矩等于质点关于 O 点的角动量对时间的变化率。这个结果类似于式(2-1),即

$$\sum \boldsymbol{F} = \dot{\boldsymbol{L}} \tag{2-13}$$

式中:$\boldsymbol{L} = m\boldsymbol{v}$。所以作用在质点上的合力等于质点线动量对时间的变化率。式(2-12)和式(2-13)实际上是牛顿第二定律的另一种表述形式。

对于图 2-5 所示的质点系,可以推导出与式(2-13)形式相同的方程。作用在系统中第 i 个质点上的力包括外力 $\boldsymbol{F}_i$ 和内力 $\boldsymbol{f}_i$,用式(2-13)表示这些力关于 O 点的力矩,有

$$(\boldsymbol{r}_i \times \boldsymbol{F}_i) + (\boldsymbol{r}_i \times \boldsymbol{f}_i) = (\dot{\boldsymbol{H}}_i)_O$$

$(\dot{\boldsymbol{H}}_i)_O$ 是第 i 个质点关于 O 点的角动量对时间的变化率,对于系统中的其他质点,也可用类似的方程表示。当以矢量求和时,结果为

$$\sum (\boldsymbol{r}_i \times \boldsymbol{F}_i) + \sum (\boldsymbol{r}_i \times \boldsymbol{f}_i) = \sum (\dot{\boldsymbol{H}}_i)_O$$

因为内力以大小相等但方向相反的共线对出现,上式左边的第二项为零,所以内力关于 O 点的力矩也为零。上式可以简写成

$$\sum (\boldsymbol{M}_i)_O = \sum (\dot{\boldsymbol{H}}_i)_O \tag{2-14}$$

式(2-14)表示作用在质点系上的所有外力关于 O 点的力矩之和等于系统关于 O 点总角动量对时间的变化率。尽管这里选择 O 点作为坐标原点,但它实际上可以表

示惯性参考系中的任何固定点。

3. 角动量定理

如果将式(2-14)改成积分形式,并假设 $t=t_1$ 时,$\boldsymbol{H}_O=(\boldsymbol{H}_O)_1$;$t=t_2$ 时,$\boldsymbol{H}_O=(\boldsymbol{H}_O)_2$,则有

$$\sum\int_{t_1}^{t_2}\boldsymbol{M}_O\mathrm{d}t=(\boldsymbol{H}_O)_2-(\boldsymbol{H}_O)_1 \tag{2-15}$$

初始角动量和最终角动量分别被定义为质点的初始线动量和最终线动量对 O 点的矩。式(2-15)左边的项叫作角动量,是由某一时间段内作用在质点上所有力的力矩对时间的积分决定的。所有力关于点 O 的力矩是 $\boldsymbol{M}_O$,角动量可以用矢量形式表示为

$$\text{角动量}=\sum\int_{t_1}^{t_2}\boldsymbol{M}_O\mathrm{d}t=\int_{t_1}^{t_2}\sum(\boldsymbol{r}_i\times\boldsymbol{F}_i)\mathrm{d}t \tag{2-16}$$

式(2-15)还可以写为

$$(\boldsymbol{H}_O)_1+\sum\int_{t_1}^{t_2}\boldsymbol{M}_O\mathrm{d}t=(\boldsymbol{H}_O)_2 \tag{2-17}$$

利用动量定理和角动量定理,可以写出定义质点运动的两个方程,即式(2-3)和式(2-17),表述为

$$\begin{cases}m\boldsymbol{v}_1+\sum\int_{t_1}^{t_2}\boldsymbol{F}\mathrm{d}t=m\boldsymbol{v}_2\\(\boldsymbol{H}_O)_1+\sum\int_{t_1}^{t_2}\boldsymbol{M}_O\mathrm{d}t=(\boldsymbol{H}_O)_2\end{cases} \tag{2-18}$$

如果作用在质点上的力矩为零,则式(2-15)可简化为

$$(\boldsymbol{H}_O)_1=(\boldsymbol{H}_O)_2$$

上式被称为角动量守恒方程。它表示质点关于 O 点的角动量保持恒定。显然,如果不对质点施加外力,则线动量和角动量都是守恒的。然而,在某些情况下,质点的角动量是守恒的,而线动量可能不是守恒的。当质点只受到中心力时,就会发生这种情况。如图 2-6 所示,当质点沿某一路径运动时,由中心力 $\boldsymbol{F}$ 产生的冲量始终指向 O 点。$\boldsymbol{F}$ 绕 z 轴产生的角冲量总是零,因此质点的角动量绕 z 轴守恒。我们也可以把质点系的角动量守恒写为

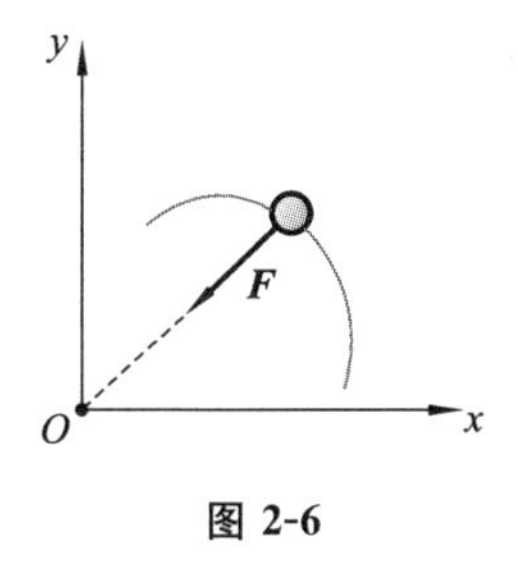

图 2-6

$$\sum(\boldsymbol{H}_O)_1=\sum(\boldsymbol{H}_O)_2$$

在这种情况下,必须对系统中所有质点的角动量进行求和。

2.2 中心碰撞

当两个物体在很短的时间内相互碰撞时,就会发生冲击,物体之间产生相对较大

的力(冲击力)。

一般来说,碰撞有两种类型。当两个质点的质心的运动方向沿着一条穿过它们质心的直线时,就会发生中心碰撞。这条线叫作蹦撞线,该线垂直于碰撞面,如图2-7(a)所示。当一个或两个质点的运动方向与蹦撞线成一定角度(见图 2-7(b))时,就会发生斜碰撞。

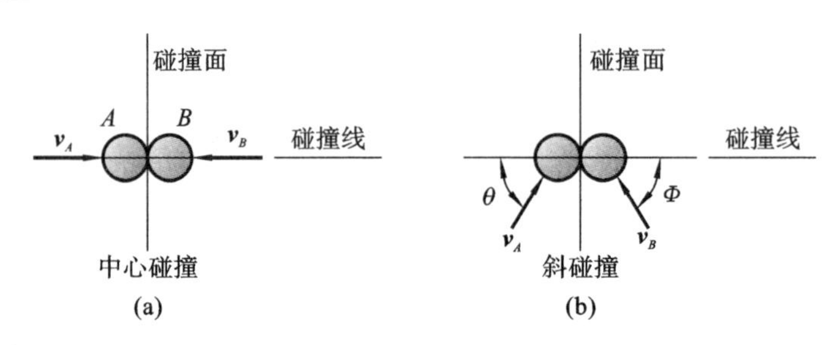

图 2-7

用图 2-8 所示的两个质点 A 和 B 的碰撞为例来分析中心碰撞。

(1) 若质点的初始动量如图 2-8(a)所示,则碰撞一定会发生。

(2) 在碰撞过程中,质点是可变形的或非刚性的。碰撞发生后,质点将经历一段时间的变形,使它们对彼此施加大小相等但方向相反的变形冲量,如图 2-8(a)所示。

(3) 只有在变形最大的瞬间,两个质点才会以共同的速度 $\boldsymbol{v}$ 运动,且此时它们的相对运动速度为零,如图 2-8(b)所示。

(4) 变形达到最大以后,会发生一段时间的恢复,在这种情况下,质点要么恢复到原来的形状,要么保持永久的变形。大小相等但方向相反的恢复冲量将质点 A 和质点 B 相互推开,如图 2-8(c)所示。在现实中,任意两个物体的变形冲量总是大于恢复冲量。

(5) 蹦撞后质点将有图 2-8(d)所示的最终动量。

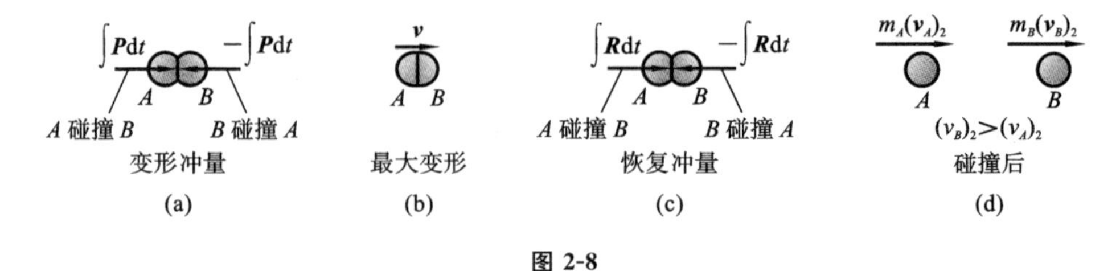

图 2-8

在大多数问题中,质点的初始速度是已知的,因此有必要确定它们的最终速度。在这方面,质点系的动量是守恒的,因为在碰撞过程中,内部的变形冲量和恢复冲量抵消了。参考图 2-8(a)和图 2-8(d),可以得到

$$m_A(\boldsymbol{v}_A)_1+m_B(\boldsymbol{v}_B)_1=m_A(\boldsymbol{v}_A)_2+m_B(\boldsymbol{v}_B)_2 \tag{2-19}$$

为了对式(2-19)进行求解，还需要第二个方程，我们可以对每个质点应用动量定理。例如，在质点 A 的变形阶段，可以得到

$$m_A(\boldsymbol{v}_A)_1 - \int \boldsymbol{P}\mathrm{d}t = m_A\boldsymbol{v}$$

在质点 A 的恢复阶段，有

$$m_A\boldsymbol{v} - \int \boldsymbol{R}\mathrm{d}t = m_A(\boldsymbol{v}_A)_2$$

恢复冲量与变形冲量的比值称为恢复系数，则质点 A 的恢复系数为

$$e = \frac{\int R\mathrm{d}t}{\int P\mathrm{d}t} = \frac{v-(v_A)_2}{(v_A)_1 - v}$$

类似地，也可以求出质点 B 的恢复系数：

$$e = \frac{\int R\mathrm{d}t}{\int P\mathrm{d}t} = \frac{(v_B)_2 - v}{v-(v_B)_1}$$

如果将上述两个方程中的未知数消去，则恢复系数可以用质点的初始速度和最终速度表示为

$$e = \frac{(v_B)_2-(v_A)_2}{(v_A)_1-(v_B)_1} \tag{2-20}$$

如果给定了 e 的值，则可以联立式(2-19)和式(2-20)求解质点的最终速度。

由式(2-20)可知，e 表示碰撞后质点的相对速度与碰撞前质点的相对速度之比。通过试验测量相对速度，发现 e 随着碰撞速度以及碰撞体的大小和形状的不同发生显著的变化。由于这些原因，e 只有在与测量时已知条件非常接近的数据一起使用时才是可靠的。一般来说，e 的值在 0 和 1 之间。

完全弹性碰撞($e=1$) 如果两个质点之间的碰撞是完全弹性的，那么变形冲量与恢复冲量大小相等且方向相反。在现实中，弹性碰撞是不可能实现的。

完全塑性碰撞($e=0$) 在这种情况下，没有恢复冲量，所以碰撞后两个质点结合在一起，以相同的速度运动。

特别地，如果碰撞是完全弹性的，则碰撞中不会损失任何能量；而如果碰撞是完全塑性的，碰撞过程中损失的能量最大。

例 2.1

质量为 2.72 kg 的小球 A 在图 2-9(a)所示的位置从静止状态中释放。小球 A 将撞击质量为 8.16 kg 的盒子 B。已知小球 A 和盒子 B 之间的恢复系数是 0.5。试求小球 A 和盒子 B 在碰撞后的速度和碰撞过程中损失的能量。

解 该问题为中心碰撞。首先需要得到小球 A 在撞击盒子 B 之前的速度。

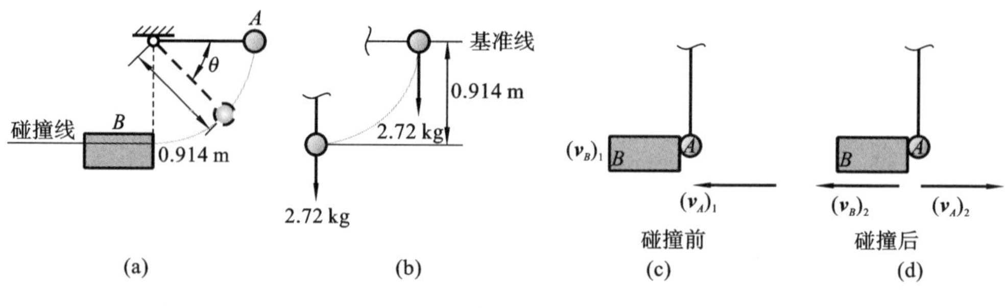

图 2-9

根据图 2-9(b)的数据,应用能量守恒定律,可以得到

$$0+0=\frac{1}{2}\times 2.72\ \text{kg}\times (v_A)_1^2-2.72\ \text{kg}\times 9.81\ \text{m/s}^2\times 0.914\ \text{m}$$

$$(v_A)_1=4.23\ \text{m/s}$$

碰撞后,假设小球 A 和盒子 B 向左移动。对系统应用动量守恒定律,如图 2-9(c)所示,可以得到

$$m_B(v_B)_1+m_A(v_A)_1=m_B(v_B)_2+m_A(v_A)_2$$

$$0+2.72\ \text{kg}\times 4.23\ \text{m/s}=8.16\ \text{kg}\times (v_B)_2+2.72\ \text{kg}\times (v_A)_2$$

考虑到小球 A 和盒子 B 在碰撞后发生分离,如图 2-9(d)所示,由

$$e=\frac{(v_B)_2-(v_A)_2}{(v_A)_1-(v_B)_1}=0.5$$

可以求得

$$(v_A)_2=-0.53\ \text{m/s},\quad (v_B)_2=1.59\ \text{m/s}$$

在小球 A 和盒子 B 碰撞前后应用功能原理,可以得到

$$\sum U_{1-2}=T_2-T_1$$

$$\sum U_{1-2}=\left[\frac{1}{2}\times 8.16\ \text{kg}\times (1.59\ \text{m/s})^2+\frac{1}{2}\times 2.72\ \text{kg}\times (-0.53\ \text{m/s})^2\right]-\left[\frac{1}{2}\times 2.72\ \text{kg}\times (4.23\ \text{m/s})^2\right]$$

$$\sum U_{1-2}=-13.64\ \text{J}$$

2.3 斜 碰 撞

质点的中心碰撞和斜碰撞的概念在 2.2 节中进行了介绍。本节将进一步讨论碰撞以解决两个物体间的斜碰撞问题。斜碰撞发生在两个物体质心的运动方向不与碰撞线重合的情况下。这种碰撞经常发生在一个或两个物体被约束绕固定轴旋转的情

况下。例如,图 2-10(a)中两个物体 A 和 B 在 C 点发生碰撞。假设在碰撞发生之前,物体 B 沿逆时针方向以角速度 $(\boldsymbol{\omega}_B)_1$ 旋转,而位于物体 A 上的接触点 C 的速度为 $(\boldsymbol{u}_A)_1$。碰撞前两个物体的速度如图 2-10(b)所示。假设物体表面是光滑的,它们对彼此施加的冲击力沿着碰撞线。因此,C 点在物体 B 上的速度分量沿着碰撞线,$(\boldsymbol{v}_B)_1=(\boldsymbol{\omega}_B)_1 r$。同样地,在物体 A 上,沿着碰撞线的速度分量是 $(\boldsymbol{v}_A)_1$。若要发生碰撞,则有 $(v_A)_1>(v_B)_1$。

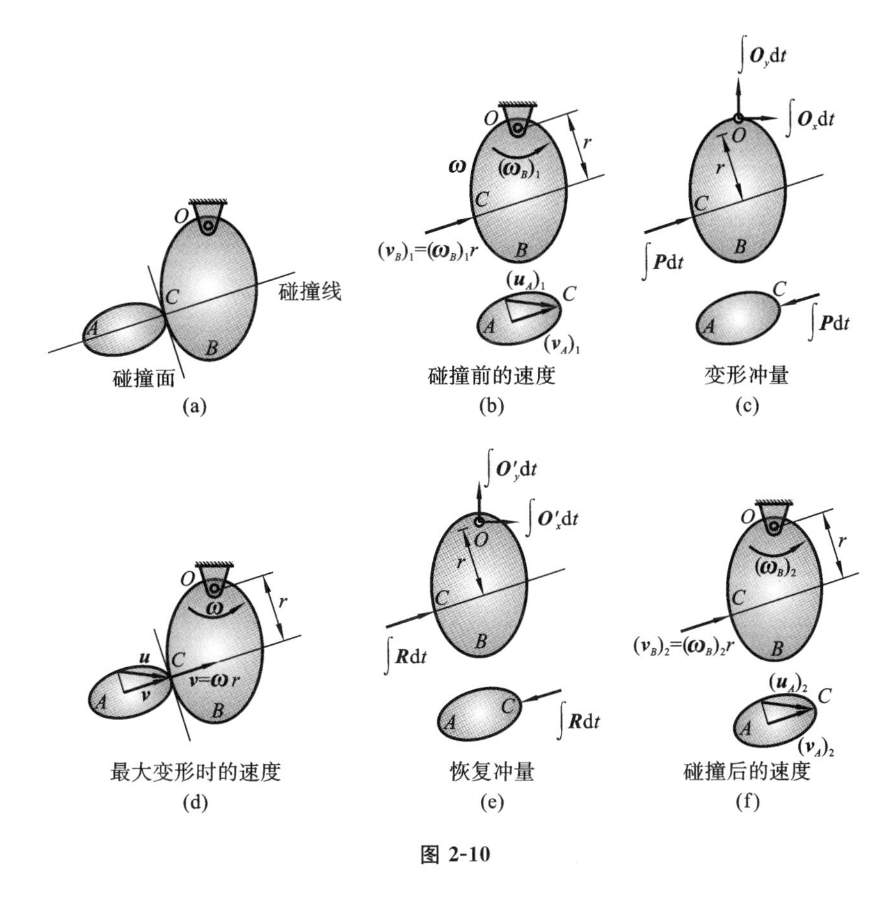

图 2-10

在碰撞期间,两个物体之间施加了大小相等但方向相反的冲击力 $\boldsymbol{P}$,这导致它们在接触点处发生变形,产生的冲量如图 2-10(c)所示。值得注意的是,在旋转体上的冲击反力会作用在 O 点。假设碰撞产生的力远大于物体的重力,故没有画出重力。当 C 点的变形达到最大时,两个物体上的 C 点沿着碰撞线以共同的速度 $\boldsymbol{v}$ 移动,如图 2-10(d)所示。然后进入弹性恢复阶段,物体倾向于恢复其原始形状。在弹性恢复阶段,会产生一个大小相等但方向相反的作用于两个物体之间的冲击力 $\boldsymbol{R}$,如图 2-10(e)所示。恢复后,物体分开,物体 B 上 C 点的速度分量为 $(\boldsymbol{v}_B)_2$,而物体 A 上 C 点的速度分量为 $(\boldsymbol{v}_A)_2$,$(\boldsymbol{v}_B)_2>(\boldsymbol{v}_A)_2$,如图 2-10(f)所示。

一般而言,涉及两个物体碰撞的问题需要确定两个未知数 $(v_A)_2$ 和 $(v_B)_2$,并假设 $(v_A)_1$ 和 $(v_B)_1$ 已知。为了解决这类问题,必须联立两个方程,第一个方程通常涉及角动量守恒。对于物体 A 和物体 B,C 点的冲量在系统内部,而 O 点的冲量对 O 点产生零力矩(或零角冲量)。利用恢复系数 e 的定义可以得到第二个方程。

然而,需要注意的是,上述分析在工程中的应用非常有限,因为恢复系数 e 的值对碰撞体的材料、几何形状和速度等都非常敏感。

为了建立恢复系数方程,必须首先将关于 O 点的角冲量和动量定理分别应用于物体 B 和物体 A。合并结果,然后得到所需的方程。从碰撞前一时刻到最大变形瞬间(见图 2-10(b)、(c)、(d))对物体 B 应用角冲量和动量定理:

$$I_O(\omega_B)_1 + r\int P\mathrm{d}t = I_O\omega \tag{2-21}$$

I_O 是物体 B 关于 O 点的转动惯量。同样地,从最大变形瞬间到刚好碰撞后的瞬间应用角冲量和动量定理,得出

$$I_O\omega + r\int R\mathrm{d}t = I_O(\omega_B)_2 \tag{2-22}$$

求解式(2-21)和式(2-22),分别得到 $\int P\mathrm{d}t$ 和 $\int R\mathrm{d}t$,从而得到恢复系数 e:

$$e = \frac{\int R\mathrm{d}t}{\int P\mathrm{d}t} = \frac{r(\omega_B)_2 - r\omega}{r\omega - r(\omega_B)_1} = \frac{(v_B)_2 - v}{v - (v_B)_1}$$

类似地,以物体 A 为对象,可以得到一个恢复系数 e 关于 $(v_A)_1$ 和 $(v_A)_2$ 的方程:

$$e = \frac{v - (v_A)_2}{(v_A)_1 - v}$$

将上述两个方程联立,消去共同速度 v,可以得到

$$e = \frac{(v_B)_2 - (v_A)_2}{(v_A)_1 - (v_B)_1} \tag{2-23}$$

式(2-23)表明,恢复系数等于碰撞后物体在接触点 C 处分离的相对速度与碰撞前物体在接触点 C 处接近的相对速度的比值。在推导这个方程时,我们假设两个物体的接触点在碰撞前后都向上和向右运动。如果在碰撞前后接触点向下和向左运动,那么该点的速度在式(2-23)中应被视为负值。

进一步,对图 2-10(c)所示的 O 点进行分析。碰撞发生时,O 点存在冲量的作用。应用冲量定理,可以知道:$\int \boldsymbol{P}_x\mathrm{d}t + m_B\boldsymbol{v}_{Gx1} = \int \boldsymbol{O}_x\mathrm{d}t + m_B\boldsymbol{v}_{Gx2}$,$\int \boldsymbol{P}_y\mathrm{d}t + m_B\boldsymbol{v}_{Gy1} = \int \boldsymbol{O}_y\mathrm{d}t + m_B\boldsymbol{v}_{Gy2}$ ($\boldsymbol{P}_x$、$\boldsymbol{P}_y$ 分别为 C 点受到的 x、y 两个方向的作用力;$\boldsymbol{O}_x$、$\boldsymbol{O}_y$ 分别为 O 点受到的 x、y 两个方向的作用力)。显然,如果 $\int \boldsymbol{P}_y\mathrm{d}t = \boldsymbol{0}$,则 $\int \boldsymbol{O}_y\mathrm{d}t = \boldsymbol{0}$,如果碰撞发生在某一个特殊位置,刚好满足 $\int \boldsymbol{P}_x\mathrm{d}t + m_B\boldsymbol{v}_{Gx1} - m_B\boldsymbol{v}_{Gx2} = \boldsymbol{0}$,则 $\int \boldsymbol{O}_x\mathrm{d}t = \boldsymbol{0}$。可以

发现，此时 O 点将不承受冲量的作用。一般地，当外部碰撞冲量作用于物体质量对称平面内的撞击中心，且垂直于回转中心与质心的连线时，在转轴处不引起碰撞冲量，因而转轴 O 处也不会受到附加力的作用。根据上述结论，设计用于材料试验的摆式撞击机时，将撞击点精确地设置在摆锤的中心位置，这样碰撞时就不致在轴承处引起冲击力。在使用锤子锤打东西时，若击打的地方正好是锤杆的撞击中心，则击打时手不会感到冲击；反之，则手会感到强烈的冲击。

例 2.2

一均质杆质量为 m，长度为 $2a$，其上端由圆柱形铰链固定，如图 2-11 所示。杆由竖直位置无初速度落下（旋转 180°），撞上一个固定的物块。设恢复系数为 e，求：

（1）圆柱形铰链承受的碰撞冲量；

（2）撞击中心的位置。

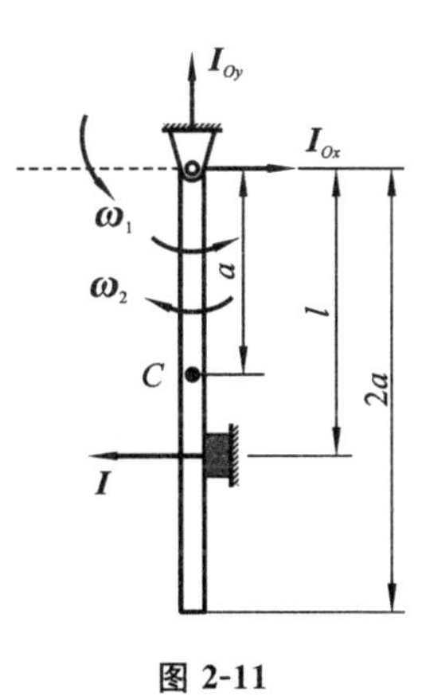

图 2-11

解　杆在铅垂位置与物块碰撞，设碰撞开始和结束时，杆的角速度分别为 $\boldsymbol{\omega}_1$ 和 $\boldsymbol{\omega}_2$。在碰撞发生前，杆由竖直位置自由落下，应用动能定理：$\frac{1}{2}J_O\omega_1^2 = mg\cdot 2a$，而 $J_O=\frac{1}{3}m(2a)^2$，可知 $\omega_1=\sqrt{\frac{3g}{a}}$。碰撞前后碰撞点的速度分别为 $\boldsymbol{v}_1$ 和 $\boldsymbol{v}_2$，则有

$$e=\frac{v_2-0}{0-v_1}=\frac{l\omega_2}{l\omega_1}$$

所以

$$\omega_2=e\omega_1=e\sqrt{\frac{3g}{a}}$$

对杆运用角动量定理，则 $J_O\omega_1-Il=-J_O\omega_2$，代入 ω_1 和 ω_2 的值，则有

$$I=\frac{4ma}{3l}(1+e)\sqrt{3ga}$$

根据冲量定理，有

$$\begin{cases}m\omega_1a+I_{Ox}-I=-m\omega_2a\\ I_{Oy}=0\end{cases}$$

可以求得

$$\begin{aligned}I_{Ox}&=-ma(\omega_2+\omega_1)+I\\&=m(1+e)\left(\frac{4a}{3l}-1\right)\sqrt{3ag}\end{aligned}$$

由上式可知，当 $l=\frac{4}{3}a$ 时，$I_{Ox}=0$。此时 $l=\frac{4}{3}a$ 的位置即撞击中心。

例 2.3

如图 2-12(a)所示,一质量为 4.536 kg 的细杆悬挂于铰链 A 处。一质量为 0.907 kg的球 B 以 9.144 m/s 的水平速度撞向竖直细杆,且碰撞发生在杆的中心处。请求出碰撞后细杆的角速度。恢复系数 $e-0.4$。

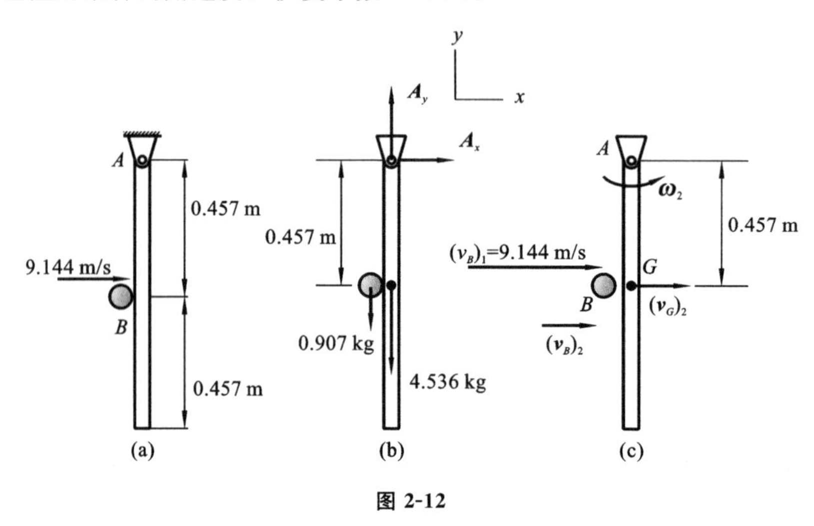

图 2-12

解　该问题涉及角动量守恒。可将球和杆视为一个系统,如图 2-12(b)所示。由于杆和球之间的冲力是内力,因此系统关于 A 点的角动量守恒。此外,球和杆的重力不产生角动量。图 2-12(c)画出了碰撞后球和杆的速度方向,可以求得

$$(H_A)_1 = (H_A)_2$$

$$m_B(v_B)_1 \times 0.457\ \text{m} = m_B(v_B)_2 \times 0.457\ \text{m} + m_A(v_G)_2 \times 0.457\ \text{m} + I_G\omega_2$$

$$\begin{aligned}0.907\ \text{kg} \times 9.144\ \text{m/s} \times 0.457\ \text{m} = {} & 0.907\ \text{kg} \times (v_B)_2 \times 0.457\ \text{m} \\ & + 4.536\ \text{kg} \times (v_G)_2 \times 0.457\ \text{m} \\ & + \left[\frac{1}{12} \times 4.536\ \text{kg} \times (0.914\ \text{m})^2\right]\omega_2\end{aligned}$$

由于 $(v_G)_2 = 0.457\omega_2$,则

$$3.7902 = 0.4145(v_B)_2 + 1.2631\omega_2$$

由图 2-12(c),可以得到

$$e = \frac{(v_G)_2 - (v_B)_2}{(v_B)_1 - (v_G)_1}$$

$$0.4 = \frac{0.457\omega_2 - (v_B)_2}{9.144 - 0}$$

$$3.6576 = 0.457\omega_2 - (v_B)_2$$

由此解得

$$(v_B)_2 = -1.99\ \text{m/s} = 1.99\ \text{m/s}(\leftarrow)$$

$$\omega_2 = 3.65\ \text{rad/s}\quad(\text{逆时针方向})$$

习　题

2.1　质量为15000 kg的油罐车A和质量为25000 kg的货车B以图2-13所示的速度向对方行驶。如果恢复系数为0.6，确定碰撞后每辆车的速度。

2.2　如图2-14所示，重30 kg的包裹A进入平滑斜坡时的速度是5 m/s，当它滑下斜坡时，它撞击到最初处于静止状态的80 kg重的包裹B。如果恢复系数为0.6，确定撞击后的速度。

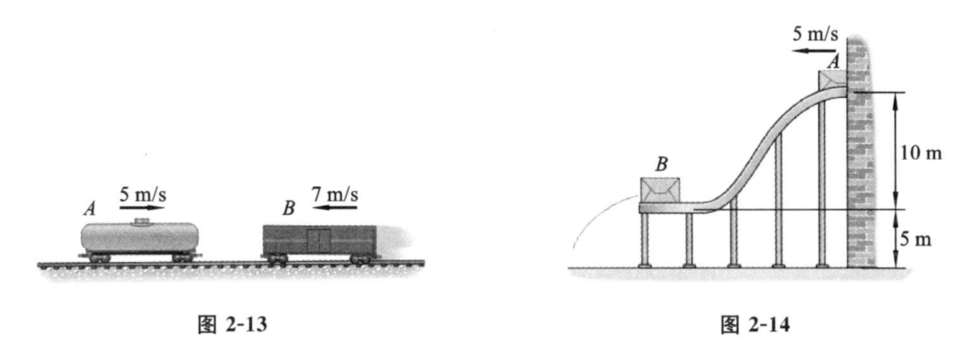

图 2-13　　图 2-14

2.3　图2-15所示三个球的质量都是m。球A在直接碰撞球B前有一个初速度$\boldsymbol{v}$，每个球之间的恢复系数为e，忽略每个球的大小，确定碰撞后球C的速度。

2.4　如图2-16所示，桩P的质量为800 kg，使用300 kg的锤C将其打入松散的沙土中，锤C在距离桩顶0.5 m处释放。如果沙土对桩的摩擦阻力为18 kN，确定一次碰撞后桩打入沙土的深度。锤与桩之间的恢复系数为0.7，忽略桩和锤的重力引起的冲量。

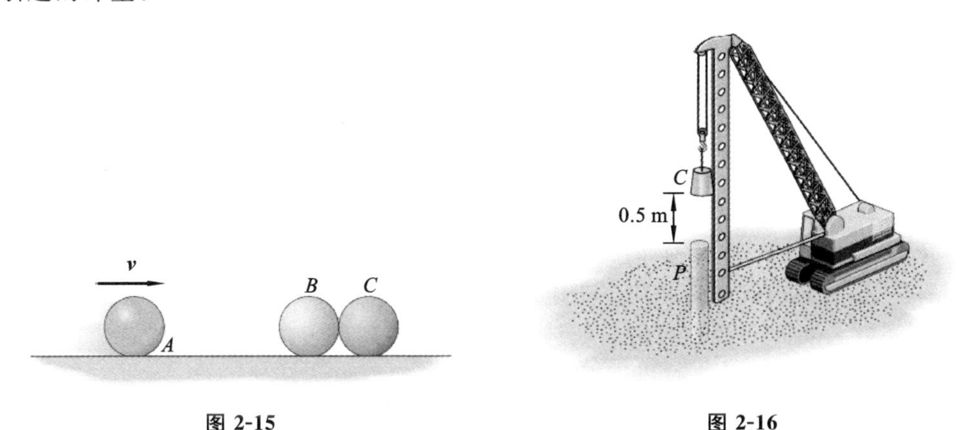

图 2-15　　图 2-16

2.5　如图2-17所示，重100 kg的箱子A从静止状态被释放到光滑的斜坡上。在它滑下斜坡后，与重200 kg的箱子B发生碰撞，随后，箱子B因受到弹簧的作用而停止运动。如果箱子之间的恢复系数为0.5，弹簧的弹性系数为$k=600$ N/m，确定碰撞后的速度。另外,弹簧的最大压缩量是多少?弹簧未被拉伸。

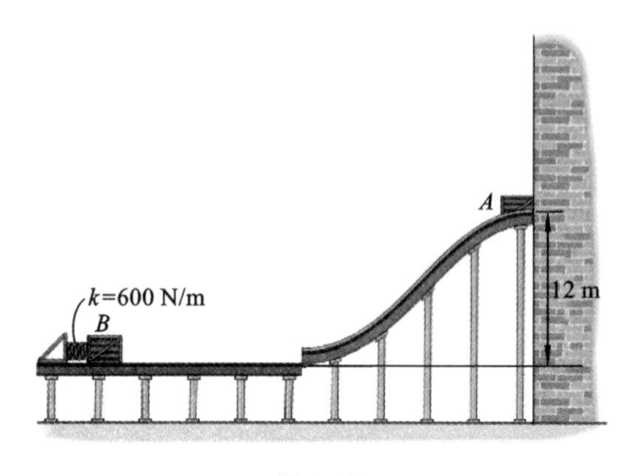

图 2-17

2.6 如图 2-18 所示,重 2 kg 的钢球从静止状态被释放并撞击 45°光滑的斜面。确定恢复系数、距离 s 以及球撞击 A 点时的速度。

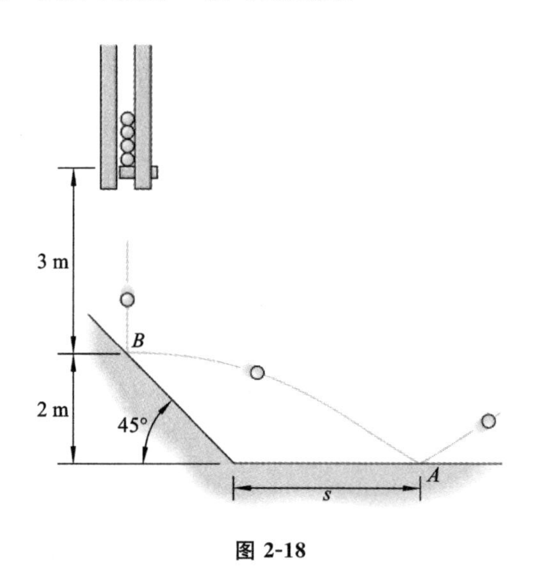

图 2-18

2.7 一个质量为 10 kg 的块体 A 从质量为 5 kg 的板 P 上方 2 m 的地方释放,板 P 可以沿着光滑的垂直导轨 BC 和 DE 自由滑动,如图 2-19 所示,块体与板之间的恢复系数为 0.75。确定撞击后块体 A 和板 P 的速度。另外,弹簧受冲击时的最大压缩量为多少?弹簧未被压缩时的长度为 600 mm。

2.8 一个重 0.2 kg 的小石头被弹弓射向水泥墙,击中 B 点,如图 2-20 所示。如果石头与墙壁之间的恢复系数为 0.5,确定石头从墙壁反弹后的速度。

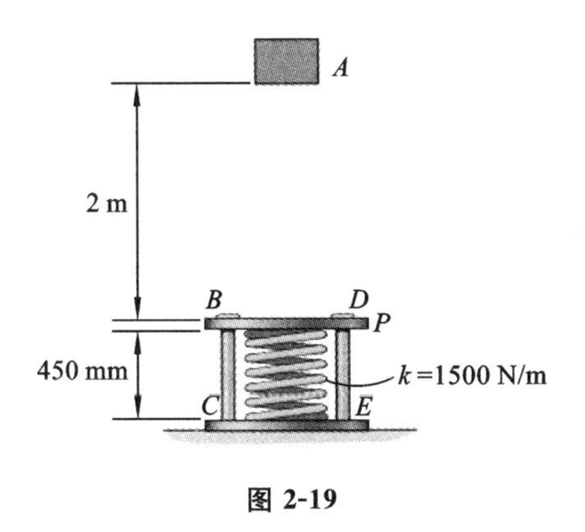

图 2-19

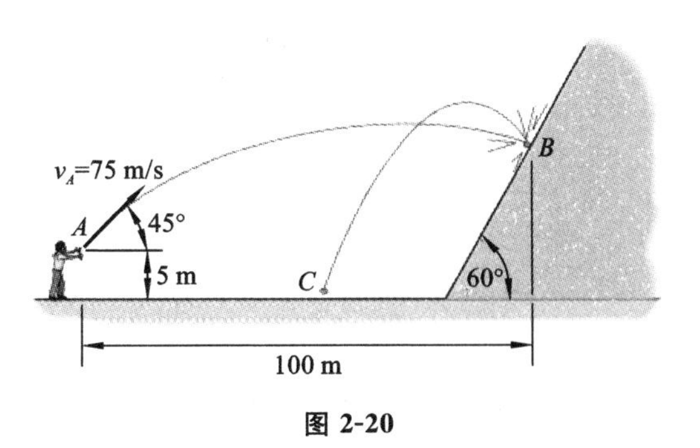

图 2-20

第3章　动　载　荷

3.1　概　　述

前文讨论了杆件的变形和应力，在加载过程中，载荷从零开始平缓地增加，杆件各点的加速度很小，可以忽略不计。这种载荷一般称为静载荷。在静载荷作用下杆件的变形和应力，称为静载荷变形和静载荷应力，简称静变形和静应力。静应力的特点是与加速度无关且不随时间改变。

在大多数与应力-应变图相关的材料特性测试中，载荷是逐渐施加的，以便有足够的时间使应变充分发展。此外，测试中试样被破坏，因此只需施加一次应力。这种测试适用于所谓的静态条件，这些条件和许多结构、机械的实际使用条件非常接近。

在工程中，有许多高速运行的构件，如涡轮机的长叶片、紧急制动的转轴、锻造坯件的汽锤等，在短时间内速度发生急剧变化。这种随时间明显变化的载荷，即具有较大加载速率的载荷，一般称为动载荷。构件上由动载荷引起的应力，称为动应力。这种应力有时会达到很高的数值，从而导致构件或零件失效。

对于一般加速度（包括线性加速度与角加速度）问题，材料性质未发生改变时，仍可用静载荷下的许用应力，处理这类问题的基本方法是达朗贝尔原理。

对于冲击问题，由于构件受到较大的冲击载荷，材料力学性能会发生很大的变化。由于冲击的瞬时性与复杂性，工程上常采用能量守恒定律进行简化分析计算。

3.2　直线运动构件的动应力

达朗贝尔原理，与牛顿第二定律相似，特点在于可以把动力学问题转化为静力学问题。

达朗贝尔原理指出，对做加速运动的质点系，如果假想地在每个质点上施加惯性力，则质点系上的原力系与惯性力系组成平衡力系。这样在形式上就可以把动力学问题转化为静力学问题来处理，这就是动静法。

对于以等加速度做直线运动的构件，就可以应用达朗贝尔原理施加惯性力，然后按照静载荷作用下的应力分析方法对构件进行应力计算以及强度和刚度设计。

如图3-1所示，等截面直杆以匀加速度 $\boldsymbol{a}$ 向上提升，其杆长为 l，横截面积为 A，密度为 ρ，截面模量为 W。若忽略拉索的重力，则根据达朗贝尔原理，杆件的重力、惯性力和拉索的拉力组成形式上的平衡力系。杆件的变形是在上述各力作用下的弯

曲。杆件的重力和惯性力方向均为向下，均布力为

$$q = A\rho + \left(\frac{A\rho}{g}\right)a = A\rho\left(1 + \frac{a}{g}\right) \tag{3-1}$$

杆件中央横截面上的弯矩为

$$M = F\left(\frac{l}{2} - b\right) - \frac{1}{2}q\left(\frac{l}{2}\right)^2 = \frac{1}{2}A\rho g\left(1 + \frac{a}{g}\right)\left(\frac{l}{4} - b\right)l \tag{3-2}$$

相应的应力（动应力）为

$$\sigma_{\mathrm{d}} = \frac{M}{W} = \frac{A\rho g}{2W}\left(1 + \frac{a}{g}\right)\left(\frac{l}{4} - b\right)l \tag{3-3}$$

当加速度等于零时，由式(3-3)求得杆件在静载荷下的弯曲正应力为

$$\sigma_{\mathrm{st}} = \frac{M}{W} = \frac{A\rho g}{2W}\left(\frac{l}{4} - b\right)l \tag{3-4}$$

故动应力 σ_{d} 可表示为

$$\sigma_{\mathrm{d}} = \sigma_{\mathrm{st}}\left(1 + \frac{a}{g}\right) \tag{3-5}$$

令 $\sigma_{\mathrm{d}}/\sigma_{\mathrm{st}} = K_{\mathrm{d}}$，$K_{\mathrm{d}}$ 称为动荷因数，则有

$$K_{\mathrm{d}} = 1 + \frac{a}{g} \tag{3-6}$$

可将式(3-5)写为

$$\sigma_{\mathrm{d}} = K_{\mathrm{d}}\sigma_{\mathrm{st}} \tag{3-7}$$

即动应力等于静应力乘以动荷因数。

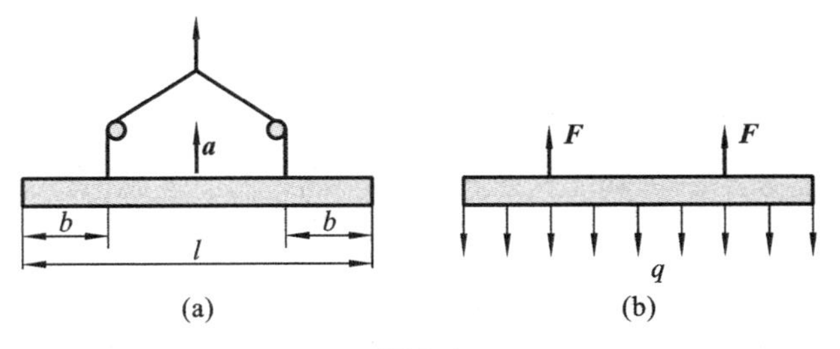

图 3-1

强度条件可以写成

$$\sigma_{\mathrm{d}} = K_{\mathrm{d}}\sigma_{\mathrm{st}} \leqslant [\sigma] \tag{3-8}$$

由于动荷因数 K_{d} 中已经包含了动载荷的影响，因此$[\sigma]$为静载荷下的许用应力。

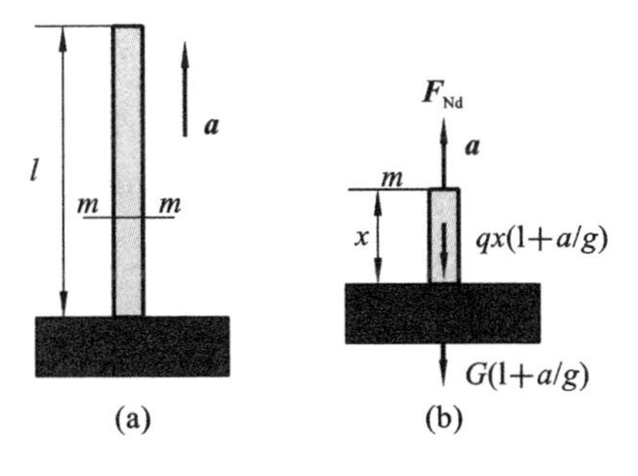

图 3-2

例 3.1

如图 3-2 所示，起重机钢丝绳长度 $l = 60$ m，横截面积 $A = 3\ \mathrm{cm}^2$，单位长度重量 $q = 25$ N/m，许用应力$[\sigma] = 300$ MPa，以 $a = 2\ \mathrm{m/s}^2$ 的加速度向上提起重 50 kN 的物体。试校核

钢丝绳的强度。

解 当重物以加速度 $a=2\ \mathrm{m/s^2}$ 上升时,考虑钢丝绳的重量,钢丝绳内各点的轴力是不相同的。钢丝绳任意截面 $m—m$ 上的轴力为

$$F_{\mathrm{Nd}} = (G+qx)(1+a/g)$$

当 $x=l$ 时,轴力达到最大值为

$$F_{\mathrm{Nd}} = (G+ql)(1+a/g)$$

钢丝绳内的最大动应力为

$$\begin{aligned}\sigma_{\mathrm{d}} &= \frac{(G+ql)(1+a/g)}{A}\\ &= \frac{(50000+25\times 60)\times(1+2/9.8)}{3\times 10^{-4}}\ \mathrm{Pa}\\ &= 206.7\times 10^{6}\ \mathrm{Pa} = 206.7\ \mathrm{MPa}\end{aligned}$$

由于 $\sigma_{\mathrm{d}} = 206.7\ \mathrm{MPa} < [\sigma] = 300\ \mathrm{MPa}$,因此钢丝绳的使用是合理的。

3.3 旋转构件的动应力

由于动应力,旋转构件的失效问题在工程中也是常见的。处理这类问题时,首先分析构件的运动,确定其加速度,然后应用达朗贝尔原理,在构件上施加惯性力,最后按照静载荷的分析方法,确定构件的内力和应力。

如图 3-3(a)所示,圆环以匀角速度 $\boldsymbol{\omega}$ 绕通过圆心且垂直于纸面的轴旋转。若圆环的厚度 δ 远小于直径 D,便可近似地认为环内各点的法向加速度大小相等,且都等于 $D\omega^2/2$。以 A 表示圆环的横截面积,以 ρ 表示密度,于是沿周向均匀分布的惯性力为 $q_{\mathrm{d}} = A\rho a_{\mathrm{n}} = A\rho D\omega^2/2$,方向背离圆心,如图 3-3(b)所示。

采用截面法,用一假想的截面沿直径将圆环截为两个半环,其中一个半环的受力如图 3-3(c)所示。图中 $\boldsymbol{F}_{\mathrm{Nd}}$ 为截面上的法向力,其除以面积即可得到动应力。

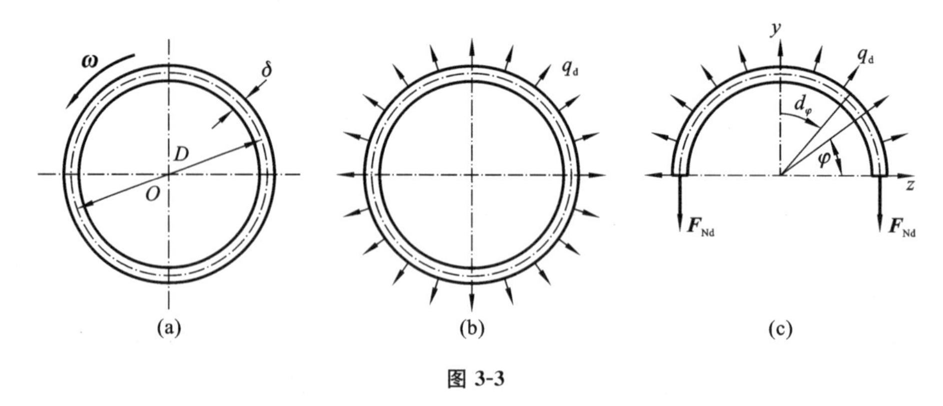

图 3-3

以圆心为原点,建立 Oyz 坐标系(见图 3-3(c)),由平衡方程 $\sum F_y = 0$,得

$$-2F_{\mathrm{Nd}}+\int_{0}^{\pi}q_{\mathrm{d}}\sin\varphi\cdot\frac{D}{2}\mathrm{d}\varphi=0 \tag{3-9}$$

$$F_{\mathrm{Nd}}=q_{\mathrm{d}}D/2=A\rho D^{2}\omega^{2}/4 \tag{3-10}$$

对应径向截面上的应力为

$$\sigma_{\mathrm{d}}=F_{\mathrm{Nd}}/A=\rho D^{2}\omega^{2}/4=\rho v^{2} \tag{3-11}$$

式中:v 是圆环上各点的切向速度。

匀速旋转圆环的动强度条件为

$$\sigma_{\mathrm{d}}=\rho v^{2}\leqslant[\sigma] \tag{3-12}$$

上式表明,环内动应力与圆环的密度和转速有关,与横截面积无关。增加横截面积无助于降低最大应力。

例 3.2

如图 3-4 所示,可近似将汽轮机叶片视为等截面匀质杆。已知叶轮的转速 $n=3000$ r/min,半径 $R=600$ mm,叶片长度 $l=250$ mm,材料密度 $\rho=7.85\times10^{3}$ kg/m^{3}。试求叶片根部截面上的最大拉应力。

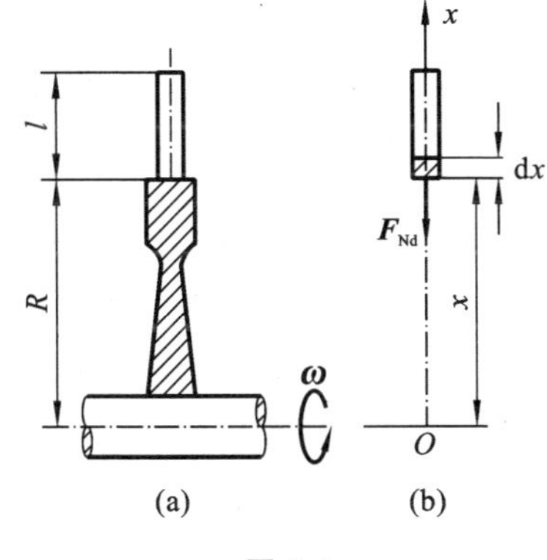

图 3-4

解 (1) 确定动载荷。

当叶轮以等角速度旋转时,叶片上的各个点具有数值不同的法向加速度,其值为

$$a_{\mathrm{n}}=x\omega^{2}$$

式中:x 是质点到转轴的距离。

为了确定叶片根部的轴力,首先必须确定叶片上的动载荷,即沿叶片轴向分布的惯性力。

设叶片单位长度质量为 m,则沿叶片轴向单位长度上的惯性力 q_1 可表示为

$$q_{1}=ma_{\mathrm{n}}=m(x\omega^{2})=A\rho(x\omega^{2})$$

式中:A 为叶片的横截面积。

上式表明叶片上各点的轴向惯性力与各点到转轴的距离 x 成正比。

用假想截面从任意处将叶片截开,通过考察截面以上部分的平衡,求得横截面上的轴力 F_{Nd}。

建立平衡方程:

$$\sum F_{x}=0,\quad F_{\mathrm{Nd}}-\int_{x}^{l+R}q_{1}\mathrm{d}x=0$$

解得

$$F_{\mathrm{Nd}}=\int_{x}^{l}q_{1}\mathrm{d}x=\int_{x}^{l+R}mx\omega^{2}\mathrm{d}x=\frac{A\rho\omega^{2}}{2}((l+R)^{2}-x^{2})$$

根据上式,在叶片根部 $x=600$ mm 处,轴力最大。

(2) 计算应力。

叶片最大拉应力出现在 $x=600$ mm 处,且

$$\sigma_{\mathrm{d}} = \frac{F_{\mathrm{Nd}}}{A}$$

将已知数据代入上式后，得到

$$\begin{aligned}\sigma_{\mathrm{d,max}} &= \frac{F_{\mathrm{Nd}}}{A} = \frac{A\rho\omega^2((l+R)^2 - R^2)}{2A} \\ &= \frac{7.85\times10^3\times(3000\times2\pi/60)^2\times(0.85^2-0.6^2)}{2}\mathrm{Pa} \\ &= 140\times10^6\ \mathrm{Pa} = 140\ \mathrm{MPa}\end{aligned}$$

3.4　构件的冲击载荷与冲击应力

3.4.1　计算冲击载荷的基本假定

具有均匀截面的直杆 BD 一端固定、一端自由。自由端 B 受到一质量为 m、速度为 v_0 的小球冲击(见图 3-5(a))。杆件 BD 在小球的冲击载荷作用下产生变形，当小球的速度变为 0 时，杆件中的应力达到最大值(见图 3-5(b))。此后，杆件 BD 的变形将减小，产生振动，在有阻尼的情况下，杆件的振动最终消失。

如图 3-6 所示，打桩机利用重锤的重力，通过自由落体锤击地桩。这对正在打入地下的桩施加了巨大的冲击载荷，地桩被打入一定的深度实现固定。研究者需要计算冲击时的瞬时最大变形值和应力值。

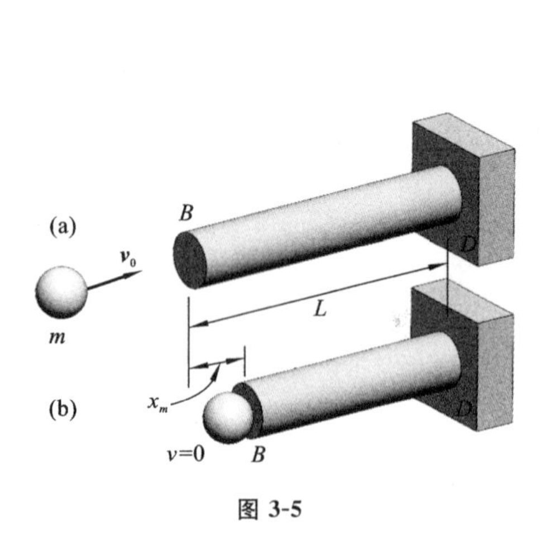

图 3-5

图 3-6

由于冲击过程中，杆件上的应力和变形分布比较复杂，因此，难以精确地计算冲击载荷以及被冲击构件中由冲击载荷引起的应力和变形。工程中常采用简化计算方法。这种简化计算方法基于以下假设：

(1) 冲击物为刚体，从冲击开始到冲击位移最大时，冲击物与被冲击构件一起运动，不发生回弹；

(2) 忽略被冲击构件的质量，认为冲击载荷引起的应力和变形在冲击瞬间遍及被冲击构件；

(3) 冲击过程中，被冲击构件处在弹性范围内；

(4) 冲击过程中没有其他形式的能量转换，机械能守恒定律仍然成立。

3.4.2 机械能守恒定律的应用

如图 3-7(a)所示简支梁，有一重量为 W 的物体，缓慢放置在梁 AB 的中点。在弹性范围内，梁中点的挠度为

$$w=\frac{WL^3}{48EI} \tag{3-13}$$

式中：E 是弹性模量；I 是惯性矩。

如图 3-7(b)所示，同一重物在简支梁上方 h 处，自由下落后冲击梁的中点。冲击终了时，重物和梁中点的位移都达到最大值。$\boldsymbol{F}_\mathrm{d}$ 和 Δ_d 分别表示冲击力和冲击位移，其中下标 d 表示冲击力引起的动载荷，以区别惯性力引起的动载荷。

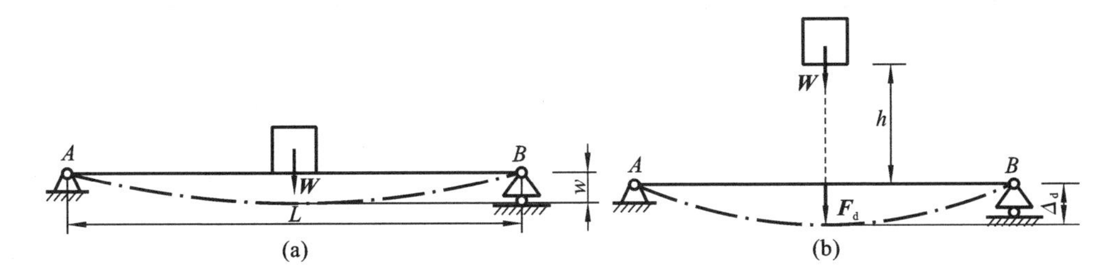

图 3-7

为简化起见，该梁可视为一个线性弹簧，其刚度系数为 k。

假设冲击之前梁的原始位置为位置 1；冲击终了时的位置为位置 2，即梁和重物运动到梁最大变形时的位置。分别考虑这两个位置的动能和势能。

冲击之前和冲击终了时，重物的速度均为零，因此在位置 1 和位置 2，系统的动能均为零，即

$$T_1=T_2=0 \tag{3-14}$$

以位置 1 为零势能点，即系统在位置 1 的势能为零：

$$V_1=0 \tag{3-15}$$

重物和梁在位置 2 时的势能分别记为 $V_2(W)$ 和 $V_2(k)$：

$$V_2(W)=-W(h+\Delta_\mathrm{d}) \tag{3-16}$$

$$V_2(k) = \frac{1}{2}k\Delta_d^2 \tag{3-17}$$

式中:$V_2(W)$为重物的重力从位置 2 回到位置 1(零势能点)时所做的功,因为力与位移相反,故为负值;$V_2(k)$为梁发生变形(从位置 1 到位置 2)后,储存在梁内的应变能,又称为弹性势能,数值上等于冲击力从位置 1 到位置 2 所做的功。

在冲击过程中,被冲击构件仍在弹性范围内,故冲击力 F_d 和冲击位移 Δ_d 之间存在线性关系,即

$$F_d = k\Delta_d \tag{3-18}$$

静载荷下 F_s 与 Δ_s 的关系为

$$F_s = k\Delta_s \tag{3-19}$$

式中:k 为刚度系数,动载荷和静载荷时刚度系数相同;Δ_s 为载荷缓慢施加时,冲击处梁的位移。

因为只有重力作用,根据机械能守恒定律,重物下落前到冲击终了后,系统的机械能守恒,即

$$T_1 + V_1 = T_2 + V_2 \tag{3-20}$$

将式(3-14)～式(3-17)代入式(3-20),有

$$\frac{1}{2}k\Delta_d^2 - W(h + \Delta_d) = 0 \tag{3-21}$$

这里,$F_s=W$,将其代入式(3-19),可得 $k=W/\Delta_s$,结合式(3-21),得到以下方程:

$$\Delta_d^2 - 2\Delta_s\Delta_d - 2\Delta_s h = 0$$

从而得到

$$\Delta_d = \Delta_s\left(1 + \sqrt{1 + \frac{2h}{\Delta_s}}\right) \tag{3-22}$$

冲击载荷因数为

$$K_d = \frac{\Delta_d}{\Delta_s} = 1 + \sqrt{1 + \frac{2h}{\Delta_s}} \tag{3-23}$$

这一结果表明,冲击载荷因数与静位移有关,即与梁的刚度有关。梁的刚度越小,静位移越大,冲击载荷因数将相应地减小。设计承受冲击载荷的构件时,应当充分利用这一特性,以减小构件所承受的冲击力。例如,在汽车底盘上安装叠板弹簧或空气弹簧式减震器,在火车车厢与轮轴之间安装压缩弹簧,使用长螺栓替代短螺栓以及在机械系统中大量应用的橡皮垫,都是利用上述原理来降低冲击的危害。

冲击条件下冲击物所能达到的最大冲击力、最大冲击位移和最大冲击应力可以分别表示为

$$F_d = K_d W, \quad \Delta_d = K_d\Delta_s, \quad \sigma_d = K_d\sigma_s$$

当 $h=0$ 时,得到

$$K_d = \frac{\Delta_d}{\Delta_s} = 2$$

这说明将重物突然放置在梁上时，施加在梁上的实际载荷是重物重量的两倍。

对于水平放置的系统，如图 3-1 所示，冲击过程中系统的势能不变，$\Delta V=0$。根据能量守恒定律，冲击系统的动能的变化等于杆件的应变能，即

$$\Delta T = V_{\varepsilon} \tag{3-24}$$

设系统速度为零时，杆件上的动载荷为 F_{d}，在材料服从胡克定律的情况下，冲击过程中动载荷所做的功为 $\frac{1}{2}F_{\mathrm{d}}\Delta_{\mathrm{d}}$，它等于杆件的应变能，即

$$V_{\varepsilon} = \frac{1}{2}F_{\mathrm{d}}\Delta_{\mathrm{d}} \tag{3-25}$$

若冲击物与杆件接触时的速度为 v，冲击后降为零，则动能的变化量 ΔT 为 $\frac{1}{2}mv^2$。将 ΔT 和 V_{ε} 的表达式代入式(3-24)，得

$$\frac{1}{2}mv^2 = \frac{mg}{2}\frac{\Delta_{\mathrm{d}}^2}{\Delta_{\mathrm{s}}} \tag{3-26}$$

$$\Delta_{\mathrm{d}} = \sqrt{\frac{v^2}{g\Delta_{\mathrm{s}}}}\Delta_{\mathrm{s}} \tag{3-27}$$

冲击载荷因数为

$$K_{\mathrm{d}} = \frac{\Delta_{\mathrm{d}}}{\Delta_{\mathrm{s}}} = \sqrt{\frac{v^2}{g\Delta_{\mathrm{s}}}} \tag{3-28}$$

例 3.3

如图 3-8 所示悬臂梁，B 端固定，自由端 A 的上方有一重物自由落下，撞击到梁上。已知梁的材料为木材，弹性模量 $E=10$ GPa；梁长 $L=2$ m，截面为 $b\times H=120$ mm$\times 200$ mm 的矩形；重物高度 h 为 40 mm，重量 $W=1$ kN。求：

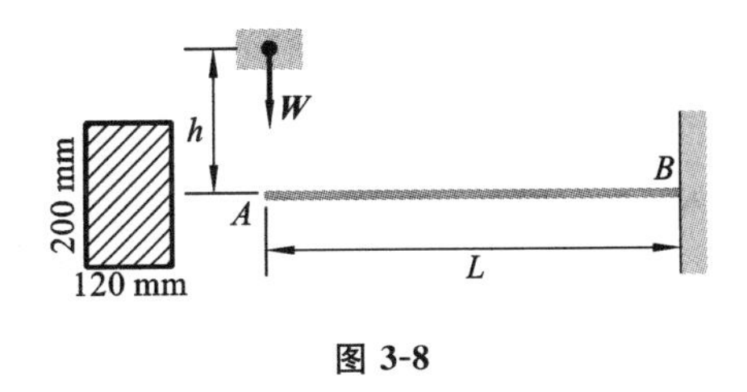

图 3-8

(1) 梁所受的冲击载荷；

(2) 梁横截面上的最大冲击正应力与最大冲击挠度。

解 (1)计算冲击载荷。

①计算梁横截面上的最大静应力和冲击处的最大挠度。

在静载荷 $\boldsymbol{W}$ 的作用下，悬臂梁横截面上的最大正应力发生在固定端处弯矩最大的截面上，其值为

$$\sigma_{\max} = \frac{M_{\max}}{S} = \frac{WL}{bH^2/6} = \frac{1\times 10^3\times 2\times 6}{120\times 200^2\times 10^{-9}}\ \mathrm{Pa} = 2.5\times 10^6\ \mathrm{Pa} = 2.5\ \mathrm{MPa}$$

由梁的扰度表，可查得自由端承受集中力的悬臂梁的最大挠度发生在自由端处，其值为

$$w_{\max} = \frac{WL^3}{3EI} = \frac{1\times 10^3\times 2^3\times 10^3}{3\times 10\times 10^9\times (120\times 200^3\times 10^{-12}/12)}\ \mathrm{mm} = \frac{10}{3}\ \mathrm{mm}$$

②确定冲击载荷因数。

根据式(3-23)和本例已知数据,可得冲击载荷因数为

$$K_d = 1 + \sqrt{1 + \frac{2h}{\Delta_s}} = 1 + \sqrt{1 + \frac{2 \times 40}{10/3}} = 6$$

③计算冲击载荷。

$$F_d = K_d W = 6 \times 1 \times 10^3 \text{ N} = 6000 \text{ N} = 6 \text{ kN}$$

(2)计算最大冲击正应力和最大冲击挠度。

最大冲击正应力为

$$\sigma_d = K_d \sigma_{max} = 6 \times 2.5 \text{ MPa} = 15 \text{ MPa}$$

最大冲击挠度为

$$w_{d,max} = K_d w_{max} = 6 \times \frac{10}{3} \text{ mm} = 20 \text{ mm}$$

例 3.4

如图 3-9 所示水平放置的变截面杆 BCD,D 端固定,B 端自由。BC 段和 CD 段长度相等,BC 段直径是 CD 段的 2 倍,材料的弹性模量为 E。现有质量为 m 的小球以速度 $\boldsymbol{v}_0$ 撞击 B 端,求杆件横截面上的最大冲击应力。

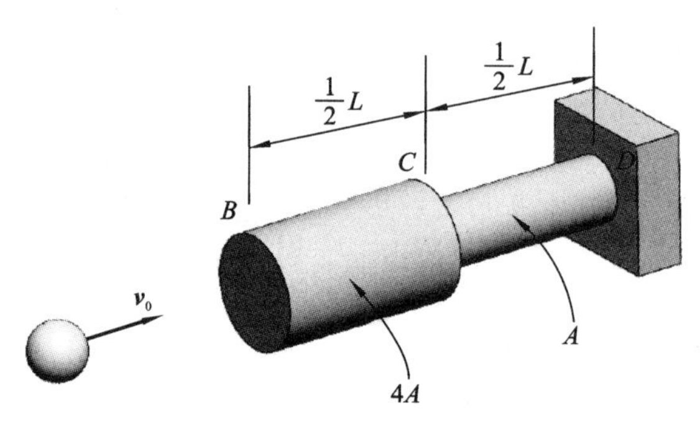

图 3-9

解 (1) 确定静载荷下杆的最大应力和变形量。

在静载荷 $m\boldsymbol{g}$ 作用下,CD 段的最大静应力为

$$\sigma_{s,max} = \frac{mg}{A}$$

整个杆的压缩变形量为

$$\Delta_s = \Delta_{BC} + \Delta_{CD} = \frac{mgL}{8EA} + \frac{mgL}{2EA} = \frac{5mgL}{8EA}$$

(2) 确定冲击载荷因数。

$$K_d = \sqrt{\frac{v^2}{g\Delta_s}} = \sqrt{\frac{v_0^2}{g\Delta_s}} = \sqrt{\frac{8EAv_0^2}{5mg^2L}}$$

(3) 计算最大冲击应力。

$$\sigma_{d,max}=K_d\sigma_{s,max}=\sqrt{\frac{8EAv_0^2}{5mg^2L}}\cdot\frac{mg}{A}=\sqrt{\frac{8Emv_0^2}{5AL}}$$

3.5　冲击韧性

冲击韧性是指材料在冲击载荷作用下吸收塑性变形功和断裂功的能力，反映了材料内部的细微缺陷和抗冲击能力。一般来说，材料的弹性、塑性和断裂三个阶段用来描述材料在冲击载荷作用下的破坏过程。

在弹性阶段，材料的力学性能与静载荷下的基本相同，如材料的弹性模量和泊松比都没有明显的变化。因为弹性变形是以声速在弹性介质中传播的，它总能跟得上外加载荷的变化步伐，所以加速度对材料的弹性行为及其相应的力学性能没有影响。塑性变形的传播比较慢，若加载速度太快，塑性变形就来不及充分进行。另外，塑性变形相对于加载速度滞后，从而导致变形抗力的提高，宏观表现为屈服强度有较大的提高，而塑性下降。一般情况下，对于塑性材料，断裂抗力与变形速率关系不大。在有缺口的情况下，随着变形速率的增大，材料的韧性总是降低的。因此，用缺口试样在冲击载荷下进行试验能更好地反映材料变脆的倾向和缺口的敏感性。

工程上衡量材料的抗冲击能力的标准是冲断试样所需能量的多少。冲击试验的分类方法较多，按温度分类有高温、常温、低温三种；按施加载荷分类有冲击拉伸、冲击扭转、冲击弯曲和冲击剪切；按能量分类有大能量一次冲击和小能量多次冲击。材料力学试验中的冲击试验是简支梁的常温大能量一次冲击试验。该试验采用 V 形缺口或 U 形缺口试样，如图 3-10 所示。在试样上制作缺口的目的是在缺口附近造成应力集中，使塑性变形局限在缺口附近不大的范围内，并保证试样缺口处一次性冲断。

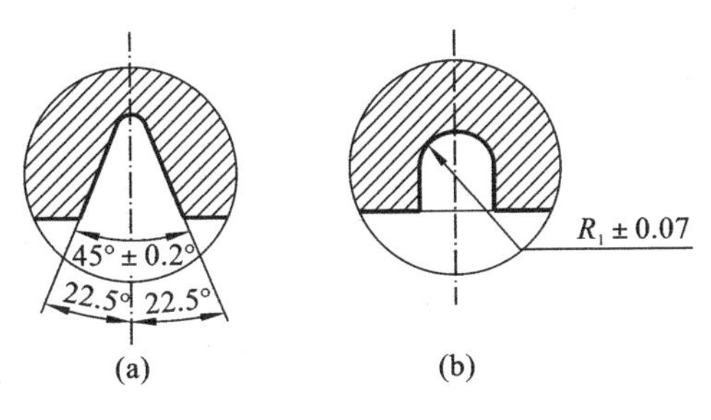

图 3-10

试验时，将带有切槽的弯曲试样放在试验机的支架上，并使切槽位于受拉的一侧（见图 3-11）。当重摆从一定高度自由落下将试样冲断时，试样所吸收的能量等于重摆所做的功。

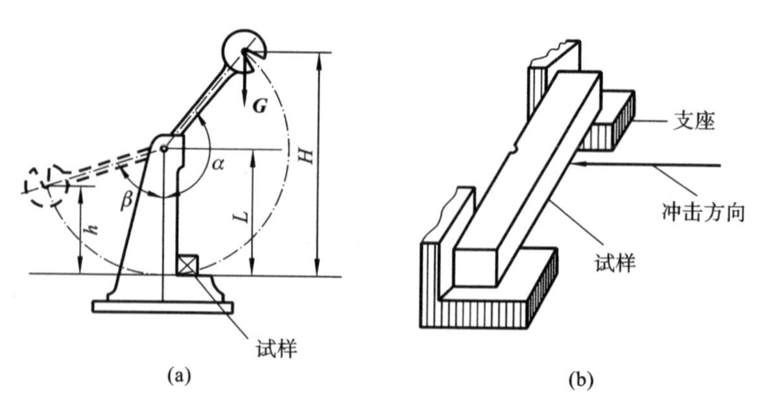

图 3-11

冲击前重摆的势能为

$$V_1 = GH = GL(1 - \cos\alpha)$$

冲击后重摆的势能为

$$V_2 = Gh = GL(1 - \cos\beta)$$

重摆所做的功为

$$W = GL(\cos\beta - \cos\alpha)$$

W 也是冲断试样时所消耗的冲击能量。以试样在切槽处的最小横截面积 A 除 W,得

$$\alpha_k = \frac{W}{A} = \frac{GL(\cos\beta - \cos\alpha)}{A}$$

式中:α_k 称为冲击韧性;G 是重摆的重力;L 为重摆的长度;α 为重摆的起始角度;β 为冲断后重摆由于惯性扬起的角度。

由于 α_k 对缺口的形状和尺寸十分敏感,缺口越深,α_k 越小,材料越脆,因此同种材料不同缺口的冲击韧性是不能互相计算和直接比较的。试验表明,缺口形状、试样尺寸和材料的性质等因素都会影响塑性变形附近的断口体积,因此冲击试验必须在规定的标准下进行。

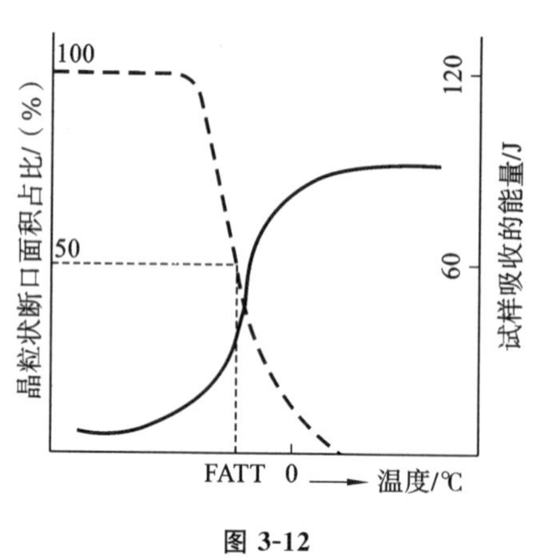

图 3-12

随着温度的降低塑性材料由塑性向脆性转变,常用冲击试验确定中低强度钢材的脆性转变温度。在图 3-12 中,横轴代表温度,左侧纵轴表示晶粒状断口面积占整个断面面积的百分比,右侧纵轴代表冲断时试样吸收的能量,实线表示低碳钢的 α_k 随温度的变化情况,对应右侧纵轴,虚线表示晶粒状断口面积随温度

变化的情况，对应左侧纵轴。图中实线表明，随着温度的降低，在某一狭窄的温度区间内，α_k 骤然下降，材料变脆，这就是冷脆现象。使 α_k 骤然下降的温度称为脆性转变温度。试样冲断后，断口的部分区域呈晶粒状，是脆性断口；另一部分区域呈纤维状，是塑性断口。V形切槽试样应力集中程度较高，因而断口分区比较明显。用一组V形切槽试样在不同温度下进行试验，结果表明，晶粒状断口面积占整个断面面积的百分比随着温度的降低而升高，如图3-12中虚线所示。一般把晶粒状断口面积占整个断面面积50%时的温度，规定为脆性转变温度(FATT)。

也不是所有金属都是冷脆性的。例如，对于铝、铜和某些高强度合金钢，在很大的温度区间内，其 α_k 变化很小，没有明显的冷脆现象。

习　　题

3.1　图3-13所示的普通热轧工字钢No.20a以等减速度下降，在0.2 s内速度由1.8 m/s降至0.6 m/s。已知 $l=6$ m，$b=1$ m。试求工字钢中的最大弯曲应力。

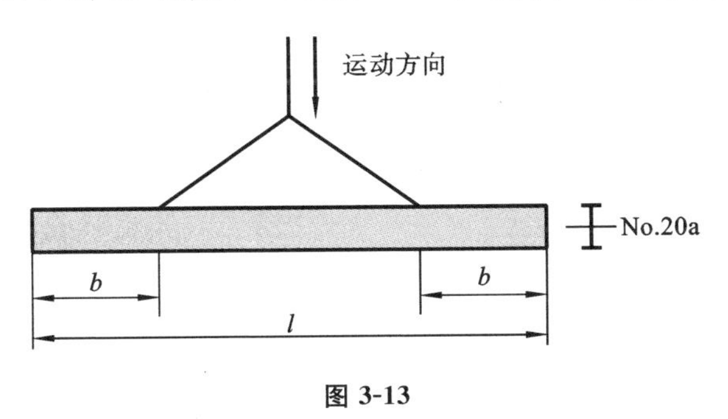

图 3-13

3.2　如图3-14所示，绞车起吊重量 $W=50$ kN的重物，以等速度 $v=1.6$ m/s下降。当重物与绞车之间的钢索长度 $l=240$ m时，突然刹住绞车。若钢索弹性模量 $E=210$ GPa，横截面积 $A=1000\ \text{mm}^2$，求钢索内的最大拉应力(不计钢索自重)。

3.3　桥式起重机的梁为No.16工字钢，以匀速度 $v=1$ m/s向前移动(在图3-15中，移动方向垂直于纸面)。当起重机突然停止时，$W=50$ kN的重物像单摆一样向前摆动。已知吊索横截面积 $A=500\ \text{mm}^2$，确定此时吊索及梁内的最大正应力(吊索的自重及由重物摆动引起的影响忽略不计)。

3.4　如图3-16所示，在直径为80 mm的轴上装有转动惯量 $I=0.5\ \text{kN}\cdot\text{m}\cdot\text{s}^2$ 的飞轮，轴的转速为300 r/min。制动器开始作用后，在20转内将飞轮刹停。试求轴内的最大应力。设在制动器作用前，轴已脱离驱动装置，且轴承内的摩擦力可以忽略不计。

3.5　如图3-17所示，钢制圆轴 AB 上装有一开圆孔的匀质圆盘。圆盘厚度为 δ，圆盘材料密度为 ρ，圆孔直径为 ϕ，圆盘和轴一起以匀角速度 ω 转动。已知 $\delta=30$ mm，$a=1000$ mm，$e=300$ mm，$d=120$ mm，$\omega=40$ rad/s，$\rho=7800\ \text{kg/m}^3$，试求由开孔引起的轴内最大弯曲正应力。

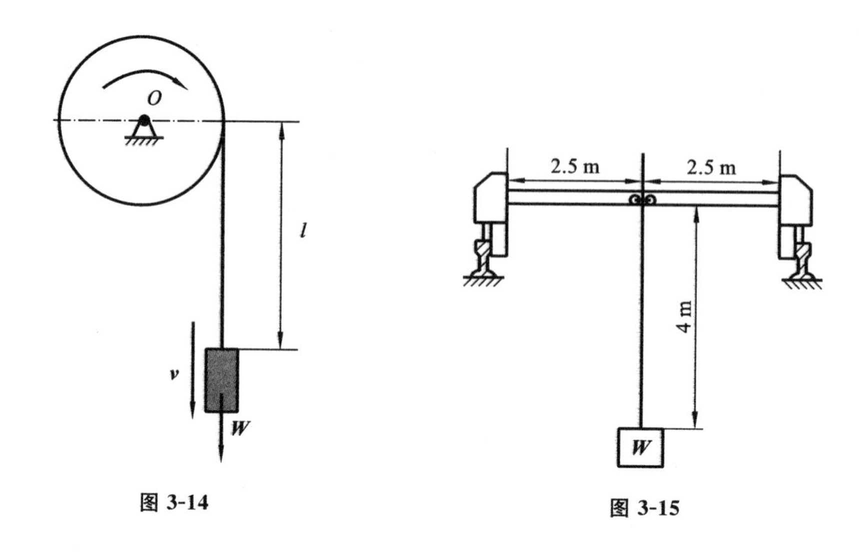

图 3-14　　图 3-15

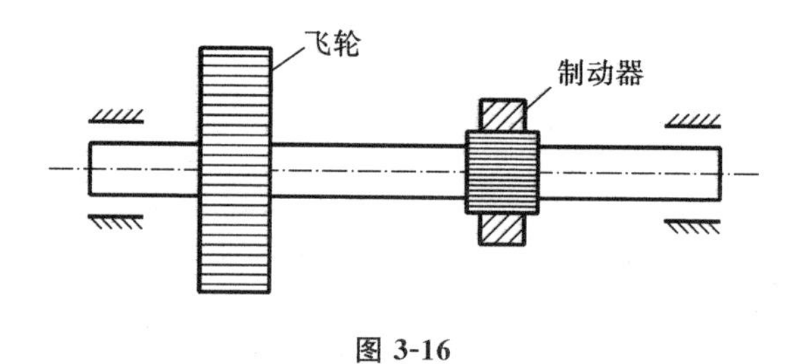

图 3-16

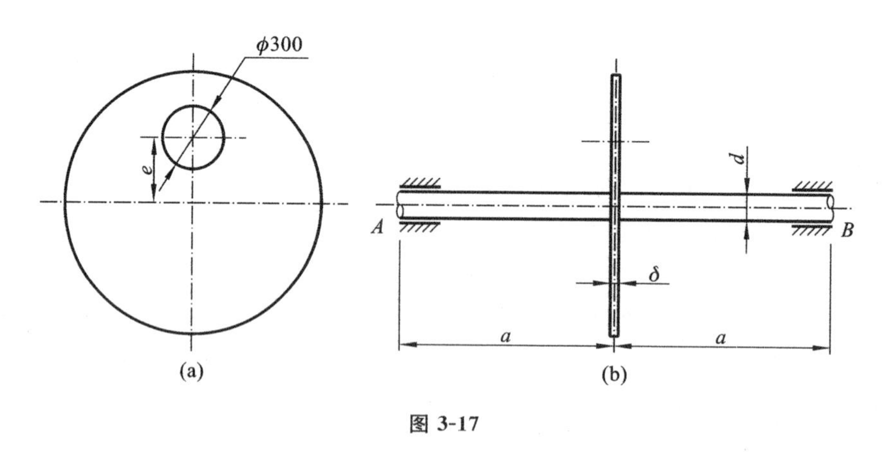

图 3-17

3.6　如图 3-18 所示，三根杆件受到从同样高度落下的相同重量重物的冲击。已知 $l_1 = 2l_2$，$E_2 = 2E_1$，$D_1 = 2D_2$，分别求三杆的冲击载荷因数及最大动应力。

3.7　套环 D 从图 3-19 所示位置自由下落，直到被连接在垂直杆 ABC 的 C 端

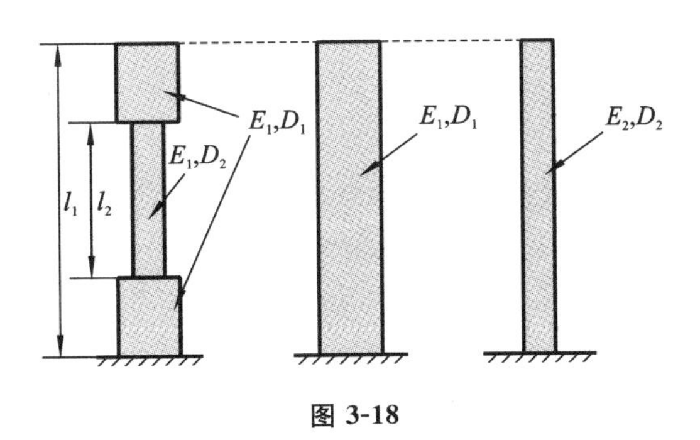

图 3-18

的板挡住。若 BC 段的最大正应力不超过 125 MPa，求套环 D 的质量。

3.8 如图 3-20 所示，重 48 kg 的套环 G 从图中位置自由下落，碰到板 BDF。钢杆 CD 的直径为 20 mm，钢杆 AB 和 EF 的直径为 15 mm。已知所使用的钢的弹性模量 $E=200$ GPa，许用应力$[\sigma]=180$ MPa，试确定套环 G 落下的最大许可高度 h。

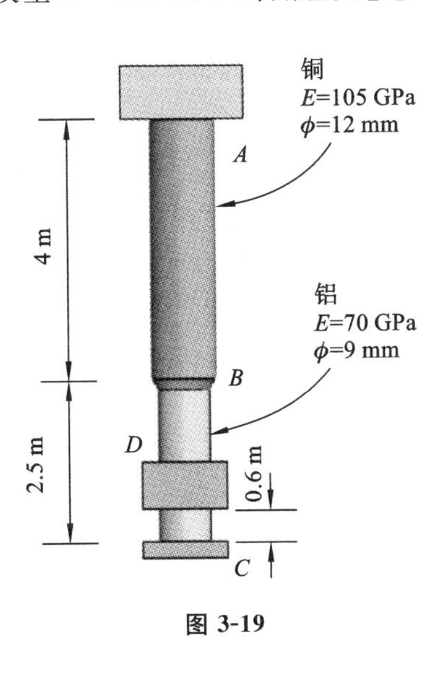

图 3-19

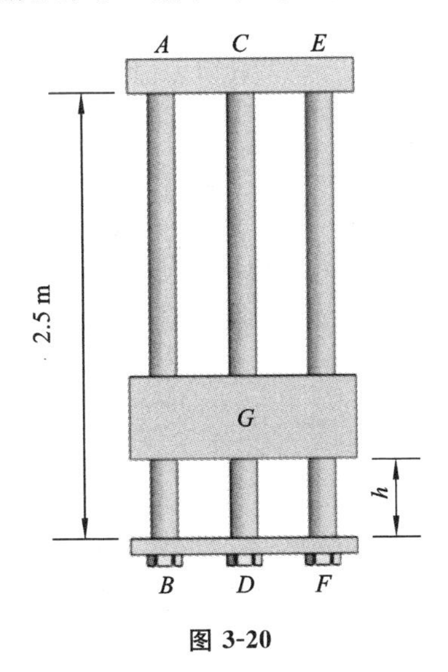

图 3-20

第 4 章　交 变 应 力

4.1　交变应力与疲劳失效

工程中经常出现构件应力随时间变化或在不同水平之间波动的情况。如图 4-1 所示，$\boldsymbol{F}$ 表示齿轮啮合时作用于轮齿上的力。齿轮啮合时，F 由零值迅速增加到最大值，然后又减小为零。轮齿根部的应力从开始的零值变到最大值，然后又从最大值变到脱离啮合时的零值。如果齿轮以 2000 r/min 的速度旋转，则齿轮根部每分钟要承受 2000 次从零值到最大值再回到零值的循环应力。在图 4-2 中，在弯曲载荷作用下，轴每转一圈，轴表面上的 A 点都会受到拉伸和压缩作用。在这种情况下，轴表面上任何一点总是有应力，但应力水平是波动的。发生在机器零件上的载荷所产生的应力被称为可变应力、重复应力、交变应力或波动应力。

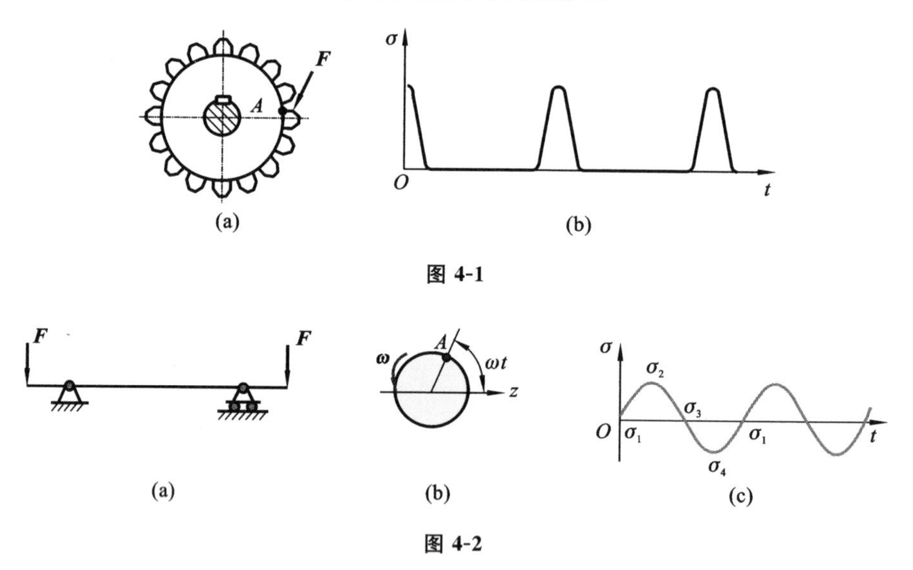

图 4-1

图 4-2

通常情况下，机器零件在重复应力或波动应力作用下发生的失效习惯上被称为疲劳失效。但分析表明，实际最大应力远低于材料的极限强度，甚至经常低于屈服强度。这些失效最显著的特点是应力重复出现的次数非常多。

当机器零件发生静态失效时，由于应力已超过屈服强度，它们通常会产生非常大的挠度，零件会在断裂发生之前被更换。许多静态失效都会提前发出明显的警告，但疲劳失效却没有任何预兆！疲劳失效是突然的、彻底的，因此非常危险。针对静态失效进行设计相对简单，因为我们的知识是全面的。疲劳是一种复杂得多的现象，人们对它只有部分了解，因此工程师必须尽可能多地掌握这方面的知识。

疲劳失效的外观类似于脆性断裂，断裂面平整且垂直于应力轴，没有颈缩。然而，疲劳失效的断裂特征与静态脆性断裂截然不同，它分为三个发展阶段。第一阶段是由于循环塑性变形产生一条或多条微裂纹。肉眼通常无法观察到第一阶段的裂纹。第二阶段从微裂纹发展到大裂纹，形成平行的高原状断裂面，断裂面之间有纵脊分隔。断裂面一般是光滑的，与最大拉伸应力方向垂直。如图4-3所示，这些表面可以是波浪状的深色和浅色条带，称为海滩痕或蛤壳痕。在循环加载过程中，这些裂纹表面开合，相互摩擦，海滩痕的外观取决于加载水平或频率的变化以及环境的腐蚀性。第三阶段发生在最后一个应力循环期间，此时剩余材料无法承受载荷，导致突然快速断裂。第三阶段断裂可以是脆性断裂，也可以是韧性断裂，或两者兼而有之。通常情况下，第三阶段断裂中的海滩痕（如果存在）和可能出现的图案（称为楔形线）都指向最初裂缝的起源。

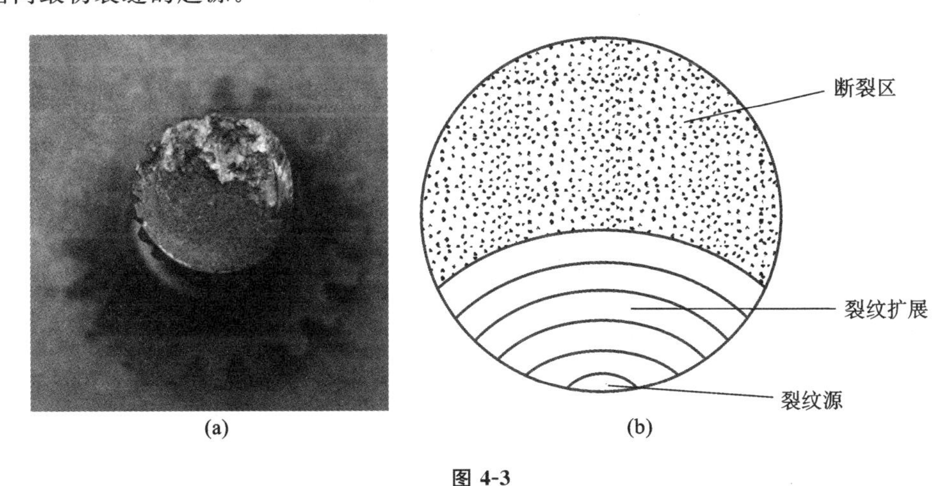

图 4-3

疲劳失效是由裂纹的形成和扩展造成的。疲劳裂纹通常会在材料循环应力达到最大值的不连续处产生。

出现不连续处的原因如下。

（1）截面、键、孔等的突变设计导致应力集中。

（2）相互滚动或滑动的零件（轴承、齿轮、凸轮等）在高接触压力下，会产生表面接触应力，在多次循环载荷后，导致表面点蚀或剥落。

（3）冲压痕、工具痕、划痕和毛刺位置不合适，接头设计不良，装配不当，以及其他制造缺陷。

（4）经过轧制、锻造、铸造、挤压、拉伸、热处理等工艺加工的材料本身的成分不均匀。表面和次表面会出现微观和亚微观的不连续处，如异物夹杂、合金偏析、空洞、硬析出颗粒和晶体不连续处。

可加速裂纹产生的各种条件包括残余拉伸应力、高温、温度循环、腐蚀性环境和高频循环。

疲劳裂纹扩展的速度和方向主要受局部应力和裂纹处材料结构的控制。然而,与裂纹的形成一样,其他因素也会对裂纹的扩展产生重大影响,如环境、温度和频率。如前所述,裂纹会沿着最大拉伸应力的法向平面生长。裂纹的生长过程可以用断裂力学来解释。

4.2 交变应力的概念

如图 4-4 所示,重量为 G 的电动机位于简支梁的中点。在运行过程中,由于动不平衡力 $Me^{j\omega t}$,梁会产生振动。

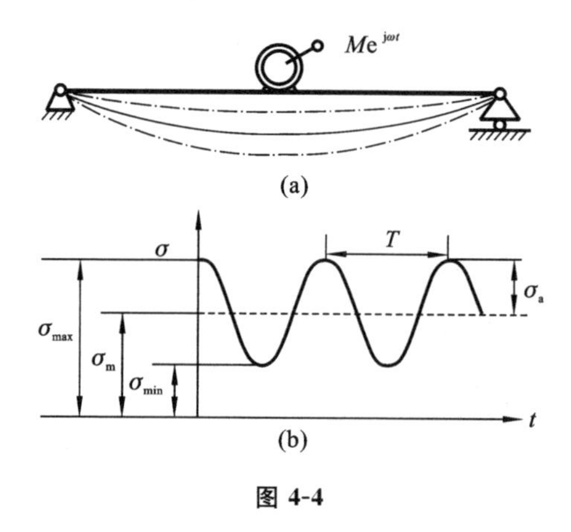

图 4-4

梁中点截面下边缘危险点处的正应力在最大应力 σ_{max} 与最小应力 σ_{min} 之间随时间按正弦曲线变化。应力每重复变化一次,称为一个应力循环,最小应力与最大应力之比称为应力比,用 r 表示,即

$$r = \frac{\sigma_{min}}{\sigma_{max}} \tag{4-1}$$

平均应力定义为

$$\sigma_m = \frac{\sigma_{max} + \sigma_{min}}{2} \tag{4-2}$$

应力幅值定义为

$$\sigma_a = \frac{\sigma_{max} - \sigma_{min}}{2} \tag{4-3}$$

若交变应力的 σ_{max} 和 σ_{min} 大小相等,符号相反,则称之为对称循环(见图 4-5(a)),这时有

$$r = -1, \quad \sigma_m = 0, \quad \sigma_a = \sigma_{max}$$

对称循环以外的情况统称为非对称循环。由式(4-2)和式(4-3)可知:

$$\sigma_{\max} = \sigma_m + \sigma_a, \quad \sigma_{\min} = \sigma_m - \sigma_a$$

交变应力还有一类较常见的特殊类型，即 $\sigma_{\min}=0$，此时

$$r = 0, \quad \sigma_m = \sigma_a = \frac{\sigma_{\max}}{2}$$

这种情况称为脉动循环（见图 4-5(b)）。齿轮传动中，当齿轮绕固定轴旋转时，齿根处的应力就属于这种类型。有时候为了讨论的方便，也常把静应力作为交变应力的特例，此时

$$r = 1, \quad \sigma_m = \sigma_{\max} = \sigma_{\min}, \quad \sigma_a = 0$$

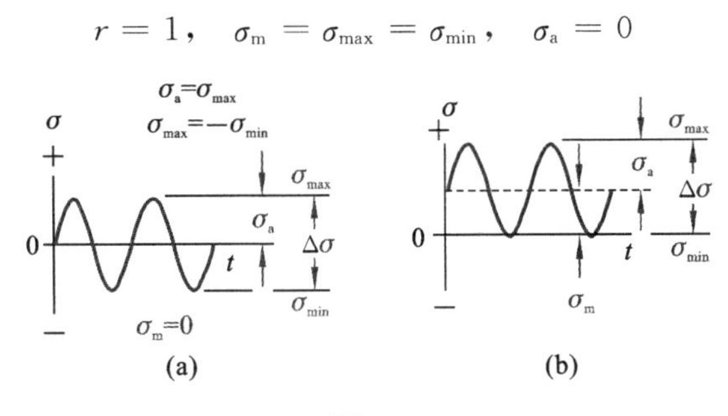

图 4-5

4.3　持 久 极 限

构件在交变应力下，即使最大应力低于屈服极限，也可能发生疲劳失效。因此，屈服应力或强度极限等静强度指标已不能作为疲劳失效的指标。材料在循环应力下的疲劳强度用疲劳试验来测定，如材料在对称弯曲循环中的疲劳强度可由旋转弯曲疲劳试验来测定。

测试时将材料加工成 6～10 mm、表面磨光的试件（光滑小试件）。每组包括 6～10 根试件。将试件夹于试验机上，使其承受纯弯曲，如图 4-6 所示。在载荷作用下试件中间部分为纯弯曲，当试件旋转时，试件将承受对称循环的交变弯曲应力。

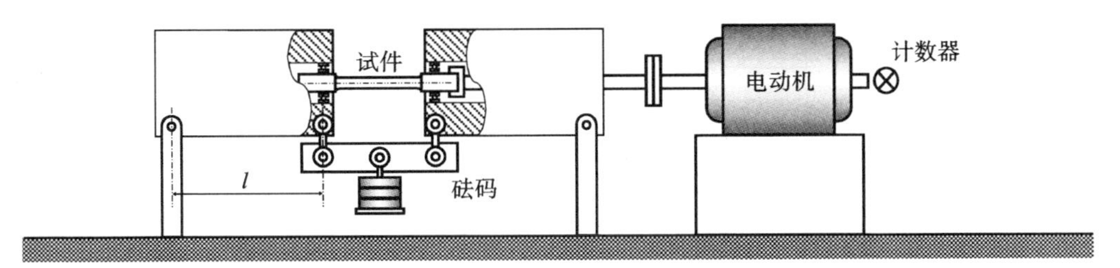

图 4-6

若砝码的重量为 G，则试件有效长度上受到的弯矩 M 和最大正应力 σ 为

$$M = \frac{Gl}{2}, \quad \sigma = \frac{M}{W} = \frac{Gl}{2W}$$

式中：W 为试件有效长度上的弯曲截面模量。

电动机带着试件每旋转一周,试件经历一次对称应力循环。在发生断裂之前所经历的循环次数 N 越多,表明材料越不容易出现疲劳,因此将循环次数称为材料的疲劳寿命。这种试验方法最早是由被称为“疲劳之父”的德国人 Whöler 设计的,其最初目的是模拟火车轮轴的受载状况。

Whöler 的另一重要贡献是最早绘制了 S-N 曲线并提出了疲劳持久极限的概念。试验采用 8～12 根试件并将其分为若干组,通过改变砝码重量使每一组试件承受不同的应力水平 σ_i。记录试件发生疲劳破坏时所经历的循环次数 N_i。最后将所有数据点标在 σ-N 坐标系中,并拟合出一条光滑曲线,如图 4-7 所示。大量试验证明,金属材料的 σ-N 曲线在双对数坐标系中可近似为直线。由图 4-7 可知,σ-N 曲线存在一个水平渐近线,即当疲劳寿命大于 N_0 时,所对应的应力水平稳定于一个定值 σ_{-1}。或者理解为:在某应力水平下材料的疲劳寿命超过了 N_0,则再增加循环次数,材料也不会疲劳。对于黑色金属(见图 4-7(a)),N_0 一般取 10^7 次。通常将 10^7 次循环下仍未疲劳的最大应力 σ_{-1},称为材料的疲劳持久极限,简称持久极限、疲劳极限或耐久极限。$N_0=10^7$ 则称为循环基数。有色金属(见图 4-7(b))的渐近线一般不如黑色金属明显。这时候通常取 $N_0=10^8$,把它对应的最大应力作为这类材料的“条件”疲劳持久极限。各种材料的持久极限可在有关手册中查得。

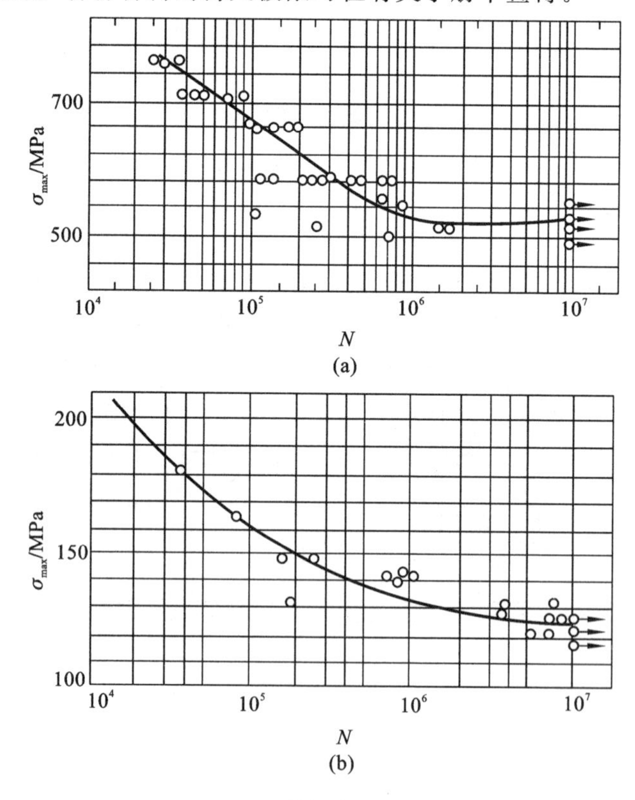

图 4-7

通过试验还可以确定其他循环特征下的持久极限，通常用 S_r 表示。试验结果表明：持久极限与应力比有很大的关系，随着应力比 r 的增加，持久极限 S_r 增大（见图4-8）。根据持久极限进行疲劳强度设计，称为有限寿命设计。

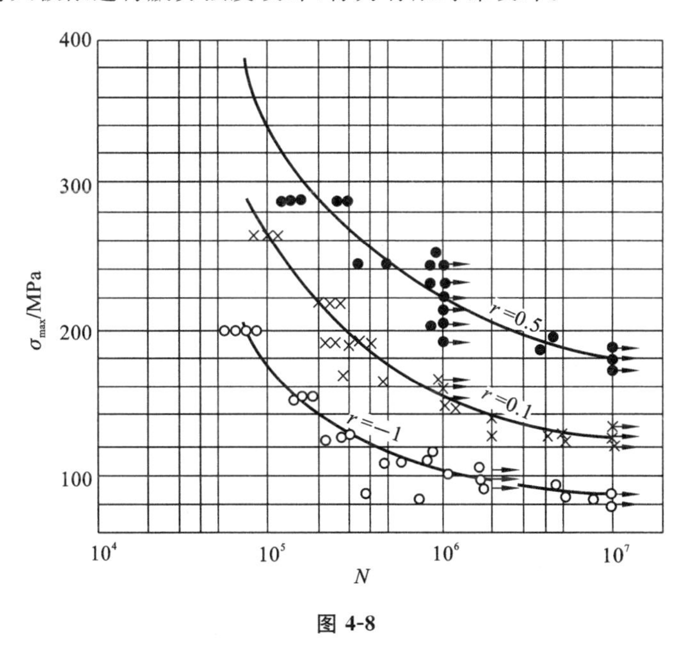

图 4-8

4.4　持久极限的影响因素

对称循环下的持久极限，一般是在常温条件下采用光滑小试件测定的。利用统一条件下的试验数据，可以分析不同材料的抗疲劳性能。如前所述，还有一些因素会影响材料的抗疲劳性能。当构件的几何形状、尺寸、表面质量、载荷特性、工作环境不同时，材料的持久极限会发生变化。这时需要对其进行修正，再用于疲劳设计。下面将主要就几何形状、尺寸、表面质量等构件的内在因素进行简要的介绍，至于载荷特性等重要的外在因素，限于篇幅将不在本书中介绍，读者可以参考有关疲劳的专业论著。

4.4.1　应力集中的影响

在构件截面的突变位置，如阶梯轴轴肩、开孔、切槽等位置，局部应力远远大于名义应力，这种现象称为应力集中。在计算静载荷强度条件时，需要用一个应力集中系数进行修正以保证强度在安全范围内。在交变载荷作用下，应力集中的局部区域更易形成疲劳裂纹，而且裂纹会加速扩展，从而使持久极限显著降低。一般用有效应力集中系数来表示持久极限的降低程度，为无应力集中的光滑小试件的持久极限 σ_{-1} 与有应力集中试件的持久极限 $(\sigma_{-1})_k$ 之比，即

$$K_\sigma \text{ 或 } K_\tau = \frac{\text{光滑小试件的持久极限}}{\text{同尺寸而有应力集中试件的持久极限}} \tag{4-4}$$

式中：K_σ、K_τ 分别为正应力和切应力的有效应力集中系数，数值大于1。

有效应力集中系数不仅与构件形状有关，而且与材料的性质有关即与强度极限 σ_b 有关，可用下式计算：

$$K_\sigma = 1 + (K_{t\sigma} - 1)/(1 + a/r)$$

$$K_\tau = 1 + (K_{t\tau} - 1)/(1 + 0.06a/r)$$

式中：$K_{t\sigma}$、$K_{t\tau}$ 分别为正应力和切应力的理论应力集中系数，可从有关手册中查取；r 为缺口半径；a 为材料常数。

工程上为了使用方便，把有关应力集中系数的试验数据整理成曲线或表格。图4-9～图4-13展示了钢质阶梯轴在弯曲、扭转对称循环下的有效应力集中系数。

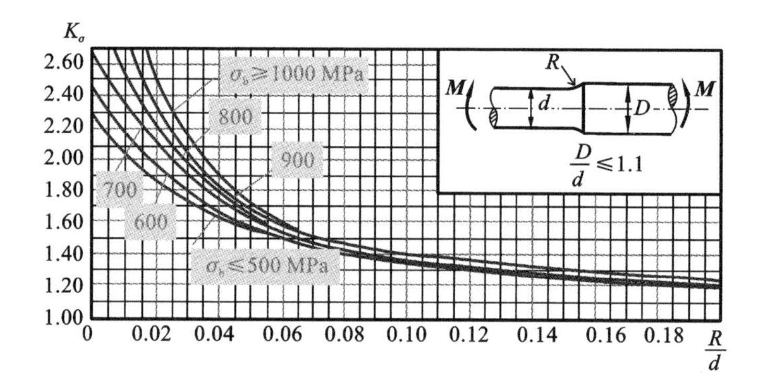

图 4-9

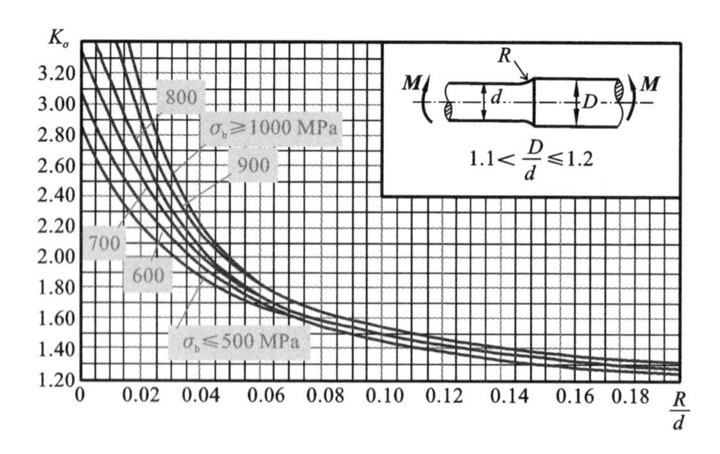

图 4-10

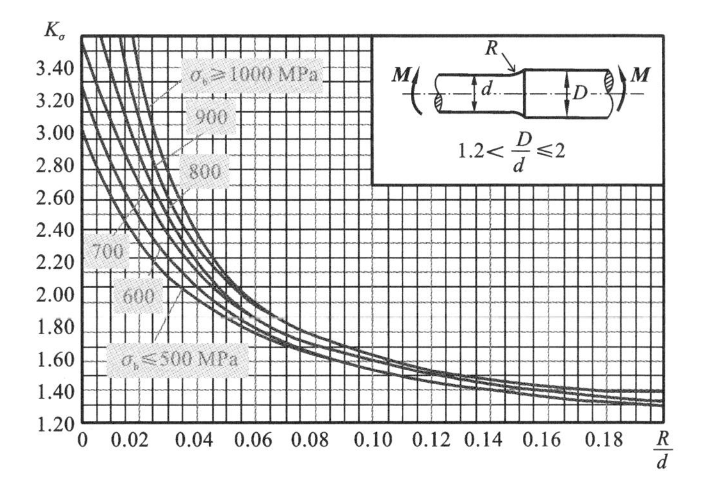

图 4-11

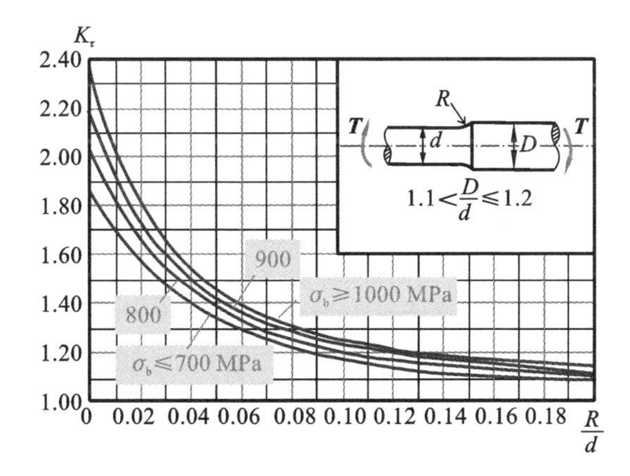

图 4-12

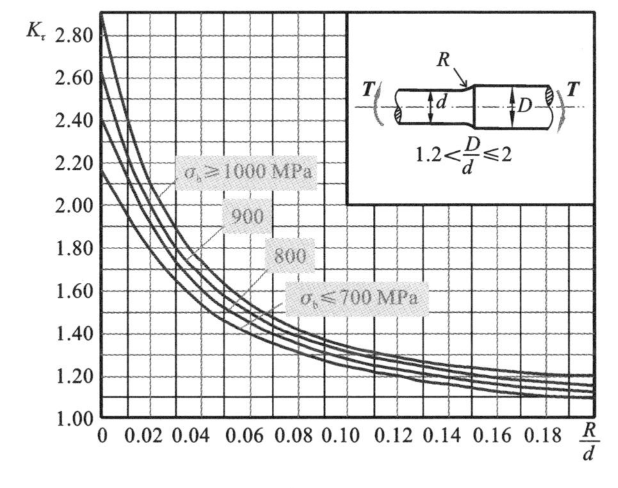

图 4-13

由图 4-9～图 4-13 可知,对于给定的直径 d,圆角半径愈小,有效应力集中系数愈大,因而其持久极限的降低愈显著,这说明应力集中对高强度钢的持久极限影响较大。因此在设计构件时,应增大构件变截面处的过渡圆角半径,并将孔、槽等尽可能配置在低应力区内,以缓解应力集中。

4.4.2 构件尺寸的影响

随着构件尺寸的增大,构件的表面积增加,其表面出现由缺陷导致的微裂纹的可能性增加,因此其持久极限会降低。另外,若构件截面上应力呈线性分布,且表面最大应力相同,则大尺寸构件的高应力区比小构件大,形成疲劳裂纹的可能性更大。尺寸对持久极限的影响程度用尺寸因数 ε 表示。

对称循环下,尺寸因数 ε 可用下式表示,即

$$\varepsilon=\frac{\text{光滑大试件的持久极限}}{\text{光滑小试件的持久极限}} \tag{4-5}$$

尺寸因数 ε 是一个小于 1 的数。试验表明,相同尺寸的构件在弯曲和扭转时的尺寸因数相同。表 4-1 给出了一些常用钢材的尺寸因数。

表 4-1 尺寸因数

直径/mm		20～30	30～40	40～50	50～60	60～70	70～80	80～100	100～120	120～150	150～500
ε_σ	碳钢	0.91	0.88	0.84	0.81	0.78	0.75	0.73	0.70	0.68	0.60
	合金钢	0.83	0.77	0.73	0.70	0.68	0.66	0.64	0.62	0.60	0.54
ε_τ	各种钢	0.89	0.81	0.78	0.76	0.74	0.73	0.72	0.70	0.68	0.60

4.4.3 构件表面质量的影响

一般情况下,构件的最大应力出现在构件的表面,疲劳裂纹也多出现于构件的表面,因此构件的表面质量对持久极限有着极为显著的影响。通过精细加工、精磨抛光、喷丸、渗氮、表面滚压等工艺措施可以有效地改善构件的抗疲劳性能。

表面质量对持久极限的影响用表面条件系数 β 表示,即

$$\beta=\frac{\text{表面状态不同的试件的持久极限}}{\text{表面磨光的试件的持久极限}} \tag{4-6}$$

钢材的表面条件系数 β_1 如图 4-14 所示。表 4-2 给出了渗氮和渗碳条件下的表面条件系数 β_2。

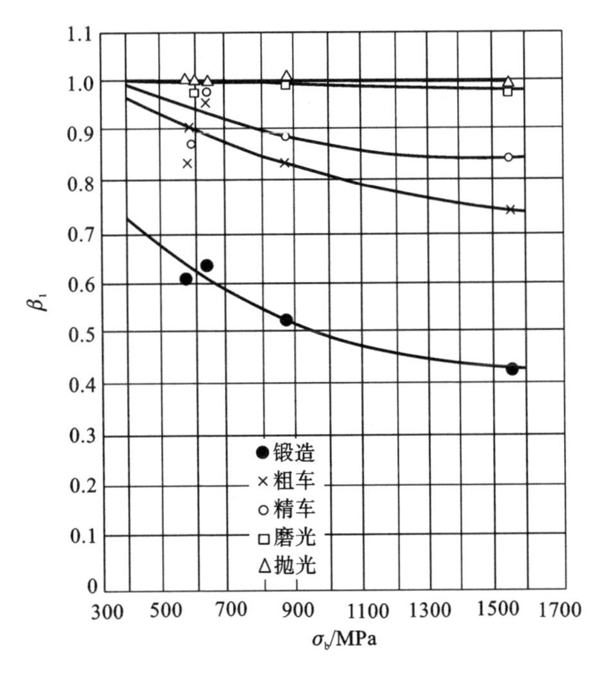

图 4-14

表 4-2　渗氮和渗碳条件下的表面条件系数 β_2

表面条件	厚度/mm	硬度/HV	试件	直径/mm	β_2
渗氮	0.1～0.4	700～1000	光滑	8～15	1.15～2.25
	0.1～0.4	700～1000	光滑	30～40	1.10～1.15
	0.1～0.4	700～1000	缺口	8～15	1.90～3.00
	0.1～0.4	700～1000	缺口	30～40	1.30～2.00
渗碳	0.2～0.8	670～750	光滑	8～15	1.2～2.1
	0.2～0.8	670～750	光滑	30～40	1.1～1.5
	0.2～0.8	670～750	缺口	8～15	1.5～2.5
	0.2～0.8	670～750	缺口	30～40	1.2～2.5

在强度计算中，根据具体情况选择相应的值。例如，零件只经过切削加工，则 $\beta=\beta_1$；如果零件又经过强化，则 $\beta=\beta_2$。不必将各表面条件系数相乘。

除了应力集中、尺寸和表面质量这三种因素之外，构件的工作环境，如温度、水浸和腐蚀等也会对持久极限产生影响。可以查阅相关手册获得上述信息。

4.4.4 提高构件疲劳强度的措施

在不改变构件基本尺寸和材料的前提下,可采用减缓应力集中和改善表面质量的方法,提高构件的疲劳强度。

(1) 减缓应力集中。应力集中是疲劳破坏的重要原因,应避免在构件表面设计带尖角的孔或槽,应适当加大截面突变处的过渡圆角,以减缓应力集中,从而显著提高构件的疲劳强度。

(2) 改善表面质量。由于最大应力常发生于构件表面,疲劳裂纹通常从构件表面开始形成和扩展,因此,通过机械的或化学的方法改善构件表面质量,可大大提高构件的疲劳强度。

为了强化构件的表面,可采用热处理或化学处理的方法,例如表面高频淬火、渗碳、渗氮和氰化等;也可采用机械的方法,例如表面滚压和喷丸等。这些表层处理方法,一方面提高构件表层的材料强度,另一方面在构件表层中产生预压应力,减小易导致裂纹的表面拉应力,抑制疲劳裂纹的形成和扩展,从而提高构件的疲劳强度。

4.5 对称循环疲劳强度计算

对于工程中的某一具体构件,其持久极限可能受到多种因素的影响。在通常的工作条件下,仍以应力集中、尺寸和表面质量为主要影响因素,则在对称循环应力作用下构件弯曲(拉伸或者压缩)的持久极限 σ_{-1}^{0}、构件扭转的持久极限 τ_{-1}^{0} 分别为

$$\sigma_{-1}^{0} = \frac{\varepsilon_\sigma \beta}{K_\sigma} \sigma_{-1} \tag{4-7}$$

$$\tau_{-1}^{0} = \frac{\varepsilon_\tau \beta}{K_\tau} \tau_{-1} \tag{4-8}$$

式中:σ_{-1}、τ_{-1} 为光滑小试件的持久极限。

考虑安全因素,许用疲劳应力可写为

$$[\sigma_{-1}] = \frac{\sigma_{-1}^{0}}{n} \tag{4-9}$$

$$[\tau_{-1}] = \frac{\tau_{-1}^{0}}{n} \tag{4-10}$$

在对称循环条件下,构件的疲劳强度条件为

$$\sigma_{\max} < [\sigma_{-1}] = \frac{\varepsilon_\sigma \beta}{K_\sigma} \frac{\sigma_{-1}}{n} \tag{4-11}$$

$$\tau_{\max} < [\tau_{-1}] = \frac{\varepsilon_\tau \beta}{K_\tau} \frac{\tau_{-1}}{n} \tag{4-12}$$

式中:$\sigma_{\max}$、$\tau_{\max}$ 为构件的最大应力。疲劳强度条件也可用安全系数 n 表示为

$$n_\sigma = \frac{\dfrac{\varepsilon_\sigma \beta}{K_\sigma}\sigma_{-1}}{\sigma_{\max}} \tag{4-13}$$

$$n_\tau = \frac{\dfrac{\varepsilon_\tau \beta}{K_\tau}\tau_{-1}}{\tau_{\max}} \tag{4-14}$$

上式中的 $n_\sigma(n_\tau)$ 为对称循环时构件的持久极限与构件在对称循环中承受的最大工作应力之比，故 $n_\sigma(n_\tau)$ 是构件的实际安全系数或工作安全系数。n 是规定的安全系数。

对于非对称循环应力，可将其分为变应力部分 σ_a 和静应力部分 σ_m。若将静应力部分 σ_m 乘以系数 ψ_σ，则可将其转化为等效的变应力部分。这样，就可将非对称循环应力转化成应力幅为 $\sigma_a+\psi_\sigma\sigma_m$ 的等效对称循环应力进行疲劳强度计算。系数 ψ_σ 可由下式求得：

$$\psi_\sigma = \frac{\sigma_{-1}}{\sigma_b + 350\ \text{MPa}} \tag{4-15}$$

试验研究表明，构件的有效应力集中系数、尺寸因数和表面条件系数只对应力幅部分有影响，而对平均应力部分的影响可忽略不计。因此等幅非对称循环正应力作用下构件的疲劳强度设计准则为

$$n_\sigma = \frac{\sigma_{-1}}{\dfrac{K_\sigma}{\varepsilon_\sigma \beta}\sigma_a + \psi_\sigma \sigma_m} \geqslant n \tag{4-16}$$

$$n_\tau = \frac{\tau_{-1}}{\dfrac{K_\tau}{\varepsilon_\tau \beta}\tau_a + \psi_\tau \tau_m} \geqslant n \tag{4-17}$$

式中：ψ_σ、ψ_τ 为非对称循环敏感系数，可近似取为 $\psi_\tau=\psi_\sigma$。

例 4.1

如图 4-15 所示，某一火车轮轴受到来自车厢的作用力 $F=50$ kN。已知 $a=500$ mm，$l=1435$ mm，轮轴中段直径 $d=15$ cm。

(1) 求轮轴中段截面上的最大应力、最小应力和循环特征。

(2) 若轴的持久极限 $\sigma_{-1}=400$ MPa，规定安全系数 $n=1.4$，考虑车轮安装键槽处存在应力集中，并取 $K_\sigma=1.65$，$\varepsilon=0.6$，$\beta=0.8$，试校核该轮轴的疲劳强度。

解　(1) 轮轴的受力简图及弯矩图分别如图 4-15(b)和图 4-15(c)所示。轴最大的弯矩为

$$M = Fa = 50\times 10^3 \times 500 \times 10^{-3}\ \text{N}\cdot\text{m} = 2.5\times 10^4\ \text{N}\cdot\text{m}$$

最大应力为

$$\sigma_{\max} = \frac{M}{W} = \frac{M}{\dfrac{\pi d^3}{32}} = \frac{2.5\times 10^4}{\dfrac{\pi\times(15\times 10^{-2})^3}{32}}\ \text{Pa} = 75.45\times 10^6\ \text{Pa} = 75.45\ \text{MPa}$$

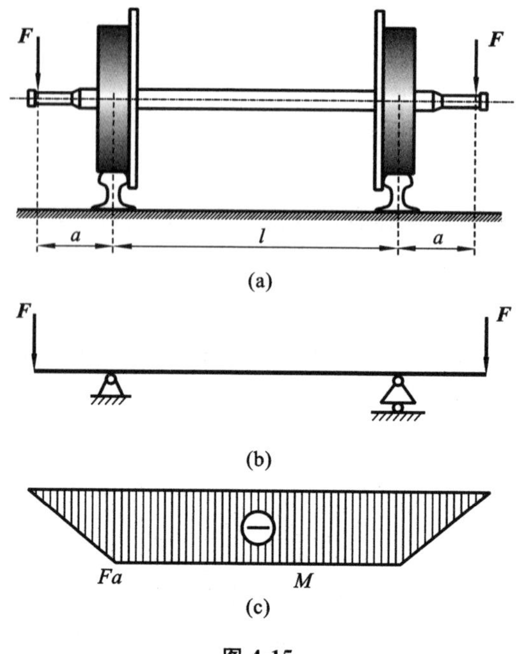

图 4-15

最小应力为

$$\sigma_{\min} = -\frac{M}{W} = -\frac{M}{\frac{\pi d^3}{32}} = -\frac{2.5 \times 10^4}{\frac{\pi \times (15 \times 10^{-2})^3}{32}} \text{ Pa} = -75.45 \times 10^6 \text{ Pa} = -75.45 \text{ MPa}$$

循环特征为

$$r = \frac{\sigma_{\min}}{\sigma_{\max}} = -1$$

(2) 许用应力为

$$[\sigma_{-1}] = \frac{\sigma_{-1}^0}{n} = \frac{\frac{\varepsilon\beta}{K_\sigma}\sigma_{-1}}{n} = \frac{\frac{0.6 \times 0.8}{1.65} \times 400}{1.4} \text{ MPa} = 83.12 \text{ MPa}$$

且

$$\sigma_{\max} < [\sigma_{-1}]$$

所以,轮轴的疲劳强度是安全的。

在工程中,构件受到的循环应力常常是由几种循环应力组合而成的,其中又以弯曲和扭转组合下的循环应力最为常见。例如,传动轴在工作过程中,其危险截面危险点的循环应力就属于弯扭组合应力。在静载荷下,根据畸变能密度理论(第四强度理论)的设计准则,弯扭组合变形下的静强度条件为

$$\sqrt{\sigma_{\max}^2 + 3\tau_{\max}^2} \leqslant \frac{\sigma_s}{n_s} \tag{4-18}$$

将式(4-18)两边平方后同除以 σ_s^2，在纯切应力状态下，由畸变能密度理论(第四强度理论)可知，$\tau_s=\sigma_s/\sqrt{3}$，代入式(4-18)可得

$$\frac{1}{\left(\dfrac{\sigma_s}{\sigma_{max}}\right)^2}+\frac{1}{\left(\dfrac{\tau_s}{\tau_{max}}\right)^2}\leqslant\frac{1}{n_s^2} \tag{4-19}$$

式中：σ_s/σ_{max}、τ_s/τ_{max}可理解为弯曲正应力和扭转切应力的工作安全系数。若分别用 n_σ 和 n_τ 表示，则上式可改写为

$$\frac{1}{n_\sigma^2}+\frac{1}{n_\tau^2}\leqslant\frac{1}{n_s^2} \tag{4-20}$$

或者

$$\frac{n_\sigma n_\tau}{\sqrt{n_\sigma^2+n_\tau^2}}\geqslant n_s \tag{4-21}$$

由弯扭组合对称循环下的疲劳试验结果可知，对于塑性材料，其疲劳强度条件与上述静强度条件有类似的形式。令 $n_{\sigma\tau}$ 为弯扭组合循环应力下构件的工作安全系数，则弯扭组合循环应力下构件的疲劳强度设计准则为

$$n_{\sigma\tau}=\frac{n_\sigma n_\tau}{\sqrt{n_\sigma^2+n_\tau^2}}\geqslant[n] \tag{4-22}$$

对于等幅应力循环，n_σ 和 n_τ 按等幅对称循环的式(4-13)和式(4-14)计算。对于等幅非对称循环，仍可用式(4-21)进行疲劳强度计算，但式中 n_σ 和 n_τ 按等幅非对称循环的式(4-16)和式(4-17)计算。

例 4.2

阶梯状圆轴如图 4-16 所示，由合金钢制造，$\sigma_b=900$ MPa，$\sigma_{-1}=540$ MPa，$\tau_{-1}=320$ MPa。作用于轴上的对称循环载荷为弯矩 $M=\pm1.5$ kN·m，扭矩从 0 变化到1.8 kN·m。圆轴表面经磨削加工。若规定的安全系数$[n]=1.8$，试校核轴的疲劳强度。

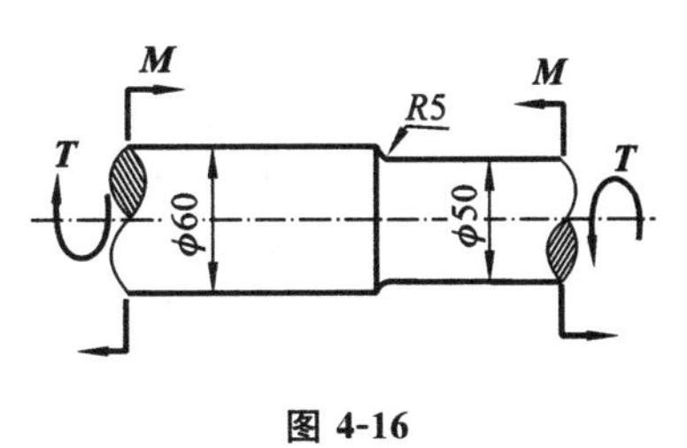

图 4-16

解　(1) 计算轴的工作应力。取轴的直径 $d=50$ mm，因为危险截面在较细的那段。计算交变弯曲应力及其循环特征：

$$\sigma_{max}=\frac{M_{max}}{W}=\frac{32M_{max}}{\pi d^3}=\frac{32\times1.5\times10^3}{\pi\times(50\times10^{-3})^3}\text{ Pa}=122\times10^6\text{ Pa}=122\text{ MPa}$$

$$\sigma_{min}=\frac{M_{min}}{W}=\frac{32M_{min}}{\pi d^3}=\frac{32\times(-1.5)\times10^3}{\pi\times(50\times10^{-3})^3}\text{ Pa}=-122\times10^6\text{ Pa}=-122\text{ MPa}$$

$$r=\frac{\sigma_{min}}{\sigma_{max}}=-1,\quad \text{弯曲应力为对称循环应力}$$

然后，计算交变扭转应力及其循环特征：

$$\tau_{max}=\frac{T_{max}}{W_t}=\frac{16T_{max}}{\pi d^3}=\frac{16\times1.8\times10^3}{\pi\times(50\times10^{-3})^3}\text{ Pa}=73.3\times10^6\text{ Pa}=73.3\text{ MPa}$$

$$\tau_{\min} = 0$$

$$r = \frac{\tau_{\min}}{\tau_{\max}} = 0,\quad \text{扭转应力为脉动循环应力}$$

$$\tau_a = \tau_m = \frac{\tau_{\max}}{2} = 36.7\ \text{MPa}$$

(2) 确定各种系数。

由 $\dfrac{D}{d} = \dfrac{60}{50} = 1.2$，$\dfrac{R}{d} = \dfrac{5}{50} = 0.1$，查图 4-10 得 $K_\sigma = 1.55$，查图 4-12 得 $K_\tau = 1.24$。尺寸因数按 $d = 50$ mm 确定，由表 4-1 查得 $\varepsilon_\sigma = 0.73$，$\varepsilon_\tau = 0.78$。对于磨削表面，根据图 4-14，取 $\beta = 1$。

由式(4-15)得

$$\psi_\sigma = \frac{\sigma_{-1}}{\sigma_b + 350\ \text{MPa}} = \frac{540}{900 + 350} = 0.432 = \psi_\tau$$

(3) 校核疲劳强度。

弯曲应力为等幅对称循环应力，由式(4-13)可得工作安全系数：

$$n_\sigma = \frac{\dfrac{\varepsilon_\sigma \beta}{K_\sigma}\sigma_{-1}}{\sigma_{\max}} = \frac{0.73 \times 1 \times 540}{1.55 \times 122} = 2.08$$

扭转应力为等幅脉动循环应力，由式(4-17)计算其工作安全系数：

$$n_\tau = \frac{\tau_{-1}}{\dfrac{K_\tau}{\varepsilon_\tau \beta}\tau_a + \psi_\tau \tau_m} = \frac{320}{\dfrac{1.24}{0.78 \times 1} \times 36.7 + 0.432 \times 36.7} = 4.31$$

$$n_{\sigma\tau} = \frac{n_\sigma n_\tau}{\sqrt{n_\sigma^2 + n_\tau^2}} = \frac{2.08 \times 4.31}{\sqrt{2.08^2 + 4.31^2}} = 1.87 \geqslant [n] = 1.8$$

由计算结果可知，轴的疲劳强度符合要求。

习　题

4.1 试确定下列各图中轴上 A 点的应力比：

(1) 图 4-17(a)中，轴固定不动，滑轮绕轴转动，滑轮上作用着不变载荷 $\boldsymbol{F}$；

(2) 图 4-17(b)中，轴与滑轮固结成一体而转动，滑轮上作用着不变载荷 $\boldsymbol{F}$。

4.2 柴油发动机连杆大头螺栓在工作中受到的最大拉力 $F_{\max} = 59$ kN，最小拉力 $F_{\min} = 55.1$ kN，螺纹处内径 $d = 11.5$ mm。试求平均应力、应力幅值、循环特征。

4.3 阶梯轴如图 4-18 所示，由镍铬合金钢制成。已知 $\sigma_b = 920$ MPa，$\sigma_{-1} = 420$ MPa，$\tau_{-1} = 250$ MPa。该轴的尺寸是 $D = 50$ mm，$d = 40$ mm，$R = 5$ mm。试求弯曲和扭转时的有效应力集中系数和尺寸因数。

4.4 阶梯圆轴表面经过抛光，尺寸如图 4-19 所示。已知 $\sigma_b = 1150$ MPa，$\tau_{-1} = 300$ MPa，规定的安全系数 $n = 1.8$。试求轴所能承受的对称循环扭矩的最大值 $T_{\max}$。

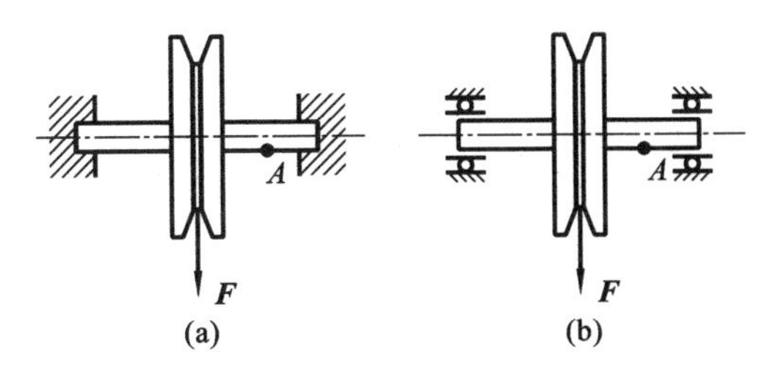

图 4-17

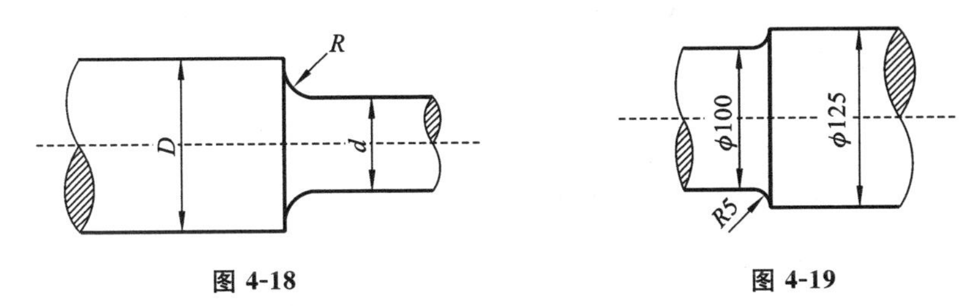

图 4-18　　图 4-19

4.5 图 4-20 所示圆杆表面未经加工，且因径向圆孔而被削弱。杆受由 0 到 $F_{\max}$的轴向力作用。该杆由普通碳素钢制成，$\sigma_b=600$ MPa，$\sigma_s=340$ MPa，$\sigma_{-1}=200$ MPa，$\varphi_\sigma=0.1$，$[n]=1.7$，$n_s=1.5$。试求施加在杆上的最大轴向力 $F_{\max}$。

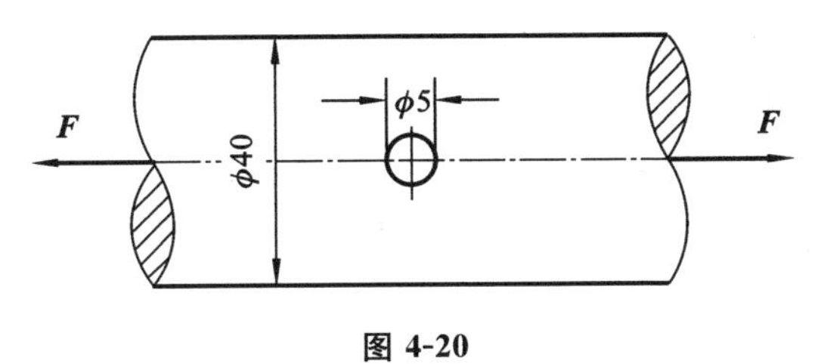

图 4-20

第 5 章　虚位移原理

虚位移原理采用虚功的概念分析和解决系统的受力平衡问题。它可直接用于研究静力学平衡问题。虚位移概念与约束概念密切相关，但本章所涉及的约束是对实体构件先前约束的引申，应理解为对质点系空间分布、运动的限制条件。本章将首先介绍约束的分类；然后定义虚位移和虚功的概念，并推导虚位移原理；最后将虚位移原理应用于实际静力学问题。

结合虚位移原理和达朗贝尔原理，可以导出动力学的普遍方程，这构成了分析力学的基础，为求解复杂动力学系统提供一种除了牛顿矢量力学以外的普适方法。

5.1　虚位移与虚功的概念

5.1.1　约束及其分类

通常，对非自由物体的位移起限制作用的接触或连接实体被称为约束。为了便于在虚位移原理中的表述、应用以及更好地融入分析力学体系，这些约束可以用坐标、速度、时间等之间的数学关系加以描述。一般地，设系统由 n 个质点组成，其中任意质点的位置和速度矢量分别为 $\boldsymbol{r}_i$ 和 $\boldsymbol{v}_i$。质点系的约束条件可表示为

$$f_j(\boldsymbol{r}_1,\cdots,\boldsymbol{r}_i,\cdots,\boldsymbol{r}_n;\boldsymbol{v}_1,\cdots,\boldsymbol{v}_i,\cdots,\boldsymbol{v}_n;t) \geqslant 0,\quad j=1,2,\cdots,S \tag{5-1}$$

式中：S 为约束关系式的个数。约束更一般的定义为：限制质点或质点系的条件关系。表示这种限制条件的关系式称为**约束方程**。根据约束关系式关注角度的差别，可以对约束做不同的类型划分。

1. 几何约束与运动约束

仅限制质点或质点系在空间几何位置的约束关系式称为几何约束。如图 5-1 所示的单摆，杆长 l 为常量，忽略尺寸的球体（视为质点 M）绕固定点 O 在 Oxy 平面内摆动。故，质点 M 的运动被限制在以点 O 为圆心、以杆长 l 为半径的圆周上。设 x、y 为质点 M 的坐标，则约束方程为

$$x^2+y^2=l^2 \tag{5-2}$$

如图 5-2 所示，质点 M 的运动被限制在固定曲面上，则约束方程为

$$f(x,y,z)=0 \tag{5-3}$$

除了几何约束，约束还可表示为限制质点系运动的关系式，称为运动约束。图 5-3 显示了轮子沿直线轨道做纯滚动的情形，轮心速度和角速度之间受到运动约束条件 $v_A=\omega r$ 的限制，设 x_A 和 φ 分别表示轮心 A 的坐标和轮子的角位移，则约束条

件亦可表示为 $\dot{x}_A=\dot{\varphi}r$。

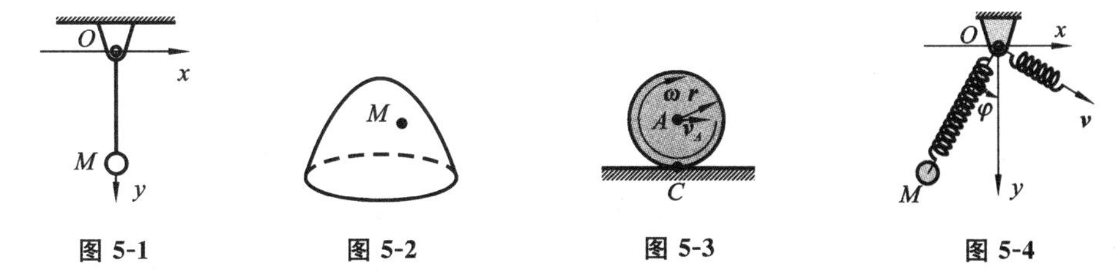

图 5-1　　图 5-2　　图 5-3　　图 5-4

2. 定常约束与非定常约束

对于图 5-1 所示的杆长不随时间变化的单摆，其约束方程中不含时间变量 t，这类约束条件称为定常约束。而图 5-4 所示的单摆长度 l（原长为 l_0）随时间以固定速度 v 减小，端部质点 M 的约束条件可表示为

$$x^2+y^2\leqslant(l_0-vt)^2 \tag{5-4}$$

由此可见，约束方程中包含时间变量时，这类约束称为非定常约束。

3. 双侧约束与单侧约束

图 5-1 所示的单摆具有刚性摆杆，其端部质点 M 沿杆伸长和缩短两个方向的位移均受到了限制，故约束方程为等式，该类约束称为双侧（或固执）约束。对于图 5-4 所示的单摆，由于细绳不可伸长，只能缩短，其端部质点 M 沿杆伸长方向的位移受到了限制，但沿缩短方向的位移不受限制，故约束关系式为不等式，该类约束称为单侧（或非固执）约束。

4. 完整约束与非完整约束

由几何约束和可积分为位移关系的运动约束组成的约束称为完整约束。若运动约束方程不能积分为位移间的有限关系形式，则相应的约束称为非完整约束。将约束方程(5-1)改写为不显含速度的等式：

$$f_j(\boldsymbol{r}_1,\cdots,\boldsymbol{r}_i,\cdots,\boldsymbol{r}_n;t)=0,\quad j=1,2,\cdots,S \tag{5-5}$$

此为完整、双侧约束方程的一般形式，本章仅针对这类约束的相关问题进行探讨。

5.1.2　自由度与广义坐标

一个自由质点在空间的位置需要由 3 个独立参数确定，故自由质点在空间中的自由度为 3。若质点运动受到约束，自由度要相应减小。工程中完整约束占绝大部分。对于完整约束，确定质点系位置的独立参数的个数等于质点系的自由度。例如，图 5-2 所示的质点 M 的运动受到曲面方程(5-3)的约束，该曲面方程可将 z 坐标用 x 坐标、y 坐标表示。

$$z=z(x,y) \tag{5-6}$$

可见，该质点在空间的位置仅由 x、y 坐标这两个独立参数即可确定，故其自由度为 2。一般而言，如果一个由 n 个质点组成的质点系，受到 S 个完整约束，利用这些约束方程可将总共 $3n$ 个坐标中的 S 个坐标表示为其余 $3n-S$ 个坐标的函数，则质点系的空间位置由 $N(N=3n-S)$ 个独立参数完全确定，这些用于描述质点系空间位置的独立参数，称为**广义坐标**。对于仅受完整约束的系统，广义坐标的数目等于该系统的自由度。

仍以图 5-2 所示的质点 M 为例，可以选取 x、y 这两个独立参数作为一组广义坐标。在保持独立参数的数目不变的情况下，广义坐标的选取不是唯一的。一般地，如果存在两个独立参数 ξ、η 可将 x 坐标、y 坐标表示为函数 $x(\xi,\eta)$、$y(\xi,\eta)$，则利用式(5-6)可将 z 坐标表示为函数 $z(\xi,\eta)$。例如，如果 $\xi=(x+y)/2$，$\eta=(x-y)/2$，则质点 M 的空间位置可由以下函数确定：

$$x=\xi+\eta,\quad y=\xi-\eta,\quad z=z(\xi+\eta,\xi-\eta) \tag{5-7}$$

考虑式(5-5)所述的受到 S 个完整双侧约束的质点系，设 $q_1,q_2,\cdots,q_N(N=3n-S)$ 为该系统的一组广义坐标，则各质点的坐标可表示为

$$\boldsymbol{r}_i=\boldsymbol{r}_i(q_1,q_2,\cdots,q_N,t) \tag{5-8}$$

利用虚位移的定义，通过对式(5-8)做变分运算可以确定质点 i 的虚位移：

$$\delta\boldsymbol{r}_i=\sum_{j=1}^{N}\frac{\partial\boldsymbol{r}_i}{\partial q_j}\delta q_j \tag{5-9}$$

式中：$\delta q_j,j=1,2,\cdots,N$ 为广义坐标 q_j 的变分，称为广义虚位移。

例 5.1

平面"三摆"如图 5-5 所示，试给出约束方程，并确定自由度。

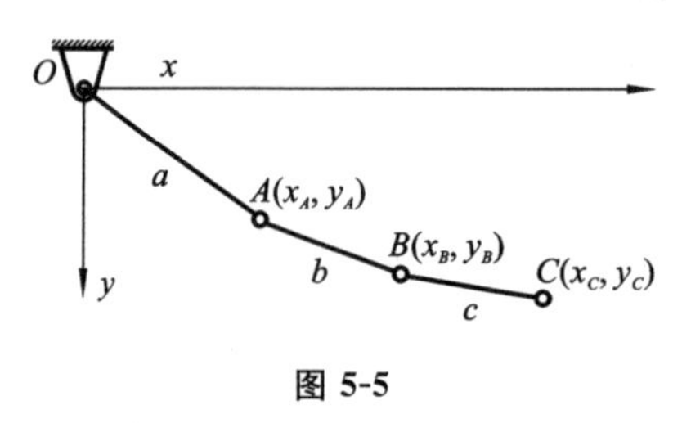

图 5-5

解 平面"三摆"的空间位置由质点 A、B、C 决定，3 根刚性杆长度不变且 O 端为固定铰链支座，根据平面限制条件，可给出如下 6 个约束方程：

$$f_1=x_A^2+y_A^2-a^2=0$$
$$f_2=(x_B-x_A)^2+(y_B-y_A)^2-b^2=0$$
$$f_3=(x_C-x_B)^2+(y_C-y_B)^2-c^2=0$$
$$f_4=z_A=0$$
$$f_5=z_B=0$$
$$f_6=z_C=0$$

因此，自由度为

$$j=3n-S=3\times3-6=3$$

5.1.3 虚位移

考虑一个由 n 个质点组成且受到 S 个完整双侧约束的质点系，其约束条件可由式(5-5)表示。设质点 i 在 t 时刻的位置矢量为 $\boldsymbol{r}_i$，则其在无限小时间间隔 $\mathrm{d}t$ 内的无

限小位移可表示为直角坐标系下的解析形式：

$$\mathrm{d}\boldsymbol{r}_i = \mathrm{d}x\boldsymbol{i} + \mathrm{d}y\boldsymbol{j} + \mathrm{d}z\boldsymbol{k} \tag{5-10}$$

式中：x_i、y_i、z_i 表示该质点的直角坐标；$\boldsymbol{i}$、$\boldsymbol{j}$、$\boldsymbol{k}$ 为沿坐标轴的单位向量。

对式(5-5)进行多元函数求导，即得 $\mathrm{d}\boldsymbol{r}_i$ 满足的条件：

$$\sum_i^n \left(\frac{\partial f_j}{\partial x_i}\mathrm{d}x_i + \frac{\partial f_j}{\partial y_i}\mathrm{d}y_i + \frac{\partial f_j}{\partial z_i}\mathrm{d}z_i\right) + \frac{\partial f_j}{\partial t}\mathrm{d}t = 0, \quad j = 1,2,\cdots,S \tag{5-11}$$

满足式(5-11)的任意一组无限小位移称为**可能位移**。真实位移(简称位移)为可能位移之一。若固定时间 t，对质点系任意两组可能位移作差可得质点系的一组虚位移。质点 i 的虚位移可表示为 $\delta\boldsymbol{r}_i$，且

$$\delta\boldsymbol{r}_i = \delta x\boldsymbol{i} + \delta y\boldsymbol{j} + \delta z\boldsymbol{k} \tag{5-12}$$

式中：δ 是变分符号，可理解为固定时间条件下位移的无限小变化。

结合式(5-8)和式(5-9)，并利用固定时间条件，可得虚位移应满足的条件：

$$\sum_i^n \left(\frac{\partial f_j}{\partial x_i}\delta x_i + \frac{\partial f_j}{\partial y_i}\delta y_i + \frac{\partial f_j}{\partial z_i}\delta z_i\right)\mathrm{d}t = 0, \quad j = 1,2,\cdots,S \tag{5-13}$$

因此，对于定常约束，虚位移等价于可能位移。但对于非定常约束，虚位移是指当时间固定后，约束条件在某一时刻所允许的无限小位移，此时与可能位移不同。

必须指出的是，虚位移与实位移是不同概念。实位移为质点系在一定时间内真实发生的位移，它不仅与约束条件有关，还与时间、加速度以及初始条件相关；但虚位移仅是与约束条件有关的任意无限小的位移。因此，在定常约束下，实位移为由多个甚至无穷多个虚位移所组成集合中的一个元素。对于非定常约束，实位移与时间有关，而虚位移需要固定时间，故此时实位移未必是虚位移集合中的一个元素。无限小的实位移用微分符号如 $\mathrm{d}\boldsymbol{r}$、$\mathrm{d}x$、$\mathrm{d}\varphi$ 等表示。

5.1.4　虚功

力沿虚位移所做的功称为虚功。力 F 沿虚位移 δr 的虚功为 $F \cdot \delta r$，一般以 δW 表示虚功。需要注意的是，虚功和沿实位移的元功可以采用相同符号，但它们之间存在本质差异，因为虚位移并非真实位移，所以虚功并非真实发生的功。当一个机械处于静止(平衡)状态时，任何力都因无实位移而不做实功，但它可以做虚功。

5.1.5　理想约束

若力沿质点系的任意虚位移所做的虚功之和为零，则称该约束为理想约束。假设质点 i 上作用的约束力为 $\boldsymbol{F}_{\mathrm{N}i}$，该质点的虚位移为 $\delta\boldsymbol{r}_i$，该约束力沿虚位移所做的虚功为 $\delta W_{\mathrm{N}i}$，则理想约束可以表示为

$$\delta W_{\mathrm{N}} = \sum \delta W_{\mathrm{N}i} = \sum \boldsymbol{F}_{\mathrm{N}i} \cdot \delta\boldsymbol{r}_i = 0 \tag{5-14}$$

常见的光滑固定面、光滑铰链、不可伸长的柔索、无重刚性杆、固定端等约束，从虚功角度来讲，均为理想约束。

5.2　刚体系统的虚位移原理

考察任意处于静止平衡状态的质点系(见图 5-6),对于任意选取的质点 i,作用于该质点上主动力的合力为 $\boldsymbol{F}_i$,约束力的合力为 $\boldsymbol{F}_{\mathrm{N}i}$。由于该质点也处于平衡状态,故

$$\boldsymbol{F}_i + \boldsymbol{F}_{\mathrm{N}i} = \boldsymbol{0} \tag{5-15}$$

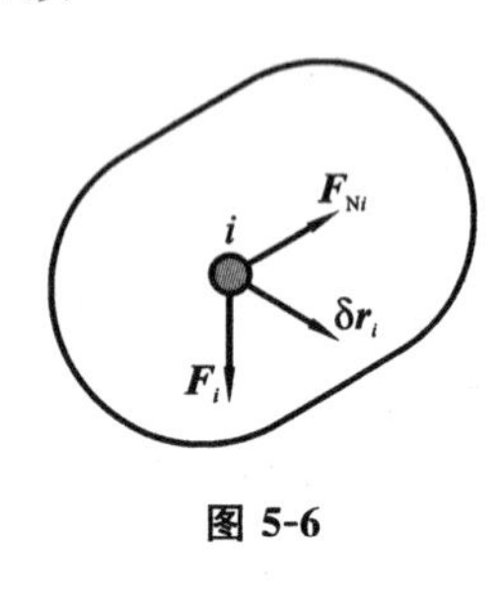

图 5-6

若给质点系施加约束条件允许的某一虚位移,其中质点 i 的虚位移为 $\delta\boldsymbol{r}_i$,则该质点上作用的主动力和约束力虚功之和为零:

$$\boldsymbol{F}_i \cdot \delta\boldsymbol{r}_i + \boldsymbol{F}_{\mathrm{N}i} \cdot \delta\boldsymbol{r}_i = 0 \tag{5-16}$$

该质点系内的任意质点均可应用这一等式,故可将所有等式相加得到

$$\sum \boldsymbol{F}_i \cdot \delta\boldsymbol{r}_i + \sum \boldsymbol{F}_{\mathrm{N}i} \cdot \delta\boldsymbol{r}_i = 0 \tag{5-17}$$

若质点系具有理想约束,则约束力沿虚位移的虚功之和为零,即 $\sum \boldsymbol{F}_{\mathrm{N}i} \cdot \delta\boldsymbol{r}_i = 0$。将其代入式(5-17)可得质点系平衡的充分必要条件,即质点系主动力所满足的虚功方程为

$$\delta W_{\mathrm{F}} = \sum \delta W_{\mathrm{F}i} = \sum \boldsymbol{F}_i \cdot \delta\boldsymbol{r}_i = 0 \tag{5-18}$$

式中:$\delta W_{\mathrm{F}i}$和 δW_{F} 分别表示质点 i 和整个质点系的虚功。由此可以得出一般性结论:对于具有理想约束的质点系,其平衡的充分必要条件为作用于质点系上的所有主动力沿任意虚位移所做的虚功之和为零。该结论称为虚位移原理,亦称虚功原理。

虚功方程(5-18)可以改写成直角坐标系下的解析形式:

$$\delta W_{\mathrm{F}} = \sum (F_{xi}\delta x_i + F_{yi}\delta y_i + F_{zi}\delta z_i) = 0 \tag{5-19}$$

式中:F_{xi}、F_{yi}、F_{zi}为作用于质点 i 上的主动力 $\boldsymbol{F}_i$ 在直角坐标轴上的投影;δx_i、δy_i、δz_i 为虚位移 $\delta\boldsymbol{r}_i$ 在坐标轴上的投影。

需要特别指出的是,虚位移原理条件中的理想约束只要求所有约束力沿任意约束条件允许的虚位移的虚功和为零。当求解某一不具有虚位移的传统约束力(分量)时,可通过施加允许的虚位移将该约束力(分量)转化为主动力。对于做虚功的传统约束力(如摩擦力),可以将其视为主动力,并将其虚功计入虚功方程中。由此可见,在应用虚功方程时,对于一个要求解的约束力,可以根据需要灵活地施加允许的虚位移,将其转化为主动力。

5.3　虚位移与虚速度的应用

本节介绍应用虚位移原理解决具体问题的方法和步骤。虚功方程可以用虚位移

形式表示，也可通过对时间求导，以虚速度（或虚功率）形式表示，可以直接应用运动学分析方法。

例 5.2

如图 5-7(a)所示的平面机构中，曲柄 OA 可绕轴 O 转动，滑块 A 可沿滑槽无摩擦滑动，并带动摇杆 O_1B 绕轴 O_1 转动。已知$\overline{OA}=\overline{O_1B}=l$，若在曲柄 OA 上作用力偶矩$\boldsymbol{M}$，在 B 端作用力 $\boldsymbol{F}$，则机构在图示位置保持平衡，此时摇杆 O_1B 与直线O_1O垂直。求力 $\boldsymbol{F}$ 的大小。

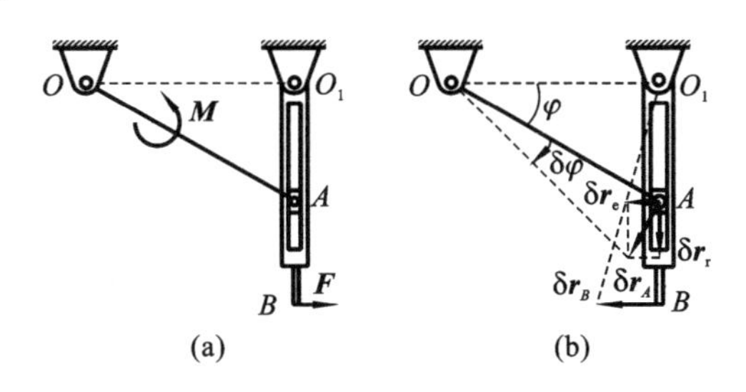

图 5-7

解　方法一：设给曲柄 OA 施加虚角位移 $\delta\varphi$，如图 5-7(b)所示，滑块 A 的虚位移 $\delta r_A=l\delta\varphi$。选取滑块 A 为动点，摇杆 O_1B 为动系，则

$$\delta \boldsymbol{r}_A=\delta \boldsymbol{r}_e+\delta \boldsymbol{r}_r$$

由虚位移平行四边形关系得

$$\delta r_e=\delta r_A\sin\varphi=l\delta\varphi\sin\varphi,\quad \delta r_B=\frac{\overline{O_1B}}{\overline{O_1A}}\delta r_e=\frac{l}{l\sin\varphi}\delta r_e=l\delta\varphi$$

利用虚位移原理，有

$$\sum\delta W_F=F\delta r_B-M\delta\varphi=Fl\delta\varphi-M\delta\varphi=0$$

根据虚位移 $\delta\varphi$ 的任意性，解得 $F=M/l$。

方法二：针对滑块 A 的合成运动分析，定义微小时间间隔 δt 内产生的虚位移为虚速度，如滑块 A 的虚速度为 $\boldsymbol{v}_A=\delta\boldsymbol{r}_A/\delta t$，可得到虚速度之间的矢量关系为

$$\boldsymbol{v}_A=\boldsymbol{v}_e+\boldsymbol{v}_r$$

则虚速度满足

$$v_e=v_A\sin\varphi=lw\sin\varphi,\quad v_B=\frac{\overline{O_1B}}{\overline{O_1A}}v_e=\frac{l}{l\sin\varphi}v_e=lw$$

利用虚位移原理，有

$$Fv_B-Mw=Flw-Mw=0$$

根据虚速度 w 的任意性，解得 $F=M/l$。

例 5.3

如图 5-8(a)所示机构中，滑块 A 受力 $\boldsymbol{F}_1$、杆 BD 的 D 端受力 $\boldsymbol{F}_2$ 作用。在图示位置，机构处于平衡状态，杆 OA 与杆 BD 垂直，$\overline{AB}=\overline{OA}=l$，$\overline{AD}=a$。试求力 $\boldsymbol{F}_1$ 与力 $\boldsymbol{F}_2$ 的关系。

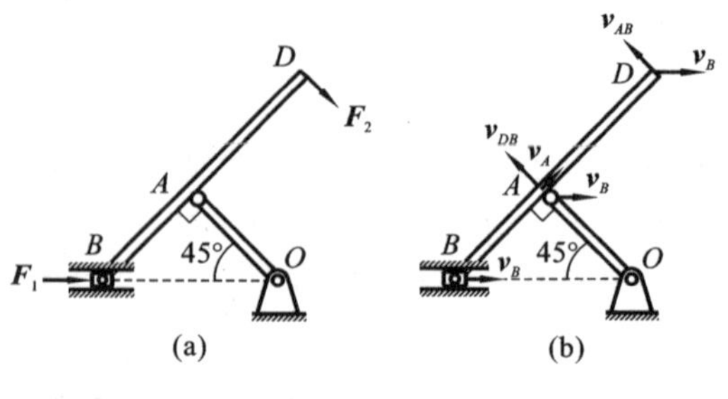

图 5-8

解 利用虚位移原理,有

$$\sum \delta W_{\mathrm{F}}=0,\quad F_1 v_B-F_2(v_{DB}-v_B\cos 45^\circ)=0$$

利用基点法,取 B 点为基点,虚速度矢量如图 5-7(b)所示,A 点虚速度可表示为

$$\boldsymbol{v}_A=\boldsymbol{v}_B+\boldsymbol{v}_{AB}$$

$$v_{AB}=v_B\cos 45^\circ=\frac{\sqrt{2}}{2}v_B$$

取 B 点为基点,D 点虚速度为 $\boldsymbol{v}_D=\boldsymbol{v}_B+\boldsymbol{v}_{DB}$,则

$$v_{DB}=\frac{v_{AB}}{l}(l+a)=\frac{\sqrt{2}}{2l}(l+a)v_B$$

将虚速度关系代入虚功方程,求得 $F_1=\dfrac{\sqrt{2}aF_2}{2l}$。

例 5.4

如图 5-9 所示的机构中,各杆自重不计,在 G 点作用一个铅直向上的力 $\boldsymbol{F}$,C、G 两点之间连接一个不计自重、刚度系数为 k 的弹簧。在图示位置,弹簧已有伸长量为 δ_0,并且 $\overline{AC}=\overline{CE}=\overline{CD}=\overline{CB}=\overline{DG}=\overline{GE}=l$。试求支座 B 的水平约束力。

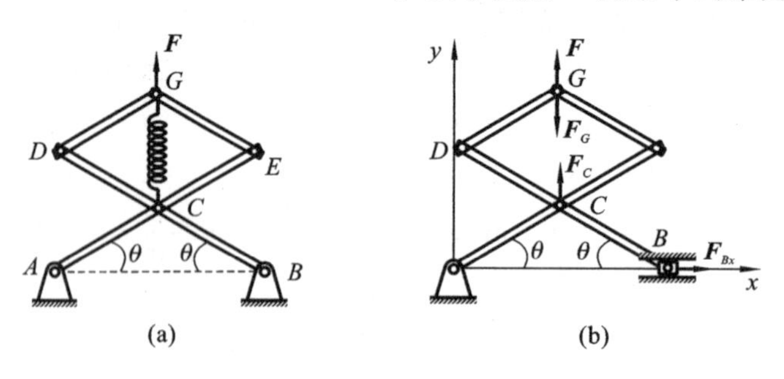

图 5-9

解 将支座 B 的水平约束解除,以力 $\boldsymbol{F}_{Bx}$ 代替。将弹簧解除,以力 $\boldsymbol{F}_C$、$\boldsymbol{F}_G$ 代替,可知 $F_C=F_G=k\delta_0$。利用虚位移原理的解析形式,可得

$$\sum \delta W_{\mathrm{F}}=F_{Bx}\delta x_B+F\delta y_G+F_C\delta y_C-F_G\delta y_G=0$$

以转角 θ 为参数,可将坐标 x_B、y_C、y_G 表示为

$$x_B = 2l\cos\theta,\quad y_C = l\sin\theta,\quad y_G = 3l\sin\theta$$

通过变分运算可得

$$\delta x_B = -2l\sin\theta\delta\theta,\quad \delta y_C = l\cos\theta\delta\theta,\quad \delta y_G = 3l\cos\theta\delta\theta$$

代入虚功方程,可得

$$(-2F_{Bx}\sin\theta - 2k\delta_0\cos\theta + 3F\cos\theta)l\delta\theta = 0$$

由虚位移 $\delta\theta$ 的任意性,解得

$$F_{Bx} = \left(\frac{3}{2}F - k\delta_0\right)\cot\theta$$

例 5.5

图 5-10 所示的铰链菱形机构 $ABCD$ 边长为 l,悬挂于顶点 A。A、B 两点间连接刚度系数为 k 的弹簧,在铰链 C、D 上各有重量为 P 的球。已知 $\varphi=45°$时,弹簧不受力。若弹簧可承压,不计各杆重,且满足 $P<2lk(1-\sqrt{2}/2)$,求该机构平衡时的 φ 值。

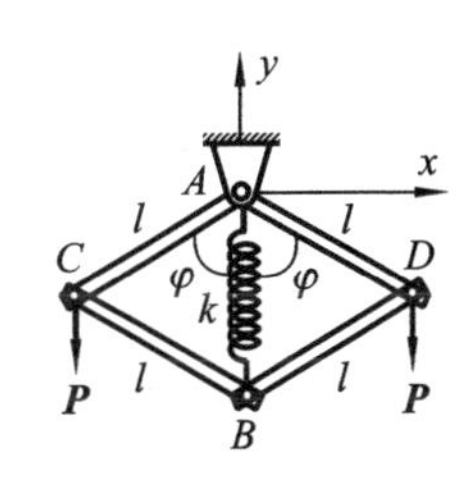

图 5-10

解　根据虚位移原理,有 $\sum \delta W_F = 0$。

坐标和虚位移关系为

$$y_C = y_D = l\cos\varphi,\quad y_B = 2l\cos\varphi$$

$$\delta y_C = \delta y_D = -l\sin\varphi\delta\varphi,\quad \delta y_B = -2l\sin\varphi\delta\varphi$$

弹簧力为 $F_k = kl(2\cos\varphi - \sqrt{2})$,故虚功方程为

$$2Pl\sin\varphi\delta\varphi - kl(2\cos\varphi - \sqrt{2})2l\sin\varphi\delta\varphi = 0$$

由虚位移 $\delta\varphi$ 的任意性,可得

$$\varphi = \arccos\left(\frac{P+\sqrt{2}kl}{2kl}2\cos\varphi - \sqrt{2}\right)$$

例 5.6

求图 5-11(a)所示的无重组合梁支座 A 处的约束力。

解　将支座 A 处约束解除,代之以力 $\boldsymbol{F}_A$,将它视为主动力。设在支座 A 处施加铅垂方向虚位移,约束允许的虚位移如图 5-10(b)所示,依据虚功原理,可得

$$\delta W_F = F_A\delta s_A - F_1\delta s_1 + M\delta\varphi + F_2\delta s_2 = 0$$

由图 5-9(b)中的运动学分析可得虚位移之间的关系:

$$\delta\varphi = \frac{\delta s_A}{8}$$

$$\delta s_1 = 3\delta\varphi = \frac{3}{8}s_A$$

$$\delta s_I = 11\delta\varphi = \frac{11}{8}s_A$$

$$\delta s_2 = \frac{4}{7}\delta s_I = \frac{11}{14}s_A$$

代入虚功方程得

$$F_A = \frac{3}{8}F_1 - \frac{11}{14}F_2 - \frac{M}{8}$$

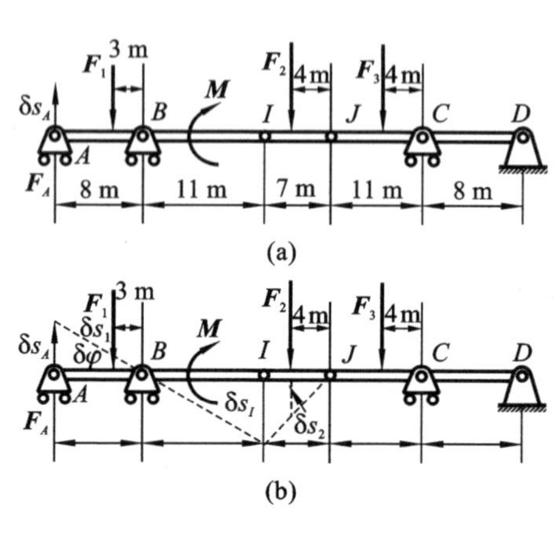

图 5-11

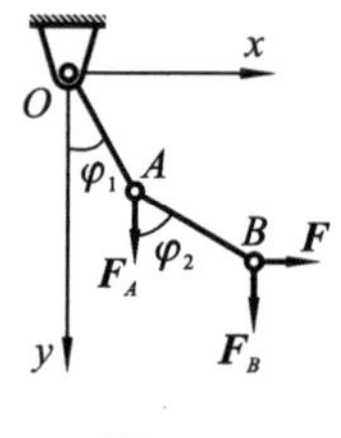

图 5-12

例 5.7

如图 5-12 所示,杆 OA 和杆 AB 以铰链连接,O 端悬挂于圆柱铰链上。杆长$\overline{OA}=a$,$\overline{AB}=b$,杆重和铰链摩擦都不计。点 A 和点 B 分别受铅垂向下的力 $\boldsymbol{F}_A$ 和 $\boldsymbol{F}_B$ 作用,点 B 同时受水平力 $\boldsymbol{F}$ 作用。试求平衡时 φ_1、φ_1 与 $\boldsymbol{F}_A$、$\boldsymbol{F}_B$、$\boldsymbol{F}$ 之间的关系。

解 该系统的位置可由点 A、点 B 的 4 个坐标 x_A、y_A 和 x_B、y_B 确定,杆 OA 和杆 AB 均受到各自长度为常量的约束,故该系统自由度为 2。现选择 φ_1、φ_2 为广义坐标,故有

$$y_A = a\cos\varphi_1, \quad y_B = a\cos\varphi_1 + b\cos\varphi_2, \quad x_B = a\sin\varphi_1 + b\sin\varphi_2$$

$$\delta y_A = -a\sin\varphi_1\delta\varphi_1, \quad \delta y_B = -a\sin\varphi_1\delta\varphi_1 - b\sin\varphi_2\delta\varphi_2,$$

$$\delta x_B = a\cos\varphi_1\delta\varphi_1 + b\cos\varphi_1\delta\varphi_2$$

依据虚位移原理,可得

$$\sum \delta W_F = F_A\delta y_A + F\delta x_B + F_B\delta y_B = 0$$

$$F_A(-a\sin\varphi_1\delta\varphi_1) + F(a\cos\varphi_1\delta\varphi_1 + b\cos\varphi_1\delta\varphi_2) + F_B(-a\sin\varphi_1\delta\varphi_1 - b\sin\varphi_2\delta\varphi_2) = 0$$

$$(Fa\cos\varphi_1 - F_Aa\sin\varphi_1 - F_Ba\sin\varphi_1)\delta\varphi_1 + (Fb\cos\varphi_1 - F_Bb\sin\varphi_2)\delta\varphi_2 = 0$$

利用虚位移独立性,设 $\delta\varphi_1 \neq 0$,$\delta\varphi_2 = 0$,得 $F_B = F\cot\varphi_1 - F_A$;另设 $\delta\varphi_1 = 0$,$\delta\varphi_2 \neq 0$,得 $F_B = F\cot\varphi_2$。

由以上例题可知,利用虚位移原理解决平衡问题时,关键在于建立各虚位移之间

的关系，可以分为解析法和非解析法两大类方法。其中，解析法虚功表达式中，每个力的虚功被分解为该力在各坐标轴上的投影与对应坐标变分的乘积形式，需要注意每个投影的符号；坐标变分无须额外添加符号，其最终符号由变分运算自然决定。非解析法又可细分为直接法（或定义法）与虚速度法，通常需要采用运动学分析，如点的合成运动、平面运动的基点法、瞬心法及速度投影定理等，建立虚位移或虚速度之间的关系。需要针对具体问题选择合理方法。

用虚位移原理求解约束（分量）时，关键在于将对应的约束（分量）解除，代之以主动力（分量）。对于多自由度系统，利用广义坐标的独立性和虚位移的任意性，将虚功方程转化为对应不同虚位移条件下未知力（分量）的方程组进行求解。

习　题

5.1　如图 5-13 所示的伸缩仪，各杆用光滑铰链相连，$\overline{OA}=\overline{OB}=l$，$\overline{AD}=\overline{BC}=2l$，不计自重。已知水平力的大小 $F_1=F_2=P$，点 E 作用垂直力 $\boldsymbol{F}$，试求平衡时的 θ 值。

5.2　在图 5-14 所示机构中，$\overline{OC}=\overline{AC}=\overline{BC}=l$，在滑块 A、B 上分别作用力 $\boldsymbol{F}_1$、$\boldsymbol{F}_2$，机构在图示位置平衡，试利用虚位移原理求作用于曲柄 OC 上的力偶矩 $\boldsymbol{M}$。

5.3　图 5-15 所示机构同时受力 $\boldsymbol{F}$ 和力偶矩 $\boldsymbol{M}$ 处于平衡状态，$\overline{OA}=\overline{OB}=l$。不计自重和摩擦，试利用虚位移原理求力 $\boldsymbol{F}$ 与力偶矩 $\boldsymbol{M}$ 之间的关系。

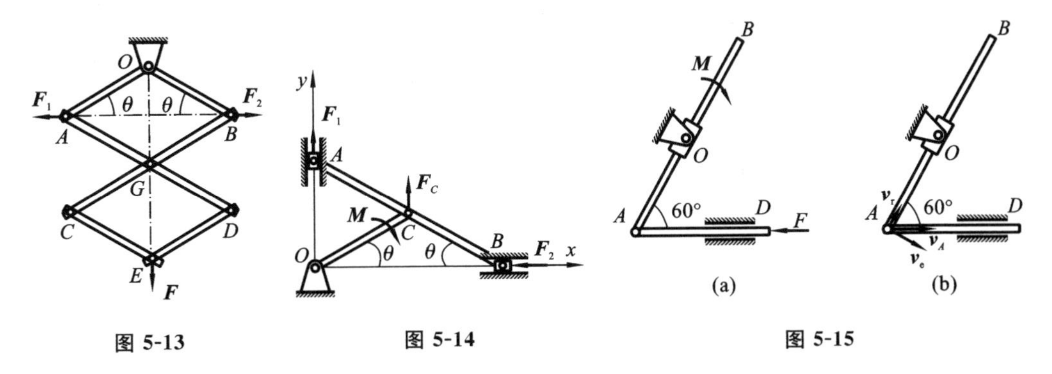

图 5-13　　图 5-14　　图 5-15

5.4　长度均为 l 的无重均质杆 AB、BD 在 B 点铰接，A 点为固定端约束，凸角 E 光滑。沿杆 BD 轴线方向作用力 $\boldsymbol{F}$，如图 5-16 所示。试求 A 点水平方向约束力 $\boldsymbol{F}_{Ax}$。

5.5　如图 5-17 所示，两个等长刚性杆 AB、BC 在 B 点用铰链连接，D、E 两点之间连接一个弹簧。弹簧的刚度系数为 k，当 A、C 两点之间的距离等于 a 时，弹簧的拉力为零，不计各构件自重和各处摩擦。如果在 C 点作用一水平力 $\boldsymbol{F}$，杆系处于平衡状

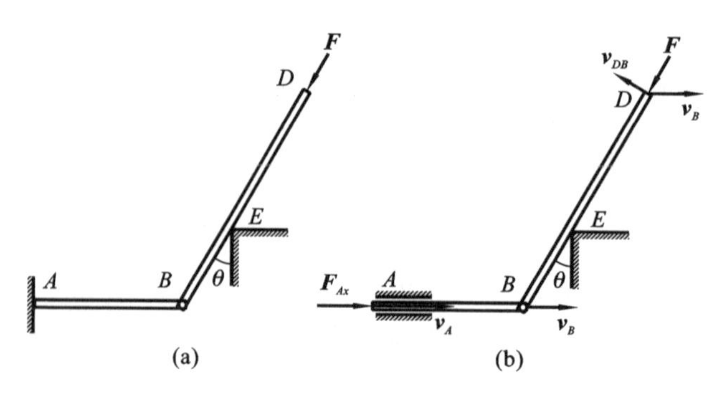

图 5-16

态,试求此时 A、C 两点之间的距离。

5.6　图 5-18 所示的平面机构中,两杆长度相等,A 点为固定铰支座,F 点为光滑小滚轮。在 B 点挂重 P 的物块。D、E 两点用弹簧连接。弹簧原长为 l,弹簧刚度系数为 k,其余尺寸如图所示,各杆自重不计。试求机构平衡条件。

5.7　四连杆机构如图 5-19 所示,杆 DE 作用力偶矩 $\boldsymbol{M}$,销钉 B 上作用垂直力 $\boldsymbol{P}$,机构在图示位置处于平衡状态,求力 $\boldsymbol{P}$ 和力偶矩 $\boldsymbol{M}$ 之间的关系。

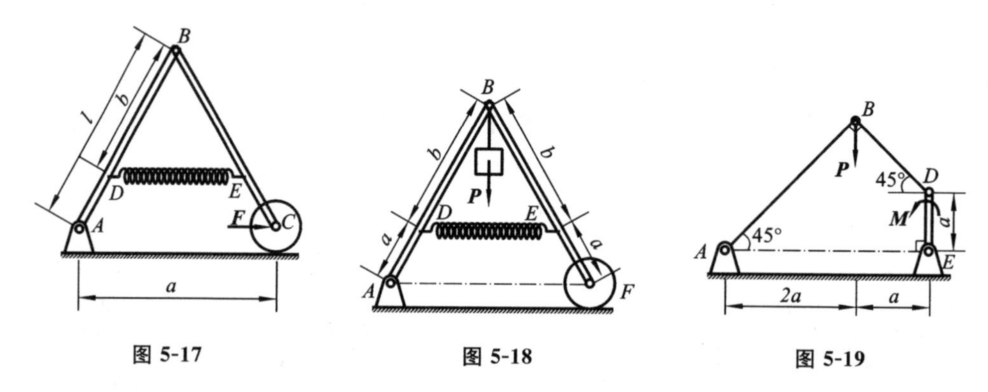

图 5-17　　图 5-18　　图 5-19

5.8　均质杆 AB 长度为 $2l$,C 点为质心,杆 AB 置于光滑的半圆槽内,槽的半径为 R,如图 5-20 所示。试求平衡时 θ 与 l、R 之间的关系。

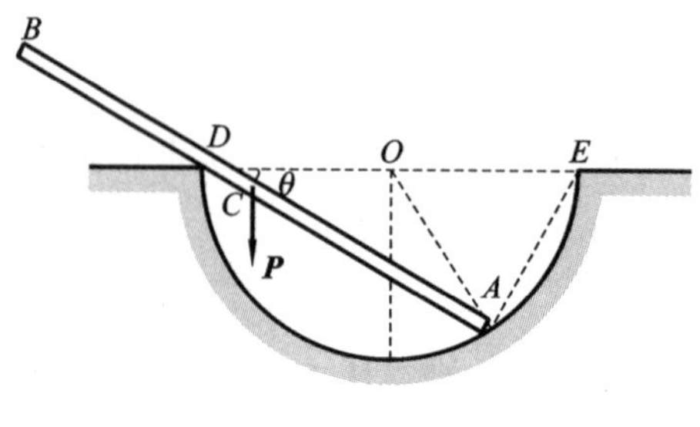

图 5-20

5.9　如图 5-21 所示的组合梁，$q=2\ \mathrm{kN/m}$，$F=5\ \mathrm{kN}$，$M=12\ \mathrm{kN\cdot m}$。求固定端 A 处的约束力。

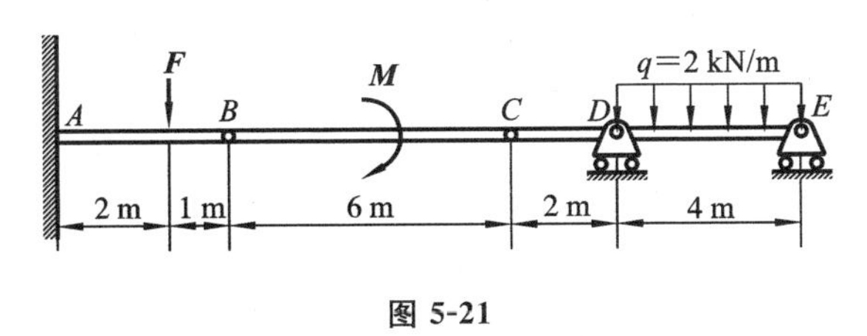

图 5-21

第 6 章　拉格朗日方程

第 6 章　拉格朗日方程

运用矢量力学分析复杂约束动力学系统，必然面临着约束力多、方程数目多、求解烦冗的问题。法国科学家拉格朗日在他 1788 年出版的《分析力学》著作中，将虚位移原理和达朗贝尔原理相结合，导出了解决复杂约束系统动力学问题的方法，即第一类拉格朗日方程和第二类拉格朗日方程。运用该方法可以比较简单地解决非自由质点系的动力学问题。对此，本章将予以简单介绍。

6.1　动力学普遍方程

6.1.1　一般形式

考察由 n 个质点组成的理想约束系统。假设第 i 个质点的质量为 m_i，位置矢量为 $\boldsymbol{r}_i$，作用在该质点上的主动力为 $\boldsymbol{F}_i$，约束力为 $\boldsymbol{F}_{\mathrm{N}i}$，$\boldsymbol{F}_{\mathrm{I}i}=-m_i\ddot{\boldsymbol{r}}_i$ 为作用在第 i 个质点上的惯性力。

根据达朗贝尔原理，作用在整个质点系上的主动力、约束力和惯性力组成平衡力系，即

$$\sum_{i=1}^{n}(\boldsymbol{F}_i+\boldsymbol{F}_{\mathrm{N}i}+\boldsymbol{F}_{\mathrm{I}i})=\boldsymbol{0} \tag{6-1}$$

根据虚位移原理，有

$$\sum_{i=1}^{n}(\boldsymbol{F}_i+\boldsymbol{F}_{\mathrm{N}i}+\boldsymbol{F}_{\mathrm{I}i})\cdot\delta\boldsymbol{r}_i=0 \tag{6-2}$$

若系统只受理想约束作用，$\sum\limits_{i=1}^{n}\boldsymbol{F}_{\mathrm{N}i}\cdot\delta\boldsymbol{r}_i=0$，则

$$\sum_{i=1}^{n}(\boldsymbol{F}_i+\boldsymbol{F}_{\mathrm{I}i})\cdot\delta\boldsymbol{r}_i=\sum_{i=1}^{n}(\boldsymbol{F}_i-m_i\ddot{\boldsymbol{r}}_i)\cdot\delta\boldsymbol{r}_i=0 \tag{6-3}$$

式(6-3)称为**动力学普遍方程**。该式表明在理想约束的条件下，质点系在任意瞬时所受的主动力系和虚加的惯性力系在虚位移上所做功之和等于零。

式(6-3)在直角坐标系下的解析式可写为

$$\sum_{i=1}^{n}[(F_{ix}-m_i\ddot{x}_i)\delta x_i+(F_{iy}-m_i\ddot{y}_i)\delta y_i+(F_{iz}-m_i\ddot{z}_i)\delta z_i]=0 \qquad (6\text{-}4)$$

动力学普遍方程将达朗贝尔原理与虚位移原理相结合，可以求解质点系的动力学问题，特别适合求解非自由质点系的动力学问题。下面举例说明。

例 6.1

在图 6-1 所示系统中，均质圆轮半径为 R，质量为 m_1。过轮心的细绳通过定滑轮与一个质量为 m_2 的重物相连，不计定滑轮处的摩擦。在重物的作用下，圆轮在平面上做纯滚动。求圆轮的角加速度。

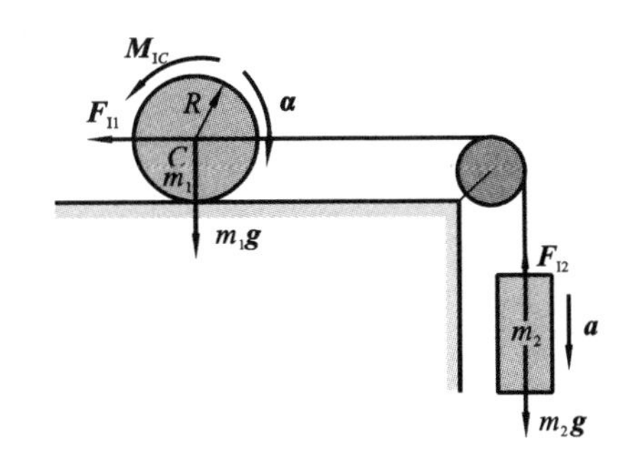

图 6-1

解　取圆轮和重物系统作为研究对象。该系统所受的主动力为 $m_1\boldsymbol{g}$ 和 $m_2\boldsymbol{g}$，惯性力为

$$\boldsymbol{F}_{I1}=-m_1\boldsymbol{a},\quad \boldsymbol{F}_{I2}=-m_2\boldsymbol{a},\quad \boldsymbol{M}_{IC}=-J_C\boldsymbol{\alpha}$$

给系统以虚位移 δs_1、δs_2 和 $\delta\varphi$，由动力学普遍方程(6-4)，得

$$-m_1a\delta s_1-\frac{1}{2}m_1R^2\alpha\delta\varphi-m_2a\delta s_2+m_2g\delta s_2=0$$

将 $\delta s_1=\delta s_2=R\delta\varphi$ 和 $a=R\alpha$ 代入上式，有

$$-m_1a\delta s_1-\frac{1}{2}m_1R^2\,\frac{a}{R}\,\frac{\delta s_1}{R}-m_2a\delta s_1+m_2g\delta s_1=0$$

消去 δs_1，并整理得

$$a=\frac{m_2g}{\frac{3}{2}m_1+m_2}$$

故圆轮的角加速度为

$$\alpha=\frac{m_2g}{\left(\frac{3}{2}m_1+m_2\right)R}$$

6.1.2　广义坐标形式

对于一个由 n 个质点组成、受 s 个完整双侧约束的系统，其广义坐标的个数为 $k=3n-s$。设 k 个广义坐标分别为 $q_1,q_2,\cdots,q_k$，则 n 个质点的坐标可表示为

$$\boldsymbol{r}_i=\boldsymbol{r}_i(q_1,q_2,\cdots,q_k,t),\quad i=1,2,\cdots,n \qquad (6\text{-}5)$$

第 i 个质点的虚位移 $\delta\boldsymbol{r}_i$ 可通过对式(6-5)进行等时变分运算来确定，可得

$$\delta \boldsymbol{r}_i = \sum_{j=1}^{k} \frac{\partial \boldsymbol{r}_i}{\partial q_j}\delta q_j, \quad i = 1,2,\cdots,n \tag{6-6}$$

式中：$\delta q_j, j=1,2,\cdots,k$ 为广义坐标 q_j 的变分，称为**广义虚位移**。广义虚位移可以是线位移，也可以是角位移。

将式(6-6)代入式(6-3)，并交换 i 和 j 的求和顺序，则有

$$\begin{aligned}
&\sum_{i=1}^{n}(\boldsymbol{F}_i - m_i\ddot{\boldsymbol{r}}_i)\cdot\left(\sum_{j=1}^{k}\frac{\partial \boldsymbol{r}_i}{\partial q_j}\delta q_j\right)\\
&= \sum_{j=1}^{k}\left[\sum_{i=1}^{n}(\boldsymbol{F}_i - m_i\ddot{\boldsymbol{r}}_i)\cdot\frac{\partial \boldsymbol{r}_i}{\partial q_j}\right]\delta q_j\\
&= \sum_{j=1}^{k}\left(\sum_{i=1}^{n}\boldsymbol{F}_i\cdot\frac{\partial \boldsymbol{r}_i}{\partial q_j} - \sum_{i=1}^{n}m_i\ddot{\boldsymbol{r}}_i\cdot\frac{\partial \boldsymbol{r}_i}{\partial q_j}\right)\delta q_j\\
&= \sum_{j=1}^{k}\left(Q_j - \sum_{i=1}^{n}m_i\ddot{\boldsymbol{r}}_i\cdot\frac{\partial \boldsymbol{r}_i}{\partial q_j}\right)\delta q_j = 0
\end{aligned}$$

即

$$\sum_{j=1}^{k}\left(Q_j - \sum_{i=1}^{n}m_i\ddot{\boldsymbol{r}}_i\cdot\frac{\partial \boldsymbol{r}_i}{\partial q_j}\right)\delta q_j = 0 \tag{6-7}$$

式(6-7)为广义坐标形式的动力学普遍方程。

$$Q_j = \sum_{i=1}^{n}\left(\boldsymbol{F}_i\cdot\frac{\partial \boldsymbol{r}_i}{\partial q_j}\right) \tag{6-8a}$$

解析式为

$$Q_j = \sum_{i=1}^{n}\left(F_{ix}\frac{\partial x_i}{\partial q_j} + F_{iy}\frac{\partial y_i}{\partial q_j} + F_{iz}\frac{\partial z_i}{\partial q_j}\right) \tag{6-8b}$$

Q_j 称为**广义力**。广义力的量纲与广义虚位移的量纲相对应。广义虚位移为线位移时，广义力的量纲为力的量纲；广义虚位移为角位移时，广义力的量纲为力矩的量纲。

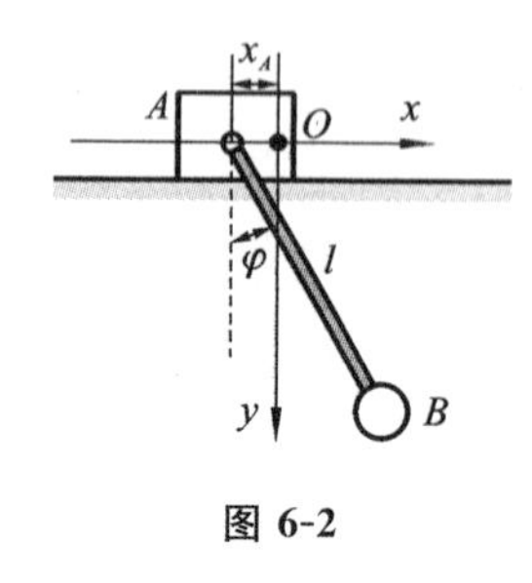

图 6-2

例 6.2

质量为 m_1 的物块 A 可沿光滑水平面无摩擦地来回滑动。在物块 A 上连接一摆长为 l 的单摆 B，单摆 B 的质量为 m_2。该系统的自由度为 2。若取 x_A 和 φ 为该系统的广义坐标，如图 6-2 所示，计算与其相对应的广义力。

解 由于

$$x_B = x_A + l\sin\varphi, \quad y_B = l\cos\varphi$$

故

$$\frac{\partial x_B}{\partial x_A}=1,\quad \frac{\partial y_B}{\partial x_A}=0,\quad \frac{\partial x_B}{\partial \varphi}=l\cos\varphi,\quad \frac{\partial y_B}{\partial \varphi}=-l\sin\varphi$$

将上式代入式(6-8b),得

$$Q_{x_A}=F_{Ax}\frac{\partial x_A}{\partial x_A}+F_{Ay}\frac{\partial y_A}{\partial x_A}+F_{Bx}\frac{\partial x_B}{\partial x_A}+F_{By}\frac{\partial y_B}{\partial x_A}=0$$

$$Q_{\varphi}=F_{Ax}\frac{\partial x_A}{\partial \varphi}+F_{Ay}\frac{\partial y_A}{\partial \varphi}+F_{Bx}\frac{\partial x_B}{\partial \varphi}+F_{By}\frac{\partial y_B}{\partial \varphi}=-m_2 gl\sin\varphi$$

此处,广义力 Q_{x_A} 的量纲是力的量纲,Q_{φ} 的量纲是力矩的量纲。

例 6.3

如图 6-3 所示的系统,绕有细绳的圆轮 C 跨于定滑轮 O 上。圆轮 C 和定滑轮 O 的质量均为 m',半径均为 R。细绳的另一端与质量为 m 的重物 A 相连。细绳不可伸长且细绳和滑轮之间无滑动。当细绳的直线部分垂直时,求轮心 C 点的加速度。

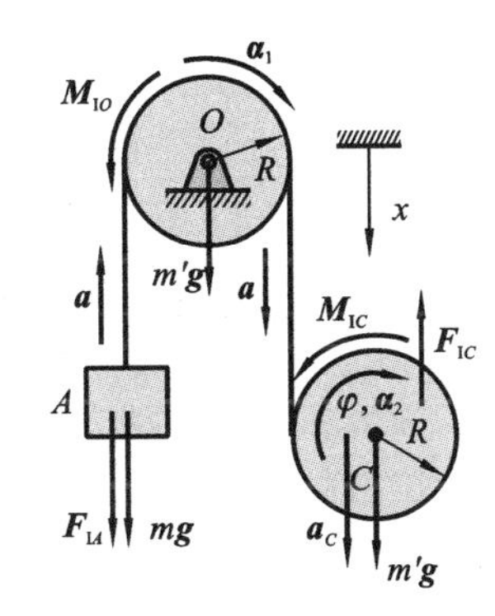

图 6-3

解　研究整个系统。该系统的自由度为 2,取 x 和 φ 为广义坐标。设定滑轮 O 和圆轮 C 的角加速度分别为 $\boldsymbol{\alpha}_1$ 和 $\boldsymbol{\alpha}_2$。轮心 C 点的加速度为 $\boldsymbol{a}_C$,重物 A 的加速度为 $\boldsymbol{a}$,则系统的惯性力可简化为

$$F_{IA}=ma,\quad M_{IO}=\frac{1}{2}m'R^2\alpha_1,\quad M_{IC}=\frac{1}{2}m'R^2\alpha_2,\quad F_{IC}=m'a_C$$

惯性力的方向如图 6-3 所示。

由于广义坐标具有独立性,可令 $\delta x\neq 0$ 和 $\delta\varphi=0$。此时,根据广义坐标形式的动力学普遍方程(6-7),有

$$-mg\delta x-F_{IA}\delta x-M_{IO}\frac{\delta x}{R}+m'g\delta x-m'a_C\delta x=0$$

即

$$-mg\delta x-ma\delta x-\frac{1}{2}m'R^2\alpha_1\frac{\delta x}{R}+m'g\delta x-m'a_C\delta x=0$$

或

$$-mg-ma-\frac{1}{2}m'R\alpha_1+m'g-m'a_C=0 \tag{a}$$

将 $a=R\alpha_1$ 和 $a_C=a+R\alpha_2$ 代入上式,得

$$(m'-m)g-\left(m+\frac{1}{2}m'\right)a-m'a_C=0 \tag{b}$$

令 $\delta x=0$ 和 $\delta\varphi\neq 0$,此时,轮心 C 下降的距离 $\delta h=R\delta\varphi$,将其代入式(6-7),得

$$m'g\delta h-F_{IC}\delta h-M_{IC}\delta\varphi=0$$

即

$$m'g\delta h - m'a_C\delta h - \frac{1}{2}m'R^2\alpha_2\delta\varphi = 0$$

或

$$g - a_C - \frac{1}{2}R\alpha_2 = 0 \tag{c}$$

将 $a_C = a + R\alpha_2$ 代入式(c),得

$$a = 3a_C - 2g \tag{d}$$

将式(d)代入式(b),得

$$a_C = \frac{2m' + m}{2.5m' + 3m}g$$

6.2 第二类拉格朗日方程

6.2.1 基本形式的拉格朗日方程

广义坐标形式的动力学普遍方程不便于直接应用,从该式可导出具有明显物理意义的拉格朗日方程。

同样地,考虑一个由 n 个质点组成、受 s 个完整双侧约束的系统,其广义坐标的个数为 $k=3n-s$。设 k 个广义坐标分别为 $q_1, q_2, \cdots, q_k$,则存在以下两个经典拉格朗日关系式:

$$\frac{\partial \boldsymbol{r}_i}{\partial q_j} = \frac{\partial \dot{\boldsymbol{r}}_i}{\partial \dot{q}_j} \tag{6-9}$$

$$\frac{\mathrm{d}}{\mathrm{d}t}\left(\frac{\partial \boldsymbol{r}_i}{\partial q_j}\right) = \frac{\partial \dot{\boldsymbol{r}}_i}{\partial q_j} \tag{6-10}$$

证明 (1)将 $\boldsymbol{r}_i = \boldsymbol{r}_i(q_1, q_2, \cdots, q_k, t), i = 1,2,\cdots,n$ 两边对时间 t 求导,得

$$\frac{\mathrm{d}\boldsymbol{r}_i}{\mathrm{d}t} = \dot{\boldsymbol{r}}_i = \sum_{j=1}^{k} \frac{\partial \boldsymbol{r}_i}{\partial q_j}\frac{\mathrm{d}q_j}{\mathrm{d}t} + \frac{\partial \boldsymbol{r}_i}{\partial t} = \sum_{j=1}^{k} \frac{\partial \boldsymbol{r}_i}{\partial q_j}\dot{q}_j + \frac{\partial \boldsymbol{r}_i}{\partial t}$$

将上式两边对 $\dot{q}_j$ 求偏导,由于 $\frac{\partial \boldsymbol{r}_i}{\partial q_j}$ 和 $\frac{\partial \boldsymbol{r}_i}{\partial t}$ 只是广义坐标和时间 t 的函数,故得

$$\frac{\partial \dot{\boldsymbol{r}}_i}{\partial \dot{q}_j} = \frac{\partial \boldsymbol{r}_i}{\partial q_j}$$

式(6-9)得证。

(2) 求 $\boldsymbol{r}_i = \boldsymbol{r}_i(q_1, q_2, \cdots, q_k, t), i = 1,2,\cdots,n$ 对某一广义坐标 q_j 的偏导,得

$$\frac{\partial \boldsymbol{r}_i}{\partial q_j} = \frac{\partial \boldsymbol{r}_i(q_1, q_2, \cdots, q_k, t)}{\partial q_j}$$

再将上式对时间 t 求导:

$$\frac{\mathrm{d}}{\mathrm{d}t}\left(\frac{\partial \boldsymbol{r}_i}{\partial q_j}\right) = \sum_{m=1}^{k} \frac{\partial}{\partial q_m}\left(\frac{\partial \boldsymbol{r}_i}{\partial q_j}\right)\dot{q}_m + \frac{\partial}{\partial t}\left(\frac{\partial \boldsymbol{r}_i}{\partial q_j}\right) \tag{6-11}$$

而

$$\frac{\partial \dot{\boldsymbol{r}}_i}{\partial q_j} = \frac{\partial}{\partial q_j}\left(\sum_{m=1}^{k} \frac{\partial \boldsymbol{r}_i}{\partial q_m}\dot{q}_m + \frac{\partial \boldsymbol{r}_i}{\partial t}\right) = \sum_{m=1}^{k} \frac{\partial^2 \boldsymbol{r}_i}{\partial q_j \partial q_m}\dot{q}_m + \frac{\partial^2 \boldsymbol{r}_i}{\partial q_j \partial t} \tag{6-12}$$

式(6-11)和式(6-12)相等,故

$$\frac{\mathrm{d}}{\mathrm{d}t}\left(\frac{\partial \boldsymbol{r}_i}{\partial q_j}\right) = \frac{\partial \dot{\boldsymbol{r}}_i}{\partial q_j}$$

式(6-10)得证。

在式(6-7)中, $\sum_{j=1}^{k}\left(Q_j - \sum_{i=1}^{n} m_i \ddot{\boldsymbol{r}}_i \cdot \frac{\partial \boldsymbol{r}_i}{\partial q_j}\right)\delta q_j = 0$,

令 $Q_j^* = -\sum_{i=1}^{n} m_i \ddot{\boldsymbol{r}}_i \cdot \frac{\partial \boldsymbol{r}_i}{\partial q_j}$, 则

$$Q_j^* = -\sum_{i=1}^{n} m_i \frac{\mathrm{d}}{\mathrm{d}t}\left(\dot{\boldsymbol{r}}_i \cdot \frac{\partial \boldsymbol{r}_i}{\partial q_j}\right) + \sum_{i=1}^{n} m_i \dot{\boldsymbol{r}}_i \cdot \frac{\mathrm{d}}{\mathrm{d}t}\left(\frac{\partial \boldsymbol{r}_i}{\partial q_j}\right)$$

将式(6-9)和式(6-10)代入上式,得

$$\begin{aligned} Q_j^* &= -\sum_{i=1}^{n} m_i \frac{\mathrm{d}}{\mathrm{d}t}\left(\dot{\boldsymbol{r}}_i \cdot \frac{\partial \dot{\boldsymbol{r}}_i}{\partial \dot{q}_j}\right) + \sum_{i=1}^{n} m_i \dot{\boldsymbol{r}}_i \cdot \frac{\partial \dot{\boldsymbol{r}}_i}{\partial q_j} \\ &= -\frac{\mathrm{d}}{\mathrm{d}t}\left(\sum_{i=1}^{n} m_i \dot{\boldsymbol{r}}_i \cdot \frac{\partial \dot{\boldsymbol{r}}_i}{\partial \dot{q}_j}\right) + \frac{\partial}{\partial q_j}\sum_{i=1}^{n}\left(\frac{1}{2} m_i \dot{\boldsymbol{r}}_i \cdot \dot{\boldsymbol{r}}_i\right) \\ &= -\frac{\mathrm{d}}{\mathrm{d}t}\left[\frac{\partial}{\partial \dot{q}_j}\sum_{i=1}^{n}\left(\frac{1}{2} m_i \dot{\boldsymbol{r}}_i \cdot \dot{\boldsymbol{r}}_i\right)\right] + \frac{\partial}{\partial q_j}\sum_{i=1}^{n}\left(\frac{1}{2} m_i \dot{\boldsymbol{r}}_i \cdot \dot{\boldsymbol{r}}_i\right) \\ &= -\frac{\mathrm{d}}{\mathrm{d}t}\left(\frac{\partial T}{\partial \dot{q}_j}\right) + \frac{\partial T}{\partial q_j} \end{aligned} \tag{6-13}$$

式中: $T = \sum_{i=1}^{n}\left(\frac{1}{2} m_i \dot{\boldsymbol{r}}_i \cdot \dot{\boldsymbol{r}}_i\right)$, 为质点系的动能。

将式(6-13)代入式(6-7),得

$$\sum_{j=1}^{k}\left[Q_j - \frac{\mathrm{d}}{\mathrm{d}t}\left(\frac{\partial T}{\partial \dot{q}_j}\right) + \frac{\partial T}{\partial q_j}\right]\delta q_j = 0$$

由于广义坐标 $q_j, j=1,2,\cdots,k$ 具有独立性,故可得

$$\frac{\mathrm{d}}{\mathrm{d}t}\left(\frac{\partial T}{\partial \dot{q}_j}\right) - \frac{\partial T}{\partial q_j} - Q_j = 0, \quad j = 1,2,\cdots,k \tag{6-14}$$

式(6-14)为拉格朗日方程,又称为第二类拉格朗日方程。该式是二阶常微分方程,其中方程的个数等于质点系的自由度 k。为了得到拉格朗日方程,必须将系统的动能 T 表示成广义坐标和广义速度的函数,还必须求出广义力 Q_j。

例 6.4

如图 6-4 所示,单摆 A 悬挂于 O 点,单摆质量为 m,摆长为 l,在 Oxy 平面内往复

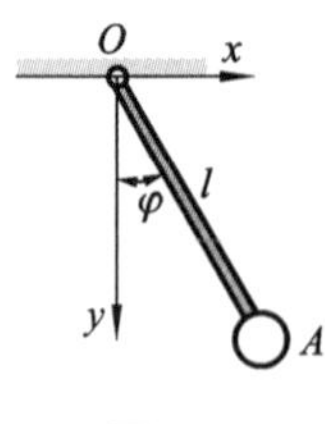

图 6-4

摆动。试求该单摆的运动微分方程。

解 该系统的自由度为1。取 φ 为广义坐标,建立图 6-4 所示的坐标系,则

$$x = l\sin\varphi, \quad y = l\cos\varphi$$
$$\dot{x} = l\dot{\varphi}\cos\varphi, \quad \dot{y} = -l\dot{\varphi}\sin\varphi$$

系统的动能为

$$T = \frac{1}{2}m(\dot{x}^2 + \dot{y}^2) = \frac{1}{2}ml^2\dot{\varphi}^2$$

分别求动能 T 对广义速度 $\dot{\varphi}$ 和广义坐标 φ 的偏导数:

$$\frac{\partial T}{\partial \dot{\varphi}} = ml^2\dot{\varphi}$$
$$\frac{\partial T}{\partial \varphi} = 0 \tag{a}$$

再求全导数:

$$\frac{\mathrm{d}}{\mathrm{d}t}\left(\frac{\partial T}{\partial \dot{\varphi}}\right) = ml^2\ddot{\varphi} \tag{b}$$

采用式(6-8b)计算广义力:

$$Q = mg\frac{\partial y}{\partial \varphi} = -mgl\sin\varphi \tag{c}$$

将式(a)、式(b)和式(c)代入 $\frac{\mathrm{d}}{\mathrm{d}t}\left(\frac{\partial T}{\partial \dot{\varphi}}\right) - \frac{\partial T}{\partial \varphi} - Q = 0$,整理得

$$l\ddot{\varphi} + g\sin\varphi = 0$$

上式即单摆的运动微分方程。

6.2.2 势力场中的拉格朗日方程

广义力 Q_j 通常采用式(6-8b)计算,即

$$Q_j = \sum_{i=1}^{n}\left(F_{ix}\frac{\partial x_i}{\partial q_j} + F_{iy}\frac{\partial y_i}{\partial q_j} + F_{iz}\frac{\partial z_i}{\partial q_j}\right), \quad j = 1,2,\cdots,k$$

如果作用在质点系上的主动力都是有势力,则广义力可采用势能函数来计算。

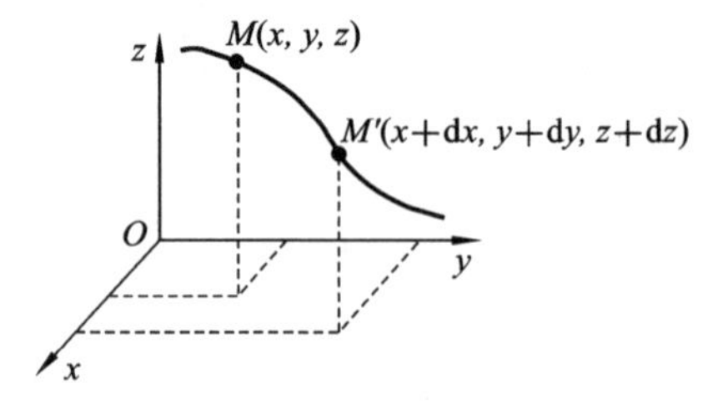

图 6-5

设有势力 $\boldsymbol{F}$ 的作用点从 M 点移动到 M' 点,如图 6-5 所示。这两点的势能分别为 $V_M = V(x,y,z)$ 和 $V_{M'} = V(x+\mathrm{d}x, y+\mathrm{d}y, z+\mathrm{d}z)$。有势力 $\boldsymbol{F}$ 的元功可用势能的差计算,即

$$\delta W = V(x,y,z) - V(x+\mathrm{d}x, y+\mathrm{d}y, z+\mathrm{d}z) = -\mathrm{d}V \tag{6-15}$$

势能 V 的全微分可写为

$$\mathrm{d}V=\frac{\partial V}{\partial x}\mathrm{d}x+\frac{\partial V}{\partial y}\mathrm{d}y+\frac{\partial V}{\partial z}\mathrm{d}z \tag{6-16}$$

于是

$$\delta W=-\frac{\partial V}{\partial x}\mathrm{d}x-\frac{\partial V}{\partial y}\mathrm{d}y-\frac{\partial V}{\partial z}\mathrm{d}z \tag{6-17}$$

设有势力 $\boldsymbol{F}$ 在直角坐标系中的投影分别为 F_x、F_y 和 F_z，则其元功解析式为

$$\delta W=F_x\mathrm{d}x+F_y\mathrm{d}y+F_z\mathrm{d}z \tag{6-18}$$

比较式(6-17)和式(6-18)，可得

$$F_x=-\frac{\partial V}{\partial x},\quad F_y=-\frac{\partial V}{\partial y},\quad F_z=-\frac{\partial V}{\partial z} \tag{6-19}$$

由此可知，如果势能函数表达式已知，应用式(6-19)可求得作用于物体上的有势力。

如果系统有多个有势力，总势能 V 可表示为各质点坐标的函数：

$$V=V(x_1,y_1,z_1,\cdots,x_n,y_n,z_n)$$

则作用于各质点的有势力可用势能表示为

$$F_{ix}=-\frac{\partial V}{\partial x_i},\quad F_{iy}=-\frac{\partial V}{\partial y_i},\quad F_{iz}=-\frac{\partial V}{\partial z_i} \tag{6-20}$$

由于各质点坐标 $(x_1,y_1,z_1,\cdots,x_n,y_n,z_n)$ 也可用广义坐标 $(q_1,q_2,\cdots,q_k)$ 来表示：

$$\begin{aligned}x_1&=x_1(q_1,q_2,\cdots,q_k)\\y_1&=y_1(q_1,q_2,\cdots,q_k)\\&\vdots\\z_n&=z_n(q_1,q_2,\cdots,q_k)\end{aligned}$$

则质点系的势能也可以表示成广义坐标的函数：

$$V=V(q_1,q_2,\cdots,q_k)$$

将式(6-20)代入式(6-8b)，可得

$$\boldsymbol{Q}_j=-\sum_{i=1}^{n}\left(\frac{\partial V}{\partial x_i}\frac{\partial x_i}{\partial q_j}+\frac{\partial V}{\partial y_i}\frac{\partial y_i}{\partial q_j}+\frac{\partial V}{\partial z_i}\frac{\partial z_i}{\partial q_j}\right)=-\frac{\partial V}{\partial q_j} \tag{6-21}$$

根据式(6-21)，对于保守系统，只要写出系统的势能，就可以方便地求出广义力。

将式(6-21)代入拉格朗日方程(6-14)，得

$$\frac{\mathrm{d}}{\mathrm{d}t}\left(\frac{\partial T}{\partial \dot{q}_j}\right)-\frac{\partial T}{\partial q_j}+\frac{\partial V}{\partial q_j}=0,\quad j=1,2,\cdots,k \tag{6-22}$$

定义 $L=T-V$，称为拉格朗日函数。由于势能 V 与广义速度 $\dot{q}_j$ 无关，则

$$\frac{\partial L}{\partial \dot{q}_j}=\frac{\partial (T-V)}{\partial \dot{q}_j}=\frac{\partial T}{\partial \dot{q}_j} \tag{6-23}$$

将式(6-23)代入式(6-22)，并整理得

$$\frac{\mathrm{d}}{\mathrm{d}t}\left(\frac{\partial L}{\partial \dot{q}_j}\right)-\frac{\partial L}{\partial q_j}=0,\quad j=1,2,\cdots,k \tag{6-24}$$

式(6-24)为保守系统的拉格朗日方程。

例 6.5

用保守系统的拉格朗日方程重新求解例 6.4 中单摆的运动微分方程。

解　取 φ 为广义坐标,系统的动能为

$$T=\frac{1}{2}m(\dot{x}^2+\dot{y}^2)=\frac{1}{2}ml^2\dot{\varphi}^2$$

取 O 处为重力势能的零势能位置,则系统的势能为

$$V=-mgl\cos\varphi$$

系统的拉格朗日函数为

$$L=T-V=\frac{1}{2}ml^2\dot{\varphi}^2+mgl\cos\varphi \tag{a}$$

求 L 对广义速度 $\dot{\varphi}$ 和广义坐标 φ 的偏导数:

$$\frac{\partial L}{\partial \dot{\varphi}}=ml^2\dot{\varphi}$$

$$\frac{\partial L}{\partial \varphi}=-mgl\sin\varphi \tag{b}$$

再计算全导数:

$$\frac{\mathrm{d}}{\mathrm{d}t}\left(\frac{\partial L}{\partial \dot{\varphi}}\right)=ml^2\ddot{\varphi} \tag{c}$$

将式(b)和式(c)代入 $\frac{\mathrm{d}}{\mathrm{d}t}\left(\frac{\partial L}{\partial \dot{\varphi}}\right)-\frac{\partial L}{\partial \varphi}=0$,整理得

$$l\ddot{\varphi}+g\sin\varphi=0$$

上式与例 6.4 中得到的结果相同。

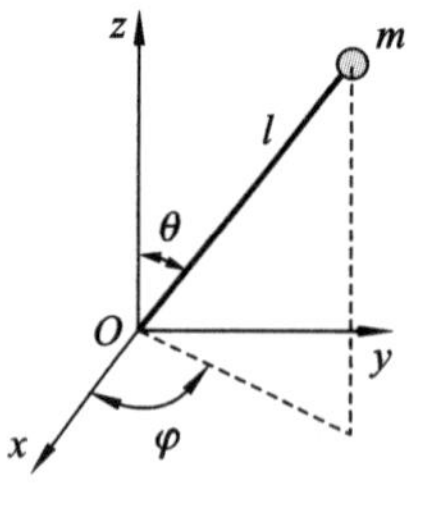

例 6.6

球面摆是指质点沿着半径为常数的球面运动。假设质点的质量为 m,固定于长度为 l 的无质量杆的一端,杆的另一端固定于 O 点。杆可以沿着空间中任意方向,不考虑摩擦,如图 6-6 所示。求球面摆的运动微分方程。

图 6-6

解　球面摆有两个自由度。取广义坐标 θ 和 φ,则

$$x=l\sin\theta\cos\varphi,\quad y=l\sin\theta\sin\varphi,\quad z=l\cos\theta$$

$$\dot{x}=l\dot{\theta}\cos\theta\cos\varphi-l\dot{\varphi}\sin\theta\sin\varphi,\quad \dot{y}=l\dot{\theta}\cos\theta\sin\varphi+l\dot{\varphi}\sin\theta\cos\varphi,\quad \dot{z}=-l\dot{\theta}\sin\theta$$

系统的动能为

$$T=\frac{1}{2}m(\dot{x}^2+\dot{y}^2+\dot{z}^2)=\frac{1}{2}ml^2(\dot{\theta}^2+\dot{\varphi}^2\sin^2\theta)$$

取 O 处为重力势能的零势能位置,则系统的势能为

$$V=mgl\cos\theta$$

系统的拉格朗日函数为

$$L=T-V=\frac{1}{2}ml^2(\dot{\theta}^2+\dot{\varphi}^2\sin^2\theta)-mgl\cos\theta \tag{a}$$

求 L 对广义速度 $\dot{\theta}$ 和广义坐标 θ 的偏导数：

$$\frac{\partial L}{\partial\dot{\theta}}=ml^2\dot{\theta},\quad \frac{\partial L}{\partial\theta}=ml^2\dot{\varphi}^2\sin\theta\cos\theta+mgl\sin\theta \tag{b}$$

再求全导数：

$$\frac{\mathrm{d}}{\mathrm{d}t}\left(\frac{\partial L}{\partial\dot{\theta}}\right)=ml^2\ddot{\theta} \tag{c}$$

将式(b)和式(c)代入 $\frac{\mathrm{d}}{\mathrm{d}t}\left(\frac{\partial L}{\partial\dot{\theta}}\right)-\frac{\partial L}{\partial\theta}=0$，整理得

$$\ddot{\theta}-\dot{\varphi}^2\sin\theta\cos\theta-\frac{g}{l}\sin\theta=0$$

同样地，求 L 对广义速度 $\dot{\varphi}$ 和广义坐标 φ 的偏导数：

$$\frac{\partial L}{\partial\dot{\varphi}}=ml^2\dot{\varphi}\sin^2\theta,\quad \frac{\partial L}{\partial\varphi}=0 \tag{d}$$

再求全导数：

$$\frac{\mathrm{d}}{\mathrm{d}t}\left(\frac{\partial L}{\partial\dot{\varphi}}\right)=2ml^2\dot{\theta}\dot{\varphi}\sin\theta\cos\theta+ml^2\ddot{\varphi}\sin^2\theta \tag{e}$$

将式(d)和式(e)代入 $\frac{\mathrm{d}}{\mathrm{d}t}\left(\frac{\partial L}{\partial\dot{\varphi}}\right)-\frac{\partial L}{\partial\varphi}=0$，并整理得

$$2\dot{\theta}\dot{\varphi}\sin\theta\cos\theta+\ddot{\varphi}\sin^2\theta=0$$

因此，球面摆的运动微分方程为

$$\ddot{\theta}-\dot{\varphi}^2\sin\theta\cos\theta-\frac{g}{l}\sin\theta=0$$

$$2\dot{\theta}\dot{\varphi}\sin\theta\cos\theta+\ddot{\varphi}\sin^2\theta=0$$

例 6.7

一质量为 m_1 的滑块 A 与弹簧相连，如图 6-7 所示。滑块 A 可沿光滑水平面无摩擦地来回滑动，弹簧的刚性系数为 k。在滑块 A 上又连一个质量为 m_2 的单摆 B。单摆摆长为 l。试列出该系统的运动微分方程。

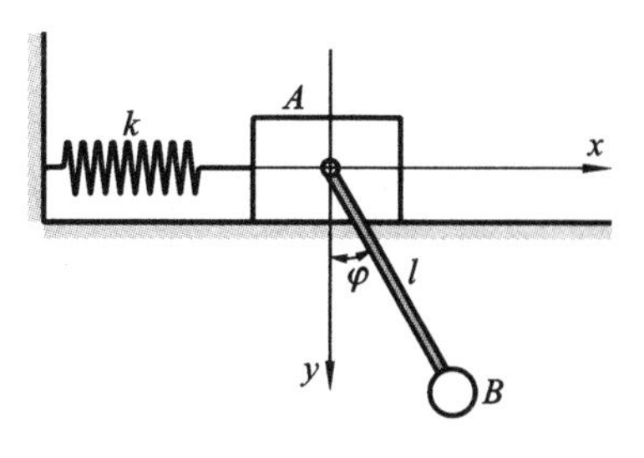

图 6-7

解 取该系统为研究对象。坐标系如图 6-7 所示。当弹簧伸长量为零时，滑块 A 的位置为坐标系原点。该系统的自由度为 2，取 x_1 和 φ 为广义坐标，则有

$$y_1=0,\quad x_1=x_1;\quad x_2=x_1+l\sin\varphi,\quad y_2=l\cos\varphi$$

将上式两边对时间 t 求导，得

$$\dot{y}_1=0,\quad \dot{x}_1=\dot{x}_1;\quad \dot{x}_2=\dot{x}_1+l\dot{\varphi}\cos\varphi,\quad \dot{y}_2=-l\dot{\varphi}\sin\varphi$$

系统的动能为

$$T=\frac{1}{2}m_1\dot{x}_1^2+\frac{1}{2}m_2(\dot{x}_2^2+\dot{y}_2^2)=\frac{1}{2}(m_1+m_2)\dot{x}_1^2+\frac{1}{2}m_2(l^2\dot{\varphi}^2+2l\dot{x}_1\dot{\varphi}\cos\varphi)$$

选弹簧原长为系统弹性势能的零势能位置，滑块 A 所在位置为系统重力势能的零势能位置，则系统的势能为

$$V=\frac{1}{2}kx_1^2-m_2gl\cos\varphi$$

系统的拉格朗日函数 L 为

$$L=T-V=\frac{1}{2}(m_1+m_2)\dot{x}_1^2+\frac{1}{2}m_2(l^2\dot{\varphi}^2+2l\dot{x}_1\dot{\varphi}\cos\varphi)-\frac{1}{2}kx_1^2+m_2gl\cos\varphi$$

求 L 对广义速度 $\dot{x}_1$ 和广义坐标 x_1 的偏导数：

$$\frac{\partial L}{\partial \dot{x}_1}=(m_1+m_2)\dot{x}_1+m_2l\dot{\varphi}\cos\varphi$$

$$\frac{\partial L}{\partial x_1}=-kx_1 \tag{a}$$

再求全导数：

$$\frac{\mathrm{d}}{\mathrm{d}t}\left(\frac{\partial L}{\partial \dot{x}_1}\right)=(m_1+m_2)\ddot{x}_1+m_2l\ddot{\varphi}\cos\varphi-m_2l\dot{\varphi}^2\sin\varphi \tag{b}$$

将式(a)和式(b)代入 $\frac{\mathrm{d}}{\mathrm{d}t}\left(\frac{\partial L}{\partial \dot{x}_1}\right)-\frac{\partial L}{\partial x_1}=0$，并整理得

$$(m_1+m_2)\ddot{x}_1+m_2l\ddot{\varphi}\cos\varphi-m_2l\dot{\varphi}^2\sin\varphi+kx_1=0$$

同样地，求 L 对广义速度 $\dot{\varphi}$ 和广义坐标 φ 的偏导数：

$$\frac{\partial L}{\partial \dot{\varphi}}=m_2l^2\dot{\varphi}+m_2l\dot{x}_1\cos\varphi$$

$$\frac{\partial L}{\partial \varphi}=-m_2gl\sin\varphi-m_2l\dot{x}_1\dot{\varphi}\sin\varphi \tag{c}$$

再求全导数：

$$\frac{\mathrm{d}}{\mathrm{d}t}\left(\frac{\partial L}{\partial \dot{\varphi}}\right)=m_2l^2\ddot{\varphi}+m_2l\ddot{x}_1\cos\varphi-m_2l\dot{x}_1\dot{\varphi}\sin\varphi \tag{d}$$

将式(c)和式(d)代入 $\frac{\mathrm{d}}{\mathrm{d}t}\left(\frac{\partial L}{\partial \dot{\varphi}}\right)-\frac{\partial L}{\partial \varphi}=0$，并整理得

$$m_2l^2\ddot{\varphi}+m_2l\ddot{x}_1\cos\varphi-m_2l\dot{x}_1\dot{\varphi}\sin\varphi+m_2gl\sin\varphi+m_2l\dot{x}_1\dot{\varphi}\sin\varphi=0$$

即

$$l\ddot{\varphi}+\ddot{x}_1\cos\varphi+g\sin\varphi=0$$

因此，该系统的运动微分方程为

$$(m_1+m_2)\ddot{x}_1+m_2l\ddot{\varphi}\cos\varphi-m_2l\dot{\varphi}^2\sin\varphi+kx_1=0$$

$$l\ddot{\varphi}+\ddot{x}_1\cos\varphi+g\sin\varphi=0$$

如果单摆 B 的摆动很小，可以近似地认为 $\sin\varphi\approx\varphi$ 和 $\cos\varphi\approx1$，忽略含 $\dot{\varphi}^2$ 的高阶小量，可得系统的运动微分方程为

$$(m_1+m_2)\ddot{x}_1+m_2 l\ddot{\varphi}+kx_1=0$$
$$l\ddot{\varphi}+\ddot{x}_1+g\varphi=0$$

例 6.8

均质杆 OA 和 AB 用铰链连接，O 端悬挂于圆柱铰链上，如图 6-8 所示。杆 OA 和杆 AB 的质量分别为 m_1 和 m_2，长度分别为 l_1 和 l_2。点 C 和点 D 分别为其质心，在 B 端作用一个恒定水平力 $\boldsymbol{F}$。试写出该系统的运动微分方程。

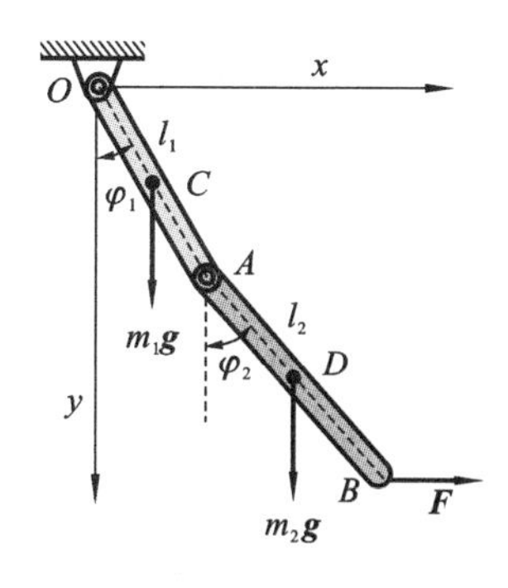

图 6-8

解　取该系统为研究对象。坐标系如图 6-8 所示。该系统具有完整理想约束，可用拉格朗日方程求解。

该系统的主动力为 $m_1\boldsymbol{g}$、$m_2\boldsymbol{g}$ 和 $\boldsymbol{F}$。$\boldsymbol{F}$ 为常值主动力，可以当作重力对待。取 O 点为零势能位置。

该系统的自由度为 2，取 φ_1 和 φ_2 为广义坐标，则有

$$x_C=\frac{l_1}{2}\sin\varphi_1,\quad y_C=\frac{l_1}{2}\cos\varphi_1$$

$$x_D=l_1\sin\varphi_1+\frac{l_2}{2}\sin\varphi_2,\quad y_D=l_1\cos\varphi_1+\frac{l_2}{2}\cos\varphi_2$$

$$x_B=l_1\sin\varphi_1+l_2\sin\varphi_2$$

则

$$\dot{x}_D=l_1\dot{\varphi}_1\cos\varphi_1+\frac{l_2}{2}\dot{\varphi}_2\cos\varphi_2,\quad \dot{y}_D=-l_1\dot{\varphi}_1\sin\varphi_1-\frac{l_2}{2}\dot{\varphi}_2\sin\varphi_2 \tag{a}$$

杆 OA 做定轴转动，其动能为

$$T_{OA}=\frac{1}{2}J_O\dot{\varphi}_1^2=\frac{1}{2}\left(\frac{1}{3}m_1 l_1^2\right)\dot{\varphi}_1^2$$

杆 AB 做平面运动，其动能为

$$T_{AB}=\frac{1}{2}J_C\dot{\varphi}_2^2+\frac{1}{2}m_2(\dot{x}_D^2+\dot{y}_D^2)=\frac{1}{2}\left(\frac{1}{12}m_2 l_2^2\right)\dot{\varphi}_2^2+\frac{1}{2}m_2(\dot{x}_D^2+\dot{y}_D^2)$$

将式(a)代入上式，并整理得

$$T_{AB}=\frac{1}{2}\left(\frac{1}{12}m_2 l_2^2\right)\dot{\varphi}_2^2+\frac{1}{2}m_2\left[(l_1\dot{\varphi}_1)^2+\left(\frac{l_2}{2}\dot{\varphi}_2\right)^2+l_1 l_2\dot{\varphi}_1\dot{\varphi}_2\cos(\varphi_1-\varphi_2)\right]$$

系统的总动能为

$$T=T_{OA}+T_{AB}=\frac{1}{2}\left[\left(\frac{1}{3}m_1+m_2\right)l_1^2\dot{\varphi}_1^2+\frac{1}{3}m_2 l_2^2\dot{\varphi}_2^2+m_2 l_1 l_2\dot{\varphi}_1\dot{\varphi}_2\cos(\varphi_1-\varphi_2)\right]$$

系统的势能为

$$\begin{aligned}V&=-m_1 g y_C-m_2 g y_D-F x_B\\&=-m_1 g\frac{l_1}{2}\cos\varphi_1-m_2 g\left(l_1\cos\varphi_1+\frac{l_2}{2}\cos\varphi_2\right)-F(l_1\sin\varphi_1+l_2\sin\varphi_2)\end{aligned}$$

系统的拉格朗日函数为

$$L=T-V=\frac{1}{2}\left[\left(\frac{1}{3}m_1+m_2\right)l_1^2\dot{\varphi}_1^2+\frac{1}{3}m_2l_2^2\dot{\varphi}_2^2+m_2l_1l_2\dot{\varphi}_1\dot{\varphi}_2\cos(\varphi_1-\varphi_2)\right]$$

$$+m_1g\frac{l_1}{2}\cos\varphi_1+m_2g\left(l_1\cos\varphi_1+\frac{l_2}{2}\cos\varphi_2\right)+F(l_1\sin\varphi_1+l_2\sin\varphi_2)$$

求 L 对广义坐标 φ_1 和广义速度 $\dot{\varphi}_1$ 的偏导数：

$$\frac{\partial L}{\partial\dot{\varphi}_1}=\left(\frac{1}{3}m_1+m_2\right)l_1^2\dot{\varphi}_1+\frac{1}{2}m_2l_1l_2\dot{\varphi}_2\cos(\varphi_1-\varphi_2)$$

$$\frac{\partial L}{\partial\varphi_1}=-\frac{1}{2}m_2l_1l_2\dot{\varphi}_1\dot{\varphi}_2\sin(\varphi_1-\varphi_2)-m_1g\frac{l_1}{2}\sin\varphi_1-m_2gl_1\sin\varphi_1+Fl_1\cos\varphi_1 \quad \text{(b)}$$

再计算全导数：

$$\frac{\mathrm{d}}{\mathrm{d}t}\left(\frac{\partial L}{\partial\dot{\varphi}_1}\right)=\left(\frac{1}{3}m_1+m_2\right)l_1^2\ddot{\varphi}_1+\frac{1}{2}m_2l_1l_2\ddot{\varphi}_2\cos(\varphi_1-\varphi_2)$$
$$-\frac{1}{2}m_2l_1l_2\dot{\varphi}_1\dot{\varphi}_2\sin(\varphi_1-\varphi_2)+\frac{1}{2}m_2l_1l_2\dot{\varphi}_2^2\sin(\varphi_1-\varphi_2) \quad \text{(c)}$$

将式(b)和式(c)代入 $\frac{\mathrm{d}}{\mathrm{d}t}\left(\frac{\partial L}{\partial\dot{\varphi}_1}\right)-\frac{\partial L}{\partial\varphi_1}=0$，并整理得

$$\left(\frac{1}{3}m_1+m_2\right)l_1^2\ddot{\varphi}_1+\frac{1}{2}m_2l_1l_2\ddot{\varphi}_2\cos(\varphi_1-\varphi_2)+\frac{1}{2}m_2l_1l_2\dot{\varphi}_2^2\sin(\varphi_1-\varphi_2)$$

$$+m_1g\frac{l_1}{2}\sin\varphi_1+m_2gl_1\sin\varphi_1-Fl_1\cos\varphi_1=0$$

同样地，求 L 对广义坐标 φ_2 和广义速度 $\dot{\varphi}_2$ 的偏导数：

$$\frac{\partial L}{\partial\dot{\varphi}_2}=\frac{1}{3}m_2l_2^2\dot{\varphi}_2+\frac{1}{2}m_2l_1l_2\dot{\varphi}_1\cos(\varphi_1-\varphi_2)$$

$$\frac{\partial L}{\partial\varphi_2}=\frac{1}{2}m_2l_1l_2\dot{\varphi}_1\dot{\varphi}_2\sin(\varphi_1-\varphi_2)-m_2g\frac{l_2}{2}\sin\varphi_2+Fl_2\cos\varphi_2 \quad \text{(d)}$$

再计算全导数：

$$\frac{\mathrm{d}}{\mathrm{d}t}\left(\frac{\partial L}{\partial\dot{\varphi}_2}\right)=\frac{1}{3}m_2l_2^2\ddot{\varphi}_2+\frac{1}{2}m_2l_1l_2\ddot{\varphi}_1\cos(\varphi_1-\varphi_2)-\frac{1}{2}m_2l_1l_2\dot{\varphi}_1^2\sin(\varphi_1-\varphi_2)$$
$$+\frac{1}{2}m_2l_1l_2\dot{\varphi}_1\dot{\varphi}_2\sin(\varphi_1-\varphi_2)$$

$$\text{(e)}$$

将式(d)和式(e)代入 $\frac{\mathrm{d}}{\mathrm{d}t}\left(\frac{\partial L}{\partial\dot{\varphi}_2}\right)-\frac{\partial L}{\partial\varphi_2}=0$，并整理得

$$\frac{1}{3}m_2l_2^2\ddot{\varphi}_2+\frac{1}{2}m_2l_1l_2\ddot{\varphi}_1\cos(\varphi_1-\varphi_2)-\frac{1}{2}m_2l_1l_2\dot{\varphi}_1^2\sin(\varphi_1-\varphi_2)$$

$$+m_2g\frac{l_2}{2}\sin\varphi_2-Fl_2\cos\varphi_2=0$$

因此，系统的运动微分方程为

$$\left(\frac{1}{3}m_1 + m_2\right)l_1^2\ddot{\varphi}_1 + \frac{1}{2}m_2 l_1 l_2 \ddot{\varphi}_2 \cos(\varphi_1 - \varphi_2) + \frac{1}{2}m_2 l_1 l_2 \dot{\varphi}_2^2 \sin(\varphi_1 - \varphi_2)$$

$$+ m_1 g \frac{l_1}{2}\sin\varphi_1 + m_2 g l_1 \sin\varphi_1 - F l_1 \cos\varphi_1 = 0$$

$$\frac{1}{3}m_2 l_2^2 \ddot{\varphi}_2 + \frac{1}{2}m_2 l_1 l_2 \ddot{\varphi}_1 \cos(\varphi_1 - \varphi_2) - \frac{1}{2}m_2 l_1 l_2 \dot{\varphi}_1^2 \sin(\varphi_1 - \varphi_2)$$

$$+ m_2 g \frac{l_2}{2}\sin\varphi_2 - F l_2 \cos\varphi_2 = 0$$

另解　此题若采用基本形式的拉格朗日方程求解，则需求解广义力。

$$y_C = \frac{l_1}{2}\cos\varphi_1,\quad y_D = l_1\cos\varphi_1 + \frac{l_2}{2}\cos\varphi_2,\quad x_B = l_1\sin\varphi_1 + l_2\sin\varphi_2$$

对上述三个公式进行变分运算，得

$$\delta y_C = -\frac{l_1}{2}\sin\varphi_1\delta\varphi_1$$

$$\delta y_D = -l_1\sin\varphi_1\delta\varphi_1 - \frac{l_2}{2}\sin\varphi_2\delta\varphi_2$$

$$\delta x_B = l_1\cos\varphi_1\delta\varphi_1 + l_2\cos\varphi_2\delta\varphi_2$$

则主动力 $m_1\boldsymbol{g}$、$m_2\boldsymbol{g}$ 和 $\boldsymbol{F}$ 所做的虚功为

$$m_1 g\delta y_C + m_2 g\delta y_D + F\delta x_B = Q_{\varphi_1}\delta\varphi_1 + Q_{\varphi_2}\delta\varphi_2$$

将 δy_C、δy_D 和 δx_B 的表达式代入上式，整理得

$$\frac{l_1}{2}[2F\cos\varphi_1 - (m_1 + 2m_2)g\sin\varphi_1]\delta\varphi_1 + \frac{l_2}{2}(2F\cos\varphi_2 - m_2 g\sin\varphi_2)\delta\varphi_2$$

$$= Q_{\varphi_1}\delta\varphi_1 + Q_{\varphi_2}\delta\varphi_2$$

比较上式两边 $\delta\varphi_1$ 和 $\delta\varphi_2$ 相应的项，可得

$$Q_{\varphi_1} = \frac{l_1}{2}[2F\cos\varphi_1 - (m_1 + 2m_2)g\sin\varphi_1] \tag{a}$$

$$Q_{\varphi_2} = \frac{l_2}{2}(2F\cos\varphi_2 - m_2 g\sin\varphi_2) \tag{b}$$

求动能 T 对广义坐标 φ_1 和广义速度 $\dot{\varphi}_1$ 的偏导数：

$$\frac{\partial T}{\partial\dot{\varphi}_1} = \left(\frac{1}{3}m_1 + m_2\right)l_1^2\dot{\varphi}_1 + \frac{1}{2}m_2 l_1 l_2\dot{\varphi}_2\cos(\varphi_1 - \varphi_2)$$

$$\frac{\partial T}{\partial\varphi_1} = -\frac{1}{2}m_2 l_1 l_2\dot{\varphi}_1\dot{\varphi}_2\sin(\varphi_1 - \varphi_2) \tag{c}$$

再计算全导数：

$$\begin{aligned}\frac{\mathrm{d}}{\mathrm{d}t}\left(\frac{\partial T}{\partial\dot{\varphi}_1}\right) = &\left(\frac{1}{3}m_1 + m_2\right)l_1^2\ddot{\varphi}_1 + \frac{1}{2}m_2 l_1 l_2\ddot{\varphi}_2\cos(\varphi_1 - \varphi_2)\\ &- \frac{1}{2}m_2 l_1 l_2\dot{\varphi}_1\dot{\varphi}_2\sin(\varphi_1 - \varphi_2) + \frac{1}{2}m_2 l_1 l_2\dot{\varphi}_2^2\sin(\varphi_1 - \varphi_2)\end{aligned} \tag{d}$$

将式(a)、式(c)和式(d)代入 $\frac{\mathrm{d}}{\mathrm{d}t}\left(\frac{\partial T}{\partial\dot{\varphi}_1}\right) - \frac{\partial T}{\partial\varphi_1} - Q_{\varphi_1} = 0$，并整理得

$$\left(\frac{1}{3}m_1 + m_2\right)l_1^2\ddot{\varphi}_1 + \frac{1}{2}m_2 l_1 l_2 \ddot{\varphi}_2 \cos(\varphi_1 - \varphi_2) + \frac{1}{2}m_2 l_1 l_2 \dot{\varphi}_2^2 \sin(\varphi_1 - \varphi_2)$$

$$-\frac{l_1}{2}[2F\cos\varphi_1 - (m_1 + 2m_2)g\sin\varphi_1] = 0$$

同样地，求动能 T 对广义坐标 φ_2 和广义速度 $\dot{\varphi}_2$ 的偏导数

$$\frac{\partial T}{\partial \dot{\varphi}_2} = \frac{1}{3}m_2 l_2^2 \dot{\varphi}_2 + \frac{1}{2}m_2 l_1 l_2 \dot{\varphi}_1 \cos(\varphi_1 - \varphi_2)$$

$$\frac{\partial T}{\partial \varphi_2} = \frac{1}{2}m_2 l_1 l_2 \dot{\varphi}_1 \dot{\varphi}_2 \sin(\varphi_1 - \varphi_2) \tag{e}$$

再计算全导数：

$$\begin{aligned}\frac{\mathrm{d}}{\mathrm{d}t}\left(\frac{\partial T}{\partial \dot{\varphi}_2}\right) = &\frac{1}{3}m_2 l_2^2 \ddot{\varphi}_2 + \frac{1}{2}m_2 l_1 l_2 \ddot{\varphi}_1 \cos(\varphi_1 - \varphi_2) \\ &- \frac{1}{2}m_2 l_1 l_2 \dot{\varphi}_1^2 \sin(\varphi_1 - \varphi_2) + \frac{1}{2}m_2 l_1 l_2 \dot{\varphi}_1 \dot{\varphi}_2 \sin(\varphi_1 - \varphi_2)\end{aligned} \tag{f}$$

将式(b)、式(e)和式(f)代入 $\frac{\mathrm{d}}{\mathrm{d}t}\left(\frac{\partial T}{\partial \dot{\varphi}_2}\right) - \frac{\partial T}{\partial \varphi_2} - Q_{\varphi_2} = 0$，并整理得

$$\frac{1}{3}m_2 l_2^2 \ddot{\varphi}_2 + \frac{1}{2}m_2 l_1 l_2 \ddot{\varphi}_1 \cos(\varphi_1 - \varphi_2) - \frac{1}{2}m_2 l_1 l_2 \dot{\varphi}_1^2 \sin(\varphi_1 - \varphi_2)$$

$$-\frac{l_2}{2}(2F\cos\varphi_2 - m_2 g\sin\varphi_2) = 0$$

因此，系统的运动微分方程为

$$\left(\frac{1}{3}m_1 + m_2\right)l_1^2\ddot{\varphi}_1 + \frac{1}{2}m_2 l_1 l_2 \ddot{\varphi}_2 \cos(\varphi_1 - \varphi_2) + \frac{1}{2}m_2 l_1 l_2 \dot{\varphi}_2^2 \sin(\varphi_1 - \varphi_2)$$

$$-\frac{l_1}{2}[2F\cos\varphi_1 - (m_1 + 2m_2)g\sin\varphi_1] = 0$$

$$\frac{1}{3}m_2 l_2^2 \ddot{\varphi}_2 + \frac{1}{2}m_2 l_1 l_2 \ddot{\varphi}_1 \cos(\varphi_1 - \varphi_2) - \frac{1}{2}m_2 l_1 l_2 \dot{\varphi}_1^2 \sin(\varphi_1 - \varphi_2)$$

$$-\frac{l_2}{2}(2F\cos\varphi_2 - m_2 g\sin\varphi_2) = 0$$

两种方法得到的运动微分方程相同。

6.3　拉格朗日方程的首次积分

从 6.2 节的例题中可以看到，对于完整系统，应用拉格朗日方程可以比较容易地建立系统的运动微分方程。该运动微分方程是由与时间 t 相关的 k 个独立变量组成的二阶常微分方程组，它们通常是非线性的，且难以求解。但在某些物理条件下，可以对其进行首次积分，将方程组的阶数从二阶降为一阶。这使求解拉格朗日方程的步骤减少，而且这些一阶方程本身具有明显的物理意义。下面就两种首次积分分别进行讨论。

6.3.1 能量积分

对于完整保守系统，如果系统的拉格朗日函数 L 不显含时间 t，则拉格朗日方程有能量积分，即

$$\sum_{j=1}^{k} \frac{\partial L}{\partial \dot{q}_j}\dot{q}_j - L = E \tag{6-25}$$

式中：E 为常数，具有能量的量纲。其也称为广义能量。该式表明，当 L 不显含时间 t 时，系统的广义能量守恒。式(6-25)也称为广义能量积分。

式(6-25)可证明如下。

证明 当拉格朗日函数 L 不显含时间 t 时，有

$$L = L(q_1, \cdots, q_k, \dot{q}_1, \cdots, \dot{q}_k)$$

对上式求全导数，可得

$$\frac{\mathrm{d}L}{\mathrm{d}t} = \sum_{j=1}^{k}\left(\frac{\partial L}{\partial q_j}\dot{q}_j + \frac{\partial L}{\partial \dot{q}_j}\ddot{q}_j\right) \tag{6-26}$$

保守系统的拉格朗日方程如下：

$$\frac{\mathrm{d}}{\mathrm{d}t}\left(\frac{\partial L}{\partial \dot{q}_j}\right) = \frac{\partial L}{\partial q_j}, \quad j = 1, 2, \cdots, k$$

将上式代入式(6-26)，得

$$\frac{\mathrm{d}L}{\mathrm{d}t} = \sum_{j=1}^{k}\left[\frac{\mathrm{d}}{\mathrm{d}t}\left(\frac{\partial L}{\partial \dot{q}_j}\right)\dot{q}_j + \frac{\partial L}{\partial \dot{q}_j}\ddot{q}_j\right] = \sum_{j=1}^{k}\frac{\mathrm{d}}{\mathrm{d}t}\left(\frac{\partial L}{\partial \dot{q}_j}\dot{q}_j\right) = \frac{\mathrm{d}}{\mathrm{d}t}\left(\sum_{j=1}^{k}\frac{\partial L}{\partial \dot{q}_j}\dot{q}_j\right)$$

整理，得

$$\frac{\mathrm{d}}{\mathrm{d}t}\left(\sum_{j=1}^{k}\frac{\partial L}{\partial \dot{q}_j}\dot{q}_j - L\right) = 0$$

故

$$\sum_{j=1}^{k}\frac{\partial L}{\partial \dot{q}_j}\dot{q}_j - L = E$$

式(6-25)得证。

对于该完整保守系统，如果该系统的约束为定常约束，则有：

$$T + V = E = 常数 \tag{6-27}$$

式(6-27)表明定常保守系统的广义能量积分就是系统的机械能。也就是说，定常保守系统的机械能守恒。

证明 若系统中的约束均为定常约束，则质点的 $\boldsymbol{r}_i$ 不显含时间 t，有

$$\boldsymbol{r}_i = \boldsymbol{r}_i(q_1, q_2, \cdots, q_k), \quad i = 1, 2, \cdots, n$$

对上式求导：

$$\boldsymbol{v}_i = \dot{\boldsymbol{r}}_i = \sum_{j=1}^{k}\frac{\partial \boldsymbol{r}_i}{\partial q_j}\dot{q}_j$$

因此，系统的动能为

$$T=\frac{1}{2}\sum_{i=1}^{n}m_i\left(\sum_{j=1}^{k}\frac{\partial \boldsymbol{r}_i}{\partial q_j}\dot{q}_j\right)\cdot\left(\sum_{l=1}^{k}\frac{\partial \boldsymbol{r}_i}{\partial q_l}\dot{q}_l\right)=\frac{1}{2}\sum_{j=1}^{k}\sum_{l=1}^{k}A_{jl}\dot{q}_j\dot{q}_l \tag{6-28}$$

式中：$A_{jl}=\sum_{i=1}^{n}m_i\frac{\partial \boldsymbol{r}_i}{\partial q_j}\cdot\frac{\partial \boldsymbol{r}_i}{\partial q_l}$。

将式(6-28)对 $\dot{q}_l$ 求偏导，可得

$$\frac{\partial T}{\partial \dot{q}_l}=\sum_{j=1}^{k}A_{jl}\dot{q}_j$$

将上式两边乘以 $\dot{q}_l$，可得

$$\frac{\partial T}{\partial \dot{q}_l}\dot{q}_l=\sum_{j=1}^{k}A_{jl}\dot{q}_j\dot{q}_l,\quad l=1,2,\cdots,k \tag{6-29}$$

将式(6-29)中的 k 个式子求和，得

$$\sum_{l=1}^{k}\frac{\partial T}{\partial \dot{q}_l}\dot{q}_l=\sum_{j=1}^{k}\sum_{l=1}^{k}A_{jl}\dot{q}_j\dot{q}_l=2T$$

即

$$\sum_{j=1}^{k}\frac{\partial T}{\partial \dot{q}_j}\dot{q}_j=2T \tag{6-30}$$

式(6-30)也称为关于齐次函数的欧拉定理。

由于保守系统的势能与广义速度 $\dot{q}_j$ 无关，有

$$\sum_{j=1}^{k}\frac{\partial V}{\partial \dot{q}_j}\dot{q}_j=0 \tag{6-31}$$

将式(6-30)和式(6-31)相减，得

$$\sum_{j=1}^{k}\frac{\partial L}{\partial \dot{q}_j}\dot{q}_j=2T \tag{6-32}$$

将式(6-32)代入式(6-25)，得

$$2T-L=2T-T+V=T+V=E$$

即

$$T+V=E$$

故式(6-27)得证。

例 6.9

以图 6-4 中的单摆为例，求单摆运动微分方程的首次积分。

解 此系统为定常保守系统，存在能量积分。

该系统的动能为

$$T=\frac{1}{2}m(\dot{x}^2+\dot{y}^2)=\frac{1}{2}ml^2\dot{\varphi}^2 \tag{a}$$

取 O 处为重力势能的零势能位置，系统的势能为

$$V = -mgl\cos\varphi \tag{b}$$

将式(a)和式(b)代入式(6-27)，则有

$$l\dot{\varphi}^2 - 2g\cos\varphi = 常数$$

上式为单摆运动微分方程的首次积分。若将上式对时间 t 求导，则可得与例 6.4 和例 6.5 相同的运动微分方程。

6.3.2　循环积分

对于完整保守系统，如果拉格朗日函数 L 中不显含某一广义坐标 q_j，即 $\dfrac{\partial L}{\partial q_j} = 0$，则 q_j 称为系统的循环坐标。对应该广义坐标 q_j 的广义速度 $\dot{q}_j$ 应包含在 L 中，否则系统将与广义坐标 q_j 无关。在此条件下，对于循环坐标 q_j，式(6-24)简化为

$$\frac{\mathrm{d}}{\mathrm{d}t}\left(\frac{\partial L}{\partial \dot{q}_j}\right) = 0$$

对上式积分，得

$$\frac{\partial L}{\partial \dot{q}_j} = C_j \tag{6-33}$$

式中：C_j 为积分常数。该式称为循环积分。对于保守系统，如果存在循环坐标，则有循环积分。当然系统的循环坐标可能不止一个。系统有多少个循环坐标，便有多少个循环积分。

引入广义动量：

$$p_j = \frac{\partial L}{\partial \dot{q}_j} \tag{6-34}$$

则有

$$p_j = C_j \tag{6-35}$$

式(6-35)也称为广义动量守恒方程。

例 6.10

求图 6-6 所示球面摆运动微分方程的首次积分。

解　该系统为定常完整约束保守系统。由例 6.6 可知，系统的拉格朗日函数为

$$L = T - V = \frac{1}{2}ml^2(\dot{\theta}^2 + \dot{\varphi}^2\sin^2\theta) - mgl\cos\theta$$

该拉格朗日函数 L 不显含时间 t 和广义坐标 φ，则存在能量积分和循环坐标 φ 的循环积分。

先求能量积分。将例 6.6 中 T 和 V 的表达式代入式(6-27)，得

$$\frac{1}{2}ml^2(\dot{\theta}^2 + \dot{\varphi}^2\sin^2\theta) + mgl\cos\theta = 常数$$

将上式整理得

$$\frac{1}{2}(\dot{\theta}^2+\dot{\varphi}^2\sin^2\theta)+\frac{g}{l}\cos\theta=C$$

再求循环积分。计算 L 对广义速度 $\dot{\varphi}$ 的偏导数：

$$\frac{\partial L}{\partial\dot{\varphi}}=ml^2\dot{\varphi}\sin^2\theta$$

将上式代入 $\frac{\partial L}{\partial\dot{\varphi}}=C'_\varphi$，得

$$ml^2\dot{\varphi}\sin^2\theta=C'_\varphi$$

两边同时除以 ml^2,可得

$$\dot{\varphi}\sin^2\theta=C_\varphi$$

因此,该球面摆运动微分方程的首次积分为

$$\frac{1}{2}(\dot{\theta}^2+\dot{\varphi}^2\sin^2\theta)+\frac{g}{l}\cos\theta=C$$

$$\dot{\varphi}\sin^2\theta=C_\varphi$$

*6.4　第一类拉格朗日方程

在推导第二类拉格朗日方程时,从

$$\sum_{j=1}^{k}\left[\boldsymbol{Q}_j-\frac{\mathrm{d}}{\mathrm{d}t}\left(\frac{\partial T}{\partial\dot{q}_j}\right)+\frac{\partial T}{\partial q_j}\right]\delta q_j=0$$

到

$$\frac{\mathrm{d}}{\mathrm{d}t}\left(\frac{\partial T}{\partial\dot{q}_j}\right)-\frac{\partial T}{\partial q_j}-\boldsymbol{Q}_j=0,\quad j=1,2,\cdots,k$$

用到了 $\delta q_j,j=1,2,\cdots,k$ 的独立性。但是,如果系统存在非完整约束,则 $\delta q_j,j=1,2,\cdots,k$ 的独立性条件不能满足。此外,在第二类拉格朗日方程中没有出现约束力,因此不能用第二类拉格朗日方程来求解约束力。另外,对于一些完整约束系统,用非独立的坐标描述更加方便。

第一类拉格朗日方程使用直角坐标来描述非自由质点系,所有约束都用约束力代替,便于用程式化方程模拟和处理非自由质点系的动力学问题。其不仅适用于完整约束系统,也适用于一阶线性非完整约束系统。随着计算机技术的发展,第一类拉格朗日方程得到了更广泛的工程应用。

假设一个有 n 个质点的系统,受到 s 个约束,则 δx_i 满足 s 个关系式：

$$\sum_{i=1}^{3n}a_{ji}\delta x_i=0,\quad j=1,2,\cdots,s\tag{6-36}$$

将式(6-36)中 s 个等式分别乘以不定乘子 $\lambda_j,j=1,2,\cdots,s$,并将 s 个等式相加,得

$$\sum_{i=1}^{3n}\left(\sum_{j=1}^{s}\lambda_j a_{ji}\right)\delta x_i = 0 \tag{6-37}$$

仿照第二类拉格朗日方程的推导过程，可得到用 T 表示的动力学普遍方程：

$$\sum_{i=1}^{3n}\left[Q_i - \frac{\mathrm{d}}{\mathrm{d}t}\left(\frac{\partial T}{\partial \dot{x}_i}\right) + \frac{\partial T}{\partial x_i}\right]\delta x_i = 0 \tag{6-38}$$

由于式(6-38)中 $3n$ 个 δx_i 不是互相独立的，不能得出该式中每个方括号内的表达式都等于零的结论。

将式(6-37)和式(6-38)相加，得

$$\sum_{i=1}^{3n}\left[Q_i - \frac{\mathrm{d}}{\mathrm{d}t}\left(\frac{\partial T}{\partial \dot{x}_i}\right) + \frac{\partial T}{\partial x_i} + \sum_{j=1}^{s}\lambda_j a_{ji}\right]\delta x_i = 0 \tag{6-39}$$

将式(6-39)分成两部分，把 $3n-s$ 个独立的变分记为 $\delta x_i^{(v)}, i = 1,2,\cdots,3n-s$，把 s 个不独立的变分记为 $\delta x_i^{(u)}, i = 1,2,\cdots,s$。于是，式(6-39)写为

$$\begin{aligned}&\sum_{i=1}^{3n-s}\left[Q_i - \frac{\mathrm{d}}{\mathrm{d}t}\left(\frac{\partial T}{\partial \dot{x}_i}\right) + \frac{\partial T}{\partial x_i} + \sum_{j=1}^{s}\lambda_j a_{ji}\right]\delta x_i^{(v)} \\ &+ \sum_{i=1}^{s}\left[Q_i - \frac{\mathrm{d}}{\mathrm{d}t}\left(\frac{\partial T}{\partial \dot{x}_i}\right) + \frac{\partial T}{\partial x_i} + \sum_{j=1}^{s}\lambda_j a_{ji}\right]\delta x_i^{(u)} = 0\end{aligned} \tag{6-40}$$

选取不定乘子 $\lambda_j, j=1,2,\cdots,s$，使得 $\delta x_i^{(u)}, i = 1,2,\cdots,s$ 前的系数都为零，即

$$Q_i - \frac{\mathrm{d}}{\mathrm{d}t}\left(\frac{\partial T}{\partial \dot{x}_i}\right) + \frac{\partial T}{\partial x_i} + \sum_{j=1}^{s}\lambda_j a_{ji} = 0,\quad i = 1,2,\cdots,s \tag{6-41}$$

事实上，可以把式(6-41)看作以 λ_j 为未知数的 s 个代数方程，其系数矩阵的秩为 s，该方程组一定有解。

将式(6-41)代入式(6-40)，由于 $\delta x_i^{(v)}, i = 1,2,\cdots,3n-s$ 具有独立性，可得

$$Q_i - \frac{\mathrm{d}}{\mathrm{d}t}\left(\frac{\partial T}{\partial \dot{x}_i}\right) + \frac{\partial T}{\partial x_i} + \sum_{j=1}^{s}\lambda_j a_{ji} = 0,\quad i = 1,2,\cdots,3n-s \tag{6-42}$$

式(6-41)和式(6-42)表明，通过适当选取不定乘子 $\lambda_j, j=1,2,\cdots,s$ 可使式(6-40)中各 $\delta x_i, i = 1,2,\cdots,3n$ 的系数都为零，即

$$Q_i - \frac{\mathrm{d}}{\mathrm{d}t}\left(\frac{\partial T}{\partial \dot{x}_i}\right) + \frac{\partial T}{\partial x_i} + \sum_{j=1}^{s}\lambda_j a_{ji} = 0,\quad i = 1,2,\cdots,3n \tag{6-43}$$

式(6-43)称为系统的第一类拉格朗日方程，是关于 $3n$ 个直角坐标的二阶常微分方程组，与式(6-36)中 s 个约束方程联立，构成系统的封闭方程组。

如果系统主动力都是有势力，则式(6-43)写成

$$\frac{\mathrm{d}}{\mathrm{d}t}\left(\frac{\partial L}{\partial \dot{x}_i}\right) - \frac{\partial L}{\partial x_i} = \sum_{j=1}^{s}\lambda_j a_{ji},\quad i = 1,2,\cdots,3n \tag{6-44}$$

式(6-44)为保守系统的第一类拉格朗日方程。

例 6.11

用第一类拉格朗日方程求解图 6-4 中的单摆系统。

解　此系统为保守系统。系统的自由度为 1,用直角坐标(x,y)可以表示质点的位置。系统的约束为

$$x^2 + y^2 = l^2 \tag{a}$$

对上式进行变分运算,得

$$2x\delta x + 2y\delta y = 0$$

由上式可知:

$$a_x = 2x,\quad a_y = 2y \tag{b}$$

系统的动能为

$$T = \frac{1}{2}m(\dot{x}^2 + \dot{y}^2)$$

设原点处为零势能位置,则系统的势能为

$$V = -mgy$$

因此,系统的拉格朗日函数 L 为

$$L = T - V = \frac{1}{2}m(\dot{x}^2 + \dot{y}^2) + mgy$$

求 L 对 $\dot{x}$ 和 x 的偏导数:

$$\frac{\partial L}{\partial \dot{x}} = m\dot{x}$$

$$\frac{\partial L}{\partial x} = 0 \tag{c}$$

再求全导数:

$$\frac{\mathrm{d}}{\mathrm{d}t}\left(\frac{\partial L}{\partial \dot{x}}\right) = m\ddot{x} \tag{d}$$

将式(b)、式(c)和式(d)代入 $\frac{\mathrm{d}}{\mathrm{d}t}\left(\frac{\partial L}{\partial \dot{x}}\right) - \frac{\partial L}{\partial x} = \lambda a_x$,得

$$m\ddot{x} = 2\lambda x$$

同样地,求 L 对 $\dot{y}$ 和 y 的偏导数:

$$\frac{\partial L}{\partial \dot{y}} = m\dot{y}$$

$$\frac{\partial L}{\partial y} = mg \tag{e}$$

再求全导数:

$$\frac{\mathrm{d}}{\mathrm{d}t}\left(\frac{\partial L}{\partial \dot{y}}\right) = m\ddot{y} \tag{f}$$

将式(b)、式(e)和式(f)代入 $\frac{\mathrm{d}}{\mathrm{d}t}\left(\frac{\partial L}{\partial \dot{y}}\right) - \frac{\partial L}{\partial y} = \lambda a_y$,得

$$m\ddot{y} - mg = 2\lambda y$$

因此，该系统的第一类拉格朗日方程为

$$m\ddot{x} = 2\lambda x$$

$$m\ddot{y} = mg + 2\lambda y$$

上两式与约束方程(a)构成封闭方程组。

习　　题

6.1　质量为 m_1 的直杆可以自由地在固定套管中上下移动。杆下端与一质量为 m_2 的三角形滑块接触，该三角形滑块在光滑水平面上运动，如图 6-9 所示。试求两物体的加速度。

6.2　如图 6-10 所示的滑轮系统，动滑轮上悬挂着质量为 m_1 的重物 A，绳子绕过定滑轮后悬挂着质量为 m_2 的重物 B。设滑轮和绳子的重力以及轮轴摩擦都忽略不计，求重物 B 下降的加速度。

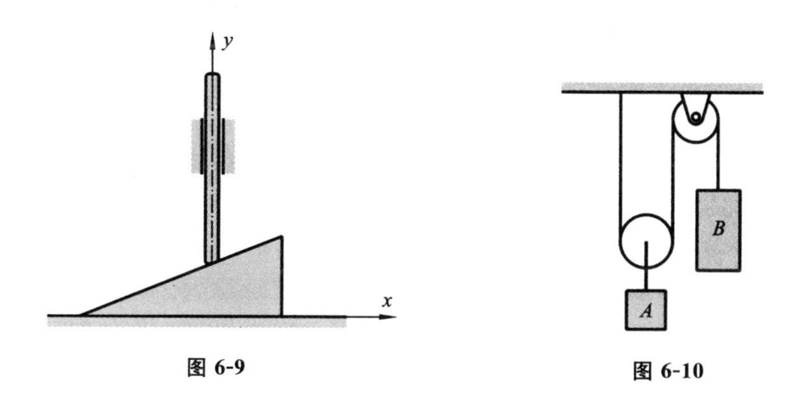

图 6-9　　　图 6-10

6.3　两个半径皆为 R、质量为 m' 的均质轮，中心用连杆连接。这两个轮子在倾角为 θ 的斜面上做纯滚动，如图 6-11 所示。连杆的质量为 m，试求连杆的加速度。

6.4　两个均质圆轮的质量均为 m，半径均为 R。轮 A 可绕 O 点转动，轮 B 绕有细绳并跨于轮 A 上，如图 6-12 所示。当细绳直线部分垂直时，求轮 B 中心 C 点的加速度。

6.5　试用拉格朗日方程推导定轴转动刚体的转动微分方程。作用在刚体上的外力矩为 $\boldsymbol{M}_C^{(e)}$，转轴为 C 轴，如图 6-13 所示。

6.6　在图 6-14 所示的系统中，物体 A 的质量为 m_1，可沿光滑水平面移动，摆锤 B 的质量为 m_2。两个物体用无重杆连接，杆长为 l。试采用拉格朗日方程建立该系统的运动微分方程。

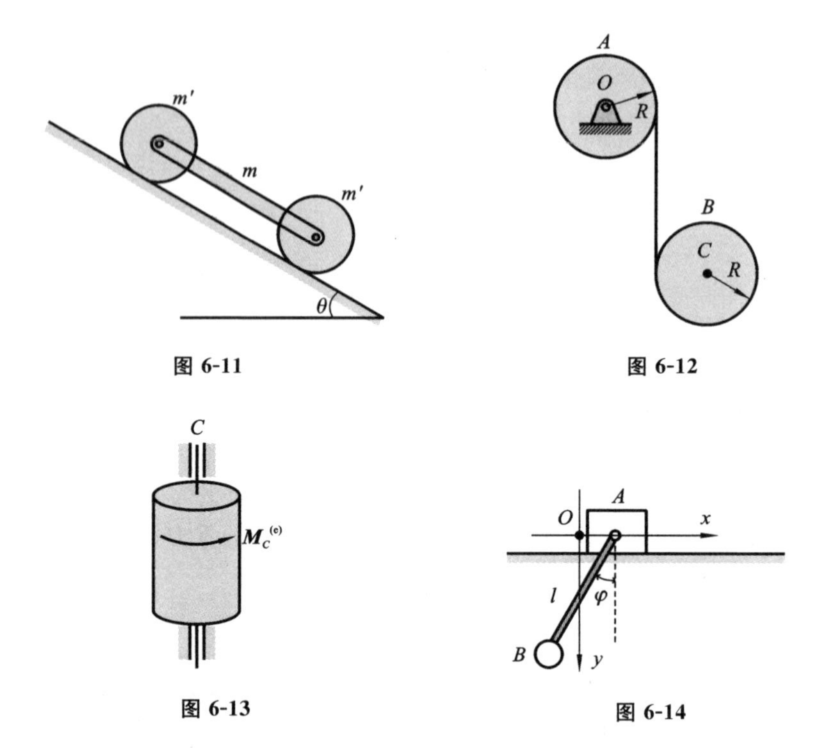

图 6-11　　图 6-12

图 6-13　　图 6-14

6.7　图 6-15 所示的系统中,轮 A 沿水平面做纯滚动,轮心以水平弹簧连于墙上。质量为 m_1 的物块 C 以细绳跨过定滑轮 B 连于点 A。A、B 两轮均为均质圆盘,半径为 R,质量为 m_2。弹簧刚度系数为 k,质量不计。在弹簧较软且细绳能始终张紧的条件下,求此系统的运动微分方程。

6.8　半径为 R 的均质圆盘质量为 m',其质心 O 处铰接一质量为 m 的均质直杆。杆长为 l。设圆柱在水平面上只滚不滑,如图 6-16 所示。试列出系统的运动微分方程。

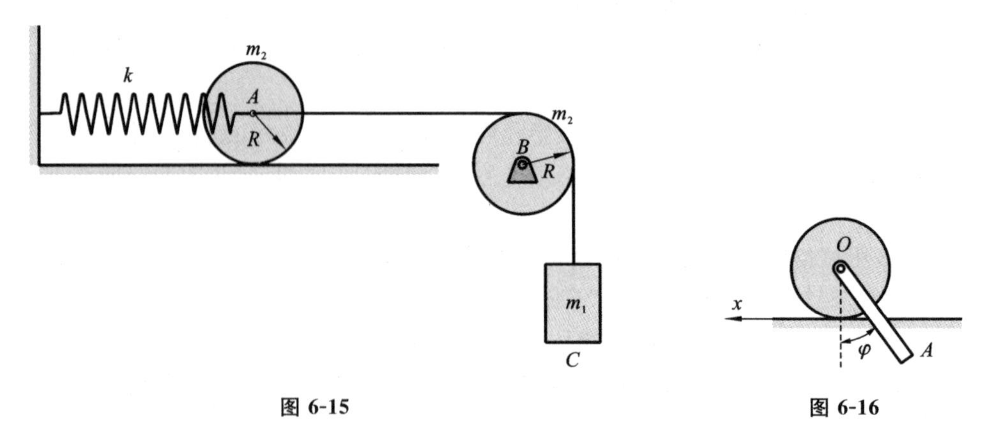

图 6-15　　图 6-16

6.9　双摆机构由两个质量均为 m 的质点 A 和 B 及无重细杆 OA 和 AB 组成,

细杆 OA 和细杆 AB 以铰链相连，O 端悬挂于圆柱铰链上，如图 6-17 所示。两杆长度均为 l，质点 B 受到水平力 $\boldsymbol{F}$ 的作用。系统在铅垂平面内运动，不计系统各处的摩擦。试求系统的运动微分方程。

6.10　质量为 m 的小球用细线缠绕在半径为 r 的固定圆柱体上，如图 6-18 所示。初始时小球处于图中虚线所示平衡位置处，线的下垂部分长度为 L，线的质量不计。现用一榔头猛然撞击小球，使得小球在铅垂平面内开始运动。试求小球的运动微分方程。

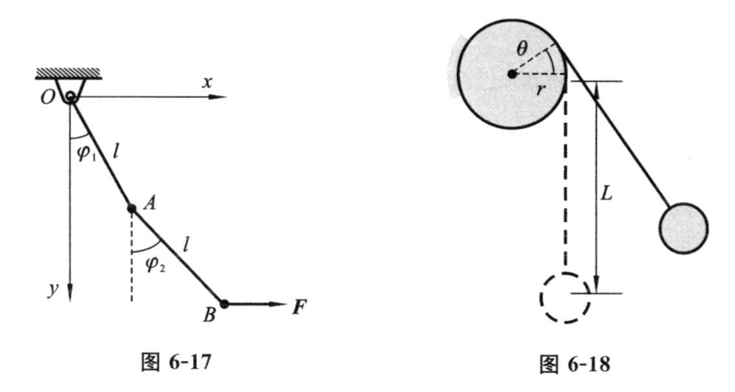

图 6-17　　　　图 6-18

6.11　图 6-19 中直角三角块 A 可以沿光滑水平面滑动。三角块 A 的光滑斜面上放置一个均质圆柱 B，其上绕有不可伸长的绳索。绳索通过滑轮 C 悬挂一质量为 m 的物块 D。物块 D 可沿三角块的铅直光滑槽运动。已知圆柱 B 的质量为 $2m$，三角块 A 的质量为 $3m$。设开始时系统处于静止状态，滑轮 C 的大小和质量略去不计。试确定该系统中各物体的运动方程。

6.12　如图 6-20 所示，一摆长为 l 的单摆悬挂于 O 点，小球的质量为 m。悬挂点 O 以加速度 $\boldsymbol{a}_0$ 向上运动。试求该单摆做微振动的周期。

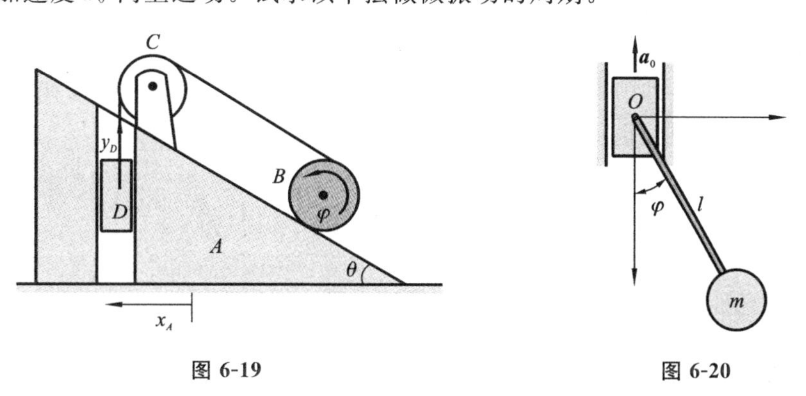

图 6-19　　　　图 6-20

第7章　能　量　法

7.1　概　　述

能量原理是根据能量守恒定律或虚功原理导出的、以能量形式表述物体运动(平衡)状态和变形连续性的力学原理。固体力学中最基本的能量原理包括最小势能原理、最小余能原理、广义变分原理等。以能量原理为基础建立的计算方法统称为能量法,被广泛用于构件内力(应力)、应变、位移的计算。近年来随着计算力学的迅猛发展,能量法倍受重视,并得到更加广泛的应用。

功能原理是力学中的基本原理之一,可描述为:对于任何物体系统,外力功与非保守内力功总和等于系统机械能(动能与势能之和)增量。在外力作用下,弹性固体中的质点沿力作用方向产生位移,外力因此做功,非保守内力不做功;弹性固体由于变形存储一种势能,即变形能(应变能)。假定外力由零值逐渐增大到终值,固体在变形过程中的每一瞬间都处于平衡状态,忽略动能和其他形式能量变化的影响,弹性变形能 V_ε 与外力功 W 之间的关系可以利用功能原理简单地表示为

$$V_\varepsilon = W \tag{7-1}$$

这一简单表述已经被用于处理拉伸(压缩)和扭转等单一变形问题。事实上,它也适用于弹性固体构件弯曲变形和各种组合变形问题的求解。

当外力限制于构件弹性变形范围内时,在缓慢卸载外力的过程中,构件存储的弹性变形能可以完全释放并对外做功,使构件恢复到加载前的状态;若外力超出构件弹性变形范围,在卸载外力的过程中,塑性变形会造成变形能的耗散性损耗,导致变形能无法完全转化为功,也使构件不能恢复到加载前的状态。

7.2　杆件变形能的计算

本节对杆件在线弹性加载范围内的拉伸(压缩)、剪切、扭转和弯曲等单一变形的变形能计算进行概述。

1. 轴向拉伸(压缩)

体积为 $\mathrm{d}V$ 的微元体(见图 7-1),轴力终值为 $\sigma\mathrm{d}y\mathrm{d}z$,以左端面为参考面,右端面位移终值为 $\varepsilon\mathrm{d}x$。依据线弹性范围内正应力-正应变胡克定律 $\sigma=E\varepsilon$,利用功能原理得

$$\mathrm{d}V_{\varepsilon}=\frac{1}{2}\sigma\,\varepsilon\,\mathrm{d}x\mathrm{d}y\mathrm{d}z \tag{7-2}$$

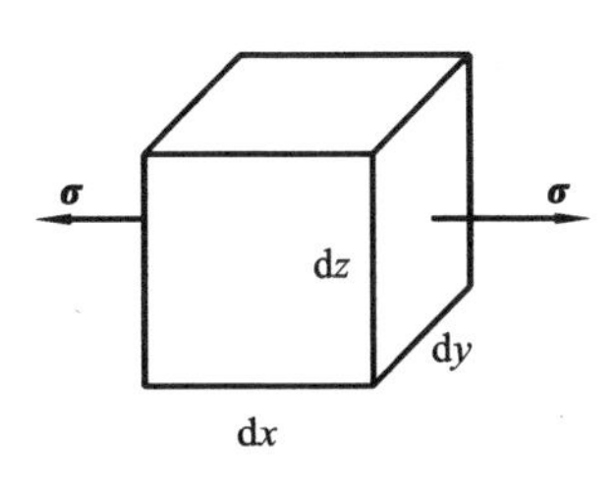

图 7-1

因此,变形能密度(单位体积变形能)v_{ε} 可表示为

$$v_{\varepsilon}=\frac{1}{2}\sigma\,\varepsilon=\frac{\sigma^{2}}{2E}=\frac{E\,\varepsilon^{2}}{2} \tag{7-3}$$

对于轴力 F_{N} 随轴向位置变化的等截面直杆,其中长为 $\mathrm{d}x$ 的任意微段的变形能可表示为

$$\mathrm{d}V_{\varepsilon}=\frac{\sigma^{2}}{2E}A\,\mathrm{d}x=\frac{F_{\mathrm{N}}^{2}(x)}{2EA}\mathrm{d}x \tag{7-4}$$

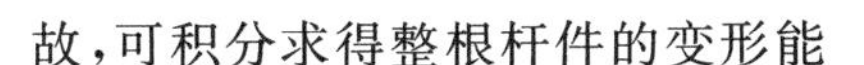
故,可积分求得整根杆件的变形能

$$V_{\varepsilon}=\int_{l}\frac{F_{\mathrm{N}}^{2}(x)}{2EA}\mathrm{d}x \tag{7-5}$$

当轴力恒等于轴向外力 F 时,利用式(7-5)积分可得杆件变形能

$$V_{\varepsilon}=\frac{F^{2}l}{2EA} \tag{7-6}$$

当轴力或截面分段变化时,由 n 段轴组成的阶梯轴或者由 n 根杆组成的桁架结构等,均有

$$V_{\varepsilon}=\sum_{i=1}^{n}\frac{F_{\mathrm{N}i}^{2}l_{i}}{2E_{i}A_{i}} \tag{7-7}$$

当轴力或截面连续变化时,有

$$V_{\varepsilon}=\int_{l}\frac{F_{\mathrm{N}}^{2}(x)}{2EA(x)}\mathrm{d}x \tag{7-8}$$

实际上,利用功能原理,杆件变形能可表示为

$$V_{\varepsilon}=W=\frac{1}{2}F\Delta l \tag{7-9}$$

利用 $\Delta l=\dfrac{Fl}{EA}$,可以得到与式(7-6)一致的变形能表达式。

2. 纯剪切

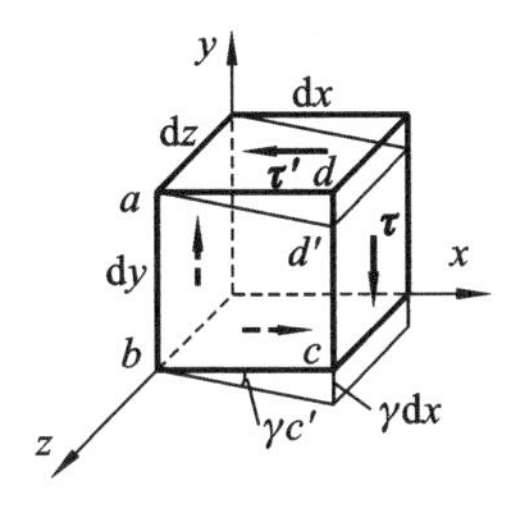

图 7-2

对于体积为 $\mathrm{d}V$ 的纯剪切微元体(见图 7-2),剪力终值为 $\tau\mathrm{d}y\mathrm{d}z$,以左端面为参考面,右端面位移终值为 $\gamma\mathrm{d}x$。依据线弹性范围内剪应力-剪应变胡克定律 $\tau=G\gamma$,利用功能原理得

$$\mathrm{d}V_{\varepsilon}=\frac{1}{2}\tau\,\gamma\,\mathrm{d}x\mathrm{d}y\mathrm{d}z \tag{7-10}$$

故,纯剪切变形能密度 v_{ε} 可表示为

$$v_{\varepsilon}=\frac{1}{2}\tau\,\gamma=\frac{\tau^{2}}{2G}=\frac{G\gamma^{2}}{2} \tag{7-11}$$

3. 扭转

对于扭矩 T 随截面位置变化的等截面圆轴,利用圆形截面对圆心极惯性矩 $I_{\mathrm{p}}=$

$\frac{\pi d^4}{32}$，可积分求得长为 dx 任意微段的变形能：

$$\mathrm{d}V_\varepsilon = \int_A \frac{\tau^2}{2G}\mathrm{d}A\mathrm{d}x = \int_0^{d/2} \frac{T^2(x)\rho^2}{I_\mathrm{p}^2 2G} 2\pi\rho\,\mathrm{d}\rho\,\mathrm{d}x = \frac{T^2(x)}{2GI_\mathrm{p}}\mathrm{d}x \tag{7-12}$$

故，对式(7-12)求积分可得整根圆轴的变形能：

$$V_\varepsilon = \int_l \frac{T^2(x)}{2GI_\mathrm{p}}\mathrm{d}x \tag{7-13}$$

当扭矩恒等于外力偶矩 M_e 时，利用式(7-13)可得圆轴变形能：

$$V_\varepsilon = \frac{M_\mathrm{e}^2 l}{2GI_\mathrm{p}} \tag{7-14}$$

当扭矩或截面分段变化时，有

$$V_\varepsilon = \sum_i \frac{T_i^2 l_i}{2G_i I_{\mathrm{p}i}} \tag{7-15}$$

另外，利用功能原理，将圆轴变形能表示为

$$V_\varepsilon = W = \frac{1}{2}M_\mathrm{e}\Delta\varphi \tag{7-16}$$

利用 $\Delta\varphi = \frac{M_\mathrm{e} l}{GI_\mathrm{p}}$，可以得到与式(7-14)相同的圆轴变形能表达式。

4. 弯曲

对于横向力弯曲梁，横截面上同时存在剪力和弯矩，它们均随截面位置变化，因此，有必要计算剪力和弯矩各自对应的变形能。但是对于细长梁，剪切变形能相较于弯曲变形能很小，可以忽略其影响，因此只需要计算弯曲变形能。此时长为 dx 的任意微段的弯曲变形能为

$$\mathrm{d}V_\varepsilon = \frac{M^2(x)}{2EI}\mathrm{d}x \tag{7-17}$$

故，整根梁弯曲变形能可表示为积分形式：

$$V_\varepsilon = \int_l \frac{M^2(x)}{2EI}\mathrm{d}x \tag{7-18}$$

当弯矩恒等于外力偶矩 M_e 时，利用式(7-18)可得整根梁弯曲变形能：

$$V_\varepsilon = \frac{M_\mathrm{e}^2 l}{2EI} \tag{7-19}$$

此时，若利用功能原理，整根梁弯曲变形能可表示为

$$V_\varepsilon = W = \frac{1}{2}M_\mathrm{e}\Delta\theta \tag{7-20}$$

将线弹性阶段中梁的两侧端面相对转角 $\Delta\theta = \frac{M_\mathrm{e} l}{EI}$ 代入式(7-20)，也可得到与式(7-19)一样的弯曲变形能表达式。

7.3　变形能的普遍表达式

7.2 节探讨了几种基本单一变形下的变形能计算，其中，线弹性阶段的轴向拉伸

(压缩)、扭转和弯曲变形能表达式(式(7-9)、式(7-16)和式(7-20))可统一为

$$V_\varepsilon = W = \frac{1}{2}F\lambda \tag{7-21}$$

其中,广义力 F 对于拉伸(压缩)问题表示力,对于扭转和弯曲问题表示力偶矩。λ 表示与各广义力 F 对应的广义位移,对于三类问题依次对应线位移 Δl、角位移 $\Delta\varphi$ 和角位移 $\Delta\theta$。

本节将针对弹性固体进行更一般情况下的讨论。假设图 7-3 所示的受约束弹性固体,在任意广义力系 $F_i, i=1,2,\cdots,n$ 作用下,不会发生刚性位移,只是由于构件的累积变形沿各广义力作用方向上产生对应的广义位移 $\delta_i, i=1,2,\cdots,n$。依据弹性固体上力的独立作用原理,弹性固体上因力的加载而产生的变形能(密度)与力的加载次序无关,只取决于力(应力)和位移(应变)的终值。因此,可以先独立地计算每个广义力(应力)作用下构件的变形能(密度),进而求和得到构件的总变形能(密度)。

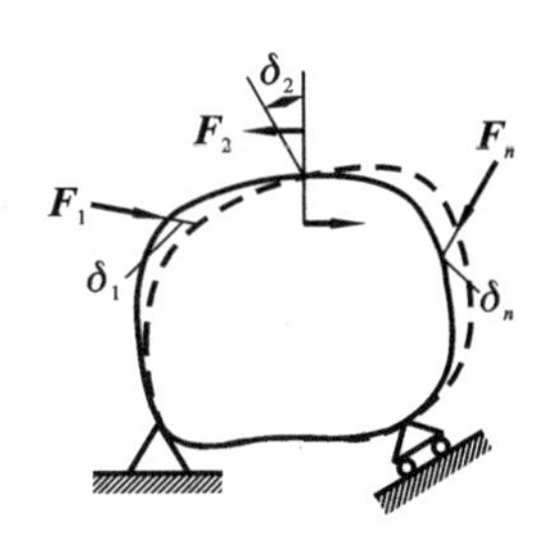

图 7-3

不论是线性还是非线性弹性固体,若给定广义应力-应变关系 σ-ε 和广义力-位移关系 F-λ,其变形能密度和变形能均可通过积分求得

$$v_\varepsilon = \int_0^{\varepsilon_1} \sigma \mathrm{d}\varepsilon, \quad V_\varepsilon = W = \int_0^{\lambda_1} F \mathrm{d}\lambda \tag{7-22}$$

所以,在上述任意广义力系作用下弹性固体的变形能密度和变形能可表示为

$$v_\varepsilon = \sum_{i=1}^{n} \int_0^{\varepsilon_{1i}} \sigma_i \mathrm{d}\varepsilon, \quad V_\varepsilon = W = \sum_{i=1}^{n} \int_0^{\lambda_{1i}} F_i \mathrm{d}\lambda \tag{7-23}$$

特别地,对于线弹性固体,满足

$$\sigma_i = k_i \varepsilon_i, \quad F_i = c_i \lambda_i \tag{7-24}$$

式中:k_i 和 $c_i, i=1,2,\cdots,n$ 均为常数。对式(7-24)求微分后代入式(7-23)即可得到线弹性固体变形能密度和变形能表达式:

$$v_\varepsilon = \sum_{i=1}^{n} \left(\frac{1}{2}\sigma_i \varepsilon_i\right), \quad V_\varepsilon = W = \sum_{i=1}^{n} \left(\frac{1}{2}F_i \lambda_i\right) \tag{7-25}$$

由此可见,线弹性固体的变形能等于各广义力与对应广义位移乘积的二分之一的总和。这一结论被称为克拉珀龙原理。

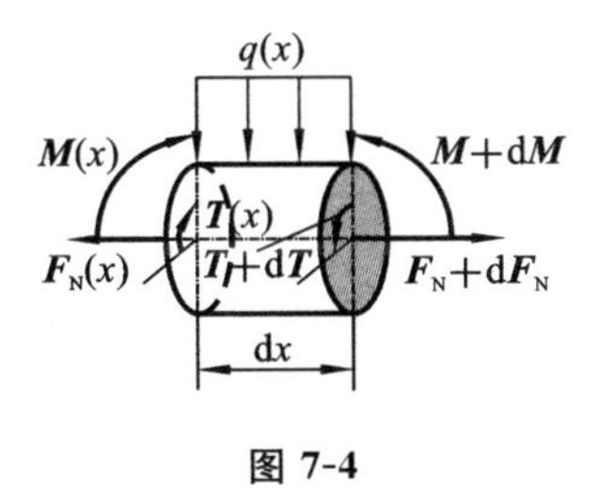

图 7-4

如图 7-4 所示,长 $\mathrm{d}x$ 的线弹性微元体受到了垂直分布载荷 $q(x)$,以及其两端截面上轴力 $\boldsymbol{F}_\mathrm{N}$ 及 $\boldsymbol{F}_\mathrm{N}+\mathrm{d}\boldsymbol{F}_\mathrm{N}$、扭矩 $\boldsymbol{T}$ 及 $\boldsymbol{T}+\mathrm{d}\boldsymbol{T}$、弯矩 $\boldsymbol{M}$ 及 $\boldsymbol{M}+\mathrm{d}\boldsymbol{M}$ 的作用。设对应轴力、扭矩和弯矩的两端截面轴向相对位移为 $\mathrm{d}(\Delta l)$、相对扭转角为 $\mathrm{d}(\Delta\varphi)$ 和相对转角为 $\mathrm{d}(\Delta\theta)$。利用式(7-25)可得组合变形微元体变形能:

$$\mathrm{d}V_{\varepsilon}=\frac{F_{\mathrm{N}}^{2}(x)}{2EA(x)}\mathrm{d}x+\frac{T^{2}(x)}{2GI_{\mathrm{p}}(x)}\mathrm{d}x+\frac{M^{2}(x)}{2EI(x)}\mathrm{d}x \tag{7-26}$$

通过对式(7-26)积分即可得到杆件的总变形能一般表达式：

$$V_{\varepsilon}=\int_{l}\frac{F_{\mathrm{N}}^{2}(x)}{2EA(x)}\mathrm{d}x+\int_{l}\frac{T^{2}(x)}{2GI_{\mathrm{p}}(x)}\mathrm{d}x+\int_{l}\frac{M^{2}(x)}{2EI(x)}\mathrm{d}x \tag{7-27}$$

式(7-27)适用于变截面或非圆形截面情形，只需考虑截面几何参数随位置的变化或采用非圆形截面极惯性矩即可。

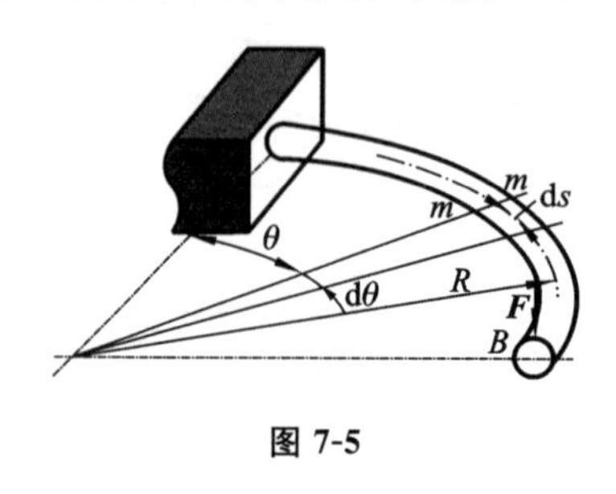

图 7-5

例 7.1

轴线为四分之一圆形的平面曲杆如图 7-5 所示，沿 B 端作用与视图平面垂直的集中力 $\boldsymbol{F}$。已知 EI、GI_{p} 为常量。试求曲杆的变形能和截面 B 的铅垂位移。

解　设任意横截面 $m—m$ 的位置由圆心角 θ 确定，该截面上的弯矩和扭矩分别为

$$M=FR\sin\theta$$

$$T=FR(1-\cos\theta)$$

对于横截面尺寸远小于半径 R 的曲杆，考虑弧长为 $\mathrm{d}s=R\mathrm{d}\theta$ 的微段，采用直杆应变能公式可得应变能为

$$\begin{aligned}\mathrm{d}V_{\varepsilon}&=\frac{T^{2}(\theta)R}{2GI_{\mathrm{p}}}\mathrm{d}\theta+\frac{M^{2}(\theta)R}{2EI}\mathrm{d}\theta\\&=\frac{F^{2}R^{3}(1-\cos\theta)^{2}}{2GI_{\mathrm{p}}}\mathrm{d}\theta+\frac{F^{2}R^{3}\sin^{2}\theta}{2EI}\mathrm{d}\theta\end{aligned}$$

通过积分可得整根曲杆变形能：

$$\begin{aligned}V_{\varepsilon}&=\int_{0}^{\pi/2}\frac{F^{2}R^{3}(1-\cos\theta)^{2}}{2GI_{\mathrm{p}}}\mathrm{d}\theta+\int_{0}^{\pi/2}\frac{F^{2}R^{3}\sin^{2}\theta}{2EI}\mathrm{d}\theta\\&=\left(\frac{3\pi}{8}-1\right)\frac{F^{2}R^{3}}{GI_{\mathrm{p}}}+\frac{\pi}{8}\frac{F^{2}R^{3}}{EI}\end{aligned}$$

集中力 $\boldsymbol{F}$ 沿其位移 λ_{B} 所做的功为

$$W=\frac{1}{2}F\lambda_{B}$$

由功能原理 $V_{\varepsilon}=W$ 得

$$\frac{1}{2}F\lambda_{B}=\left(\frac{3\pi}{8}-1\right)\frac{F^{2}R^{3}}{GI_{\mathrm{p}}}+\frac{\pi}{8}\frac{F^{2}R^{3}}{EI}$$

故

$$\lambda_{B}=\left(\frac{3\pi}{4}-2\right)\frac{FR^{3}}{GI_{\mathrm{p}}}+\frac{\pi}{4}\frac{FR^{3}}{EI}$$

例 7.2

如图 7-6 所示，简支梁 AB 长 l，沿截面 C 作用铅垂向下的集中力 $\boldsymbol{F}$。已知 EI、

GA 为常量。当忽略剪切变形能影响时，试求等截面直梁的变形能和截面 C 的铅垂位移，当集中力 $\boldsymbol{F}$ 作用于梁中截面，泊松比 $\mu=0.3$，$\dfrac{h}{l}=\dfrac{1}{10}$ 或 $\dfrac{d}{l}=\dfrac{1}{10}$ 时，讨论分别对应于矩形、实心圆和薄壁圆环截面的剪切变形能与弯曲变形能的比值。注：d 为实心圆截面直径或薄壁圆环截面平均直径。

解 弯矩 $M(x)$ 和剪力 $F_s(x)$ 的分段函数分别为

$$M(x)=\begin{cases}\dfrac{F(l-a)}{l}x,0\leqslant x\leqslant a\\[2mm] \dfrac{Fa}{l}(l-x),a\leqslant x\leqslant l\end{cases},\quad F_s(x)=\begin{cases}\dfrac{F(l-a)}{l},0\leqslant x\leqslant a\\[2mm] -\dfrac{Fa}{l},a\leqslant x\leqslant l\end{cases}$$

图 7-7 所示的梁任意横截面上铅垂方向坐标为 y 处的正应力和切应力（见图 7-7）分别为

$$\sigma=\frac{M(x)y}{I},\quad \tau=\frac{F_s(x)S_z^*(y)}{Ib(y)}$$

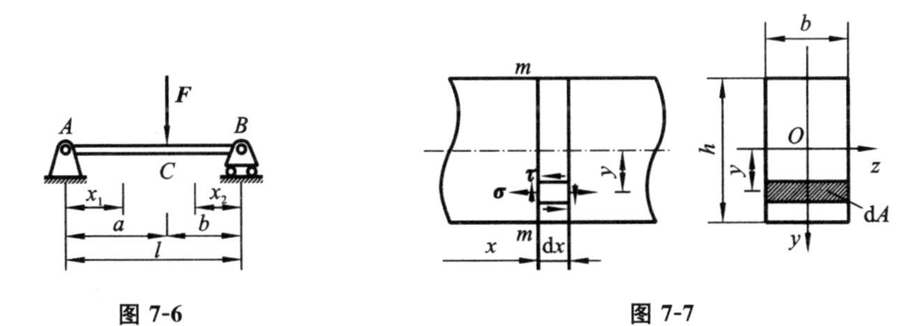

图 7-6　　图 7-7

由式(7-3)和式(7-11)得弯曲和剪切变形能密度：

$$v_{\varepsilon\sigma}=\frac{M^2(x)y^2}{2EI^2},\quad v_{\varepsilon\tau}=\frac{F_s^2(x)[S_z^*(y)]^2}{2GI^2b^2(y)}$$

选取体积 $\mathrm{d}V=\mathrm{d}A\mathrm{d}x$ 的微元体，其弯曲和剪切变形能分别为

$$\mathrm{d}V_{\varepsilon\sigma}=\frac{M^2(x)y^2}{2EI^2}\mathrm{d}A\mathrm{d}x,\quad \mathrm{d}V_{\varepsilon\tau}=\frac{F_s^2(x)[S_z^*(y)]^2}{2GI^2b^2(y)}\mathrm{d}A\mathrm{d}x$$

积分求得整根梁弯曲和剪切变形能以及总变形能：

$$V_{\varepsilon\sigma}=\int_l\frac{M^2(x)}{2EI}\mathrm{d}x,\quad V_{\varepsilon\tau}=\int_l\frac{\kappa F_s^2(x)}{2GA}\mathrm{d}x,\quad V_\varepsilon=\int_l\frac{M^2(x)}{2EI}\mathrm{d}x+\int_l\frac{\kappa F_s^2(x)}{2GA}\mathrm{d}x$$

无量纲系数 $\kappa=\dfrac{A}{I^2}\displaystyle\int_A\left[\frac{S_z^*(y)}{b(y)}\right]^2\mathrm{d}A$ 取决于截面形状。对于矩形截面和圆形截面，分别有

$$\kappa=\frac{144}{bh^5}\int_{-h/2}^{h/2}\frac{1}{4}\left[\frac{h^2}{4}-y^2\right]^2b\mathrm{d}y=\frac{6}{5},\quad \kappa=\frac{d^2}{18I^5}\int_{-d/2}^{d/2}\left[\left(\frac{d}{2}\right)^2-y^2\right]^{5/2}\mathrm{d}y=\frac{10}{9}$$

对于薄壁圆环截面，$\kappa=2$。

当忽略剪切变形能时，梁的总变形能为

$$\begin{aligned} V_{\varepsilon} &= \int_l \frac{M^2(x)}{2EI}\mathrm{d}x \\ &= \int_0^a \frac{F^2(l-a)^2x^2}{2EIl^2}\mathrm{d}x + \int_a^l \frac{F^2a^2(l-x)^2}{2EIl^2}\mathrm{d}x \\ &= \frac{F^2a^2(l-a)^2}{6EIl} \end{aligned}$$

依据功能原理,得

$$\frac{1}{2}F\lambda_C = \frac{F^2a^2(l-a)^2}{6EIl}$$

所以,截面 C 的铅垂位移为

$$\lambda_C = \frac{Fa^2(l-a)^2}{3EIl}$$

当集中力 $\boldsymbol{F}$ 作用于中截面时,剪切变形能、弯曲变形能以及它们的比值分别为

$$V_{\varepsilon\sigma} = \frac{F^2l^3}{96EI},\quad V_{\varepsilon\tau} = \frac{\kappa F^2 l}{8GA},\quad V_{\varepsilon\tau} : V_{\varepsilon\sigma} = \frac{12\kappa EI}{GAl^2}$$

利用 $G = \dfrac{E}{2(\mu+1)}$,得 $V_{\varepsilon\tau} : V_{\varepsilon\sigma} = \dfrac{24(\mu+1)\kappa I}{Al^2}$。

对于矩形截面,$V_{\varepsilon\tau} : V_{\varepsilon\sigma} = 2(\mu+1)\kappa(h/l)^2 = 0.0312$;对于圆形截面,$V_{\varepsilon\tau} : V_{\varepsilon\sigma} = \dfrac{4}{3}(\mu+1)\kappa(d/l)^2 = 0.0193$;对于薄壁圆环截面,$V_{\varepsilon\tau} : V_{\varepsilon\sigma} = 6(\mu+1)\kappa(d/l)^2 = 0.156$。

例 7.3

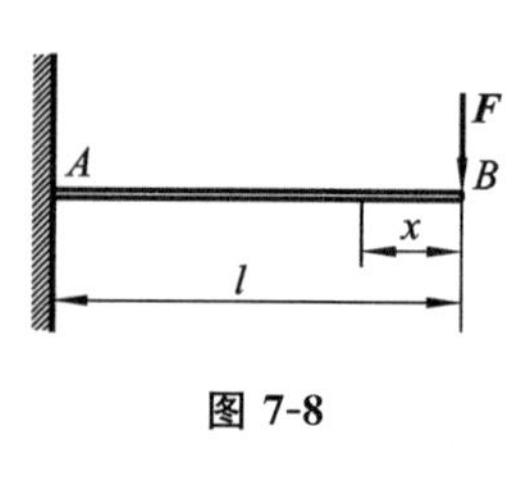

图 7-8

已知图 7-8 所示矩形截面悬臂梁长 l,其截面宽 b、高 h。如果自由端 B 处作用铅垂向下的集中力 $\boldsymbol{F}$。弯曲正应力-正应变和力-位移的大小分别满足 $\sigma = k_1\varepsilon^{1/2}$ 和 $F = k_2\lambda^{1/2}$,且弯曲平面假设成立,试求任意横截面变形能密度、整根梁变形能、自由端 B 挠度以及系数 k_1 和 k_2 的关系。

解 根据弯曲平面假设,距离中轴为 $|y|$ 处的弯曲正应变 $\varepsilon = \pm\dfrac{|y|}{\rho}$,利用给定条件可得弯曲正应力为

$$\sigma = \pm\frac{k_1|y|^{1/2}}{\rho^{1/2}}$$

利用纯弯曲条件可得

$$\begin{aligned} M &= \int_A \sigma y\,\mathrm{d}A \\ &= 2\int_0^{h/2} \frac{k_1 y^{1/2}}{\rho^{1/2}} yb\,\mathrm{d}y \\ &= \frac{\sqrt{2}k_1bh^{5/2}}{10\rho^{1/2}} \end{aligned}$$

故

$$\frac{1}{\rho^{1/2}}=\frac{5\sqrt{2}M}{k_1bh^{5/2}},\quad \sigma=\frac{5\sqrt{2}My^{1/2}}{bh^{5/2}}$$

由 $\sigma=k_1\varepsilon^{1/2}$ 得 $\mathrm{d}\varepsilon=\left(\frac{\sigma}{k_1}\right)^2$，故变形能密度为

$$v_\varepsilon=\int_0^{\varepsilon_1}\sigma\mathrm{d}\varepsilon=\frac{2\sigma^3}{(k_1)^2}=\frac{500\sqrt{2}M^3y^{3/2}}{(k_1)^2b^3h^{15/2}}$$

利用弯矩方程 $M(x)=Fx, 0\leqslant x\leqslant l$，可积分计算整根梁变形能：

$$\begin{aligned}V_\varepsilon&=\int_0^l 2\int_0^{h/2}v_\varepsilon\mathrm{d}y\mathrm{d}x\\&=\frac{1000\sqrt{2}}{(k_1)^2b^2h^{15/2}}\int_0^{h/2}y^{3/2}\mathrm{d}y\int_0^l(Fx)^3\mathrm{d}x\\&=\frac{25F^3l^4}{(k_1)^2b^2h^5}\end{aligned}$$

另外，由 $F=k_2\lambda^{1/2}$ 得 $\mathrm{d}\lambda=\frac{2F\mathrm{d}F}{(k_2)^2}$，故积分可求得力所做的功：

$$\begin{aligned}W&=\int_0^{\lambda_1}F\mathrm{d}\lambda\\&=\int_0^F F\frac{2F}{(k_2)^2}\mathrm{d}F\\&=\frac{2F^3}{3(k_2)^2}\end{aligned}$$

由功能原理 $V_\varepsilon=W$ 可求得

$$\frac{k_2}{k_1}=\sqrt{\frac{2}{75}}\frac{bh^{5/2}}{l^2}$$

7.4　互等定理

前文基于力的独立作用原理，阐述了适用于线弹性构件变形能计算的克拉贝隆原理。在此基础上，本节将导出功的互等定理和位移的互等定理。它们可用于解决线弹性构件的分析和计算问题。

对线弹性构件按以下两种不同方案加载 A 和 B 两个广义力系。

方案一是先加载力系 A。由此引起对应于广义力 F_{Ai} 的作用点沿力作用方向的一个广义位移 λ_{Ai}（见图 7-9(a)），导致力系 A 对构件的变力做功为 $\sum_{i=1}^{I}\left(\frac{1}{2}F_{Ai}\lambda_{Ai}\right)$。接着再加载力系 B，除了引起对应于力系 B 的广义力 F_{Bi} 的作用点沿力作用方向的广义位移 λ_{Bj} 之外，由此导致对构件的变力做功为 $\sum_{j=1}^{J}\left(\frac{1}{2}F_{Bj}\lambda_{Bj}\right)$，还会引起对应于

力系 A 的广义力 F_{Ai} 的作用点沿力作用方向的附加的广义位移 λ'_{Ai}(见图 7-9(b))。注意到加载力系 B 时,力系 A 上的每个力已经存在且保持不变,由此导致对构件额外的恒力做功为 $\sum_{i=1}^{I}(F_{Ai}\lambda'_{Ai})$。因此,构件的总变形能为

$$V_{\varepsilon 1}=\sum_{i=1}^{I}\left(\frac{1}{2}F_{Ai}\lambda_{Ai}+F_{Ai}\lambda'_{Ai}\right)+\sum_{j=1}^{J}\left(\frac{1}{2}F_{Bj}\lambda_{Bj}\right)$$

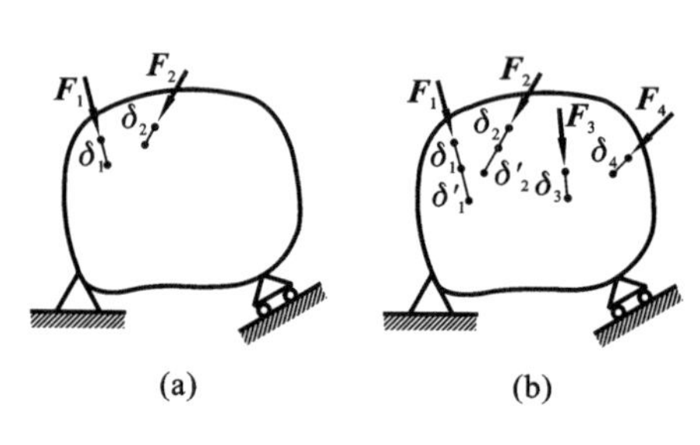

图 7-9

方案二是先加载力系 B。由此引起对应于广义力 F_{Bj} 的作用点沿力作用方向的一个广义位移 λ_{Bj},导致力系 B 对构件的变力做功为 $\sum_{j=1}^{J}\left(\frac{1}{2}F_{Bj}\lambda_{Bj}\right)$。接着再加载力系 A,除了引起对应于力系 A 的广义力 F_{Ai} 的作用点沿力作用方向的一个广义位移 λ_{Aj} 之外,由此导致对构件的变力做功为 $\sum_{i=1}^{I}\left(\frac{1}{2}F_{Ai}\lambda_{Ai}\right)$,还会引起对应于力系 B 的广义力 F_{Bj} 的作用点沿力作用方向的一个附加的广义位移 λ'_{Bj}。注意到加载力系 A 时,力系 B 上的每个力已经存在且保持不变,由此导致对构件额外的恒力做功为 $\sum_{j=1}^{J}(F_{Bj}\lambda'_{Bj})$。因此,构件的总变形能为

$$V_{\varepsilon 2}=\sum_{i=1}^{I}\left(\frac{1}{2}F_{Ai}\lambda_{Ai}\right)+\sum_{j=1}^{J}\left(\frac{1}{2}F_{Bj}\lambda_{Bj}+F_{Bj}\lambda'_{Bj}\right)$$

由于构件的总变形能只取决于所加载力系上各力的终值,而与加载次序无关,所以 $V_{\varepsilon 2}=V_{\varepsilon 1}$,从而得到功的互等定理:

$$\sum_{i=1}^{I}(F_{Ai}\lambda'_{Ai})=\sum_{j=1}^{J}(F_{Bj}\lambda'_{Bj})\tag{7-28}$$

即第一组力在第二组力引起的位移上所做的功与第二组力在第一组力引起的位移上所做的功相等。若第一组力只有 F_A,第二组力只有 F_B,则式(7-28)简化为

$$F_A\lambda'_A=F_B\lambda'_B$$

特别地,当广义力 $F_A=F_B$,则可得位移互等定理:

$$\lambda'_A=\lambda'_B\tag{7-29}$$

即广义力 F_A 与 F_B 数值相等时,在 F_A 作用点沿 F_A 作用方向由 F_B 导致的位移,数值上等于在 F_B 作用点沿 F_B 作用方向由 F_A 导致的位移。

例 7.4

已知图 7-10 所示的超静定梁铰支座 B 处作用的力偶矩 $M=Fl$,$a=l/2$,试采用互等定理求铰支座 B 处的约束力。

解 将铰支座 B 处约束解除后变成悬臂梁,并添加约束力 $\boldsymbol{F}_{RB}$。$\boldsymbol{F}$、$\boldsymbol{F}_{RB}$ 和 $\boldsymbol{M}$ 组成第一组力。在悬臂梁自由端作用单位力 $\boldsymbol{F}_0$,并将它视为第二组力,可以求得 $\boldsymbol{F}$、

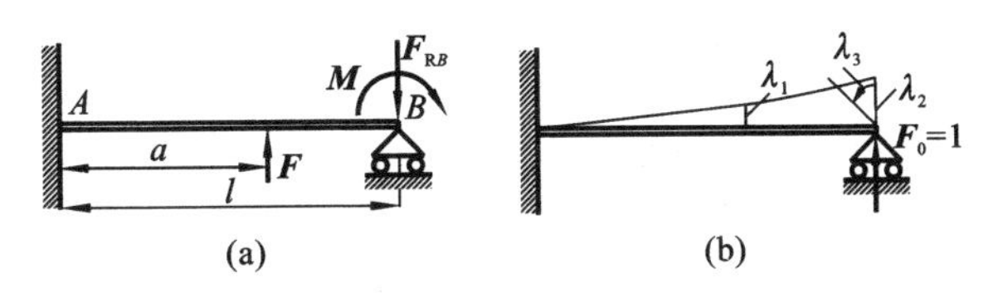

图 7-10

$\boldsymbol{F}_{RB}$和$\boldsymbol{M}$作用位置对应的线位移、线位移和角位移：

$$\lambda_1=\frac{a^2}{6EI}(3l-a)=\frac{5l^3}{48EI},\quad \lambda_2=\frac{l^3}{3EI},\quad \lambda_3=\frac{l^2}{2EI}$$

第一组力在第二组力引起的位移上所做的功为

$$W_{21}=F\lambda_1-F_{RB}\lambda_2-M\lambda_3=F\frac{5l^3}{48EI}-F_{RB}\frac{l^3}{3EI}-Fl\frac{l^2}{2EI}$$

第二组力 $\boldsymbol{F}_0$ 铅垂作用于铰支座 B 处，对应的实际铅垂位移为零，即第二组力在第一组力引起的位移上所做的功为零。依据功的互等定理，得

$$F\frac{5l^3}{48EI}-F_{RB}\frac{l^3}{3EI}-Fl\frac{l^2}{2EI}=0$$

因此，可求得

$$F_{RB}=-\frac{19}{16}F$$

7.5　卡氏定理

7.4 节介绍了弹性构件功和位移的互等定理。本节将重点介绍弹性构件的卡氏第二定理的推导和应用，也会简要介绍卡氏第一定理。

若弹性构件受到充分的约束作用，在广义力系 F_i 的作用下，不存在任何刚性位移，只产生沿各力作用方向由构件变形累积导致的位移 λ_i。依据功能原理，存储于弹性构件的总变形能 V_ε 等于力系所做的总功。由力的独立作用原理可知，力系中任意广义 F_i 所贡献的变形能 $V_{\varepsilon i}$ 仅为 F_i 的函数。因此，总变形能 V_ε 应该是力系中所有力的函数，即

$$V_\varepsilon=V_\varepsilon(F_1,\cdots,F_i,\cdots,F_n)$$

若给任意力 F_i 一个增量 ΔF_i，根据多元函数性质，构件的总变形能 V_ε 会产生一个增量 $\Delta V_\varepsilon=\dfrac{\partial V_\varepsilon}{\partial F_i}\Delta F_i$，故总变形能为

$$V_\varepsilon+\frac{\partial V_\varepsilon}{\partial F_i}\Delta F_i$$

现在设想把 ΔF_i 视为第一组力先加载，而把广义力系 F_i 视为第二组力后加载。当加载 ΔF_i 时，引起 F_i 作用方向的位移 $\Delta\lambda_i$，对线弹性构件贡献的变形能为

$\frac{1}{2}\Delta F_i \Delta\lambda_i$。接着加载广义力系 F_i，尽管此时 ΔF_i 已经存在，但对于线弹性构件而言，引起沿力 F_i 作用方向的位移与单独加载力系时的一样，即依然是 λ_i，所以力系贡献的变形能还是 V_ε。考虑在加载力系时，ΔF_i 保持不变，在位移 λ_i 上的恒力做功也会贡献 $\Delta F_i\lambda_i$ 的变形能。所以两组力加载后构件的总变形能又可表示为上述三部分贡献的变形能总和，即

$$\frac{1}{2}\Delta F_i \Delta\lambda_i + V_\varepsilon + \Delta F_i\lambda_i$$

由于弹性构件变形能与力的加载次序无关，故以下等式成立：

$$V_\varepsilon + \frac{\partial V_\varepsilon}{\partial F_i}\Delta F_i = \frac{1}{2}\Delta F_i \Delta\lambda_i + V_\varepsilon + \Delta F_i\lambda_i$$

略去式中高阶小量 $\frac{1}{2}\Delta F_i \Delta\lambda_i$，即可得到

$$\lambda_i = \frac{\partial V_\varepsilon}{\partial F_i} \tag{7-30}$$

这被称为卡氏第二定理。说明，线弹性构件的总变形能可以看作独立广义力变量 F_i 的多元函数，任意广义力 F_i 作用点上沿该力方向上的位移 λ_i，就等于构件总变形能 V_ε 对力 F_i 的一阶偏导数。

类似地，弹性构件的总变形能可以看作独立广义位移 λ_i 的多元函数，任意广义位移 λ_i 上作用的广义力 F_i，就等于构件总变形能 V_ε 对力 λ_i 的一阶偏导数，即

$$F_i = \frac{\partial V_\varepsilon(\lambda_1, \cdots, \lambda_i, \cdots, \lambda_n)}{\partial \lambda_i}$$

这被称为卡氏第一定理，它同时适用于线性和非线性弹性构件，而卡氏第二定理仅适用于线弹性构件。

将组合变形能表达式(7-27)代入卡氏第二定理表达式(7-30)，可以得到线弹性构件在广义力系作用下发生组合变形时力 F_i 作用点沿该力方向上位移 λ_i 的表达式

$$\begin{aligned}\lambda_i = \frac{\partial V_\varepsilon}{\partial F_i} &= \frac{\partial}{\partial F_i}\left[\int_l \frac{F_{\mathrm{N}}^2(x)}{2EA(x)}\mathrm{d}x + \int_l \frac{T^2(x)}{2GI_{\mathrm{p}}(x)}\mathrm{d}x + \int_l \frac{M^2(x)}{2EI(x)}\mathrm{d}x\right] \\ &= \int_l \frac{F_{\mathrm{N}}(x)}{EA(x)}\frac{\partial F_{\mathrm{N}}(x)}{\partial F_i}\mathrm{d}x + \int_l \frac{T(x)}{GI_{\mathrm{p}}(x)}\frac{\partial T(x)}{\partial F_i}\mathrm{d}x + \int_l \frac{M(x)}{EI(x)}\frac{\partial M(x)}{\partial F_i}\mathrm{d}x\end{aligned} \tag{7-31}$$

对于横截面高度远小于轴长的横力弯曲直梁或者横截面高度远小于轴线曲率半径的平面曲梁，仅需保留式(7-31)右侧最后一个积分项，从而得到

$$\lambda_i = \frac{\partial V_\varepsilon}{\partial F_i} = \int_l \frac{M(x)}{EI(x)}\frac{\partial M(x)}{\partial F_i}\mathrm{d}x \tag{7-32}$$

对于由 n 个轴组成的阶梯轴或者 n 根杆组成的桁架结构，结合变形能表达式(7-7)和卡氏第二定理，可得

$$\lambda_i = \frac{\partial V_\varepsilon}{\partial F_i} = \sum_{j=1}^{n} \frac{F_{Nj} l_j}{E_j A_j} \frac{\partial F_{Nj}}{\partial F_i} \tag{7-33}$$

例 7.5

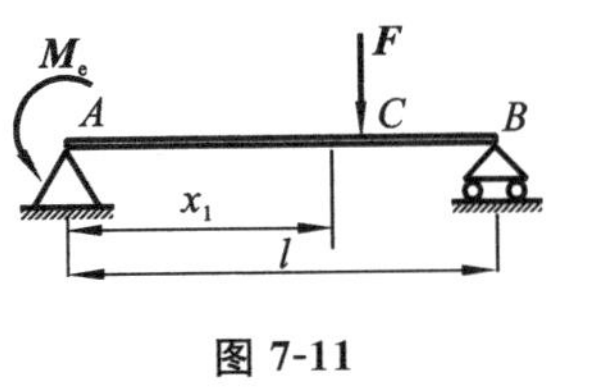

图 7-11

已知图 7-11 所示的简支梁抗弯刚度 EI 为常数，试求集中力 $\boldsymbol{F}$ 作用下截面 C 的挠度 w_C 和固定铰支座 A 处的转角 θ_A。

解　由于简支梁 C 处作用集中力 $\boldsymbol{F}$、而固定铰支座 A 处作用集中力偶矩 $\boldsymbol{M}_e$，依据横力弯曲梁基于卡氏第二定理的位移表达式(7-32)，可得 C 处的挠度：

$$w_C = \frac{\partial V_\varepsilon}{\partial F} = \int_l \frac{M(x)}{EI(x)} \frac{\partial M(x)}{\partial F} \mathrm{d}x \tag{a}$$

而 A 处的转角为

$$\theta_A = \frac{\partial V_\varepsilon}{\partial M_e} = \int_l \frac{M(x)}{EI(x)} \frac{\partial M(x)}{\partial M_e} \mathrm{d}x \tag{b}$$

对于 AC 段，可得

$$M(x) = \frac{F(l-a)+M_e}{l}x, \quad \frac{\partial M}{\partial F} = \frac{(l-a)}{l}x, \quad \frac{\partial M}{\partial M_e} = \frac{x}{l}, \quad 0 \leqslant x \leqslant a \tag{c}$$

对于 BC 段，可得

$$M(x) = \frac{Fa-M_e}{l}(l-x), \quad \frac{\partial M}{\partial F} = \frac{a}{l}(l-x), \quad \frac{\partial M}{\partial M_e} = \frac{x}{l}-1, \quad a \leqslant x \leqslant l \tag{d}$$

$$\begin{aligned} w_C = \frac{\partial V_\varepsilon}{\partial F} &= \frac{1}{EI}\int_0^a \frac{F(l-a)+M_e}{l}x \cdot \frac{(l-a)}{l}x\,\mathrm{d}x \\ &\quad + \frac{1}{EI}\int_a^l \frac{Fa-M_e}{l}(l-x) \cdot \frac{a}{l}(l-x)\,\mathrm{d}x \\ &= \frac{[F(l-a)+M_e](l-a)a^3 + (Fa-M_e)a(l-a)^3}{3EIl^2} \end{aligned}$$

$$\begin{aligned} \theta_A = \frac{\partial V_\varepsilon}{\partial M_e} &= \frac{1}{EI}\int_0^a \frac{F(l-a)+M_e}{l}x \cdot \frac{x}{l}\mathrm{d}x + \frac{1}{EI}\int_a^l \frac{Fa-M_e}{l}(l-x) \cdot \left(\frac{x}{l}-1\right)\mathrm{d}x \\ &= \frac{[F(l-a)+M_e]l^3 + (Fa-M_e)(l-a)^3}{3EIl^2} \end{aligned}$$

采用卡氏第二定理求解线弹性构件的位移时，需要对其相应载荷进行求导运算。在类似于例 7.5 的问题中，所求位移对应的载荷均已存在，构件的变形能、内力表达式中自然出现该载荷。然而，在另外一些问题中，所求位移对应的载荷不存在。为了使结构的变形能、内力表达式中出现该载荷，从而实现对该载荷的求导运算，但考虑到它不是真实存在的，需要在后续的积分运算中应用零值条件，该方法称为附加力法。下面通过实例介绍该方法的具体实施步骤。

例 7.6

已知图 7-12 所示的平面刚架抗弯刚度 EI 为常数，B 处作用力偶矩 $\boldsymbol{M}_e$。忽略剪力和轴力的影响，试求截面 C 的转角 θ_C 和 D 处水平位移 λ_{Ax}。

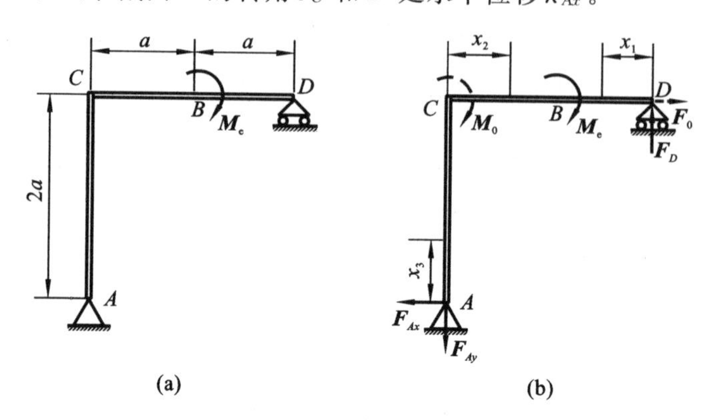

图 7-12

解　在截面 C 添加力偶矩 $\boldsymbol{M}_0$，在 D 处添加水平力 $\boldsymbol{F}_0$，它们均称为附加载荷。A 处和 D 处的约束力求解为

$$F_{Ax}=F_0,\quad F_{Ay}=\frac{M_e+M_0}{2a}+F_0,\quad F_D=\frac{M_e+M_0}{2a}+F_0$$

求解刚架各杆件弯矩方程及其对 M_0 和 F_0 的偏导数表达式。

对于 DB 段，可得

$$M(x_1)=F_Dx_1=\left(\frac{M_e+M_0}{2a}+F_0\right)x_1,\quad \frac{\partial M(x_1)}{\partial M_0}=\frac{x_1}{2a},\quad \frac{\partial M(x_1)}{\partial F_0}=x_1$$

对于 CB 段，可得

$$M(x_2)=M_0+F_{Ax}2a-F_{Ay}x_2=M_0\left(1-\frac{x_2}{2a}\right)+F_0(2a-x_2)-\frac{M_ex_2}{2a},$$

$$\frac{\partial M(x_2)}{\partial M_0}=1-\frac{x_2}{2a},\quad \frac{\partial M(x_2)}{\partial F_0}=2a-x_2$$

对于 AC 段，可得

$$M(x_3)=F_{Ax}x_3=F_0x_3,\quad \frac{\partial M(x_3)}{\partial M_0}=0,\quad \frac{\partial M(x_3)}{\partial F_0}=x_3$$

因此，截面 C 的转角为

$$\begin{aligned}\theta_C=\frac{\partial V_\varepsilon}{\partial M_0}&=\int_l\frac{M(x)}{EI}\frac{\partial M(x)}{\partial M_0}\mathrm{d}x=\frac{1}{EI}\int_0^a\left(\frac{M_e+M_0}{2a}+F_0\right)_{\substack{M_0=0\\F_0=0}}x_1\frac{x_1}{2a}\mathrm{d}x_1\\&+\frac{1}{EI}\int_0^a\left[M_0\left(1-\frac{x_2}{2a}\right)+F_0(2a-x_2)-\frac{M_ex_2}{2a}\right]_{\substack{M_0=0\\F_0=0}}\cdot\left(1-\frac{x_2}{2a}\right)\mathrm{d}x_2\\&+\frac{1}{EI}\int_0^{2a}F_0x_3\mid_{F_0=0}\cdot 0\mathrm{d}x_3\\&=-\frac{M_ea}{12EI}\end{aligned}$$

上式中负号表示截面 C 逆时针转动。由于力偶矩 $\boldsymbol{M}_0$ 和水平力 $\boldsymbol{F}_0$ 原本并不存在，因此在上式计算中采用了 $M_0=0$ 和 $F_0=0$ 条件，并且在做积分运算之前就将这些条件代入上式的相关项，从而简化了计算。

此外，A 处的水平位移为

$$\lambda_{Ax}=\frac{\partial V_\varepsilon}{\partial F_0}=\int_l\frac{M(x)}{EI}\frac{\partial M(x)}{\partial F_0}\mathrm{d}x=\frac{1}{EI}\int_0^a\left(\frac{M_e+M_0}{2a}+F_0\right)_{\substack{M_0=0\\F_0=0}}x_1\cdot x_1\mathrm{d}x_1$$

$$+\frac{1}{EI}\int_0^a\left[M_0\left(1-\frac{x_2}{2a}\right)+F_0(2a-x_2)-\frac{M_e x_2}{2a}\right]_{\substack{M_0=0\\F_0=0}}\cdot(2a-x_2)\mathrm{d}x_2$$

$$+\frac{1}{EI}\int_0^{2a}F_0x_3\mid_{F_0=0}\cdot x_3\mathrm{d}x_3$$

$$=-\frac{M_e a^2}{6EI}$$

上式中负号表示 A 处沿水平方向向左移动。

例 7.7

已知图 7-13 所示的平面曲杆轴线为四分之一圆周，抗弯刚度 EI 为常数，A 端为固定端，自由端 B 作用水平集中力 $\boldsymbol{F}$。试求 B 处水平位移 λ_{Bx} 和铅垂位移 λ_{By}。

解　在 B 处添加铅垂力 $\boldsymbol{F}_0$，求任意 $m—m$ 截面弯矩方程及其对 F 和 F_0 的偏导数：

$$M(\varphi)=FR(1-\sin\varphi)+F_0R\cos\varphi,\quad \frac{\partial M(\varphi)}{\partial F}=R(1-\sin\varphi),\quad \frac{\partial M(\varphi)}{\partial F_0}=R\cos\varphi$$

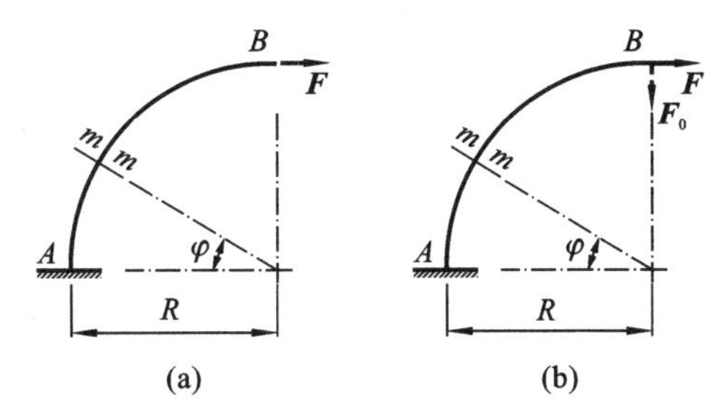

图 7-13

B 处的水平位移为

$$\lambda_{Bx}=\frac{\partial V_\varepsilon}{\partial F}=\int_l\frac{M(\varphi)}{EI}\frac{\partial M(\varphi)}{\partial F}\mathrm{d}s$$

$$=\frac{1}{EI}\int_0^{\pi/2}[FR(1-\sin\varphi)+F_0R\cos\varphi]_{F_0=0}\cdot R(1-\sin\varphi)R\mathrm{d}\varphi$$

$$=\left(\frac{3\pi}{4}-2\right)\frac{FR^3}{EI}$$

B 处的铅垂位移为

$$
\begin{aligned}
\lambda_{By} &= \frac{\partial V_\varepsilon}{\partial F_0} = \int_l \frac{M(\varphi)}{EI}\frac{\partial M(\varphi)}{\partial F_0}\mathrm{d}s \\
&= \frac{1}{EI}\int_0^{\pi/2}[FR(1-\sin\varphi)+F_0R\cos\varphi]_{F_0=0}\cdot R\cos\varphi R\,\mathrm{d}\varphi \\
&= \frac{FR^3}{2EI}
\end{aligned}
$$

7.6 虚功原理

考察图 7-14 所示在外力系作用下处于平衡状态的杆件。图中实曲线表示真实变形后的轴线,虚线表示除原力系之外施加的外力或者温度变化等其他原因引起杆件额外变形后的轴线。原力系和其他原因引起的位移分别称为实位移和虚位移。由于虚位移是在平衡位置上额外产生的位移,基于小变形假设,在产生虚位移过程中,原内、外力系均不变,始终满足平衡条件,而虚位移本身应与实位移一样,满足边界条件和连续性条件。虚位移仅需要满足这些约束条件,因此,它有无限种可能,但特定条件下可以是真实发生的位移。杆件上的力在虚位移上做的功,称为虚功。

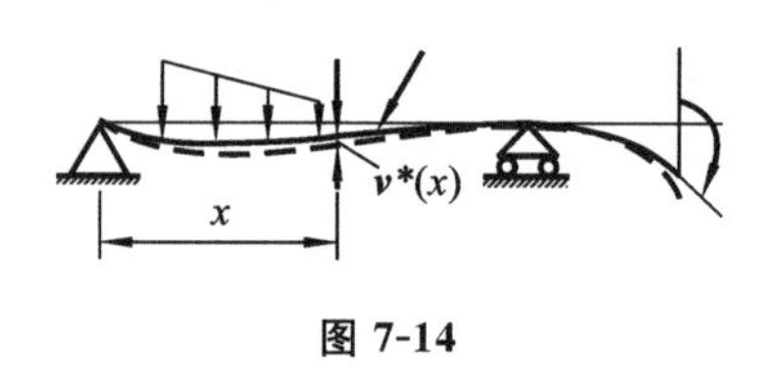

图 7-14

若将杆件切分为无穷微段,从中选取图 7-14所示的任意微段,其同时受到外力和两端横截面上轴力、弯矩、剪力等内力作用。由于虚位移当该微段由实线表示的平衡位置到达虚线表示的位置时,微段上的内、外力都做了虚功。将杆件上所有微段内、外力虚功逐段求和(积分),即可求得总虚功。就杆件整体而言,由于虚位移的连续性特征,相邻两微段公共横截面上轴力、剪力、弯矩等内力对应的虚线位移、角位移均相同,但该公共面上的内力是大小相等、方向相反的。因此,内力的虚功相互抵消,从而导致整个杆件的内力虚功为零,只剩下逐段求和后的外力虚功。若以 $F_1,F_2,F_3,\cdots,q(x),\cdots$ 表示(广义)外力,$v_1^*,v_2^*,v_3^*,\cdots,v^*(x),\cdots$ 表示外力作用点沿其作用方向的(广义)虚位移,由于虚位移产生过程中外力保持不变,故总虚功可表示为

$$
W = F_1v_1^* + F_2v_2^* + F_3v_3^* + \cdots + \int_l q(x)v^*(x)\mathrm{d}x + \cdots \tag{7-34}
$$

杆件的每一微段上的虚位移可分解为由该微段以外部分的累加变形引起的刚性虚位移和微段自身的变形虚位移两个分量。由于该微段上作用的力系(包括外力和内力)组成平衡力系,由质点系虚位移原理可知,该平衡力系在刚性虚位移上所做的虚功总和为零,因此,微段上仅剩下在变形虚位移上所做的虚功。微段上的变形虚位移可以分解为分别对应于轴力、弯矩和剪力的两侧端部截面轴向相对线位移 $\mathrm{d}(\Delta l)^*$、相对角位移 $\mathrm{d}\theta^*$ 以及相对线位移 $\mathrm{d}\lambda^*$(见图 7-15)。因此,在上述微段的变形虚位移上,只有两端横截面上的内力做功,其数值为

$$dW = F_N d(\Delta l)^* + M d\theta^* + F_s d\lambda^* \tag{7-35}$$

对式(7-35)进行积分，并利用式(7-34)，可得杆件总虚功：

$$\begin{aligned} W &= \int_l F_N d(\Delta l)^* + \int_l M d\theta^* + \int_l F_s d\lambda^* \\ &= F_1 v_1^* + F_2 v_2^* + F_3 v_3^* + \cdots + \int_l q(x) v^*(x) dx + \cdots \end{aligned} \tag{7-36}$$

式(7-36)为虚功原理的表达式之一，它表明外力在虚位移上所做虚功与内力在相应变形虚位移上所做虚功相等。该式右端可视为对应于虚位移的应变能。因此，上述虚功原理也表明，在对应虚位移上，外力虚功等于杆件的虚应变能。如果杆件上同时作用扭转力偶，只需同时在虚功原理表达式左右两端分别添加外力偶虚功和扭矩虚功(应变能)即可。由于虚功原理导出过程未涉及具体的应力-应变关系，故虚功原理与材料性能无关，同时适用于线弹性和非线弹性材料。从力和位移关系的角度来讲，虚功原理适用于力与位移成非线性关系的结构。

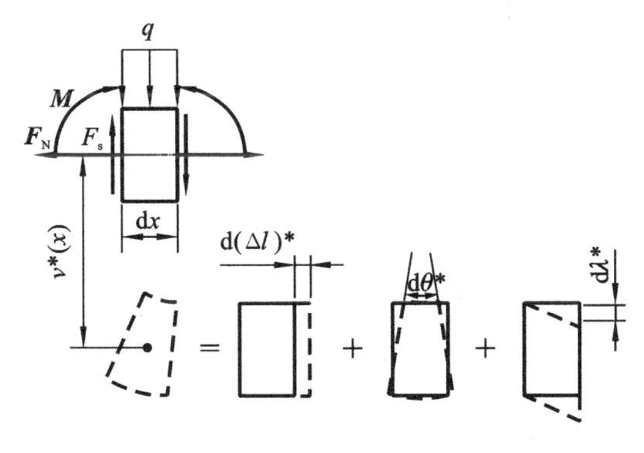

图 7-15

例 7.8

如图 7-16 所示线弹性超静定桁架结构，各杆件抗拉(压)刚度 EA 相同，载荷 $\boldsymbol{F}$ 已知，$\alpha=60°$。求各杆内力。

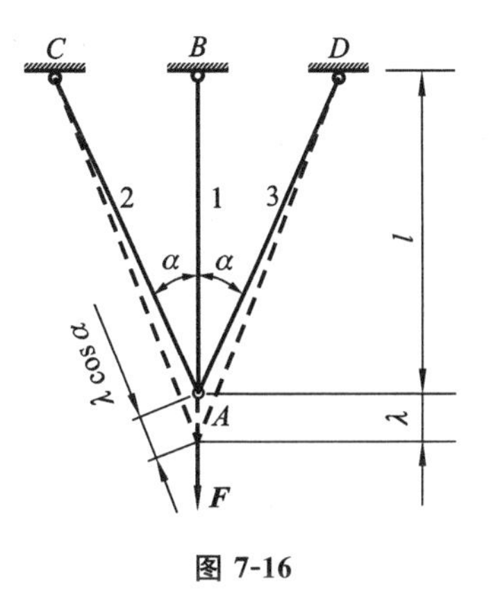

图 7-16

解　设三杆处于平衡位置时杆 1 发生铅垂位移 λ，则杆 2、杆 3 的伸长量均为 $\lambda\cos\alpha$，三杆轴力分别为

$$F_{N1} = \frac{EA\lambda}{l}, \quad F_{N2} = F_{N3} = \frac{EA\lambda}{l}\cos^2\alpha \tag{a}$$

假设在平衡位置基础上，在 A 处沿铅垂方向施加任意虚位移 $\Delta\lambda$，则外力 F 对应的虚功为 $F\Delta\lambda$。同时杆 1 的伸长量为 $\Delta\lambda$，杆 2、杆 3 的伸长量均为 $\Delta\lambda\cos\alpha$。轴力在虚位移上的虚功为恒力功。根据虚功原理，可得

$$F\Delta\lambda = \frac{EA\lambda}{l}\Delta\lambda + 2\,\frac{EA\lambda}{l}\cos^2\alpha\Delta\lambda\cos\alpha \tag{b}$$

依据虚位移 $\Delta\lambda$ 的任意性,可知:

$$F - \frac{EA\lambda}{l}(1 + 2\cos^3\alpha) = 0 \tag{c}$$

故可得

$$\lambda = \frac{Fl}{EA(1 + 2\cos^3\alpha)} = \frac{4Fl}{5EA} \tag{d}$$

则轴力为

$$F_{N1} = \frac{4}{5}F,\quad F_{N2} = F_{N3} = \frac{1}{5}F \tag{e}$$

当然,本例结合平衡方程、变形协调条件以及胡克定律亦可求解。

7.7 单位载荷法——莫尔定理

针对线弹性梁、刚架、桁架等结构,结合变形能积分表达式和功的互等定理,可以推导位移求解的一般方法——单位载荷法。下面先以图 7-17 所示水平横力弯曲梁为例(设弯曲刚度为 EI),说明单一弯曲变形下任意位置铅垂位移 Δ 的确定方法。

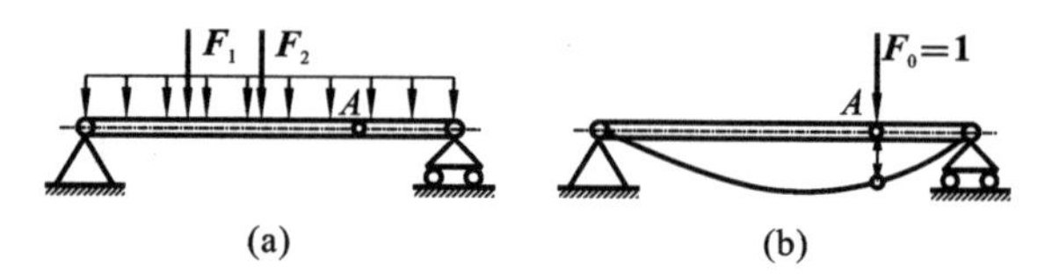

图 7-17

设原力系作用下的弯矩为 $\boldsymbol{M}(x)$,对应的应变能为 $V_\varepsilon = \int_l \frac{M^2(x)}{2EI}\mathrm{d}x$。设在 A 处沿铅垂方向单独作用单位力 $\boldsymbol{F}_0$,产生的弯矩为 $\overline{\boldsymbol{M}}(x)$ 和应变能为 $\overline{V}_\varepsilon = \int_l \frac{\overline{M}^2(x)}{2EI}\mathrm{d}x$。根据线弹性系统叠加原理,原力系和单位力 $\boldsymbol{F}_0$ 共同作用时的弯矩为 $\boldsymbol{M}(x) + \overline{\boldsymbol{M}}(x)$,总应变能为 $V_{\varepsilon T} = \int_l \frac{[M(x) + \overline{M}(x)]^2}{2EI}\mathrm{d}x$。若按两步加载力系,先加载单位力 $\boldsymbol{F}_0$,产生应变能 $\overline{V}_\varepsilon$,再加载原力系,产生应变能 $\overline{V}_\varepsilon$,同时已存在的单位力 $\boldsymbol{F}_0$ 做的功视为恒力功,记为 $1\times\Delta$。那么,由功的互等定理可以得到

$$V_{\varepsilon T} = \int_l \frac{[M(x) + \overline{M}(x)]^2}{2EI}\mathrm{d}x = \int_l \frac{M^2(x)}{2EI}\mathrm{d}x + \int_l \frac{\overline{M}^2(x)}{2EI}\mathrm{d}x + 1\times\Delta \tag{7-37}$$

容易得到

$$\Delta = \int_l \frac{M(x)\overline{M}(x)}{EI}\mathrm{d}x \tag{7-38}$$

对于内力包括 $\boldsymbol{F}_N(x)$、$\boldsymbol{T}(x)$、$\boldsymbol{M}(x)$ 的结构,可以推广得到普遍形式的**莫尔定理**:

$$\Delta = \int_l \frac{F_N(x)\overline{F}_N(x)}{EI}dx + \int_l \frac{T(x)\overline{T}(x)}{EI}dx + \int_l \frac{M(x)\overline{M}(x)}{EI}dx \tag{7-39}$$

式中：$\overline{F}_N(x)$、$\overline{T}(x)$ 和 $\overline{M}(x)$ 均为单位载荷引起的内力。上述方法亦称单位载荷法。对于单一拉伸(压缩)、扭转、弯曲变形或者任意组合变形结构，可以酌情选择式(7-39)右端单一或组合积分项。特别地，对于平面桁架结构，可以得到

$$\Delta = \sum_{i=1}^{n} \frac{\overline{F}_{Ni}F_{Ni}l_i}{(EA)_i} \tag{7-40}$$

例 7.9

如图 7-18 所示简支梁，已知抗弯刚度 EI 和载荷 $\boldsymbol{F}$、q。求截面 C 铅垂位移。

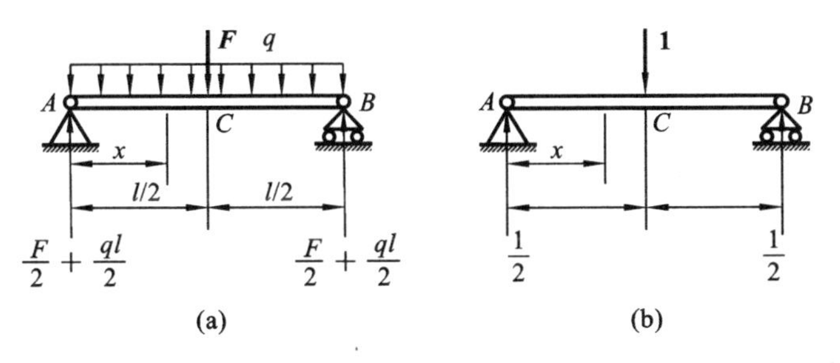

图 7-18

解　由于结构和载荷的对称性，只需给出原力系和单位力各自对应的 AC 段弯矩方程：

$$M(x) = \frac{Fx}{2} + \frac{qlx}{2} - \frac{qx^2}{2} \tag{a}$$

$$\overline{M}(x) = \frac{x}{2} \tag{b}$$

利用莫尔定理得

$$\Delta_C = \int_l \frac{M(x)\overline{M}(x)}{EI}dx = 2\int_0^{l/2}\left(\frac{Fx}{2} + \frac{qlx}{2} - \frac{qx^2}{2}\right)\frac{x}{2}dx = \frac{Fl^3}{48} + \frac{5ql^4}{384} \tag{c}$$

例 7.10

如图 7-19 所示等截面刚架，抗弯刚度 EI 为常量。试求两自由端 A 和 D 的水平相对位移 Δ_{AD}。

解　由于结构和载荷的对称性，只需给出原力系和单位力各自对应的一半刚架各段弯矩方程。

对于 AG 段，有

$$M(x_1) = 0,\quad \overline{M}(x_1) = 0,\quad 0 \leqslant x_1 \leqslant 2a \tag{d}$$

对于 GB 段，有

$$M(x_2) = Fx_2,\quad \overline{M}(x_2) = x_2,\quad 0 \leqslant x_2 \leqslant a \tag{e}$$

对于 BK 段，有

$$M(x_3) = Fa,\quad \overline{M}(x_3) = a,\quad 0 \leqslant x_3 \leqslant 2a \tag{f}$$

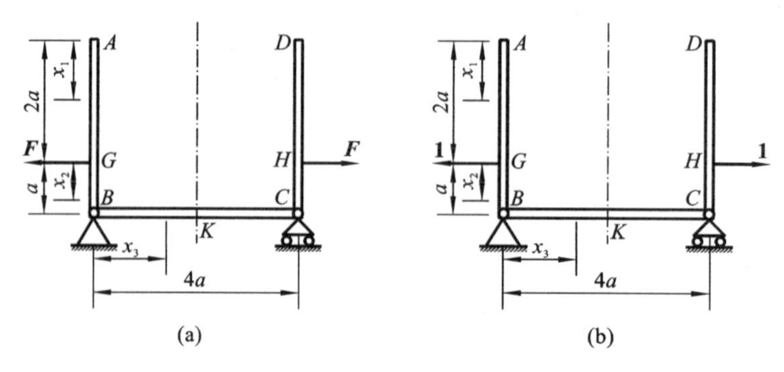

图 7-19

利用莫尔定理得

$$\Delta_{AD} = \int_l \frac{M(x)\overline{M}(x)}{EI}\mathrm{d}x$$

$$= \frac{2}{EI}\left[\int_0^{2a} 0 \cdot 0\mathrm{d}x + \int_0^{2a} Fx_2 \cdot x_2\mathrm{d}x_2 + \int_0^{2a} Fa \cdot a\mathrm{d}x_3\right] = \frac{28Fa^3}{3EI} \tag{g}$$

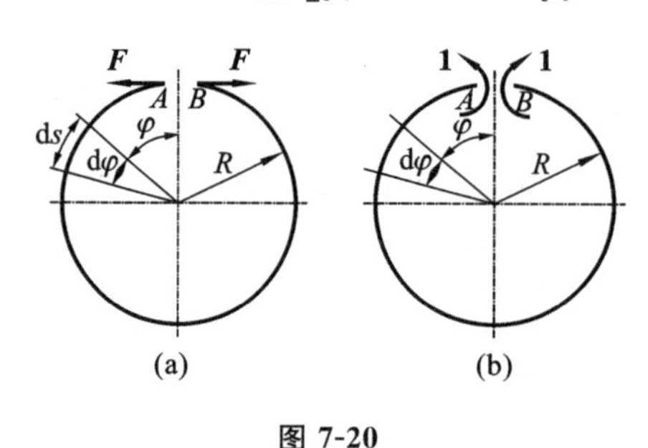

图 7-20

例 7.11

如图 7-20 所示等截面开口圆环，抗弯刚度 EI 为常量。试求两自由端 A 和 B 的相对转角 θ_{AB}。

解　由于结构和载荷的对称性，只需给出原力系和单位力各自对应的一半圆环弯矩方程：

$$M(\varphi) = -FR(1-\cos\varphi),$$

$$\overline{M}(\varphi) = -1, \quad 0 \leqslant \varphi \leqslant \pi \tag{h}$$

利用莫尔定理得

$$\theta_{AD} = \int_l \frac{M(s)\overline{M}(s)}{EI}\mathrm{d}s = \frac{2}{EI}\left[\int_0^{\pi} -FR(1-\cos\varphi)(-1)R\mathrm{d}\varphi\right] = \frac{2\pi FR^2}{EI} \tag{i}$$

相对转角为正，说明相对转向与施加的单位力偶转向一致。

7.8　图　乘　法

直杆或由直杆组成的杆系受弯时，可以通过莫尔定理计算位移，但也可将积分运算转化为几何图形的代数运算，这种方法称为**图乘法**。

对于抗弯刚度 EI 为常量的等截面受弯杆件，原力系一般具有图 7-21(a)所示的弯矩图；而单位载荷通常具有分段线性弯矩图，设其中任意一段如图 7-21(b)所示，且弯矩表达式为 $\overline{M}(x) = ax + b$。利用莫尔定理计算时，将刚度倒数提取到积分运算外部后，只需解决如下形式的积分问题：

$$\int_l M(x)\overline{M}(x)\mathrm{d}x = \int_l M(x)(ax+b)\mathrm{d}x$$
$$= a\int_l xM(x)\mathrm{d}x + b\int_l M(x)\mathrm{d}x$$

其中，所得的第二个积分式 $\int_l M(x)\mathrm{d}x$ 和第一个积分式 $\int_l xM(x)\mathrm{d}x$ 分别是原力系弯矩曲线所围的面积（设面积为 ω、形心坐标为 x_C）及其图形对 M 轴的静矩。故上式可表示为

$$\int_l M(x)\overline{M}(x)\mathrm{d}x = a\omega x_C + b\omega = \omega(ax_C + b)$$

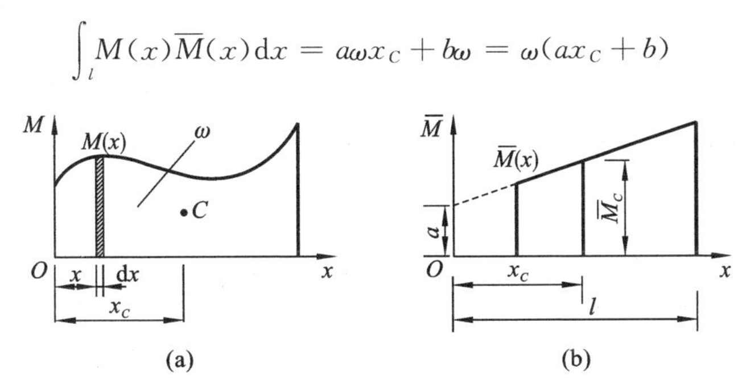

图 7-21

不难发现，上式中的项 $(ax_C + b)$ 即图 7-21(b) 中横坐标为 x_C 处的弯矩值，记为 $\overline{M}_C$。故

$$\int_l M(x)\overline{M}(x)\mathrm{d}x = \omega\overline{M}_C \tag{7-41}$$

应用图乘法时，要用到某些图形的面积和形心坐标。为方便起见，表 7-1 中列出了常见图形的面积和形心坐标的计算公式。

表 7-1 常见图形的面积和形心坐标的计算公式

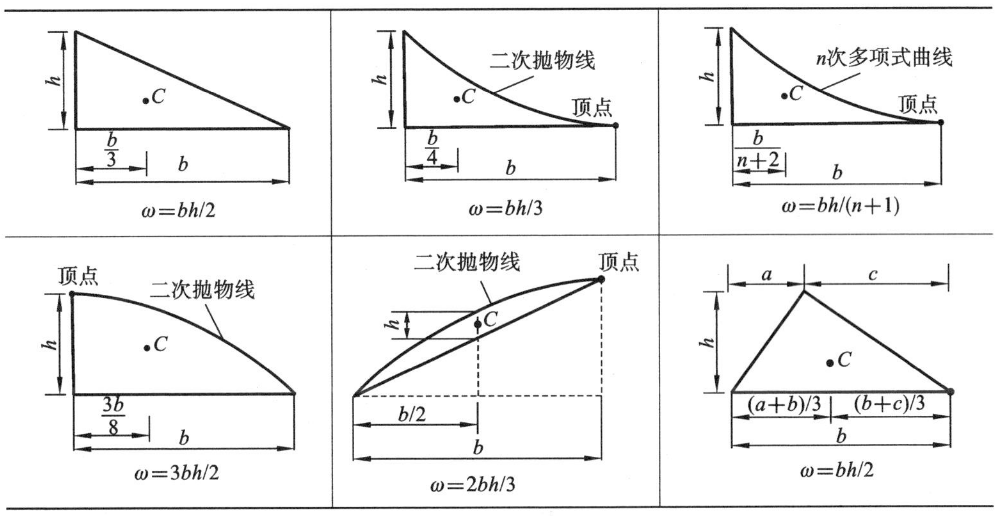

注：表中 C 点为各图形的形心。

例 7.12

如图 7-22 所示等截面简支梁，抗弯刚度 EI 为常量，试用图乘法求中截面挠度 w_C 和 A 端界面处转角 θ_A。

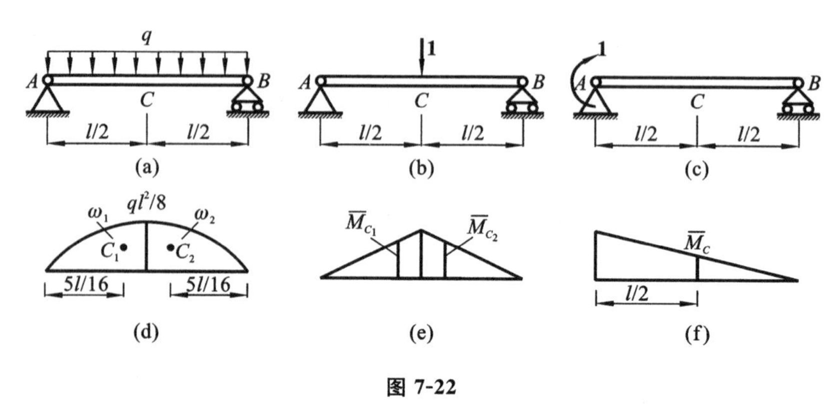

图 7-22

解　绘制原力系弯矩图(见图 7-22(d))、截面 C 单位力作用弯矩图(见图 7-22(e))和 A 端界面处单位力偶弯矩图(见图 7-22(f))。

(1) 求 w_C。利用表 7-1，得

$$\omega_1=\omega_2=\frac{2}{3}\cdot\frac{ql^2}{8}\cdot\frac{l}{2}=\frac{ql^3}{24},\quad \overline{M}_{C_1}=\overline{M}_{C_2}=\frac{5}{8}\cdot\frac{l}{4}=\frac{5l}{32}$$

$$w_C=\frac{2}{EI}\omega_1\overline{M}_{C_1}=\frac{2}{EI}\frac{ql^3}{24}\frac{5l}{32}=\frac{5ql^4}{384EI}(\downarrow)$$

(2) 求 θ_A。

$$\omega=\omega_1+\omega_2=\frac{ql^3}{12},\quad \overline{M}_C=\frac{1}{2}$$

$$\theta_A=\frac{1}{EI}\omega\overline{M}_C=\frac{1}{EI}\frac{ql^3}{12}\frac{1}{2}=\frac{ql^3}{24EI}(\text{顺})$$

例 7.13

如图 7-23 所示等截面外伸梁，抗弯刚度 EI 为常量。试用图乘法求 B 端界面处转角 θ_B。

解　绘制原力系弯矩图(见图 7-23(c))、截面 B 单位力偶弯矩图(见图 7-23(d))。利用表 7-1，得

$$\omega_1=\frac{2}{3}\cdot\frac{qa^2}{2}\cdot 2a=\frac{2qa^3}{3},\quad \overline{M}_{C_1}=-\frac{1}{2}$$

$$\omega_2=-\frac{qa^2}{2}\cdot 2a=-qa^3,\quad \overline{M}_{C_2}=-\frac{2}{3}$$

$$\omega_3=-qa^2\cdot a=-qa^3,\quad \overline{M}_{C_3}=-1$$

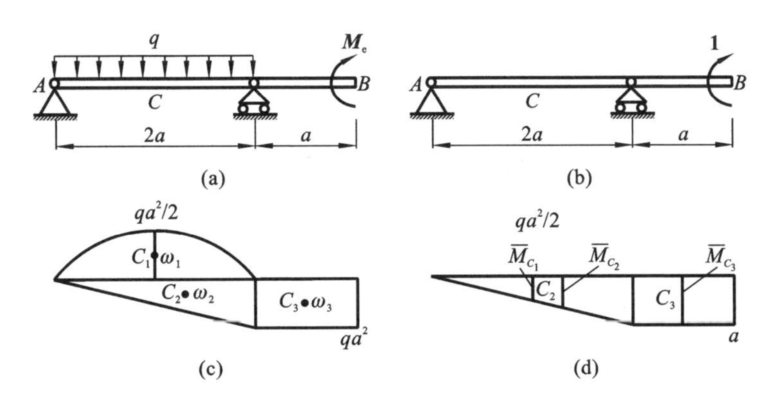

图 7-23

$$w_C = \frac{1}{EI}[\omega_1 \overline{M}_{C_1} + \omega_2 \overline{M}_{C_2} + \omega_3 \overline{M}_{C_3}]$$

$$= \frac{1}{EI}\left[\frac{2qa^3}{3}\left(-\frac{1}{2}\right) + (-qa^3)\left(-\frac{2}{3}\right) + (-qa^3)(-1)\right] = \frac{4qa^3}{3EI}(\text{顺})$$

习　　题

7.1　两根圆形截面直杆的材料相同，尺寸如图 7-24 所示。其中一根为等截面杆，另一根为变截面杆。试比较两根杆件的应变能。

7.2　图 7-25 所示桁架各杆的材料相同，截面面积相等。试求在力 $\boldsymbol{F}$ 作用下桁架的应变能。

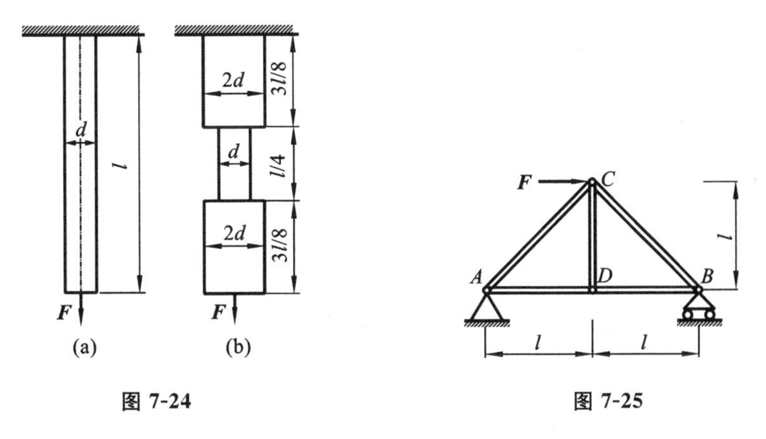

图 7-24　　　　图 7-25

7.3　传动轴受力情况如图 7-26 所示。轴的直径为 40 mm，材料为 45 钢，E=210 GPa，G=80 GPa。试求轴的应变能。

7.4　如图 7-27 所示的外伸梁 AC，其抗弯刚度 EI 为常量，在 C 处受铅垂力 $\boldsymbol{F}$ 作用。试求截面 C 的挠度和前轴承 B 处截面的转角。

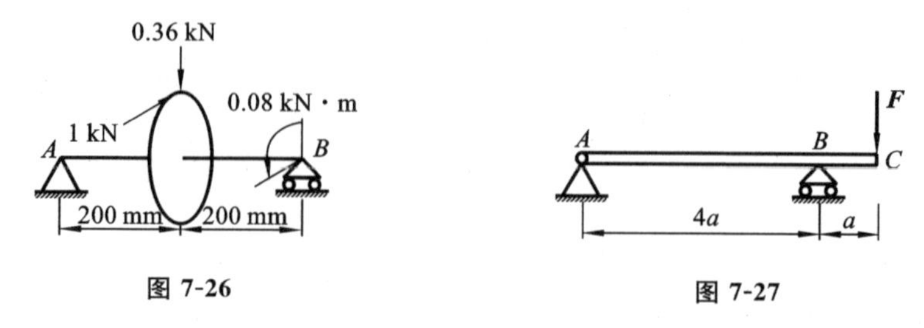

图 7-26

图 7-27

7.5 图 7-28 所示刚架各杆的抗弯刚度 EI 相等且为常量,试求截面 A、B 的位移和截面 C 的转角。

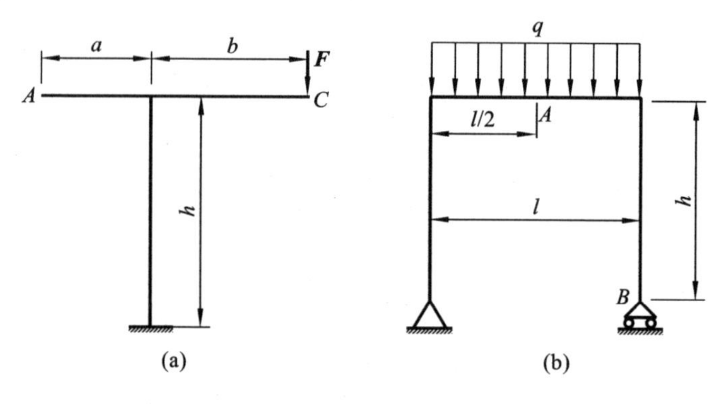

图 7-28

7.6 图 7-29 所示刚架 AC 和 CD 两部分的 $I=3\times10^7\ \mathrm{mm}^4$,$E=200$ GPa,$F=10$ kN,$l=1$ m。试求截面 D 的水平位移和转角。

7.7 图 7-30 所示梁 ABC 和梁 CD 在 C 端以铰链连接,EI 为常量。试求 C 端两侧截面的相对转角。

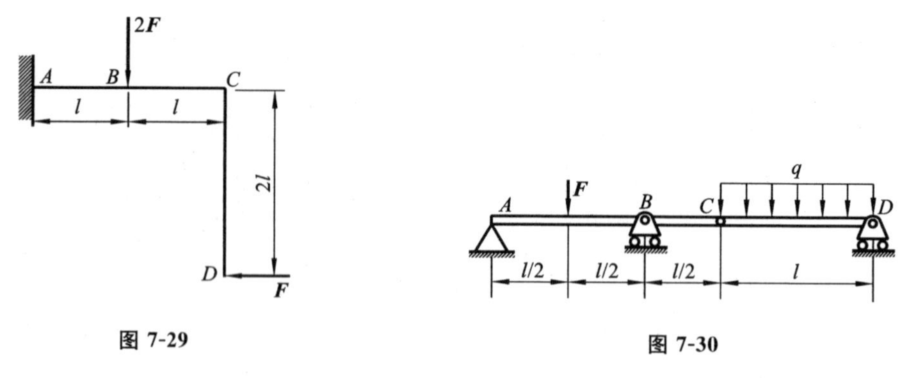

图 7-29

图 7-30

7.8 图 7-31 所示水平面内的曲拐中,杆 AB 垂直于杆 BC,端点 C 上作用力 $\boldsymbol{F}$。曲拐两端材料相同。杆 AB 和杆 BC 均为等直径的圆形截面杆。试求 C 点的铅垂位移。

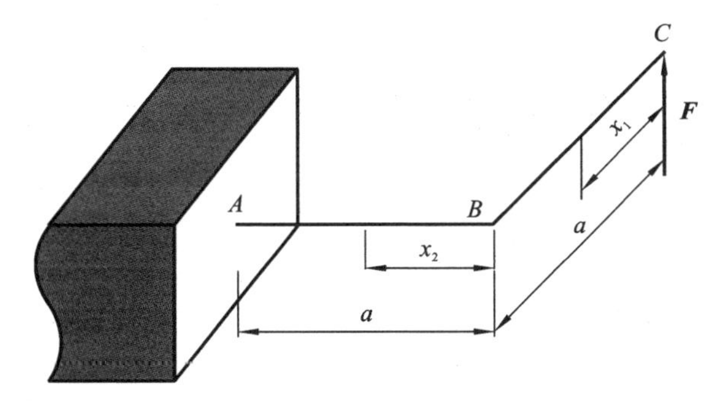

图 7-31

第 8 章　静不定结构

第 8 章　静不定结构

对于一个结构，如果仅由静力平衡方程即可确定全部约束力和内力，则其称为静定结构。反之，如果这些力不能仅由静力平衡方程全部确定，则该结构称为静不定结构。

静不定结构的优点是强度比相应静定结构高，刚度比相应静定结构大。静不定结构与静定结构的受力分析方法不同。求解静不定结构时，既要考虑静力平衡条件，又要考虑变形协调条件。因此在对结构进行受力和变形分析时，应该首先确定它属于哪种结构。

8.1　静不定结构概述

对于静不定结构，从受力上来看，需要求解的约束反力或者反力和内力的总数多于所能建立的独立平衡方程数，因此仅仅利用平衡方程不能求出全部反力或内力，需要建立补充方程。

8.1.1　静不定结构的分类

对于静不定结构，如果约束反力作为多余力，则为外力静不定，如果内力作为多余力，则为内力静不定。静不定结构也可以同时包含外力静不定和内力静不定，称为联合静不定。

1. 外力静不定

图 8-1(a)所示为外力静不定结构。该结构有 4 个约束反力，只有 3 个独立平衡方程，因此无法全部求解。

2. 内力静不定

图 8-1(b)所示为内力静不定结构。

3. 联合静不定

在结构外部和内部均存在多余约束，则该结构称为联合静不定结构，如图 8-1(c)所示。

8.1.2　静不定次数的确定

(1) 外力静不定次数的确定：根据约束性质确定支反力的个数，根据结构所受力系的类型确定独立平衡方程的个数，二者的差即结构的静不定次数。图 8-1(a)所示为 2 次静不定结构。

(2) 内力静不定次数的确定：一个平面封闭框架有 3 次内力静不定；平面桁架的

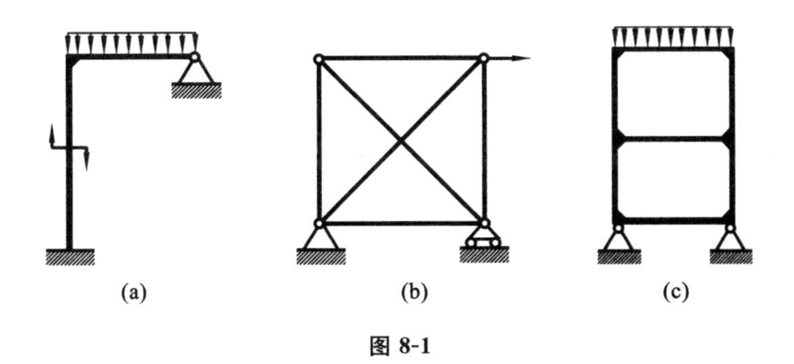

图 8-1

内力静不定次数等于未知力的个数减去二倍的节点数。图 8-1(b)所示为 1 次静不定结构。

8.2　力法求解静不定结构

求解静不定结构的方法可以分为力法和位移法两种。以未知力为基本未知量的求解方法称为力法；以未知位移为基本未知量的求解方法称为位移法。力法求解静不定结构的具体步骤为：①确定静不定次数；②解除多余约束，确定基本结构（称为静定基）；用未知多余反力取代多余约束得到相当系统；③利用物理关系将变形协调条件转化为包括外力和多余约束反力的补充方程；④通过能量方法或者叠加方法进行求解。

变形协调方程可标准化为通用格式，使求解过程更规范，便于计算机编程，对于求解高次静不定结构更具有优越性。这一标准形式的方程称为力法的正则方程。

以图 8-2(a)所示静不定梁为例。该梁有 4 个约束反力，但只有 3 个独立的平衡方程，因此是 1 次静不定结构。解除 B 处的多余约束，得到原静不定系统的静定基，如图 8-2(b)所示。将多余约束对应的未知力 X_1 画上，并画出原有外力，则得到原静不定结构的相当系统，至此就将原静不定梁简化为图 8-2(c)所示的静定梁。

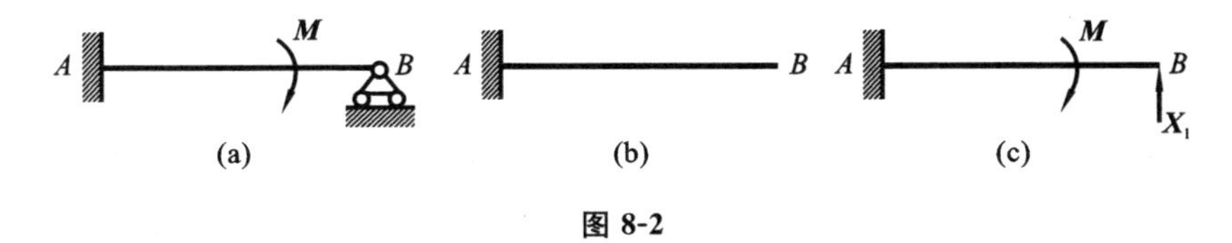

图 8-2

B 处沿 X_1 方向的位移 Δ_1 可认为是两个独立位移的叠加：

$$\Delta_1 = \Delta_{1X_1} + \Delta_{1M} \tag{8-1}$$

式中：Δ_{1X_1} 为多余约束力 X_1 在 B 处产生的沿 X_1 方向的位移；Δ_{1M} 为原有外载荷 M 在 B 处产生的沿 X_1 方向的位移。位移符号 Δ_{1X_1} 和 Δ_{1M} 的第一个下标“1”，表示位移发生在 X_1 的作用点且沿 X_1 的方向；第二个下标“X_1”或“M”，分别表示位移是由 X_1 或者 M 引起的。

B 处原来有一个铰支座。根据位移协调条件,它沿 X_1 方向的位移 Δ_1 必须等于零,即

$$\Delta_1 = \Delta_{1X_1} + \Delta_{1M} = 0 \tag{8-2}$$

对于线弹性结构,位移与力成正比。力 X_1 是单位载荷的 X_1 倍,所以根据叠加原理,Δ_{1X_1} 是 δ_{11} 的 X_1 倍。Δ_{1X_1} 可表示为

$$\Delta_{1X_1} = \delta_{11} X_1 \tag{8-3}$$

式中:δ_{11} 为沿 X_1 方向的单位载荷在 B 处产生的沿 X_1 方向的位移。

将式(8-3)代入式(8-2),得

$$\delta_{11} X_1 + \Delta_{1M} = 0 \tag{8-4}$$

式(8-4)即力法的正则方程,即变形协调方程的标准化写法。只要求出式(8-4)中的系数 δ_{11} 和常量 Δ_{1M},就可通过力法正则方程解出未知约束力 X_1。例如,可由叠加方法或者能量方法求得

$$\delta_{11} = \frac{l^3}{3EI}, \quad \Delta_{1M} = -\frac{Ml^2}{2EI}$$

将上式代入式(8-4),即可求出

$$X_1 = \frac{3M}{2l} \tag{8-5}$$

可见,力法正则方程是将静不定结构的求解转化为待定系数的确定和线性方程的求解。这简化了计算过程,使得求解形式标准化。

例 8.1

如图 8-3 所示,静不定梁受载荷作用。假设弯曲刚度 EI 为常数,求滑动铰链支座处反力。

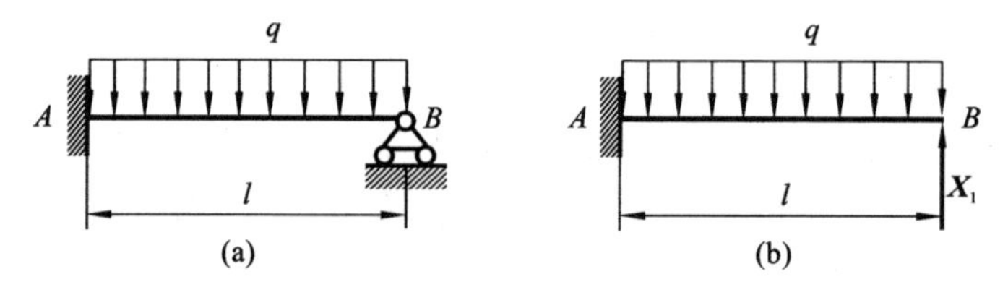

图 8-3

解 原梁为 1 次静不定结构。将 B 处滑动铰链支座作为多余约束解除,用多余约束力 X_1 代替,如图 8-3(b)所示。

根据变形协调条件,即梁在该处挠度为零,则正则方程为

$$\delta_{11} X_1 + \Delta_{1F} = 0 \tag{8-6}$$

B 处沿 X_1 方向的单位载荷在 B 处产生的挠度为

$$\delta_{11} = \frac{l^3}{3EI}$$

均布外载荷 q 在 B 处产生的挠度为

$$\Delta_{1F} = -\frac{ql^4}{8EI}$$

把 δ_{11} 和 Δ_{1F} 的表达式代入式(8-6)，得到

$$\frac{l^3}{3EI}X_1 - \frac{ql^4}{8EI} = 0$$

B 处多余反力 X_1 为

$$X_1 = \frac{3}{8}ql$$

例 8.2

弯曲刚度为 EI 的刚架 ABC 受力如图 8-4(a)所示。试求 C 处反力。

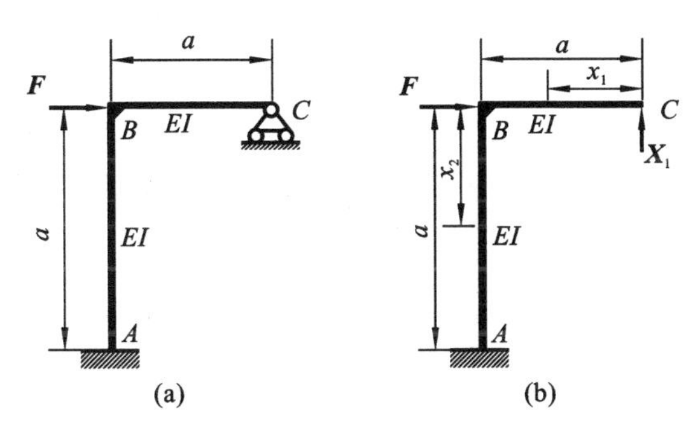

图 8-4

解　原刚架为 1 次静不定结构。解除 C 处的多余约束(滑动铰链支座)，用多余约束力 X_1 代替，如图 8-4(b)所示。

由外载荷 F 产生的弯矩可表示为

$$M_F(x_1) = 0, \quad 0 \leqslant x_1 \leqslant a$$

$$M_F(x_2) = -Fx_2, \quad 0 \leqslant x_2 \leqslant a$$

C 处单位载荷沿铅垂方向产生的弯矩为

$$\overline{M}_1(x_1) = x_1, \quad 0 \leqslant x_1 \leqslant a$$

$$\overline{M}_1(x_2) = a, \quad 0 \leqslant x_2 \leqslant a$$

由单位载荷法，得

$$\delta_{11} = \int_0^a \frac{[\overline{M}_1(x_1)]^2}{EI}\mathrm{d}x_1 + \int_0^a \frac{[\overline{M}_1(x_2)]^2}{EI}\mathrm{d}x_2 = \frac{4a^3}{3EI}$$

$$\Delta_{1F} = \int_0^a \frac{M_F(x_2)\overline{M}_1(x_2)}{EI}\mathrm{d}x_2 = -\frac{Fa^3}{2EI}$$

利用正则方程 $\delta_{11}X_1 + \Delta_{1F} = 0$，有

$$X_1 = \frac{3}{8}F$$

以上均为只有一个多余约束的情况。下面以图 8-5(a)所示刚架 AB 为例，采用力法求解多余约束不止一个的情况。刚架 AB 的 A 端和 B 端均为固定端约束，共有

6 个约束力，为三次静不定结构。解除固定端 B 的约束，将固定端 B 的 3 个反力作为多余约束力，得到图 8-5(b)所示的相当系统。相当系统中除了原外载荷 F 之外，还作用水平力 X_1、垂直力 X_2 和力偶矩 X_3，这些均为多余约束力。

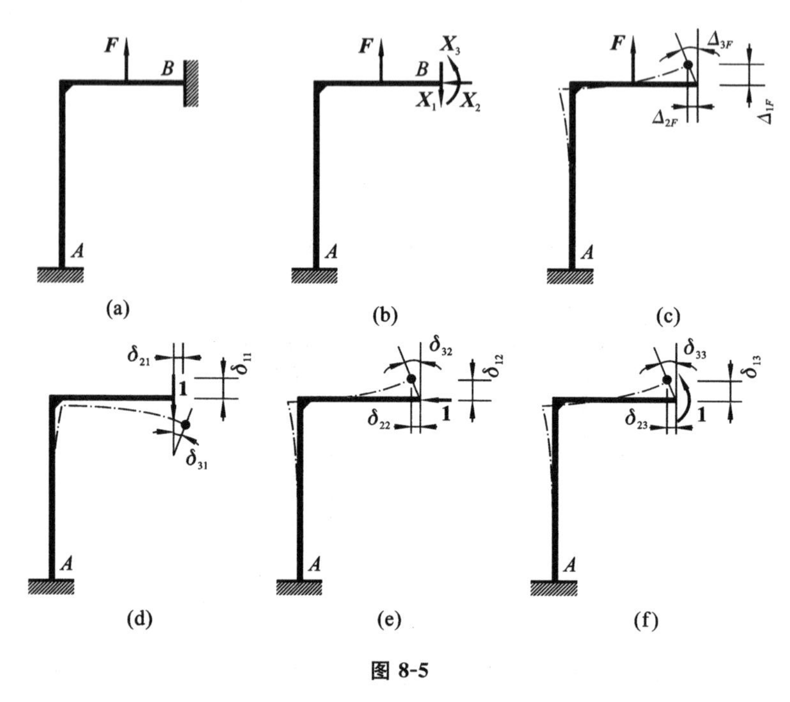

图 8-5

原刚架 B 端为固定端约束，B 处沿 X_1 方向的竖直位移 Δ_1、沿 X_2 方向的水平位移 Δ_2 和沿 X_3 方向的转角 Δ_3 均为零。这里的 Δ_1、Δ_2 和 Δ_3 分别表示在外力 F 和多余约束力 X_1、X_2 和 X_3 共同作用下，B 处沿 X_1、X_2 和 X_3 方向的位移。

以 Δ_{1F}表示在外力 F 作用下，B 处沿 X_1 方向的位移；以 δ_{11}、δ_{12}和 δ_{13}分别表示单位竖直力、单位水平力和单位力偶矩作用下 B 处沿 X_1 方向的位移。这些均已明确标识于图 8-5(c)～(f)中。这样 B 处沿 X_1 方向的总位移为

$$\Delta_1 = \delta_{11}X_1 + \delta_{12}X_2 + \delta_{13}X_3 + \Delta_{1F} = 0$$

按照完全相同的方法，可以分别写出 B 处沿 X_2 方向和 X_3 方向的总位移。最后得到如下一组线性方程式：

$$\begin{cases}\delta_{11}X_1 + \delta_{12}X_2 + \delta_{13}X_3 + \Delta_{1F} = 0 \\ \delta_{21}X_1 + \delta_{22}X_2 + \delta_{23}X_3 + \Delta_{2F} = 0 \\ \delta_{31}X_1 + \delta_{32}X_2 + \delta_{33}X_3 + \Delta_{3F} = 0\end{cases} \tag{8-7}$$

式(8-7)中的 9 个系数 δ_{ij}($i=1,2,3$ 和 $j=1,2,3$)的第一个下标 i 表示位移发生在 X_i 的作用点并且沿 X_i 方向；第二个下标 j 表示位移是由约束力 X_j 引起的。

根据位移互等定理易得 $\delta_{12}=\delta_{21}$、$\delta_{13}=\delta_{31}$和 $\delta_{23}=\delta_{32}$。所以三次静不定问题正则方程有 6 个独立的待定系数。

同理,确定 n 次静不定问题的力法正则方程为

$$\begin{cases}\Delta_1 = \delta_{11}X_1 + \delta_{12}X_2 + \delta_{13}X_3 + \cdots + \Delta_{1F} = 0 \\ \Delta_2 = \delta_{21}X_1 + \delta_{22}X_2 + \delta_{23}X_3 + \cdots + \Delta_{2F} = 0 \\ \vdots \\ \Delta_n = \delta_{n1}X_1 + \delta_{n2}X_2 + \delta_{n3}X_3 + \cdots + \Delta_{nF} = 0\end{cases} \tag{8-8}$$

根据位移互等定理,n 次静不定问题正则方程的待定系数存在关系 $\delta_{ij}=\delta_{ji}$,其中,$i=1,2,\cdots,n,j=1,2,\cdots,n$。式中的待定系数矩阵为对称矩阵。根据莫尔定理,$\delta_{ij}$ 和 Δ_{iF} 可分别表示为

$$\begin{cases}\delta_{ij} = \int_l \dfrac{\overline{M}_i\overline{M}_j}{EI}\mathrm{d}x, \quad i,j=1,2,\cdots,n \\ \Delta_{iF} = \int_l \dfrac{M_F\overline{M}_i}{EI}\mathrm{d}x, \quad i=1,2,\cdots,n\end{cases} \tag{8-9}$$

例 8.3

弯曲刚度为 EI 的刚架 ABC,B 处为刚性节点,刚架两端固定,AB 段受均布载荷作用,如图 8-6(a)所示。求 C 处反力。

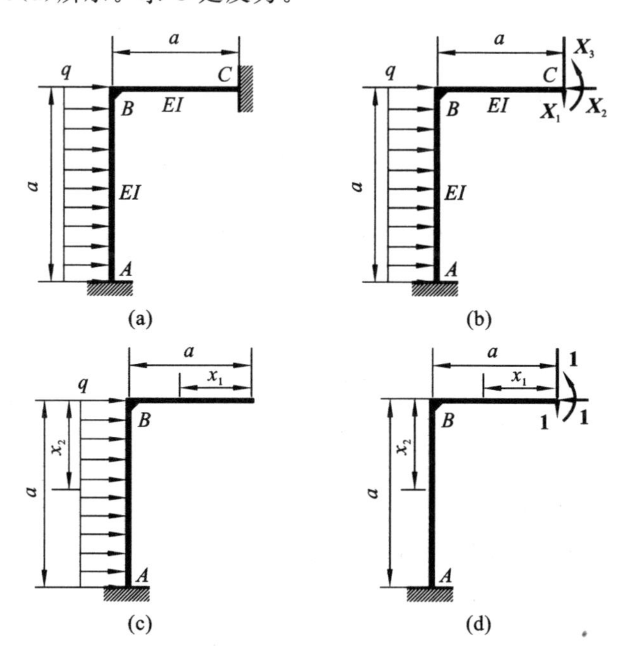

图 8-6

解　图 8-6(a)所示为三次静不定刚架。选 C 处约束力为多余约束,解除相应约束,并代以 3 个多余约束力,得到图 8-6(b)所示相当系统。由图 8-6(c)可知,均布载荷 q 产生的弯矩可表示为

$$M_q(x_1) = 0, \quad 0 < x_1 \leqslant a$$

$$M_q(x_2)=-\frac{1}{2}qx_2^2,\quad 0\leqslant x_2<a$$

在 C 处,沿 X_1、X_2 和 X_3 方向的单位载荷单独作用时,产生的弯矩可表示为

$$\overline{M}_1(x_1)=x_1,\quad 0<x_1\leqslant a$$

$$\overline{M}_1(x_2)=a,\quad 0\leqslant x_2<a$$

$$\overline{M}_2(x_1)=x_1,\quad 0<x_1\leqslant a$$

$$\overline{M}_2(x_2)=x_2,\quad 0\leqslant x_2<a$$

$$\overline{M}_3(x_1)=1,\quad 0<x_1\leqslant a$$

$$\overline{M}_3(x_2)=1,\quad 0\leqslant x_2<a$$

根据式(8-9),得到正则方程中的 3 个常数项和 9 个系数:

$$\Delta_{1F}=-\frac{1}{EI}\int_0^a\frac{qx_2^2}{2}\cdot a\cdot \mathrm{d}x_2=-\frac{qa^4}{6EI}$$

$$\Delta_{2F}=-\frac{1}{EI}\int_0^a\frac{qx_2^2}{2}\cdot x_2\cdot \mathrm{d}x_2=-\frac{qa^4}{8EI}$$

$$\Delta_{3F}=-\frac{1}{EI}\int_0^a\frac{qx_2^2}{2}\cdot 1\cdot \mathrm{d}x_2=-\frac{qa^3}{6EI}$$

$$\delta_{11}=\frac{1}{EI}\int_0^a x_1\cdot x_1\cdot \mathrm{d}x_1+\frac{1}{EI}\int_0^a a\cdot a\cdot \mathrm{d}x_2=\frac{4a^3}{3EI}$$

$$\delta_{22}=\frac{1}{EI}\int_0^a x_2\cdot x_2\cdot \mathrm{d}x_2=\frac{a^3}{3EI}$$

$$\delta_{33}=\frac{1}{EI}\int_0^a 1\cdot 1\cdot \mathrm{d}x_1+\frac{1}{EI}\int_0^a 1\cdot 1\cdot \mathrm{d}x_2=\frac{2a}{EI}$$

$$\delta_{12}=\delta_{21}=\frac{1}{EI}\int_0^a x_2\cdot a\cdot \mathrm{d}x_2=\frac{a^3}{2EI}$$

$$\delta_{13}=\delta_{31}=\frac{1}{EI}\int_0^a x_1\cdot 1\cdot \mathrm{d}x_1+\frac{1}{EI}\int_0^a a\cdot 1\cdot \mathrm{d}x_2=\frac{3a^2}{2EI}$$

$$\delta_{23}=\delta_{32}=\frac{1}{EI}\int_0^a x_2\cdot 1\cdot \mathrm{d}x_2=\frac{a^2}{2EI}$$

将上述求出的常数项和系数代入正则方程(8-7),化简得

$$8aX_1+3aX_2+9X_3-qa^2=0$$

$$12aX_1+8aX_2+12X_3-3qa^2=0$$

$$9aX_1+3aX_2+12X_3-qa^2=0$$

求解上述方程得

$$X_1=-\frac{qa}{16},\quad X_2=\frac{7qa}{16},\quad X_3=\frac{qa^2}{48}$$

式中:负号表示反力与假设的方向相反。

综上,静不定问题的求解步骤如下:

(1) 确定静不定次数,释放多余约束,获得对应的静定结构;

（2）采用能量方法或者叠加原理等，计算 δ_{ij} 和 Δ_{iF}；

（3）利用位移协调，由力法正则方程计算 X_i。

8.3 对称性的应用

很多实际静不定结构具有对称性。利用结构的对称性，可以简化静不定结构的求解过程。

对称结构，是指存在一个或者若干对称轴的结构，其几何形状、约束条件和横截面等均关于对称轴对称。作用于对称结构上的载荷也是关于对称轴对称的，即载荷大小、方向和作用点均关于结构对称轴对称，称为对称载荷，如图 8-7(a)所示。如果在这样的对称结构上，载荷大小和作用点对称，但方向反对称，则为反对称载荷，如图 8-7(b)所示。

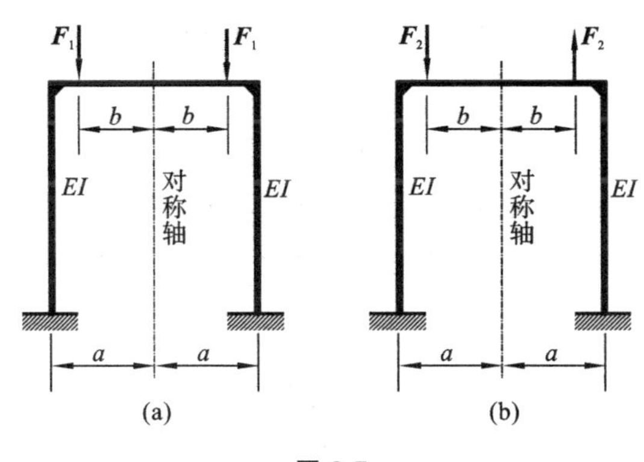

图 8-7

在对称载荷作用下，对称结构的所有物理量关于对称轴对称。由于变形和内力的对称性，对称面上的反对称内力(剪力和扭矩)恒等于零。如图 8-7(a)所示，对称面上的剪力为零。反之，在反对称载荷作用下，对称结构的所有物理量关于对称轴反对称。由于变形和内力的反对称性，对称面上的对称内力(轴力和弯矩)恒等于零。如图 8-7(b)所示，对称面上的轴力和弯矩为零。

由于求解静不定问题的方法是力法，因此可以利用对称面上的内力性质，确定部分内力，使得高阶静不定问题降阶，使得问题简化。

以图 8-7(a)所示刚架为例说明载荷对称性的应用。刚架有 3 个多余约束，沿对称轴将刚架切开，解除 3 个多余约束得到静定基。3 个多余约束力分别对应对称截面上的轴力 X_1、剪力 X_2 和弯矩 X_3，见图 8-8(a)。

变形协调条件为切开的对称面两侧的水平相对位移、竖直相对位移和相对转角均为零，写成正则方程为

$$\begin{cases}\delta_{11}X_1+\delta_{12}X_2+\delta_{13}X_3+\Delta_{1F}=0\\ \delta_{21}X_1+\delta_{22}X_2+\delta_{23}X_3+\Delta_{2F}=0\\ \delta_{31}X_1+\delta_{32}X_2+\delta_{33}X_3+\Delta_{3F}=0\end{cases}\tag{8-10}$$

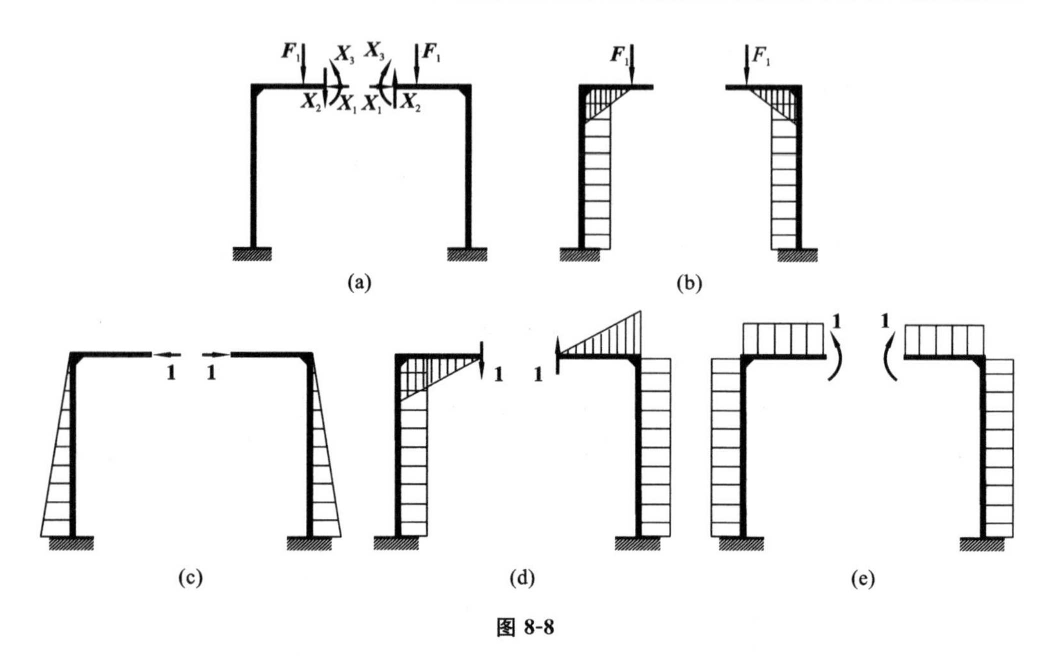

图 8-8

基本静定系在外载荷 F 和各方向单位载荷单独作用时的弯矩图 M_F、$\overline{M}_1$、$\overline{M}_2$ 和 $\overline{M}_3$，分别如图 8-8(b)～(e)所示。其中 $\overline{M}_2$ 关于对称截面反对称，其余的 M_F、$\overline{M}_1$ 和 $\overline{M}_3$ 均关于对称截面对称。

由莫尔定理，得

$$\Delta_{2F} = \int_l \frac{M_F \overline{M}_2 \, \mathrm{d}x}{EI} = 0$$

$$\delta_{12} = \delta_{21} = \int_l \frac{\overline{M}_2 \overline{M}_1 \, \mathrm{d}x}{EI} = 0$$

$$\delta_{23} = \delta_{32} = \int_l \frac{\overline{M}_3 \overline{M}_2 \, \mathrm{d}x}{EI} = 0$$

因此，正则方程(8-10)化为

$$\begin{cases} \delta_{11} X_1 + \delta_{13} X_3 + \Delta_{1F} = 0 \\ \delta_{22} X_2 = 0 \\ \delta_{31} X_1 + \delta_{33} X_3 + \Delta_{3F} = 0 \end{cases} \tag{8-11}$$

由上述正则方程(8-11)中的第二式可以看出，反对称内力 $X_2=0$。也就是说，当对称结构上承受对称载荷时，在对称截面上反对称内力为零。

以图 8-9(a)所示刚架为例说明载荷反对称性的应用。

基本静定系在外载荷 F 和各方向单位载荷单独作用时的弯矩图 M_F、$\overline{M}_1$、$\overline{M}_2$ 和 $\overline{M}_3$，分别如图 8-9(b)～(e)所示。其中 M_F 和 $\overline{M}_2$ 反对称，$\overline{M}_1$ 和 $\overline{M}_3$ 对称。因此，正则方程系数为

$$\Delta_{1F} = \Delta_{3F} = 0, \quad \delta_{12} = \delta_{21} = 0, \quad \delta_{23} = \delta_{32} = 0$$

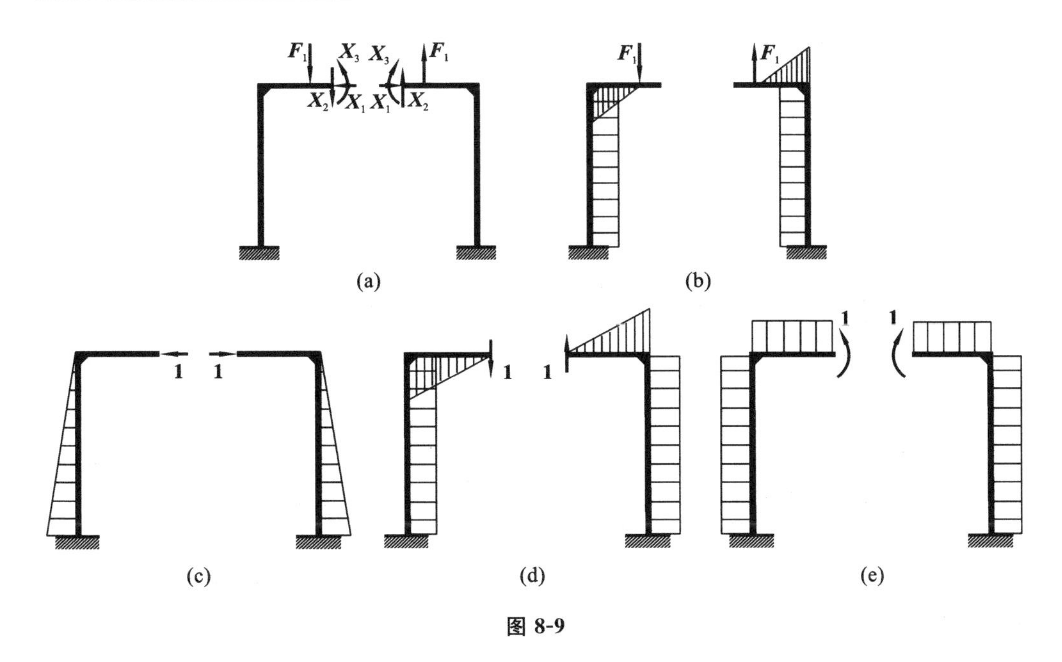

图 8-9

正则方程简化为

$$\begin{cases}\delta_{11}X_1+\delta_{13}X_3=0\\ \delta_{22}X_2+\Delta_{2F}=0\\ \delta_{31}X_1+\delta_{33}X_3=0\end{cases}\tag{8-12}$$

上述正则方程(8-12)中的第一式和第三式为关于 X_1 和 X_3 的齐次方程,由于其系数行列式不等于零,故齐次方程只有零解,即对称内力 $X_1=0$ 和 $X_3=0$。因此当对称结构上承受反对称载荷时,在对称截面上对称内力为零。

对于大量工程问题,作用载荷既不是对称的,也不是反对称的。在这种情况下,可以将一个静不定问题转换为多个静不定问题。对于图 8-10(a)所示结构和载荷,可以将载荷分解为对称载荷(见图 8-10(b))和反对称载荷(见图 8-10(c))。然后分别利用对称性和反对称性进行求解。最后,将这两种情况下的解进行叠加即得原载荷的解。

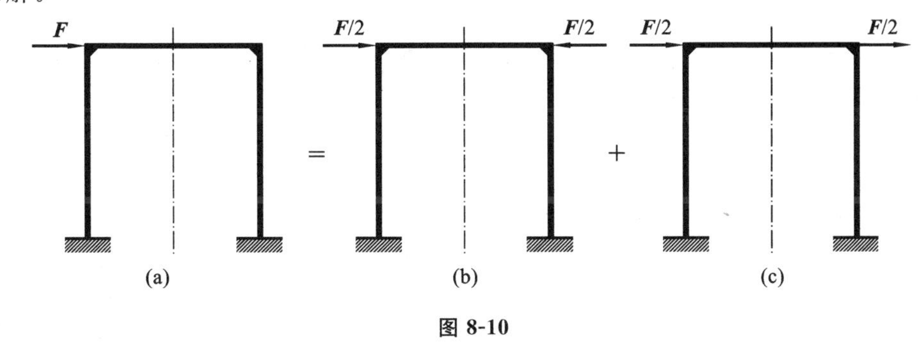

图 8-10

习　题

8.1　图 8-11 所示静不定梁的抗弯刚度 EI 为常量。假设固定端沿梁轴线的约束力忽略不计。试求梁的两端约束力。

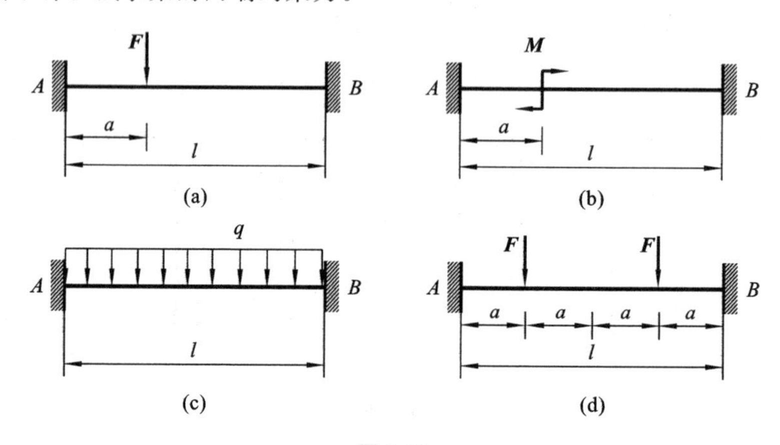

图 8-11

8.2　图 8-12 所示杆系各杆材料相同，横截面积相同。试求各杆的内力。

8.3　图 8-13 所示静不定刚架各杆的 EI 均相等且为常量。求解各支座的约束力。

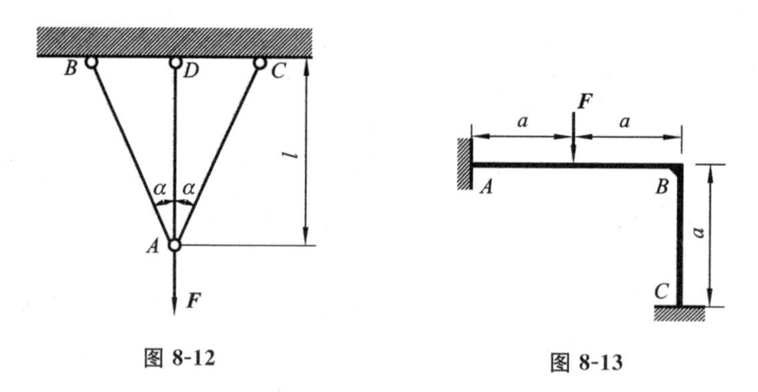

图 8-12　　图 8-13

8.4　图 8-14 所示静不定刚架各杆的弯曲刚度 EI 均相等且为常量。求截面 B 处内力。

8.5　图 8-15 所示梁 AB 和杆 BC 铰接于 B 处。已知梁 AB 弯曲刚度为 EI，杆 BC 的抗拉刚度为 EA，且 $EA=3EI/(10a^2)$。求 C 处约束力。

8.6　作静不定刚架的弯矩图，其中各杆的 EI 均相等且为常量，如图 8-16 所示。

8.7　作图 8-17 所示各梁的剪力图和弯矩图。设 EI 为常量。

8.8　图 8-18 所示静不定刚架各杆的 EI 均相等且为常量。求刚架几何对称面上的内力。

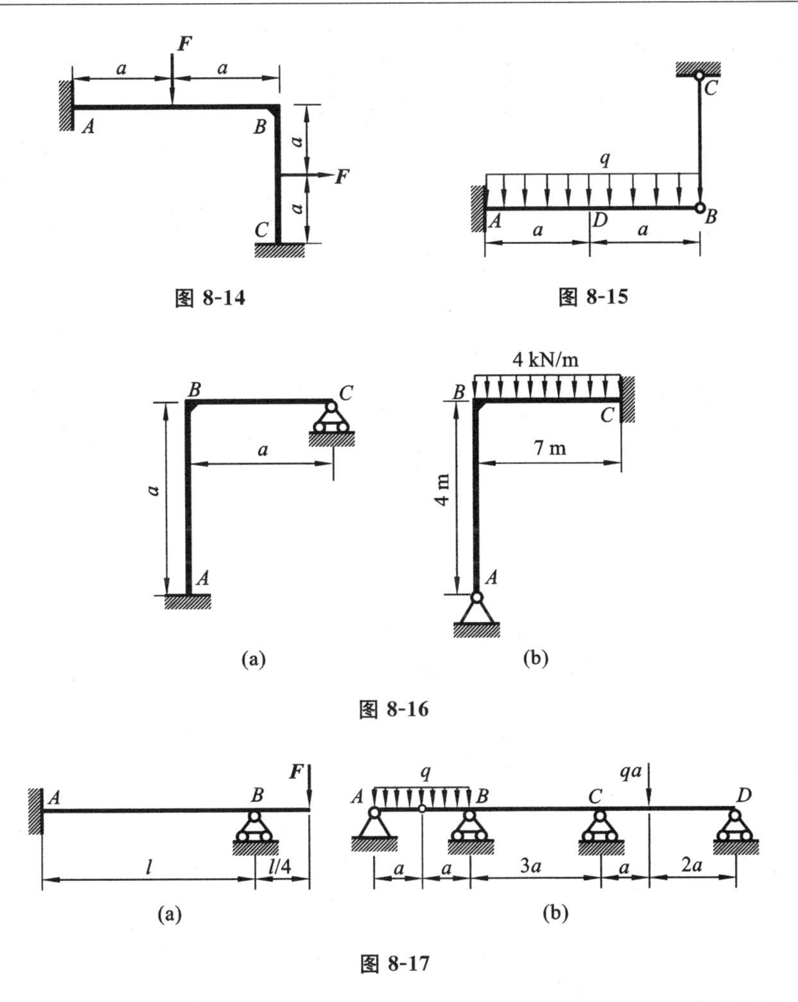

图 8-14　　图 8-15

图 8-16

图 8-17

8.9　图 8-19 所示桁架各杆的抗拉刚度均为 EA 且为常量。求各支座处的约束力。

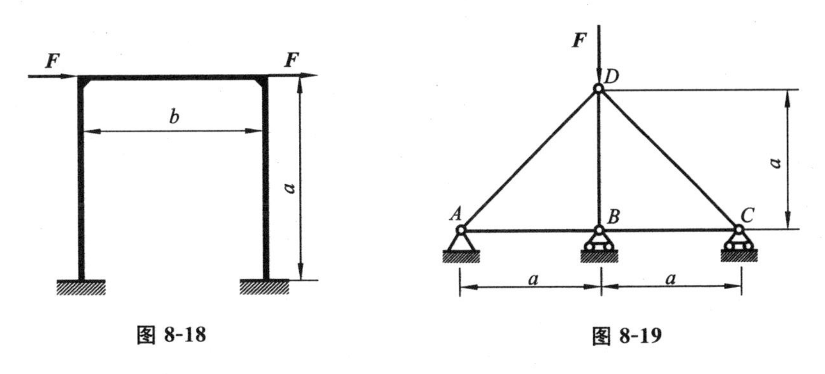

图 8-18　　图 8-19

8.10　图 8-20 所示桁架各杆的抗拉刚度均为 EA 且为常量。求桁架中杆 CD 的轴力。

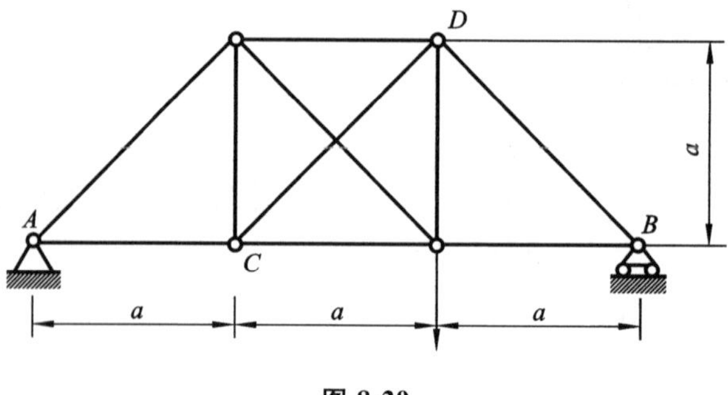

图 8-20

Chapter 1　Buckling of Columns

1.1　Basic Concepts and Engineering Examples of Buckling of Columns

According to the knowledge of material mechanics or engineering mechanics, it is known that to ensure the normal operation of rod-like components, in the design process, it is necessary to meet the requirements of strength, stiffness, and stability. For components or parts under tension, meeting the requirements of strength and stiffness is sufficient for normal operation. However, for components or parts under compression, in addition to meeting the requirements of strength and stiffness, stability requirements must also be satisfied.

There are numerous examples in engineering where compression rods have led to major accidents due to stability issues. For instance, the Quebec Bridge in Canada, which was 548.6 meters long, collapsed during construction in 1907 because of the stability failure of two compression rods, resulting in the loss of 75 lives. Components such as the screw of a jack (as shown in Figure 1-1(a)), the push rod in the valve mechanism of an internal combustion engine (as shown in Figure 1-1(b)), and the connecting rod in an air compressor (as shown in Figure 1-1(c)) are all compression rods. In their design, stability issues need to be considered. The compression members in truss structures and the columns in buildings all have stability issues.

Stability refers to the ability of a component to maintain its original equilibrium state. To assess the stability of the original equilibrium state, the research object must be slightly displaced from its initial equilibrium position, and then it should be observed whether it can return to its original equilibrium position. Therefore, when studying the stability of a compression rod, a small lateral disturbing force δF is applied to displace the rod from its original position, as shown in Figure 1-2(a). During the process of increasing the axial pressure F_1, when the value of F_1 is relatively small, if the lateral disturbing force is removed, the compression rod will oscillate left and right around the straight equilibrium position and eventually return to the original straight equilibrium position, as shown in Figure 1-2(b).

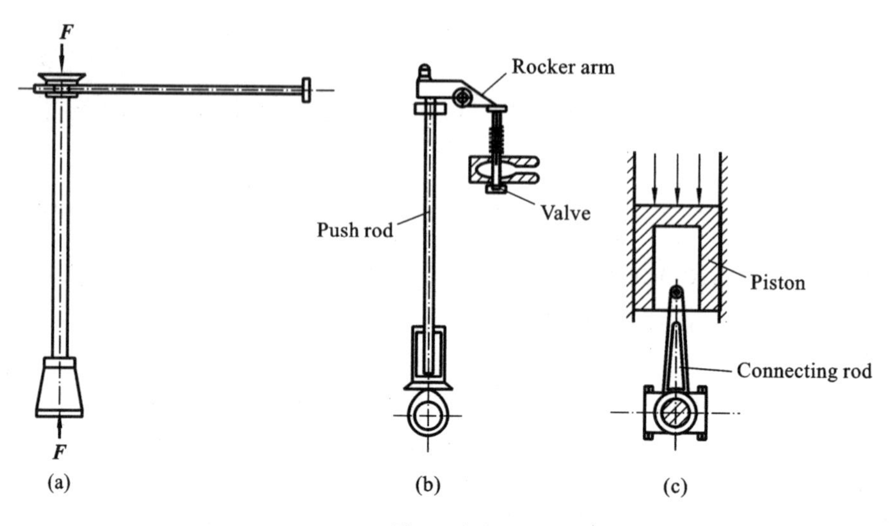

Figure 1-1

However, when the F_1 exceeds a certain value F_{cr}, as shown in Figure 1-2(c), once a small lateral disturbing force is applied, the compression rod will continue to bend. At this point, even if the lateral disturbing force is removed, the rod cannot return to the original straight equilibrium position but reaches a new equilibrium in a slightly bent state. If the pressure on the rod is further increased, the member will inevitably be further bent until it breaks. F_{cr} is referred to as the critical pressure (or critical load). This critical load is the threshold value at which the compression rod transitions from a stable equilibrium state to an unstable equilibrium state.

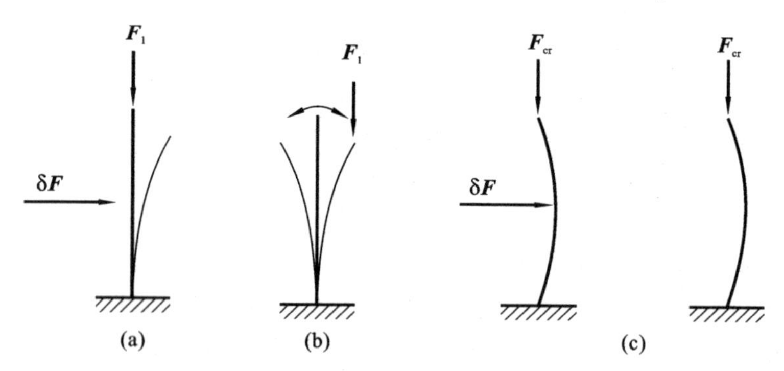

Figure 1-2

The phenomenon where a compression rod transitions from a straight-line equilibrium state to a curved equilibrium state is referred to as loss of stability, commonly known as instability or buckling. After instability occurs in the member, a slight increase in pressure will result in a significant increase in bending deformation, indicating that the member has lost its load-bearing capacity. This failure, caused by instability, can lead to the failure of the overall machine or structure. In the case of slender compression rods undergoing instability, the normal stress may not necessarily be very high; it is often lower than the proportional limit. This form of failure is not due to insufficient strength but rather a lack of stability.

1.2 The Critical Pressure of a Slender Compression Rod with Hinged Supports at both Ends

Assuming a slender compression rod with hinged supports at both ends, where the axis is a straight line coinciding with the axial pressure, as shown in Figure 1-3, we select the coordinate system illustrated. Let's assume that the compression rod is in a state of slight bending equilibrium under the action of axial pressure F, meaning it neither returns to the original straight equilibrium state nor deviates from the equilibrium position of slight bending to undergo greater bending deformation. In this case, when the internal pressure in the member does not exceed the proportional limit of the material, the flexural equation for the compression rod is given by $\omega=\omega(x)$.

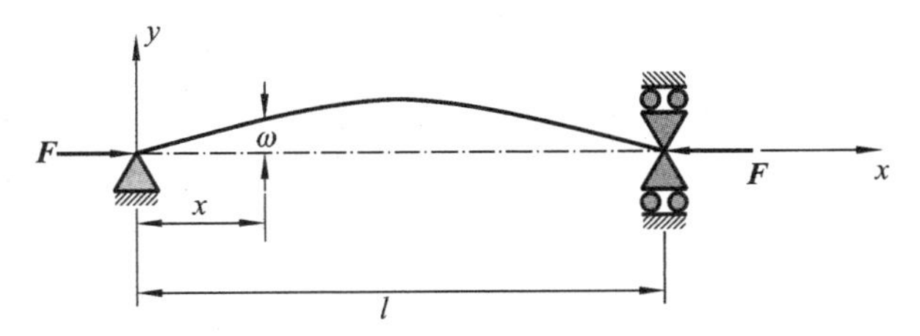

Figure 1-3

From Figure 1-3, it can be determined that the bending moment equation at section x of the member is given by $M(x)=-F\omega$. The approximate differential equation for the flexural curve of the compression rod is $EI\omega''=M(x)$, that is $EI\omega''=-F\omega$, letting $k^2=\frac{F}{EI}$, we have

$$\omega''+k^2\omega=0 \tag{1-1}$$

the general solution to Equation (1-1) is

$$\omega=C_1\sin kx+C_2\cos kx \tag{1-2}$$

where C_1 and C_2 are two undetermined constants that can be determined by the known displacement boundary conditions of the compression rod.

According to the two boundary (constraint) conditions of the hinged support at both ends: ① when $x=0, \omega_A=0$; ② when $x=l, \omega_B=0$, substituting these conditions into Equation(1-2), it can be determined that $C_2=0$ and $\omega=C_1 \sin kl=0$. To satisfy $\omega=C_1 \sin kl=0$, it follows that $C_1=0$ or $\sin kl=0$. Obviously, the only option is to take $\sin kl=0$, therefore, $kl=n\pi(n=1,2,\cdots)$, and thus, $k=\sqrt{\frac{F}{EI}}=\frac{n\pi}{l}$, we have

$$F=\frac{n^2\pi^2 EI}{l^2} \tag{1-3}$$

Considering that the critical pressure is the minimum axial pressure that keeps the compression rod in a slightly bent state in equilibrium, taking $n=1$, it can be obtained that the critical pressure is

$$F_{cr}=\frac{\pi^2 EI}{l^2} \tag{1-4}$$

Equation (1-4) is the critical pressure calculation formula for a slender compression rod with hinged supports at both ends. This formula was first derived by the renowned mathematician Euler(L. Euler) in 1757, and is commonly referred to as **Euler's formula** for slender compression rods with hinged supports at both ends.

According to Equation(1-4), it can be observed that the critical pressure is directly proportional to the flexural rigidity EI of the rod and inversely proportional to the square of the rod's length l.

(1) The compression rod always tends to buckle first in the longitudinal plane where its bending resistance is weakest. Therefore, when the constraints at both ends of the rod are the same in all directions(such as spherical hinge supports), the value of I in Euler's formula should be taken as the minimum moment of inertia I_{min} of the cross-sectional of the compression rod.

(2) Under the action of the critical pressure F_{cr} determined by Equation(1-4), with $kl=\pi$, results in $k=\frac{\pi}{l}$. In this way, Equation(1-2) becomes

$$\omega=C_1 \sin kx=C_1 \sin \frac{\pi}{l}x \tag{1-5}$$

Example 1.1

The Q235 steel column has a length of 10 meters and is fixed at both ends. The cross-sectional dimensions are shown in Figure 1-4. Try to determine the critical pressure. The elastic modulus is $E=200$ GPa.

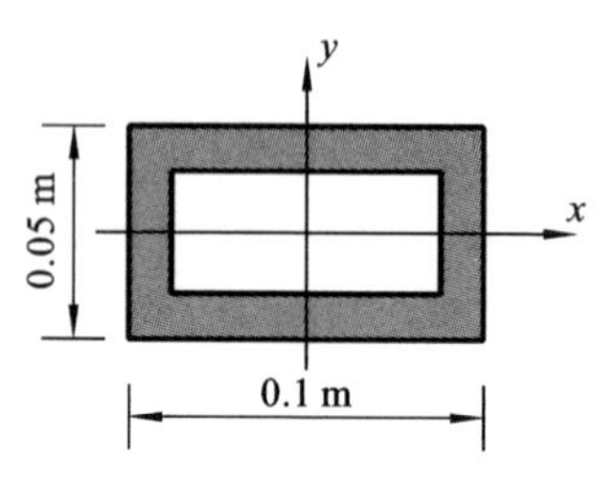

Figure 1-4

Solution

From the given conditions, it can be inferred that

$$I_x = \frac{0.1 \times 0.05^3}{12}\ \text{m}^4 = 1.0417 \times 10^{-6}\ \text{m}^4$$

$$I_y = \frac{0.05 \times 0.1^3}{12}\ \text{m}^4 = 4.1667 \times 10^{-6}\ \text{m}^4$$

Considering that $I_x < I_y$, the Oxz plane is more prone to instability.

By substituting relevant parameters into $F_{cr} = \frac{\pi^2 EI}{l^2}$, it can be determined that

$$F_{cr} = 82.25\ \text{kN}$$

1.3 The Critical Pressure of a Slender Compression Rod under other Constraint Conditions

In engineering, there are many slender compression rods that cannot be simplified to the case of hinged supports at both ends. For example, the lower end of the screw of a jack can be simplified as a fixed end, and the upper end can be simplified as a free end, as shown in Figure 1-5. Similarly, when a connecting rod bends in the plane perpendicular to the swinging surface, the two ends of the connecting rod can be simplified as fixed supports. Due to the different support conditions of these compression rods, the boundary conditions are different, and the formula for calculating the critical pressure is also different from that of slender compression rods with hinged supports at both ends.

Applying methods similar to the previous section, one can obtain formulas for the critical pressure of compression rods under different support conditions. However, for simplicity, it is common to compare the deflection curves of compression rods under various support conditions at their critical states with the critical deflection curve (half-wave sine curve) of a slender compression rod with hinged supports at both ends. This is done to determine the length equivalent to a half-wave sine curve for these compression rods when undergoing critical deflection and is represented by μl. Subsequently, μl is used to replace l in Equation(1-3), resulting in a general formula for calculating the critical pressure of compression rods under various support conditions

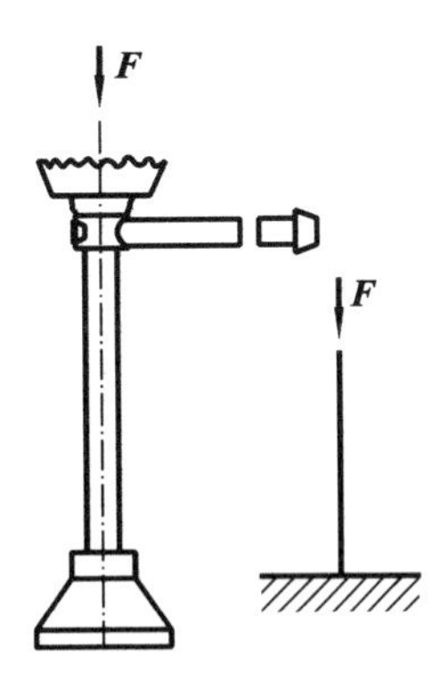

Figure 1-5

$$F_{cr} = \frac{\pi^2 EI}{(\mu l)^2} \tag{1-6}$$

where μl is referred to as the equivalent length of the compression rod, and μ is known as the length coefficient(or factor), which reflects the influence of supports on the critical pressure of the compression rod. Figure 1-6 provides a comparison of the deflection curves for four common support conditions of compression rods, and presents the respective μ values for hinged supports at both ends($\mu=1$), one end fixed and one end free($\mu=2$), both ends fixed($\mu=0.5$), and one end fixed and one end hinged($\mu=0.7$). For other support conditions in engineering, the values of length coefficient μ can be found in relevant design manuals or specifications.

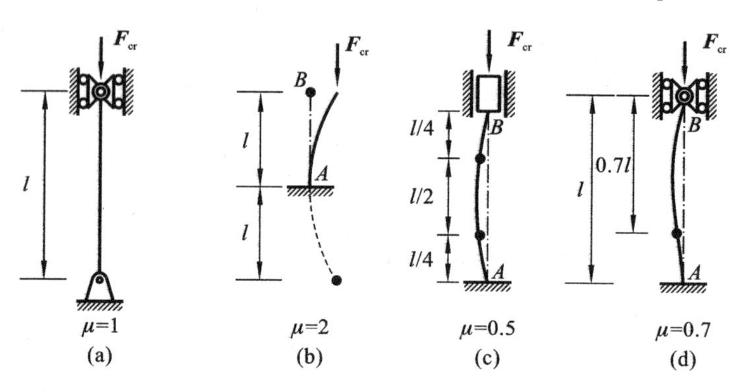

Figure 1-6

From Figure 1-6, it can be observed that for a compression rod with one end fixed and one end free while subjected to axial pressure at the free end, its deflection curve is equivalent to half of a sine wave. Therefore, the length equivalent to a half-wave sine curve for this rod is $2l$, consequently, $\mu=2$.

1.3.1 Critical Stress and Flexibility

Dividing the critical pressure of the compression rod by the cross-sectional area of the rod yields the critical stress, denoted by σ_{cr}

$$\sigma_{cr}=\frac{F_{cr}}{A}=\frac{\pi^2 E}{(\mu l)^2}\frac{I}{A} \tag{1-7}$$

Because $i=\sqrt{\frac{I}{A}}$ is the radius of gyration of the cross-section, which is a geometric quantity related to the shape and dimensions of the cross-section, substituting this relationship into Equation(1-7), we obtain

$$\sigma_{cr}=\frac{\pi^2 E}{(\mu l)^2}i^2=\frac{\pi^2 E}{\left(\frac{\mu l}{i}\right)^2} \tag{1-8}$$

introducing the symbol λ, let it be

$$\lambda = \frac{\mu l}{i} \tag{1-9}$$

therefore, the critical stress σ_{cr} is

$$\sigma_{cr} = \frac{\pi^2 E}{\lambda^2} \tag{1-10}$$

Equation(1-10) is called the Euler critical stress formula. In this equation, λ is referred to as the flexibility(slenderness ratio) of the compression rod, which is a dimensionless quantity. It comprehensively reflects the influence of the rod's constraint conditions, sectional dimensions and shape, as well as the length of the rod on the critical stress. From Equation(1-10), it can be observed that the critical stress of the compression rod is inversely proportional to the square of the flexibility, the greater the flexibility, the lower the critical stress of the compression rod, making it more prone to instability. Therefore, in the stability analysis of compression rods, flexibility λ is an important parameter. When the length, section dimensions and shape, and constraint conditions of the compression rod are fixed, the flexibility of the compression rod becomes a fully determined quantity.

1.3.2 The Applicability of Euler's Formula

Euler's formula is derived based on the approximate differential equation of the deflection curve of the compression rod, and this differential equation holds only within the elastic range. Therefore, Euler's formula is applicable only when the critical stress σ_{cr} of the compression rod does not exceed the proportional limit σ_P of the material. Specifically, the conditions for the applicability of Euler's formula are

$$\sigma_{cr} = \frac{\pi^2 E}{\lambda^2} \leqslant \sigma_P \tag{1-11}$$

the solution yields

$$\lambda \geqslant \pi \sqrt{\frac{E}{\sigma_P}}$$

the conditions for the applicability of Euler's formula can be expressed as follows

$$\lambda \geqslant \lambda_P \tag{1-12}$$

where

$$\lambda_P = \pi \sqrt{\frac{E}{\sigma_P}} \tag{1-13}$$

λ_P is only related to the material properties and is a material parameter.

Therefore, the conditions for the applicability of Euler's formula can be expressed using the flexibility of the compression rod. It requires that the actual flexibility λ of the compression rod should not be less than the flexibility λ_P of the material used for the rod, that is, $\lambda \geqslant \lambda_P$, only in this way can it be ensured that $\sigma_{cr} \leqslant \sigma_P$ (that is, the material is within the linear elastic range). Compression rods that meet these conditions are referred to as highly flexible rods or slender rods in engineering. For commonly used Q235 steel in engineering, with elastic modulus $E = 200$ GPa and proportional limit $\sigma_P = 200$ MPa, substituting into Equation(1-13) yields $\lambda_P = 99.3$.

1.4 Critical Stress for Non-slender Rods

The flexibility of some commonly used compression rods in engineering is often smaller than λ_P. Experimental results indicate that a partial cause for the loss of load-bearing capacity in such compression rods is still instability. For this type of non-slender rods, one generally cannot directly apply Euler's formula because the stability of non-slender rods is somewhat better than that of slender rods. Therefore, it is necessary to study the critical stress calculation method for non-slender rods, that is, the compression rods with flexibility $\lambda < \lambda_P$.

Based on the flexibility λ of non-slender rods, they can be further divided into moderately flexible rods (medium-length rods) and low-flexibility rods (short and stout rods). The mechanism of failure for these rods is different when subjected to axial pressure exceeding the critical value.

1.4.1 Moderately Flexible Rods

For instability problems of moderately flexible rods, numerous theoretical and experimental studies have been conducted, resulting in theoretical analytical outcomes. However, in engineering critical stress calculations for such compression rods, empirical formulas based on experimental results are generally employed. Here, we introduce two commonly used empirical formulas: the linear formula and the parabolic formula.

1. The Linear Formula

Expressing the critical stress in terms of the flexibility of the compression rod through the following linear relationship

$$\sigma_{cr} = a - b\lambda \tag{1-14}$$

where a and b are parameters related to the material properties. The numerical values of a and b for some materials are listed in Table 1-1. From Equation(1-14), it can be observed that the critical stress σ_{cr} increases as the flexibility λ decreases.

Table 1-1 The numerical values of a and b in the linear empirical formula

Material(σ_b、σ_s/MPa)	a/MPa	b/MPa
Q235 steel $\sigma_b \geqslant 372$, $\sigma_s = 235$	304	1.118
High-quality carbon steel $\sigma_b \geqslant 471$, $\sigma_s = 306$	461	2.568
Silicon steel $\sigma_b \geqslant 510$, $\sigma_s = 353$	578	3.744
Chromium-molybdenum steel	980	5.296
Cast iron	332.2	1.454
Hard aluminum	373	2.143
Pine wood	39.2	0.199

It must be pointed out that although the linear formula is established based on a compression rod with $\lambda < \lambda_P$, it cannot be assumed that any compression rod with $\lambda < \lambda_P$ can be applied using the linear formula. This is because when λ is very small, the critical stress obtained from the linear formula may be higher, possibly exceeding the material's yield limit σ_s or (compressive strength limit σ_b), which is not allowed by the strength condition of the rod. Therefore, the linear formula is applicable only when the critical stress σ_{cr} does not exceed the yield limit σ_s (or compressive strength limit σ_b). Taking plastic materials as an example, its application conditions can be expressed as

$$\sigma_{cr} = a - b\lambda \leqslant \sigma_s \quad \text{or} \quad \lambda \geqslant \frac{a - \sigma_s}{b}$$

If λ_s is used to represent the flexibility value corresponding to σ_s, then

$$\lambda_s = \frac{a - \sigma_s}{b} \tag{1-15}$$

Here, the flexibility value λ_s is the minimum value of the compression rod's flexibility λ when the linear formula is valid, and it is only related to the material. For Q235 steel, with $\sigma_s = 235$ MPa, $a = 304$ MPa, and $b = 1.118$ MPa, substituting these values into Equation (1-15) yields $\lambda_s = 61.7$. When the flexibility λ of the compression rod satisfies the condition $\lambda_s \leqslant \lambda < \lambda_P$, the critical stress is calculated using the linear formula, compression rods with such flexibility are referred to as moderately flexible rods or medium-length rods.

2. The Parabolic Formula

In some engineering design codes, a unified parabolic empirical formula is used to calculate the critical stress for both moderately flexible rods and low-flexibility rods, that is

$$\sigma_{cr} = \sigma_s \left[1 - 0.43\left(\frac{\lambda}{\lambda_c}\right)^2\right], \quad \lambda < \lambda_c \tag{1-16}$$

where λ_c is the boundary flexibility between the applicability ranges of Euler's formula and the parabolic formula. For low carbon steel and low manganese steel, it is given by

$$\lambda_c = \sqrt{\frac{\pi^2 E}{0.57\sigma_s}}$$

1.4.2 Low-flexibility Rods

When the flexibility of the compression rod satisfies the condition $\lambda < \lambda_s$, such a rod is referred to as a low-flexibility rod or a short and stout rod. Experimental results show that the failure of low-flexibility rods is mainly due to reaching the material's yield limit σ_s (or compressive strength limit σ_b), and instability is difficult to observe at the time of failure. The failure of low-flexibility rods is caused by insufficient strength, and the yield limit or compressive strength limit of the material should be considered as the ultimate stress, which is related to strength issues. If it is also considered as a stability problem in form, the critical stress can be written as

$$\sigma_{cr} = \sigma_s (\text{or } \sigma_b) \tag{1-17}$$

It should be noted that in stability calculations, the value of critical stress always depends on the overall deformation of the rod. The local weakening of the cross-section of the compression rod has a minimal impact on the overall deformation of the rod. Therefore, when calculating the critical stress, the original moment of inertia I and cross-sectional area A without weakening can be used.

1.5 Critical Stress Diagram

By taking the flexibility λ as the horizontal axis and the critical stress σ_{cr} as the vertical axis, a curve depicting the variation of critical stress with the flexibility of the compression rod can be plotted. This curve is referred to as the Critical Stress Diagram, as shown in Figure 1-7, where the moderately flexible rod is represented by a linear formula.

(1) When $\lambda \geqslant \lambda_P$, as shown in the AC segment of the diagram, it takes the form of a hyperbolic curve based on Equation(1-10). At this point, the compression rod is

considered a slender rod, and stability issues within the material proportional limit arise, the critical stress is calculated using Euler's formula.

(2) When λ_s (or λ_b) $\leqslant \lambda < \lambda_P$, as shown in the *AB* segment of the diagram, it takes the form of a straight line based on Equation (1-14). At this point, the compression rod is considered a medium-length rod, and stability issues beyond the proportional limit arise, the critical stress is calculated using a linear formula.

(3) When $\lambda < \lambda_s$ (or λ_b), as shown in the *BD* segment of the diagram, it takes the form of a horizontal straight line based on Equation (1-17). At this point, the compression rod is considered a short and stout rod, with no stability issues, only strength concerns, the critical stress is simply the yield limit σ_s or the compressive strength limit σ_b.

From Figure 1-7, it can be observed that with the increase in flexibility, the destructive nature of the compression rod gradually shifts from strength failure to instability failure. If the *AD* segment is plotted using the parabolic empirical formula (1-16), the resulting Critical Stress Diagram is shown in Figure 1-8.

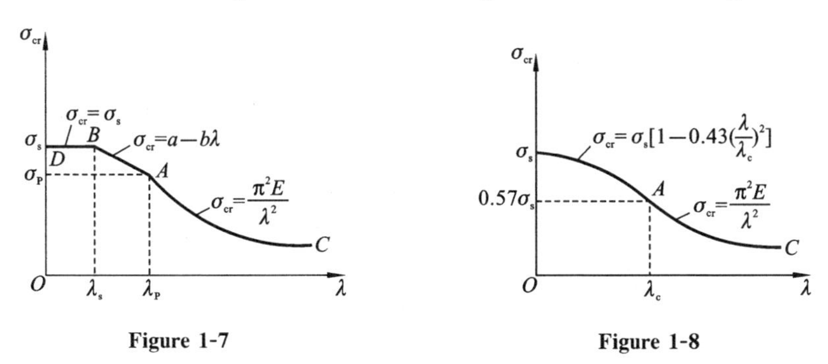

Figure 1-7 **Figure 1-8**

1.6 Measures to Improve the Stability of the Compression Rod

From the formulas for critical pressure and critical stress, it is evident that the primary factor influencing the stability of the compression rod is its flexibility or slenderness ratio, denoted as $\lambda = \frac{\mu l}{i}$. Generally, as the flexibility of the compression rod increases, its critical stress decreases. Therefore, within permissible design conditions, adjustments can be made in terms of the section shape, length, end constraints, and material mechanical properties of the compression rod, implementing engineering measures to enhance the compression rod's resistance to instability is advisable.

1.6.1 Choose the Section Shape Reasonably

Whether from Euler's formula, empirical formulas, or Table 1-1, it can be observed that as the flexibility λ increases, the critical stress σ_{cr} will decrease. Since the flexibility $\lambda = \frac{\mu l}{i}$, it follows that, with the sectional area of the compression rod held constant, effectively increasing the inertia radius of the section can reduce the value of λ. It is evident that without increasing the sectional area, placing the material as far away from the section centroid as possible to obtain larger values of I and i is equivalent to increasing the critical pressure. Consequently, if the sectional areas of a solid circular section and a hollow annular section are equal, the latter will have significantly larger values of I and i, making the hollow annular section more reasonable, as shown in Figure 1-9.

Similarly, if the combined section of the crane boom (as shown in Figure 1-10 (a)) is composed of four equilateral angle steels, the four angle steels should be placed at the four corners of the combined section, as shown in Figure 1-10(b), rather than concentrated near the centroid of the section, as illustrated in Figure 1-10(c). The compression rods in bridge trusses or columns in buildings like factories, both composed of steel sections, are also arranged with the steel sections separated, as shown in Figure 1-11(a). However, it should be noted that for compression rods composed of steel sections, sufficient lacing bars or stiffer plates should be used to connect several separately placed steel sections into a single integral component, as shown in Figure 1-10(b), to ensure that the overall stability of the combined section is the controlling condition (there are specific provisions in the general steel structure design codes). Otherwise, the individual steel sections may be prone to overall failure due to local buckling of the separate compression rods.

Similarly, when using a ring-shaped section, it is not advisable to arbitrarily increase the average diameter of the section to increase I and i, causing the arm to become very thin. This thin-walled column may lead to local instability, resulting in local buckling and the loss of the load-bearing capacity of the entire compression rod.

Due to the fact that the instability plane of the compression rod inevitably occurs within the minimum inertia plane of a certain section, if the equivalent length μl of the compression rod is approximately equal in all planes, the sections should have equal or nearly equal values of i with respect to any centroidal axis. This

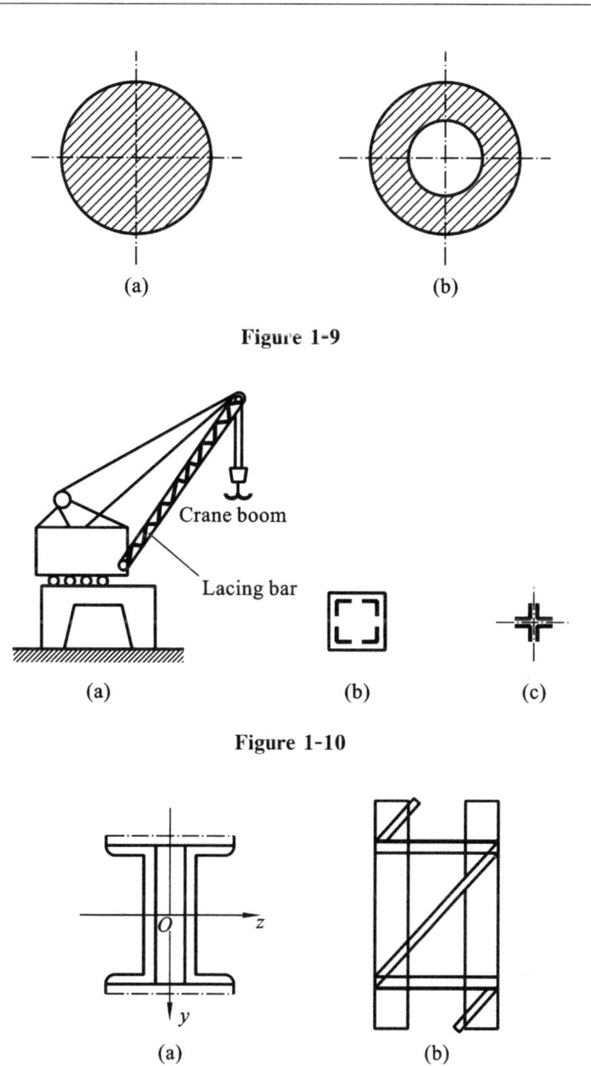

Figure 1-9

Figure 1-10

Figure 1-11

ensures that the flexibility λ is equal or nearly equal in any plane, thereby guaranteeing approximately the same stability of the compression rod in all planes, for example, circular sections, annular sections, and regular polygonal sections can meet this requirement. The combined sections should also strive to make the moments of inertia I_y and I_z with respect to their centroidal principal axes equal, thus ensuring that λ_y and λ_z are equal, as shown in Figure 1-10(b) and Figure 1-11 (b). This guarantees that the combined section has roughly the same stability in the principal inertia planes. Conversely, for certain compression rods, maintaining the same value of the equivalent length μl in different planes can be challenging, and the constraint conditions in different planes may also vary.

For example, in the plane of oscillation, the ends of the engine's connecting rod can be simplified as hinge supports, as shown in Figure 1-12(a), where $\mu_z = 1.0$, and in the plane perpendicular to the plane of oscillation, both ends can be simplified as fixed supports, as shown in Figure 1-12 (b), where $\mu_y = 0.5$. In this case, it is possible to have different values of i_y and i_z for the connecting rod section with respect to its centroidal principal axes y and z. Meanwhile, in both planes, l_1 is not equal to l_2. This arrangement still ensures that $\lambda_y = \frac{\mu_y l_2}{i_y}$ and $\lambda_z = \frac{\mu_z l_1}{i_z}$ are approximately equal, providing the connecting rod with approximately equal stability in both principal inertia planes.

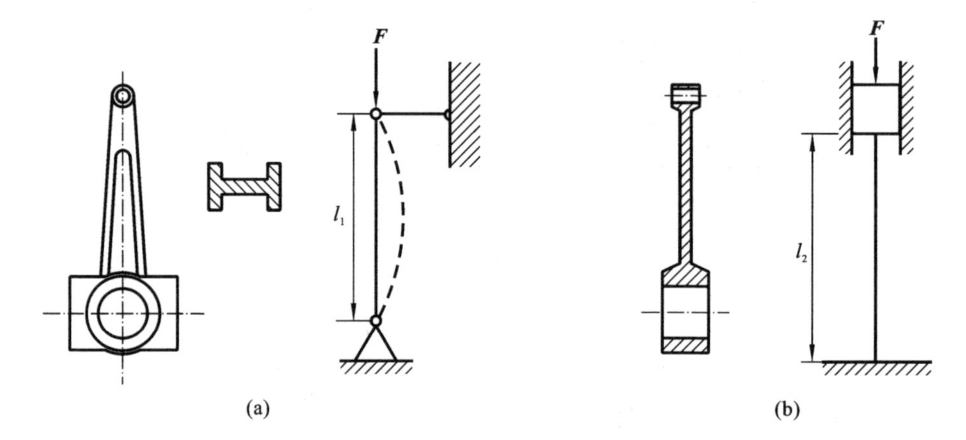

Figure 1-12

1.6.2 Proper Arrangement of the Compression Rod Constraints and Selection of the Rod Length

The longer the compression rod, the greater its flexibility, resulting in poorer stability. Therefore, whenever possible, efforts should be made to minimize the length of the compression rod. However, in most cases, the length of the compression rod is determined by structural requirements and is typically not allowed to be altered. The support length of the compression rod can be reduced by adding intermediate supports, thereby reducing the flexibility. For instance, Figure 1-13(a) shows an axially loaded slender rod with hinged supports at both ends, and the deflected shape when it undergoes instability, with l representing the length corresponding to a half-wave sine curve. It is evident that the critical pressure for the rod in Figure 1-13 (b) is four times that of the rod in Figure 1-13 (a) (The calculation formulas are respectively $F_{cr}=\frac{\pi^2 EI}{l^2}$ and $F_{cr}=\frac{\pi^2 EI}{(l/2)^2}$).

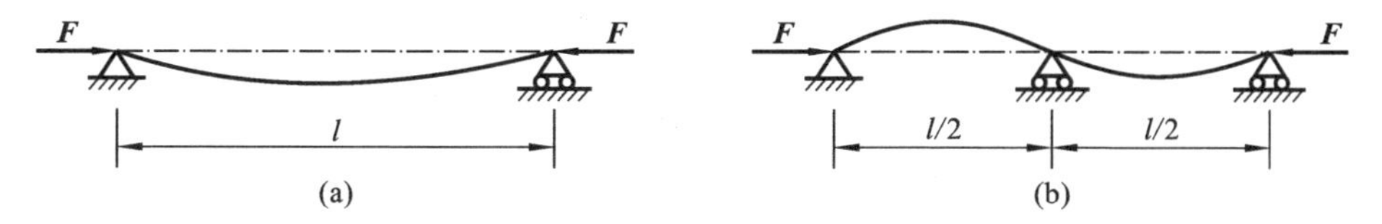

Figure 1-13

The length coefficient μ of a compression rod varies with different constraint conditions at its ends. From Figure 1-13, it can be observed that the better the rigidity of the end constraints, the smaller the length coefficient of the compression rod, resulting in lower flexibility and higher critical stress. Therefore, enhancing the rigidity of end constraints can achieve the goal of improving the stability of the compression rod. For example, Figure 1-14(a) shows an axially loaded slender rod with one end fixed and one end free, its length coefficient $\mu_1=2$; If a hinge constraint is added to the upper end, as illustrated in Figure 1-14(b), its length coefficient $\mu_2=0.7$, the critical pressure of the compression rod increases by $(\mu_1/\mu_2)^2=8.16$ times; If the upper end is further changed to a fixed end, as depicted in Figure 1-14(c), its length coefficient $\mu_3=0.5$, and the critical pressure increases by 16 times.

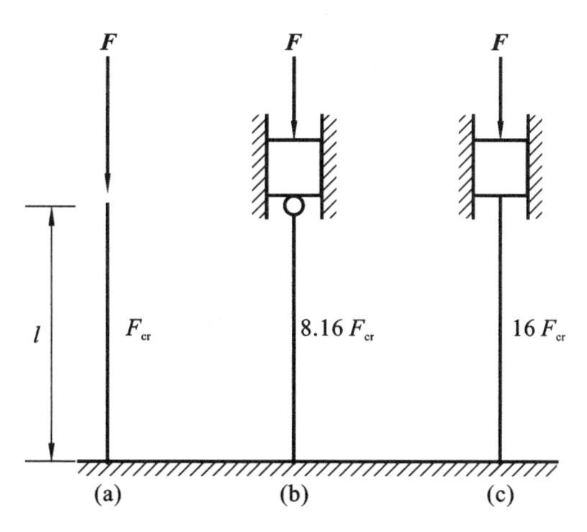

Figure 1-14

1.6.3 Selecting Materials Reasonably

For highly flexible rods, the critical stress is directly proportional to the material's elastic modulus E. Because steel compression rods have a higher critical pressure than those made of copper, cast iron, or aluminum, but the elastic modulus E of various steels is essentially the same, there is no significant difference between using high-quality steel and using low-carbon steel for highly flexible rods. For moderately flexible rods, as seen in the Critical Stress Diagram, the critical stress increases with higher yield limit σ_s and proportional limit σ_P of the material. At this point, choosing high-quality steel will enhance the load-bearing capacity of the compression rod. As for low-flexibility rods, which are inherently a matter of strength, high-quality steel with greater strength clearly improves the load-bearing capacity.

Finally, it should be noted that, in addition to implementing the measures mentioned above to enhance the load-bearing capacity of compression rods, corresponding structural adjustments can also be made if possible. For instance, converting compression rods into tension rods in the structure can fundamentally avoid instability issues.

Example 1.2

The model 12 I steel column with a length of $l=12$ m and a cross-sectional area of $A=17.818\ \text{cm}^2$ fixes at both ends as shown in Figure 1-15(a). Its load-bearing capacity is increased by supporting it with a column along the $y—y$ axis, assuming the column is connected to its mid-height by a pin. Determine the pressure that the steel column can withstand while ensuring that the material itself does not experience failure. Provide values for $E=200$ GPa and $\sigma=160$ MPa.

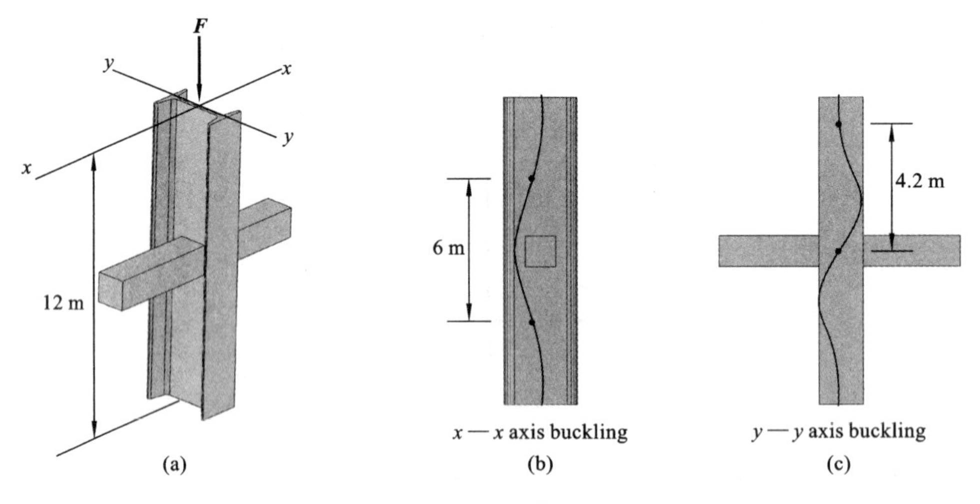

Figure 1-15

Solution　The buckling behavior of the column will be different when supported along the $x—x$ and $y—y$ axes. The buckling shapes for each case are illustrated in Figures 1-15(b) and 1-15(c) respectively. From Figure 1-15(b), the equivalent length μl for buckling about the x—x axis is 6 m, and from Figure 1-15(c), the equivalent length μl for buckling about the y—y axis is 4.2 m. The moments of inertia of the model 12 I steel column are $I_x = 436\ \text{cm}^4$ and $I_y = 46.9\ \text{cm}^4$. Applying Equation(1-4), we obtain

$$(F_{cr})_x = \frac{\pi^2 EI_x}{(\mu l)_x^2} = \frac{\pi^2 \times 200 \times 10^9 \times 436 \times 10^{-8} \times 10^{-3}}{6^2}\ \text{kN} = 239\ \text{kN}$$

$$(F_{cr})_y = \frac{\pi^2 EI_y}{(\mu l)_y^2} = \frac{\pi^2 \times 200 \times 10^9 \times 46.9 \times 10^{-8} \times 10^{-3}}{4.2^2}\ \text{kN} = 52.48\ \text{kN}$$

In comparison, the steel column is more prone to buckling around the y—y axis.

The average compressive stress in the column section is

$$\sigma_{cr} = \frac{F_{cr}}{A} = \frac{52.48 \times 10^3}{17.818 \times 10^{-4}}\ \text{Pa} = 29.45 \times 10^6\ \text{Pa} = 29.45\ \text{MPa}$$

Because the compressive stress is less than the yield stress, the column will buckle before the material yields. Therefore, we obtain

$$F_{cr} = 52.48\ \text{kN}$$

Example 1.3

An aluminum column is fixed at the bottom and supported at the top with cables to prevent top movement along the x—x axis, as shown in Figure 1-16(a). Determine the maximum allowable pressure F that can be applied without causing the column to become unstable. Use a safety factor for the buckling of $n=3$. Provide values for $E=70$ GPa, $\sigma=215$ MPa, $A=7.5\times10^{-3}\ \text{m}^2$, $I_x=61.3\times10^{-6}\ \text{m}^4$, and $I_y=23.2\times10^{-6}\ \text{m}^4$.

Solution The buckling of the x—x axis and y—y axis is shown in Figures 1-16(b) and 1-16(c) respectively. For x—x axis buckling, $(\mu l)_x=10$ m, for y—y axis buckling, $(\mu l)_y=3.5$ m.

Applying Equation (1-4), the critical pressures for the two scenarios are as follows

$$(F_{cr})_x = \frac{\pi^2 EI_x}{(\mu l)_x^2} = \frac{\pi^2 \times 70 \times 10^9 \times 61.3 \times 10^{-6} \times 10^{-3}}{10^2}\ \text{kN} = 424\ \text{kN}$$

$$(F_{cr})_y = \frac{\pi^2 EI_y}{(\mu l)_y^2} = \frac{\pi^2 \times 70 \times 10^9 \times 23.2 \times 10^{-6} \times 10^{-3}}{3.5^2}\ \text{kN} = 1308\ \text{kN}$$

In contrast, with the increase of F, the column will buckling around the x—x axis. Therefore, the maximum allowable pressure is

$$F_{allow} = \frac{F_{cr}}{n} = \frac{424}{3}\ \text{kN} = 141\ \text{kN}$$

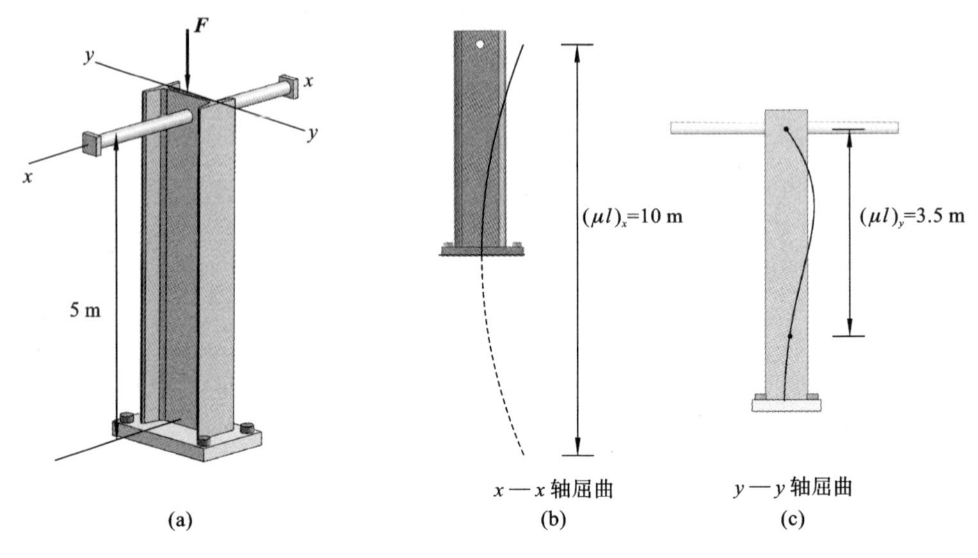

Figure 1-16

Since

$$\sigma_{cr} = \frac{F_{cr}}{A} = \frac{424 \times 10^3 \times 10^{-6}}{7.5 \times 10^{-3}} \text{ MPa} = 56.5 \text{ MPa} < 215 \text{ MPa}$$

therefore, when the column is buckling, the material will not be destroyed.

Exercises

1.1 There are three circular section compression rods, each with a diameter of $d=160$ mm, made of Q235 steel, $E=200$ GPa, $\sigma_P=200$ MPa, $\sigma_s=235$ MPa, $a=304$ MPa, $b=1.12$ MPa. Both ends are hinged supports, and the lengths are l_1, l_2, and l_3 respectively, with $l_1=2l_2=4l_3=5$ m. Determine the critical pressure F_{cr} for each rod.

1.2 A diagonal brace in the landing gear of a certain type of aircraft, subjected to axial compressive force, is shown in Figure 1-17. The brace is a hollow circular tube with an outer diameter $D=52$ mm, inner diameter $d=44$ mm, and length $l=950$ mm. The material has $\sigma_P=1200$ MPa, $\sigma_b=1600$ MPa, and $E=210$ GPa. Determine the critical pressure and critical stress for the diagonal brace.

1.3 Determine the critical pressure F_{cr} for a system of rigid rods and springs (as shown in Figure 1-18). Each spring has a stiffness k.

1.4 Consider the leg in Figure 1-19(a) as a column and model it with two hinged components, as shown in Figure 1-19(b), where the stiffness of the torsion spring is k. Determine the critical pressure F_{cr}.

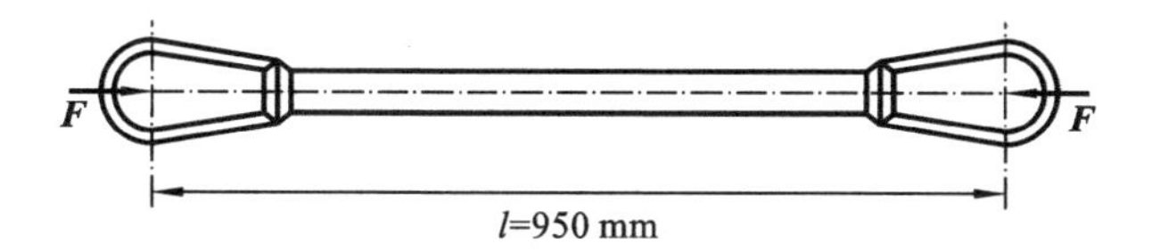

Figure 1-17

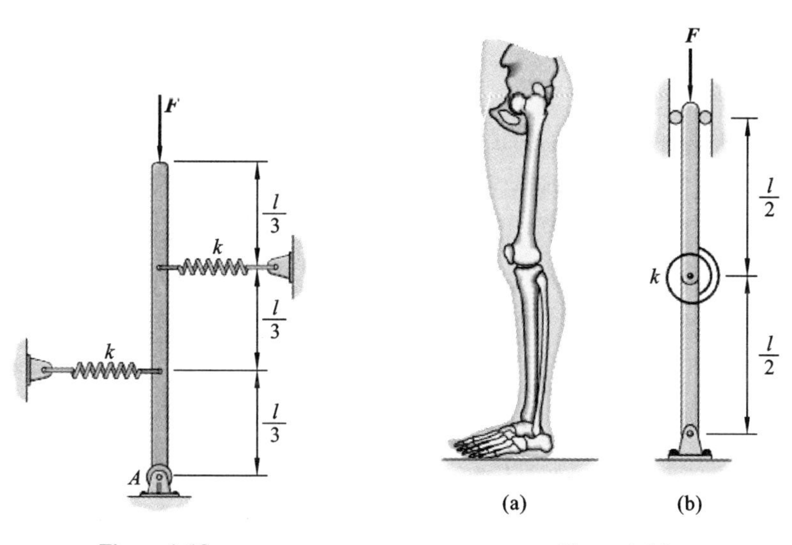

Figure 1-18 Figure 1-19

1.5 Determine the critical pressure F_{cr} for the system, where rigid rods AB and BC are pinned at point B, and a spring with stiffness k is located at point D, as shown in Figure 1-20.

1.6 A Q235 steel column with a length of 4 m is fixed at both ends. Determine the critical pressure given the dimensions of the cross-section as shown in Figure 1-21. If the bottom of the column is fixed and the top is also fixed, what is the critical pressure?

1.7 As shown in Figure 1-22, these compression rods have a diameter d, and the material is Q235 steel. Request for:

(1) which one of the rods has a higher critical pressure?

(2) if $d=160$ mm, $E=205$ GPa, and $\sigma_P=200$ MPa, the critical pressures for both rods.

1.8 In the hinged rod system ABC shown in Figure 1-23, both rods AB and BC are slender compression rods with the same section and material, and the distance between points A and C is l. If the system fails due to instability in the plane ABC, and designating $0° < \theta < 90°$, attempt to determine the value of angle θ when F is at its maximum.

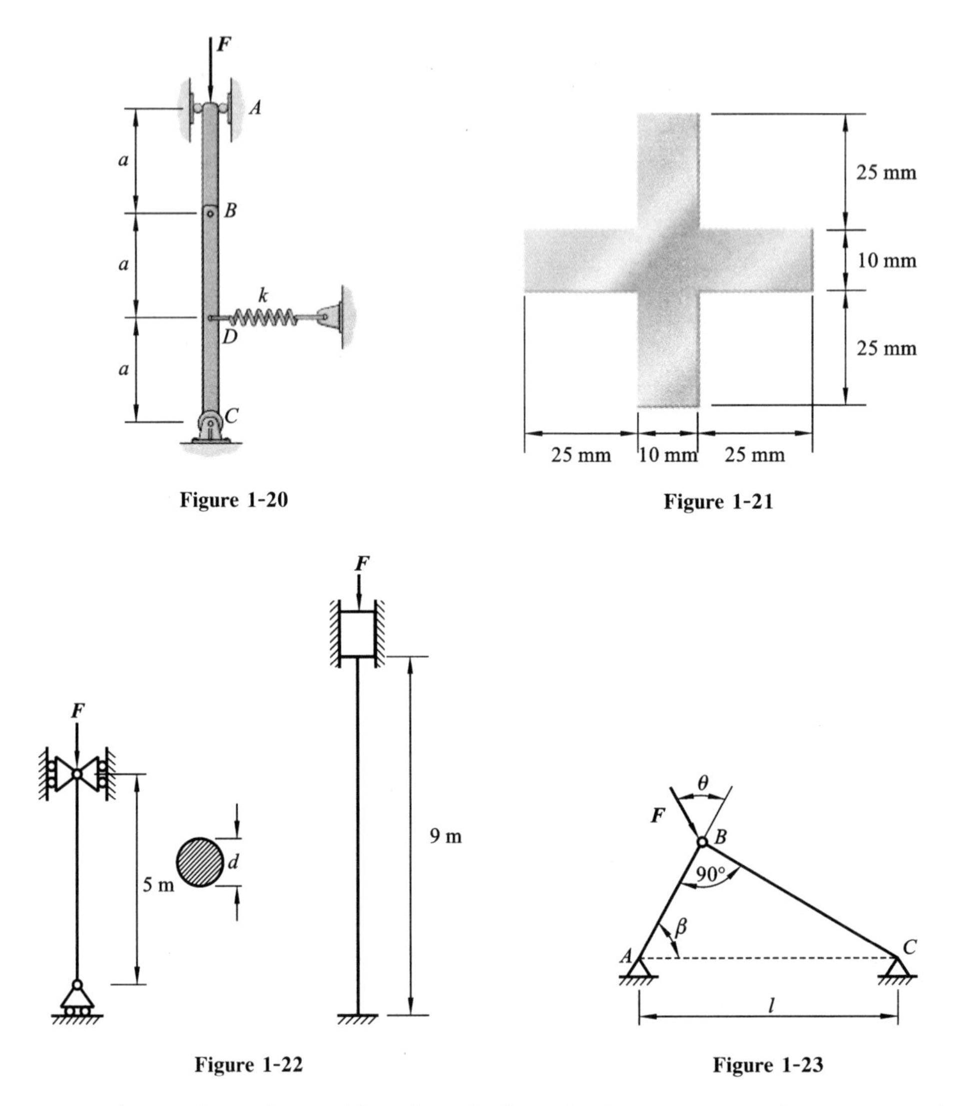

Figure 1-20

Figure 1-21

Figure 1-22

Figure 1-23

1.9 A wooden column, hinged at both ends, has a rectangular cross-section with dimensions of $120\times200\ \text{mm}^2$ and a length of 4 m. The wood has $E=10$ GPa and $\sigma_P=20$ MPa. Attempt to determine the critical stress of the wooden column. The formulas for calculating the critical stress are as follows: ① Euler's formula; ② linear formula $\sigma_{cr}=28.7-0.19\lambda$.

1.10 The piston rod AB of the steam engine, as shown in Figure 1-24, is subjected to a force $F=120$ kN, with a length $l=180$ cm, the cross-section is circular with a diameter $d=7.5$ cm. The material is 45 steel with $E=210$ GPa and $\sigma_P=240$ MPa, and it is specified that $[n_{st}]=8$. Attempt to verify the stability of the piston rod.

1.11 In the bracket, as shown in Figure 1-25, the diameter of rod AB is $d=4$ cm, and its length is $l=80$ cm. Both ends are considered as hinged supports, and the material is Q235 steel.

(1) Attempt to determine the critical pressure F_{cr} for the bracket according to the stability conditions of rod AB.

(2) If the actual pressure $F=70$ kN, with a stability safety factor $[n_{st}]=2$, inquire whether this bracket is safe?

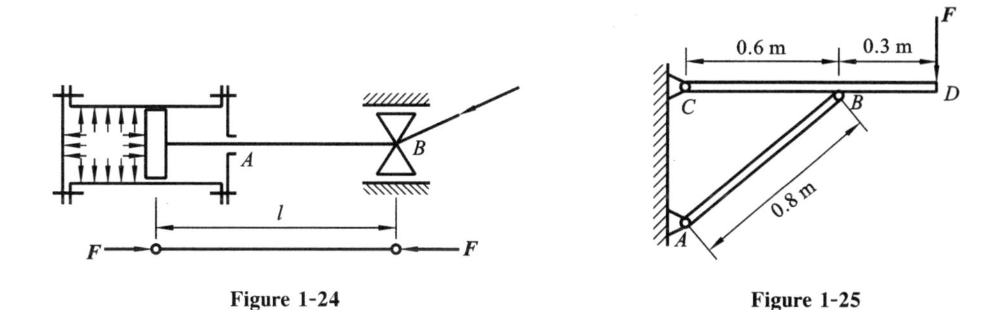

Figure 1-24 Figure 1-25

1.12 In the structure, as shown in Figure 1-26, rods AC (rectangular section) and CD (circular section) are made of the same steel material, and both points C and D are ball joints. Given $d=20$ mm, $b=100$ mm, $h=180$ mm; $E=200$ GPa, $\sigma_s=235$ MPa, $\sigma_b=400$ MPa; strength safety factor $n=2.0$, stability safety factor $[n_{st}]=3.0$. Attempt to determine the maximum permissible pressure for this structure.

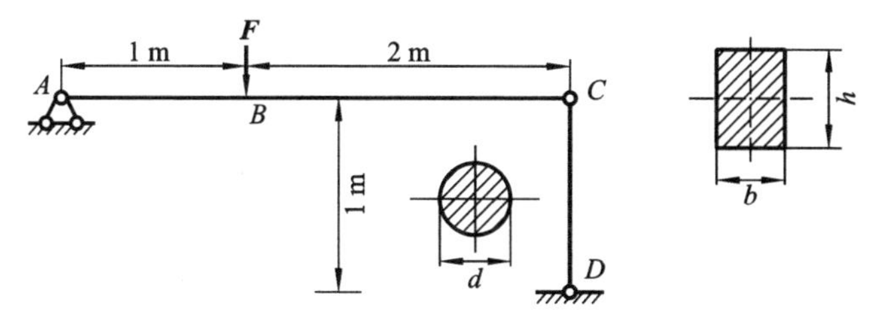

Figure 1-26

1.13 In the structure, as shown in Figure 1-27, beam AB is a No. 14 ordinary hot-rolled I-beam, and the diameter of the supporting column is $d=20$ mm, both are made of Q235 steel with $E=206$ GPa, $\sigma_P=200$ MPa, and $[\sigma]=165$ MPa. Points A, C, and D are all constrained by spherical hinges. Given $F=25$ kN, $l_1=1.25$ m, $l_2=0.55$ m, and a specified stability safety factor $[n_{st}]=3.0$. Attempt to verify whether this structure is safe.

1.14 The square truss is shown in Figure 1-28, all five rods have a circular section with a diameter $d=5$ cm, $a=1$ m, and are made of Q235 steel. The material

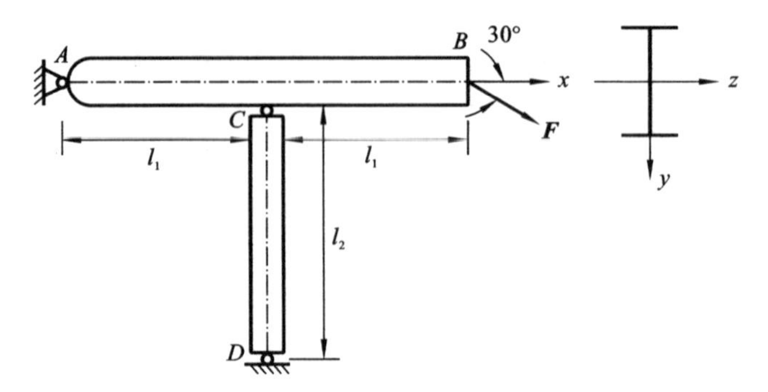

Figure 1-27

has E=200 GPa, σ_P=200 MPa, and σ_s=240 MPa. Attempt to determine:

(1) the critical pressure of the structure;

(2) the critical pressure of the structure when the direction of the pressure F is reversed.

1.15 As shown in Figure 1-29, both ends of the compression rod are connected with cylindrical hinges (hinged support in the Oxy plane and fixed support in the Oxz plane). The cross-section of the rod is a rectangular section with dimensions $b \times h$. Given that the material of the compression rod is Q235 steel with E=200 GPa and σ_P=200 MPa. Attempt to determine:

(1) the critical pressure of the compression rod when b=40 mm, h=60 mm, and l=2.4 m;

(2) when the possibility of instability of the rod is equal in the Oxy plane and Oxz plane, the ratio between b and h.

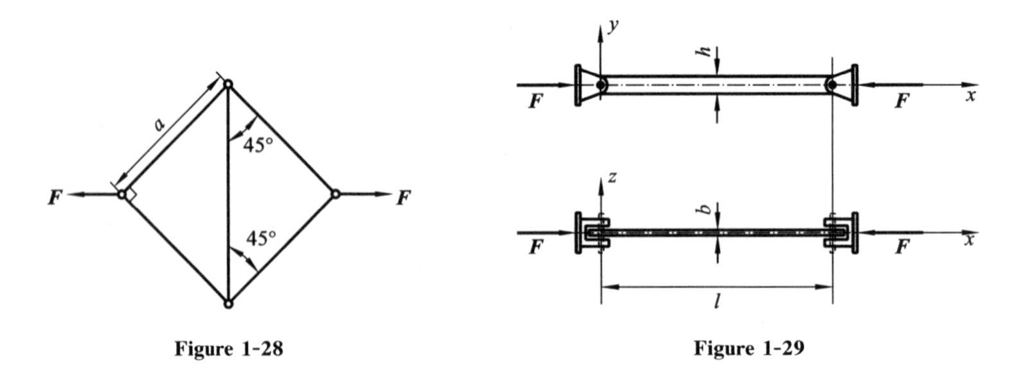

Figure 1-28　　　　**Figure 1-29**

1.16 One end of the compression rod is fixed, and the other end is free, as shown in Figure 1-30 (a). To enhance its stability, a support is added at the midpoint, as shown in Figure 1-30 (b). Attempt to derive Euler's formula for the strengthened compression rod and compare it with the original unaltered compression rod.

1.17 The jack is shown in Figure 1-31, the length of the screw is $l=500$ mm, inner diameter $d=52$ mm, and the maximum pressure is $F=150$ kN. During the operation of the screw, it can be assumed that the lower end is fixed, and the upper end is free. $E=210$ GPa, $\lambda_P=100$, $\lambda_s=60$ MPa, $a=304$ MPa, and $b=1.12$ MPa. Attempt to calculate the working safety factor for this jack.

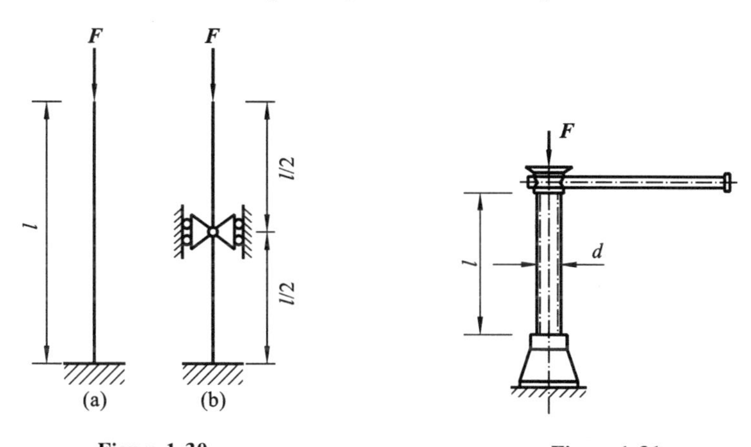

Figure 1-30 Figure 1-31

1.18 A certain tower brace has a horizontal strut with a length $l=6$ m, and its section is shown in Figure 1-32(a), the material is No. 3 steel, $E=210$ GPa, and the stability safety factor is $[n_{st}]=1.75$. If we consider it as a slender compression rod with one end fixed and the other end hinged, attempt to determine the maximum axial safe pressure that this rod can withstand. If the composite section is modified to the form shown in Figure 1-32 (b), how much does the maximum axial safe pressure increase? $a=2\times 75$ mm, and the intermediate long rod $\sigma_{cr}=240-0.0088\lambda^2$.

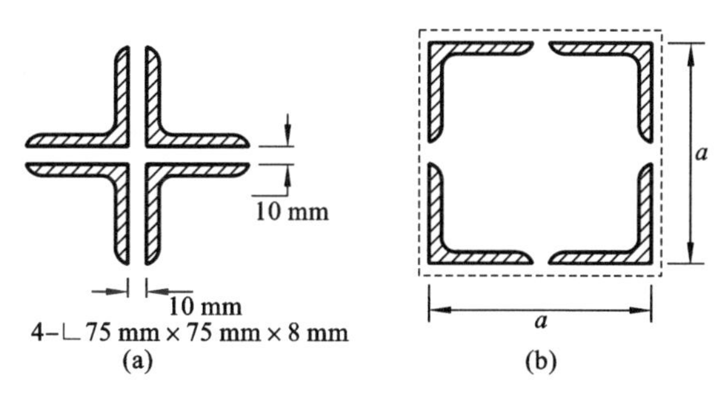

Figure 1-32

Chapter 2 Collision

Chapter 2 Collision

The phenomenon in mechanics where two or more objects in relative motion come into momentary contact, resulting in a sudden change in velocity, is referred to as a collision. Collisions are a common and highly complex dynamic issue in engineering and everyday life, such as hammer forging in mechanical processing, pile driving on construction sites, hammering nails with a hammer, and the rebound of balls in various ball sports. In this chapter, under certain simplified conditions, we discuss some fundamental principles of the collision process between two objects.

2.1 The Fundamental Theorems for Solving Collision Problems

2.1.1 Impulse and Momentum

In this section, we will integrate the equation of motion of a particle with respect to time to derive expressions of the principles of impulse and momentum. The resulting equations will aid in solving problems involving force, velocity, and time.

Utilizing kinematic knowledge, the motion equation for a particle of mass m can be expressed as

$$\sum \boldsymbol{F} = m\boldsymbol{a} = m\frac{\mathrm{d}\boldsymbol{v}}{\mathrm{d}t} \tag{2-1}$$

where $\boldsymbol{a}$ and $\boldsymbol{v}$ are both measured from an inertial reference frame. Rearrange Equation(2-1) and integrate them

$$\sum \int_{t_1}^{t_2} \boldsymbol{F}\mathrm{d}t = m\int_{v_1}^{v_2} \mathrm{d}\boldsymbol{v} \quad \text{or} \quad \sum \int_{t_1}^{t_2} \boldsymbol{F}\mathrm{d}t = m\boldsymbol{v}_2 - m\boldsymbol{v}_1 \tag{2-2}$$

From the derivation, it is evident that this equation is an integration of the motion equation with respect to time. When the initial velocity $\boldsymbol{v}_1$ of the particle is known, and the force acting on the particle is either a constant or can be expressed as a function of time, this equation can directly yield the final velocity $\boldsymbol{v}_2$ of the particle after a specific time interval.

Linear momentum $\boldsymbol{L} = m\boldsymbol{v}$ is referred to as the linear momentum of the particle. Since mass m is a scalar, the direction of linear momentum aligns with the direction of $\boldsymbol{v}$.

Linear impulse $\boldsymbol{I} = \int \boldsymbol{F} \mathrm{d}t$, referred to as linear impulse, is a vector used to measure the impact of force over the duration of its application. Since time t is a scalar, the direction of the impulse aligns with the direction of the force.

If the force is a function of time, the impulse can be determined through direct calculation by integrating the force with respect to time. If the force is constant in both magnitude and direction, the resulting impulse is given by

$$I = \int_{t_1}^{t_2} F_c \mathrm{d}t = F_c (t_2 - t_1)$$

1. Theorem of Momentum for a Particle

For more convenient solving, Equation (2-2) can be rewritten in the following form

$$m\boldsymbol{v}_1 + \sum \int_{t_1}^{t_2} \boldsymbol{F} \mathrm{d}t = m\boldsymbol{v}_2 \tag{2-3}$$

The initial momentum of the particle at time t_1, plus the sum of the impulses applied to all particles from t_1 to t_2, equals the final momentum of the particle at time t_2, as shown in Figure 2-1.

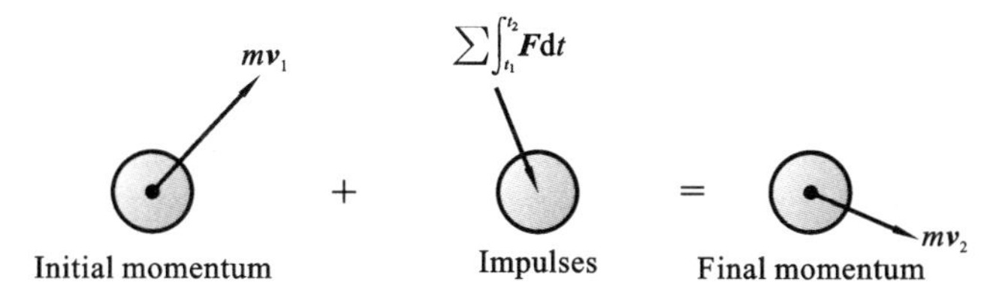

Figure 2-1

2. Theorem of Momentum for Particle Systems

A system of particles in an inertial reference frame is shown in Figure 2-2. The theorem of momentum for the system of particles can be derived from the equations of motion, the motion equation for the i-th particle is

$$\sum \boldsymbol{F}_i = \sum m_i \frac{\mathrm{d}\boldsymbol{v}_i}{\mathrm{d}t} \tag{2-4}$$

The left-hand term only represents the sum of external forces acting on the particles. Internal forces between particles do not appear in this sum because, according to Newton's third law, they occur in equal but opposite collinear pairs, canceling each other out. Multiplying both sides of the equation by $\mathrm{d}t$ and integrating yields

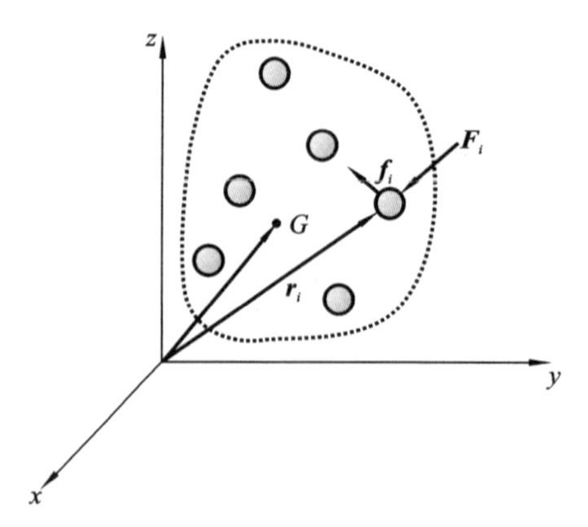

Figure 2-2

$$\sum m_i(v_i)_1 + \sum\int_{t_1}^{t_2} F_i \mathrm{d}t = \sum m_i(v_i)_2 \tag{2-5}$$

This equation states that the initial linear momentum of the system, plus the impulse of all external forces acting on the system, equals the final linear momentum of the system.

Since the position of the system's center of mass G is determined by the total mass of all particles, as shown in Figure 2-2. Differentiating with respect to time, we get

$$m v_G = \sum m_i v_i$$

The total linear momentum of the particle system is equivalent to the linear momentum of a "fictitious" particle in motion with the velocity of the center of mass. Substituting into Equation(2-5), we get

$$m(v_G)_1 + \sum\int_{t_1}^{t_2} F_i \mathrm{d}t = m(v_G)_2 \tag{2-6}$$

Here, the initial linear momentum of the particle system, plus the impulse of external forces acting on the particle system, equals the final linear momentum of the collective particles.

3. Conservation of Linear Momentum for Particle Systems

When the sum of external impulses acting on the particle system is zero, Equation(2-5) simplifies to

$$\sum m_i(v_i)_1 = \sum m_i(v_i)_2 \tag{2-7}$$

Equation(2-7) is known as the linear momentum conservation equation. It states that the total linear momentum of a particle system remains constant over a period of time. Substituting $m v_G = \sum m_i v_i$ into Equation(2-7), we can also obtain

$$(v_G)_1 = (v_G)_2 \tag{2-8}$$

This indicates that if there are no external impulses acting on the particle system, the velocity of the system's center of mass will not change.

2.1.2 Angular Momentum

1. Definition of Angular Momentum

The angular momentum H_O of a particle about point O is defined as the "moment" of the linear momentum of the particle about point O. The calculation of angular momentum is similar to finding the moment of a force around point O, so it is sometimes also referred to as momentum moment.

If a particle moves along a curve in the Oxy plane, as shown in Figure 2-3, the angular momentum about point O at any moment can be determined. $\boldsymbol{H}_O$ is defined as

$$(\boldsymbol{H}_O)_z = \boldsymbol{d} \times m\boldsymbol{v} \tag{2-9}$$

where $\boldsymbol{d}$ is perpendicular to the line of the $m\boldsymbol{v}$ at point O. The direction of $(\boldsymbol{H}_O)_z$ is defined by the right-hand rule. As shown in Figure 2-3, the bending direction of the fingers of the right hand represents the sensation of rotation of $m\boldsymbol{v}$ about point O, the direction of the thumb pointing is the direction of $\boldsymbol{H}_O$ (perpendicular to the Oxy plane).

Vector formula is

$$\boldsymbol{H}_O = \boldsymbol{r} \times m\boldsymbol{v} \tag{2-10}$$

If a particle moves along a curve in space, as shown in Figure 2-4, the angular momentum about point O can be determined using vector cross product. $\boldsymbol{r}$ represents the position vector from point O to the particle, and $\boldsymbol{H}_O$ is perpendicular to the plane containing $\boldsymbol{r}$ and $m\boldsymbol{v}$.

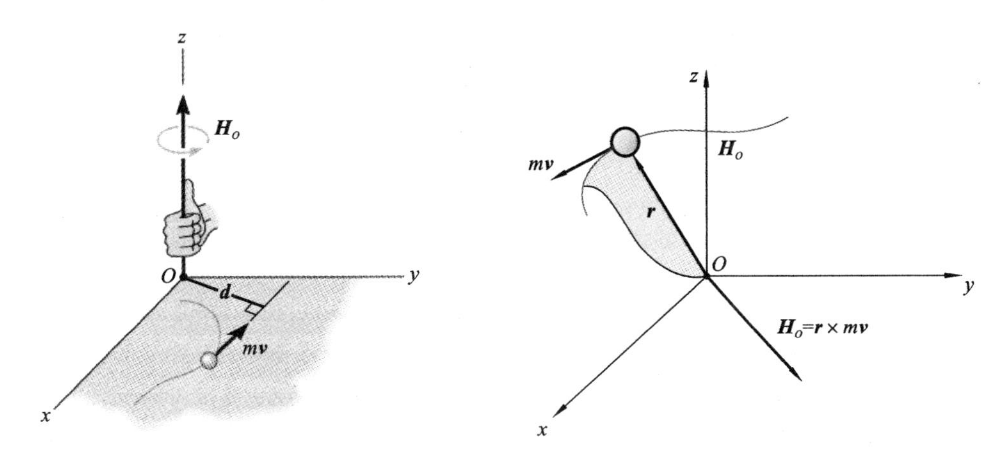

Figure 2-3 Figure 2-4

To compute the cross product, $\boldsymbol{r}$ and $m\boldsymbol{v}$ can be expressed in terms of their Cartesian components, and angular momentum can then be determined using the following determinant.

$$\boldsymbol{H}_O = \begin{vmatrix} \boldsymbol{i} & \boldsymbol{j} & \boldsymbol{k} \\ r_x & r_y & r_z \\ mv_x & mv_y & mv_z \end{vmatrix} \tag{2-11}$$

2. The Relationship between Torque and Angular Momentum

The torques about point O for all forces acting on a particle in Figure 2-5 can be related to the angular momentum of the particle by applying the equations of motion. If the mass of the particle is constant, this relationship can be expressed as

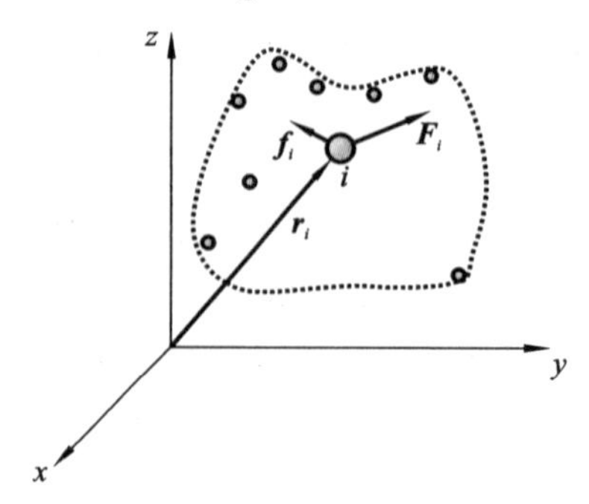

Figure 2-5

$$\sum \boldsymbol{F} = m\dot{\boldsymbol{v}}$$

The torque about point O for the forces acting at point O can be obtained by taking the cross product of both sides of this equation with the position vector $\boldsymbol{r}$, where the position vector $\boldsymbol{r}$ is measured from the xyz inertial reference frame. We have

$$\sum \boldsymbol{M}_O = \boldsymbol{r} \times \sum \boldsymbol{F} = \boldsymbol{r} \times m\dot{\boldsymbol{v}}$$

Taking into account that the derivative of $\boldsymbol{r} \times m\boldsymbol{v}$ can be written as

$$\dot{\boldsymbol{H}}_O = \frac{\mathrm{d}}{\mathrm{d}t}(\boldsymbol{r} \times m\boldsymbol{v}) = \boldsymbol{r} \times m\dot{\boldsymbol{v}} + \dot{\boldsymbol{r}} \times m\boldsymbol{v}$$

The cross product of a vector with itself is zero, therefore, the second term on the right of the above formula $\dot{\boldsymbol{r}} \times m\boldsymbol{v} = m(\dot{\boldsymbol{r}} \times \dot{\boldsymbol{r}}) = \boldsymbol{0}$, then we can obtain

$$\sum \boldsymbol{M}_O = \dot{\boldsymbol{H}}_O \tag{2-12}$$

Equation (2-12) signifies that the total torque about point O due to all forces acting on the particle is equal to the time rate of change of the angular momentum of the particle about point O. This result is similar to Equation(2-1), namely

$$\sum \boldsymbol{F} = \dot{\boldsymbol{L}} \tag{2-13}$$

where $\boldsymbol{L} = m\boldsymbol{v}$. Therefore, the total force acting on the particle is equal to the time rate of change of the linear momentum of the particle. It can be seen that Equations (2-12) and (2-13) are actually another way of expressing Newton's second law.

For the particle system shown in Figure 2-5, we can derive an equation similar to the form of Equation(2-13). The force acting on the i-th particle in the system includes both external force $\boldsymbol{F}_i$ and internal force $\boldsymbol{f}_i$. Representing the torques of these forces about point O in the form of Equation(2-13), we have

$$(\boldsymbol{r}_i \times \boldsymbol{F}_i) + (\boldsymbol{r}_i \times \boldsymbol{f}_i) = (\dot{\boldsymbol{H}}_i)_O$$

$(\dot{\boldsymbol{H}}_i)_O$ is the time rate of change of angular momentum about point O for the i-th particle, and similar equations can be written for other particles in the system. When the results are summed as vectors, the equation becomes

$$\sum(\boldsymbol{r}_i\times\boldsymbol{F}_i)+\sum(\boldsymbol{r}_i\times\boldsymbol{f}_i)=\sum(\dot{\boldsymbol{H}}_i)_O$$

The second term to the left of the above formula is zero because internal forces appear in equal but opposite collinear pairs, and therefore, the torque of internal forces with respect to point O is also zero. The above formula can be simplified as

$$\sum(\boldsymbol{M}_i)_O=\sum(\dot{\boldsymbol{H}}_i)_O \tag{2-14}$$

Equation(2-14) signifies that the sum of the torques about point O due to all external forces acting on the particle system is equal to the time rate of change of the total angular momentum of the system about point O. Although point O is chosen as the coordinate origin here, it can actually represent any fixed point in an inertial reference frame.

3. Theorem of Angular Momentum

If Equation(2-14) is converted into integral form, assuming at time $t=t_1$, $\boldsymbol{H}_O=(\boldsymbol{H}_O)_1$, and at $t=t_2$, $\boldsymbol{H}_O=(\boldsymbol{H}_O)_2$, we have

$$\sum\int_{t_1}^{t_2}\boldsymbol{M}_O\mathrm{d}t=(\boldsymbol{H}_O)_2-(\boldsymbol{H}_O)_1 \tag{2-15}$$

Initial and final angular momentum are defined as the moments of the initial linear momentum and the final linear momentum of the particle about point O, respectively. The term on the left of Equation(2-15), called angular momentum, is determined by the integral of the torque exerted by all forces on the particle over time. As the torque due to forces at point O is $\boldsymbol{M}_O$, angular momentum can be expressed in vector form as

$$\text{Angular momentum}=\sum\int_{t_1}^{t_2}\boldsymbol{M}_O\mathrm{d}t=\int_{t_1}^{t_2}\sum(\boldsymbol{r}_i\times\boldsymbol{F}_i)\mathrm{d}t \tag{2-16}$$

Equation(2-15) can also be written as

$$(\boldsymbol{H}_O)_1+\sum\int_{t_1}^{t_2}\boldsymbol{M}_O\mathrm{d}t=(\boldsymbol{H}_O)_2 \tag{2-17}$$

By employing the theorems of momentum and angular momentum, the two equations defining particle motion, namely Equations (2-3) and (2-17), can be reformulated as

$$\begin{cases} m\boldsymbol{v}_1+\sum\int_{t_1}^{t_2}\boldsymbol{F}\mathrm{d}t=m\boldsymbol{v}_2 \\ (\boldsymbol{H}_O)_1+\sum\int_{t_1}^{t_2}\boldsymbol{M}_O\mathrm{d}t=(\boldsymbol{H}_O)_2 \end{cases} \tag{2-18}$$

If the moment acting on the particle is zero, then Equation (2-15) can be simplified as

$$(\boldsymbol{H}_O)_1=(\boldsymbol{H}_O)_2$$

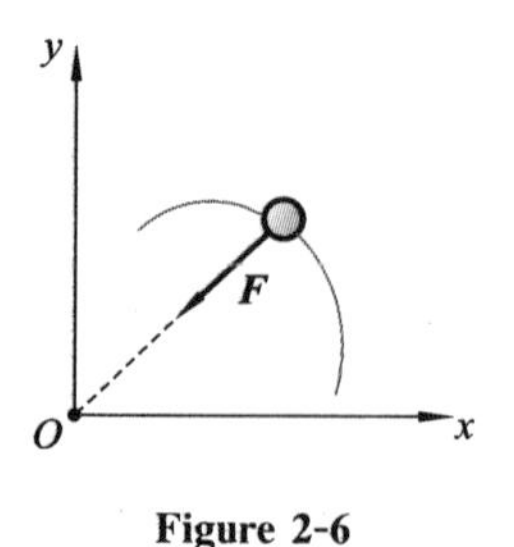

Figure 2-6

The above formula is known as the angular momentum conservation equation. It signifies that the angular momentum about the point O for the particle remains constant. Clearly, if no external force is applied to the particle, both linear momentum and angular momentum are conserved. However, in some cases, the angular momentum of the particle is conserved while linear momentum may not be. This occurs when the particle experiences only central forces. As shown in Figure 2-6, when the particle moves along a path, the impulse due to the central force $\boldsymbol{F}$ always points toward point O. The angular impulse produced by $\boldsymbol{F}$ about the z-axis is always zero, and hence the angular momentum of the particle about the z-axis is conserved. We can also express the conservation of angular momentum for a particle system as

$$\sum (\boldsymbol{H}_O)_1 = \sum (\boldsymbol{H}_O)_2$$

In this case, the angular momentum of all particles in the system must be summed up.

2.2 Central Collision

When two objects collide with each other in a very short period, an impact occurs, resulting in a relatively large force (impact force) between the objects.

In general, there are two types of impacts. When the motion direction of the center of mass of two particles is along a line passing through the center of mass, a central collision occurs. This line is called the line of impact, which is perpendicular to the plane of impact, as shown in Figure 2-7(a). When the motion of one or two particles makes an angle with the line of impact (as shown in Figure 2-7(b)), oblique collisions will occur.

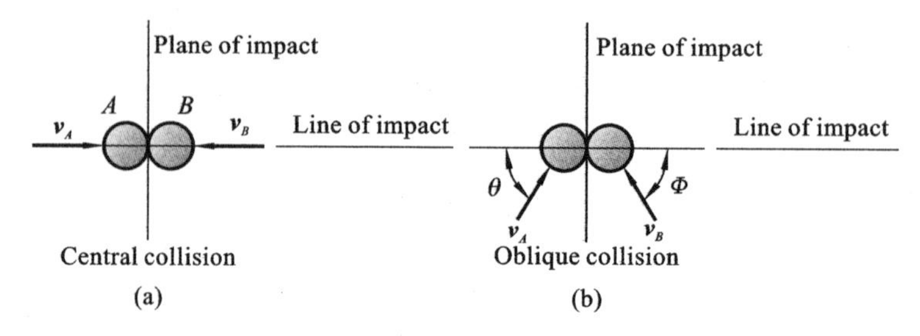

Figure 2-7

Using the collision between two particles A and B, as shown in Figure 2-8, as an example to analyze central collisions.

(1) If the initial momentum of the particles is shown in Figure 2-8(a), then the collision will definitely occur.

(2) During the collision process, the particles must be considered as deformable or non-rigid. After the collision, the particles will undergo a period of deformation, applying equal and opposite deformation impulses to each other, as shown in Figure 2-8(a).

(3) Only at the instant of maximum deformation will the two particles move with a common velocity $\boldsymbol{v}$ and at this time their relative velocity is zero, as shown in Figure 2-8(b).

(4) Following this, there will be a period of restitution, during which the particles either return to their original shapes or maintain a permanent deformation. Equal and opposite restitution impulses push the particles A and B apart from each other, as shown in Figure 2-8(c). In reality, any two objects are such that their deformation impulses are always greater than their restitution impulses.

(5) After impact, the particles will have final momenta as shown in Figure 2-8(d).

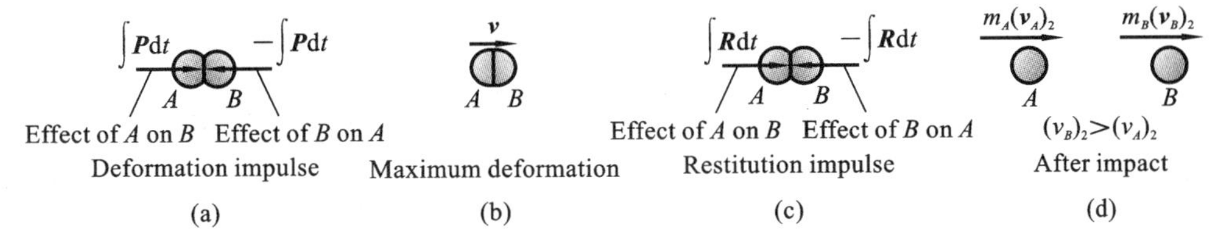

Figure 2-8

In most problems, the initial velocities of the particles are known, so it is necessary to determine their final velocities. In this regard, the momentum of the particle system is conserved because during the collision process, the internal deformation and restitution impulses cancel each other out. Referring to Figures 2-8(a) and 2-8(d), we have

$$m_A(\boldsymbol{v}_A)_1 + m_B(\boldsymbol{v}_B)_1 = m_A(\boldsymbol{v}_A)_2 + m_B(\boldsymbol{v}_B)_2 \tag{2-19}$$

In order to solve Equation(2-19), a second equation needs to be obtained. We can apply the theorem of momentum to each particle. For example, during the deformation phase of particle A, we can derive

$$m_A(\boldsymbol{v}_A)_1 - \int \boldsymbol{P}\mathrm{d}t = m_A\boldsymbol{v}$$

During the restitution phase of particle A, we have

$$m_A(\boldsymbol{v}_A)_1-\int \boldsymbol{R}\mathrm{d}t=m_A(\boldsymbol{v}_A)_2$$

The ratio of restitution impulse to deformation impulse is known as the coefficient of restitution. In this case, for particle A, this value is given by the equation

$$e=\frac{\int R\mathrm{d}t}{\int P\mathrm{d}t}=\frac{v-(v_A)_2}{(v_A)_1-v}$$

Similarly, we can establish e by considering particle B

$$e=\frac{\int R\mathrm{d}t}{\int P\mathrm{d}t}=\frac{(v_B)_2-v}{v-(v_B)_1}$$

If we eliminate the unknowns in the above two equations, the coefficient of restitution can be expressed in terms of the initial and final velocities of the particles as

$$e=\frac{(v_B)_2-(v_A)_2}{(v_A)_1-(v_B)_1} \tag{2-20}$$

If the value of e is given, then the final velocities of the particles can be solved by combining Equation (2-19) with Equation (2-20).

From Equation (2-20), it can be seen that e represents the ratio of the relative velocities of the particles after the collision to the relative velocities of the particles approaching before the impact. Through experimental measurements of these relative velocities, it is found that e varies significantly with the collision speed as well as the size and shape of the colliding bodies. Due to these reasons, e is reliable only when used together with data that closely aligns with the known conditions during measurement. Generally, the value of e lies between 0 and 1.

Perfectly elastic collision ($e=1$) If the collision between two particles is perfectly elastic, then the deformation impulse is equal and opposite to the restitution impulse. In reality, achieving perfectly elastic collisions is not possible.

Perfectly inelastic collision($e=0$) In this case, there is no restitution impulse, so the two particles combine and move together at the same velocity.

In particular, if the impact is perfectly elastic, no energy is lost during the collision; whereas if the collision is perfectly plastic, the maximum energy is lost during the collision process.

Example 2. 1

A ball A with a weight of 2. 72 kg is released from the position shown in Figure 2-9(a) in a state of rest. It will collide with a box B that has a mass of 8. 16 kg. We know that the coefficient of restitution between the ball A and the box B is 0. 5.

Determine the velocity of ball A and box B after the collision and the energy lost during the collision.

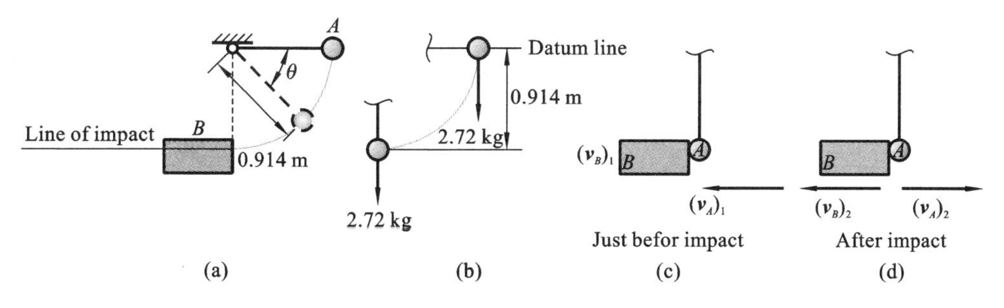

Figure 2-9

Solution This problem involves a central impact. First we need to find the velocity of the ball A before it hits the box B.

According to the data in Figure 2-9(b), applying the law of conservation of energy, we can obtain

$$0+0=\frac{1}{2}\times 2.72\ \mathrm{kg}\times (v_A)_1^2-2.72\ \mathrm{kg}\times 9.81\ \mathrm{m/s^2}\times 0.914\ \mathrm{m}$$

$$(v_A)_1=4.23\ \mathrm{m/s}$$

After the collision, let's assume that the ball A and the box B move to the left. Applying the law of conservation of momentum, as shown in Figure 2-9(c), we can obtain

$$m_B(v_B)_1+m_A(v_A)_1=m_B(v_B)_2+m_A(v_A)_2$$

$$0+2.72\ \mathrm{kg}\times 4.23\ \mathrm{m/s}=8.16\ \mathrm{kg}\times (v_B)_2+2.72\ \mathrm{kg}\times (v_A)_2$$

Considering that after the collision, the ball A and the box B separate as shown in Figure 2-9(d), using

$$e=\frac{(v_B)_2-(v_A)_2}{(v_A)_1-(v_B)_1}=0.5$$

it can be deduced that

$$(v_A)_2=-0.53\ \mathrm{m/s},\quad (v_B)_2=1.59\ \mathrm{m/s}$$

Applying the functional principle before and after the collision between the ball A and the box B, we can get

$$\sum U_{1-2}=T_2-T_1$$

$$\sum U_{1-2}=\left[\frac{1}{2}\times 8.16\ \mathrm{kg}\times (1.59\ \mathrm{m/s})^2+\frac{1}{2}\times 2.72\ \mathrm{kg}\times (-0.53\ \mathrm{m/s})^2\right]-\left[\frac{1}{2}\times 2.72\ \mathrm{kg}\times (4.23\ \mathrm{m/s})^2\right]$$

$$\sum U_{1-2}=-13.64\ \mathrm{J}$$

2.3 Oblique Collision

The concepts of central and oblique collisions of particles were introduced in Section 2.2. Now, we will expand this discussion to address oblique collisions between two objects. Oblique collisions occur when the direction of motion of the centers of mass of the two objects does not coincide with the line of impact. Such collisions often occur when one or both objects are constrained to rotate about a fixed axis. For example, in the scenario depicted in Figure 2-10(a), two objects A and B collide at point C. Assuming that, before the collision occurs, object B is rotating counterclockwise with an angular velocity $(\boldsymbol{\omega}_B)_1$, and the contact point C on object A has a velocity $(\boldsymbol{u}_A)_1$. The pre-collision velocities of the two objects are illustrated in Figure 2-10(b). Assuming smooth surfaces of the objects, the impulsive forces they apply to each other act along the line of impact. Therefore, the velocity component of point C on object B along the line of impact is $(\boldsymbol{v}_B)_1 = (\boldsymbol{\omega}_B)_1 r$. Similarly, on object A, the velocity component along the line of impact is $(\boldsymbol{v}_A)_1$. To have a collision, $(v_A)_1 > (v_B)_1$.

During the collision, equal and opposite impulsive forces $\boldsymbol{P}$ are applied between the two objects, causing deformation at the contact point. The resulting impulses are shown in Figure 2-10(c). It is worth noting that the impulsive reaction forces occur at point O on the rotating body. In these diagrams, it is assumed that the forces generated during the collision are much greater than the non-impulsive weight of the objects, which is not shown. When the deformation at point C reaches its maximum, point C on both objects moves along the line of impact at a common velocity $\boldsymbol{v}$, as illustrated in Figure 2-10(d). It then enters the elastic recovery phase, where the objects tend to regain their original shapes. During the elastic recovery phase, an equal but opposite impact force $\boldsymbol{R}$ is generated, acting between the two objects, as shown in Figure 2-10(e). After recovery, the objects separate, with the velocity component at point C on object B being $(\boldsymbol{v}_B)_2$ and the velocity component at point C on object A being $(\boldsymbol{v}_A)_2$, $(v_B)_2 > (v_A)_2$, as depicted in Figure 2-10(f).

Generally, problems involving the collision of two objects require determining two unknowns, $(v_A)_2$ and $(v_B)_2$, assuming that $(v_A)_1$ and $(v_B)_1$ are known. To solve such problems, two equations must be written. The first equation typically involves the conservation of angular momentum. For objects A and B, the impulse at point C is internal to the system, and the impulse at point O results in zero torque (or zero angular impulse) about point O. The second equation can be obtained by using the

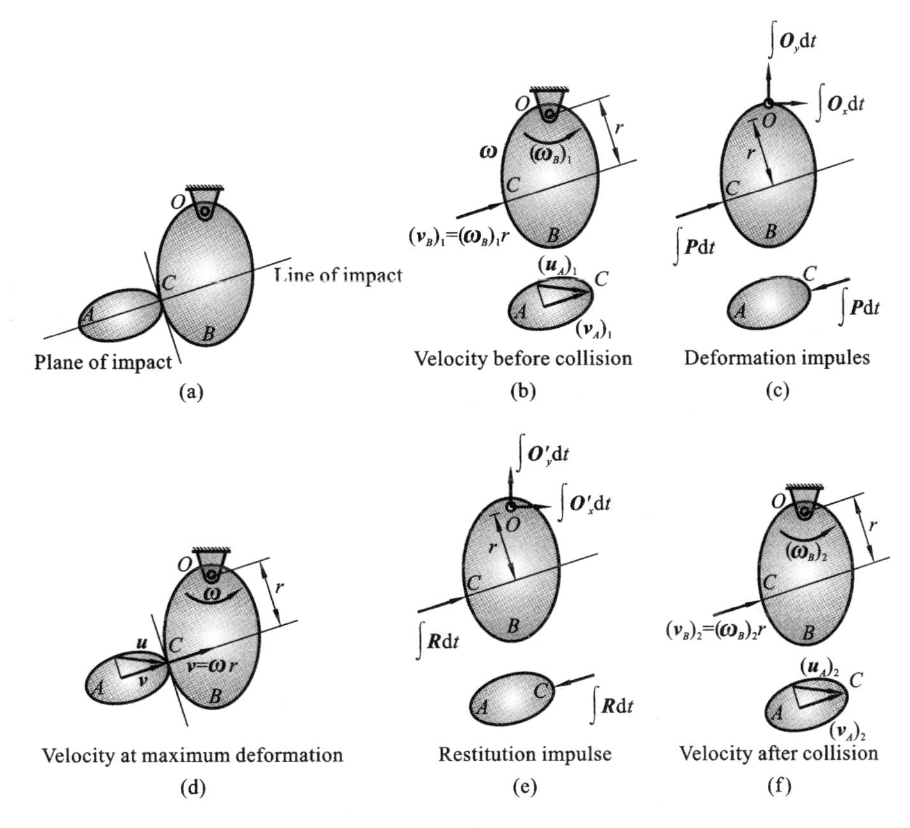

Figure 2-10

definition of the coefficient of restitution e.

However, it should be recognized that the application of this analysis is highly limited in engineering because, for such cases, the value of the coefficient of restitution e has been found to be very sensitive to the material, geometric shape, and velocity of each colliding body.

To establish a useful form of the equation for the coefficient of restitution, we must firstly apply the theorems of angular impulse and momentum about point O to objects B and A separately. By combining the results, we obtain the required equation. Applying the theorems of angular impulse and momentum to object B from the moment just before the collision to the instant of maximum deformation, we have

$$I_O(\omega_B)_1 + r\int P\mathrm{d}t = I_O\omega \tag{2-21}$$

I_O is the moment of inertia of object B about point O. Similarly, by applying the theorems of angular impulse and momentum from the moment of maximum deformation to just after the collision, we obtain

$$I_O\omega + r\int R\mathrm{d}t = I_O(\omega_B)_2 \tag{2-22}$$

Solving Equations(2-21) and (2-22) will yield $\int P\mathrm{d}t$ and $\int R\mathrm{d}t$, respectively, from which the coefficient of restitution e can be determined

$$e = \frac{\int R\mathrm{d}t}{\int P\mathrm{d}t} = \frac{r(\omega_B)_2 - r\omega}{r\omega - r(\omega_B)_1} = \frac{(v_B)_2 - v}{v - (v_B)_1}$$

Similarly, we can write an equation for the coefficient of restitution e with respect to velocities $(v_A)_1$ and $(v_A)_2$ for object A

$$e = \frac{v - (v_A)_2}{(v_A)_1 - v}$$

By eliminating the common velocity v, combining the above two equations gives the desired result, namely

$$e = \frac{(v_B)_2 - (v_A)_2}{(v_A)_1 - (v_B)_1} \tag{2-23}$$

Equation(2-23) indicates that the coefficient of restitution is equal to the ratio of the relative velocity of the objects as they separate at the contact point C after the collision to the relative velocity as they approach each other at the contact point C before the collision. In deriving this equation, we assume that the contact point of the two objects move upward and to the right both before and after the collision. If either contact point moves downward or to the left before and after the collision, then the velocity of that point should be considered as negative in Equation(2-23).

Furthermore, let's analyze point O as shown in Figure 2-10(c). When the collision occurs, point O experiences an impulse. By applying the impulse theorem, it can be deduced that $\int \boldsymbol{P}_x\mathrm{d}t + m_B\boldsymbol{v}_{Gx1} = \int \boldsymbol{O}_x\mathrm{d}t + m_B\boldsymbol{v}_{Gx2}$, and $\int \boldsymbol{P}_y\mathrm{d}t + m_B\boldsymbol{v}_{Gy1} = \int \boldsymbol{O}_y\mathrm{d}t + m_B\boldsymbol{v}_{Gy2}$ ($\boldsymbol{P}_x$ and $\boldsymbol{P}_y$ represent the forces in the x and y directions, respectively, acting at point C; $\boldsymbol{O}_x$ and $\boldsymbol{O}_y$ represent the forces in the x and y directions, respectively, acting at point O). Clearly, if $\int \boldsymbol{P}_y\mathrm{d}t = \mathbf{0}$, then $\int \boldsymbol{O}_y\mathrm{d}t = \mathbf{0}$. If the collision occurs at a specific position such that $\int \boldsymbol{P}_x\mathrm{d}t + m_B\boldsymbol{v}_{Gx1} - m_B\boldsymbol{v}_{Gx2} = \mathbf{0}$, then $\int \boldsymbol{O}_x\mathrm{d}t = \mathbf{0}$. It can be observed that at this moment, point O does not experience the impulse. Generally, when an external collision impulse acts on the impact center of an object within the mass symmetric plane and is perpendicular to the line connecting the rotating center and the center of mass, no collision impulse occurs at the pivot, and therefore, there are no extra forces. Based on the above conclusion, in the design of the pendulum impact testing apparatus used in material experiments, the impact point is precisely located at the center of the pendulum so that the collision does not induce impact forces at the bearing. When using various hammers to strike objects, if the impact point coincides with the impact center of the hammer, there will be no impact felt in the hands during the strike. While, a strong impact will be felt in the hands.

Example 2. 2

A homogeneous rod with mass m and length $2a$, its upper end fixed by a cylindrical hinge, as shown in Figure 2-11. The rod falls freely from a vertical position without initial velocity (rotate 180°), colliding with a fixed block. Assuming a coefficient of restitution e, the following are sought:

(1) the collision impulse experienced by the cylindrical hinge;

(2) the position of the impact center.

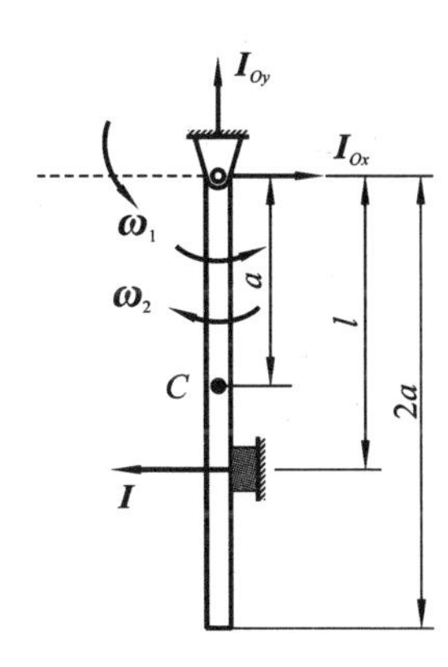

Figure 2-11

Solution The rod collides with the block in a vertical position, and it is assumed that the angular velocities of the rod at the beginning and end of the collision are $\boldsymbol{\omega}_1$ and $\boldsymbol{\omega}_2$, respectively. Before the collision occurs, the rod falls freely from a vertical position. Applying the theorem of kinetic energy: $\frac{1}{2}J_O\omega_1^2 = mg \cdot 2a$, and since $J_O = \frac{1}{3}m(2a)^2$, it is known that $\omega_1 = \sqrt{\frac{3g}{a}}$. The velocities of the collision point before and after the collision are $\boldsymbol{v}_1$ and $\boldsymbol{v}_2$, respectively, then there is

$$e = \frac{v_2 - 0}{0 - v_1} = \frac{l\omega_2}{l\omega_1}$$

therefore

$$\omega_2 = e\omega_1 = e\sqrt{\frac{3g}{a}}$$

Applying the theorem of angular momentum to the rod, then $J_O\omega_1 - Il = -J_O\omega_2$, and substituting the values of ω_1 and ω_2, there is

$$I = \frac{4ma}{3l}(1+e)\sqrt{3ga}$$

According to the impulse theorem, we have

$$\begin{cases} m\omega_1 a + I_{Ox} - I = -m\omega_2 a \\ I_{Oy} = 0 \end{cases}$$

we can obtain

$$I_{Ox} = -ma(\omega_2 + \omega_1) + I$$
$$= m(1+e)\left(\frac{4a}{3l} - 1\right)\sqrt{3ag}$$

From the above equation, it can be determined that when $l = \frac{4}{3}a$, $I_{Ox} = 0$. At this moment, the position of $l = \frac{4}{3}a$ corresponds to the impact center.

Example 2.3

A slender rod weighing 4.536 kg is suspended from a hinge at point A as shown in Figure 2-12(a). A ball B weighing 0.907 kg is thrown towards the rod with a velocity of 9.144 m/s and collides at the center of the rod. Determine the angular velocity of the rod after the collision. The coefficient of restitution is $e=0.4$.

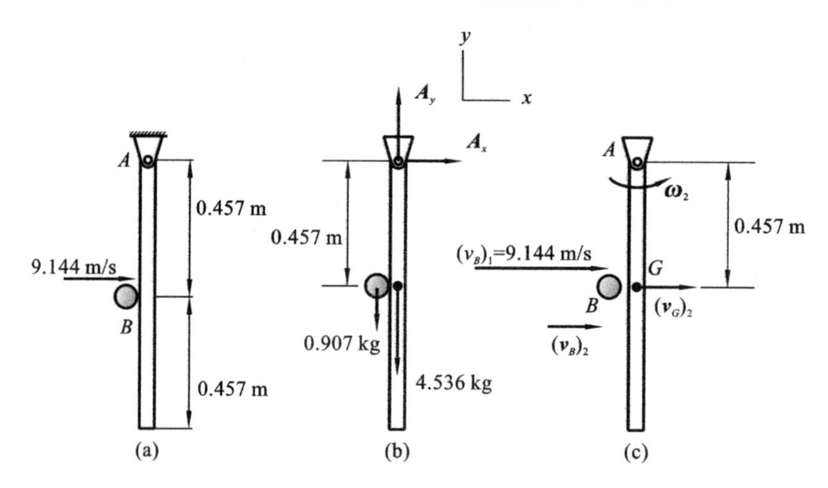

Figure 2-12

Solution This problem involves the conservation of angular momentum. Consider the ball and the rod as a system, as shown in Figure 2-12(b). Since the force between the rod and the ball is an internal force, angular momentum is conserved about point A. Additionally, the gravity acting on the ball and the rod does not produce angular momentum. Figure 2-12(c) shows the speed directions of the ball and the rod after the collision, and we can obtain

$$(H_A)_1 = (H_A)_2$$

$$m_B(v_B)_1 \times 0.457\ \text{m} = m_B(v_B)_2 \times 0.457\ \text{m} + m_A(v_G)_2 \times 0.457\ \text{m} + I_G\omega_2$$

$$0.907\ \text{kg}\times 9.144\ \text{m/s}\times 0.457\ \text{m}=0.907\ \text{kg}\times (v_B)_2\times 0.457\ \text{m}$$
$$+4.536\ \text{kg}\times (v_G)_2\times 0.457\ \text{m}$$
$$+\left[\frac{1}{12}\times 4.536\ \text{kg}\times (0.914\ \text{m})^2\right]\omega_2$$

Because $(v_G)_2=0.457\omega_2$, then

$$3.7902=0.4145(v_B)_2+1.2631\omega_2$$

Referring to Figure 2-12(c), we have

$$e=\frac{(v_G)_2-(v_B)_2}{(v_B)_1-(v_G)_1}$$
$$0.4=\frac{0.457\omega_2-(v_B)_2}{9.144-0}$$
$$3.6576=0.457\omega_2-(v_B)_2$$

thus, it can be obtained

$$(v_B)_2=-1.99\ \text{m/s}=1.99\ \text{m/s}(\leftarrow)$$
$$\omega_2=3.65\ \text{rad/s}\quad \text{(counterclockwise direction)}$$

Exercises

2.1 A 15000 kg oil tanker A and a 25000 kg truck B are moving towards each other with speeds as shown in Figure 2-13. If the coefficient of restitution is 0.6, determine the velocities of each vehicle after the collision.

2.2 As shown in Figure 2-14, the velocity of the 30 kg package A as it enters the smooth incline is 5 m/s. As it slides down the incline, it collides with an initially stationary 80 kg package B. If the coefficient of restitution is 0.6, determine the velocities after the collision.

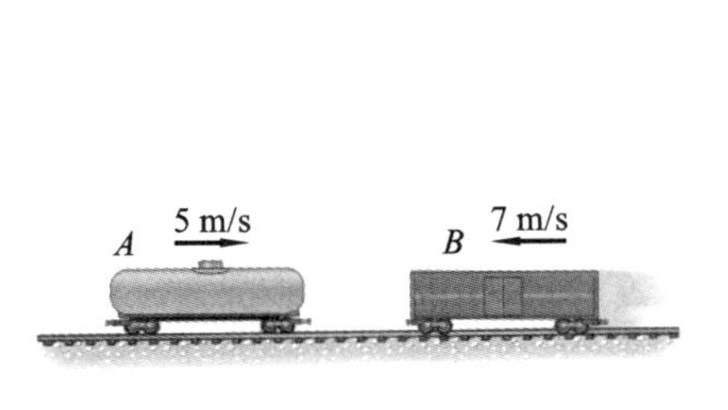

Figure 2-13

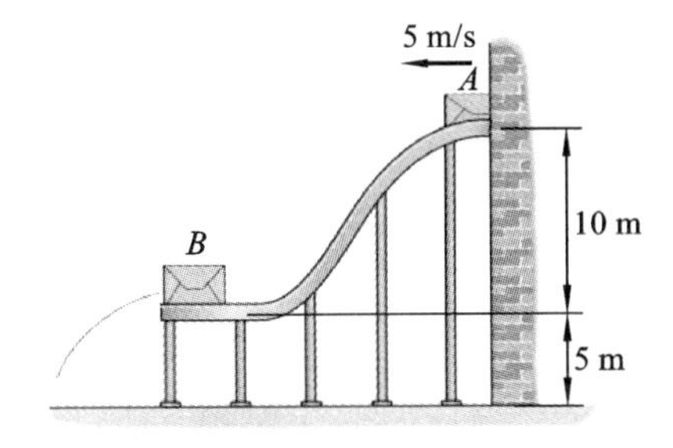

Figure 2-14

2.3 All three balls as shown in Figure 2-15 have a mass of m. Ball A has a velocity $\boldsymbol{v}$ before a direct collision with ball B, the coefficient of restitution between each pair of balls is denoted as e, the sizes of each ball are neglected, determine the velocity of ball C after the collision.

2.4 As shown in Figure 2-16, pile P has a mass of 800 kg, and it is driven into loose sand using a 300 kg hammer C, which is dropped from a height of 0.5 m above the top of the pile. If the frictional resistance of the sand to the pile is 18 kN, determine the depth to which a pile is driven into the sand after a single collision. The coefficient of restitution between the hammer and the pile is 0.7. Neglect the impulses caused by the gravity of the pile and the hammer.

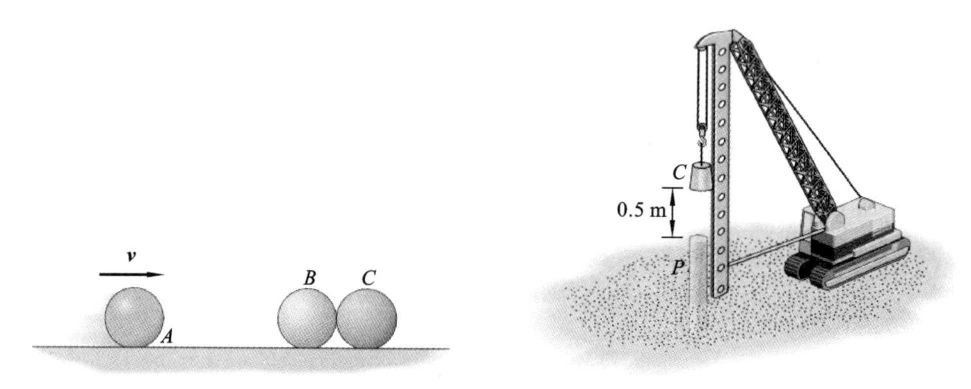

Figure 2-15 Figure 2-16

2.5 As shown in Figure 2-17, a 100 kg wooden crate A is released from rest on a smooth incline. After sliding down the incline, it strikes a 200 kg wooden crate B, which is resting against a rigid spring. If the coefficient of restitution between the crates is 0.5, the coefficient of elasticity of the spring is $k=600$ N/m, determine their velocities after the collision. Additionally, what is the maximum compression of the spring? The spring was originally unstretched.

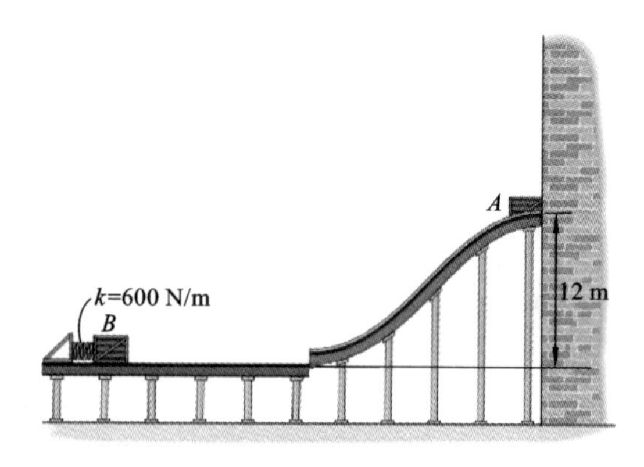

Figure 2-17

2.6 As shown in Figure 2-18, a 2 kg steel ball is released from rest and strikes a smooth incline at 45°. Determine the coefficient of restitution, the distance s, and the velocity of the ball when it strikes point A.

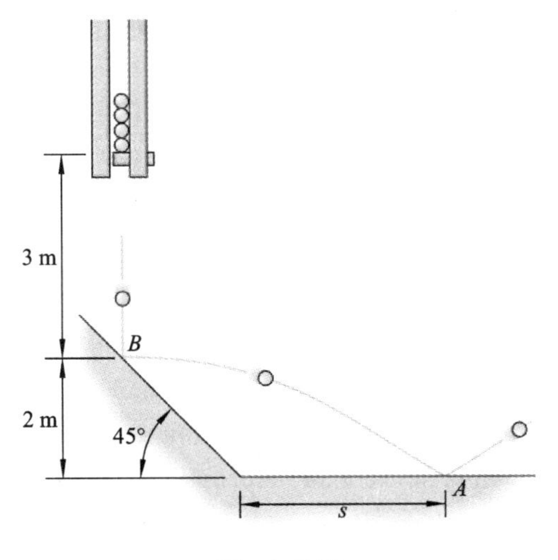

Figure 2-18

2.7 A block A with a mass of 10 kg is released from a height of 2 m above the plate P with a mass of 5 kg, which can freely slide along smooth vertical guides BC and DE, as shown in Figure 2-19, the coefficient of restitution between the block and the plate is 0.75. Determine the velocities of block A and plate P after the impact. Additionally, find the maximum compression of the spring when it is impacted. The length of the spring when it is uncompressed is 600 mm.

2.8 A 0.2 kg pebble was shot by a slingshot at a cement wall, hitting point B, as shown in Figure 2-20. If the coefficient of restitution between the pebble and the wall is 0.5, determine the velocity of the pebble after bouncing back from the wall.

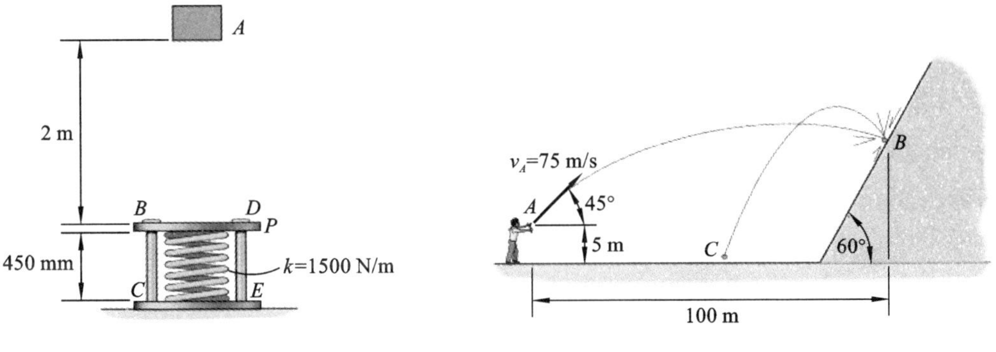

Figure 2-19 **Figure 2-20**

Chapter 3　Dynamic Load

Chapter 3
Dynamic Load

3.1　Overview

In previous chapters, we discussed the deformation and stress of the rod, which suffered the load increasing gently from zero during the loading process, the acceleration at various points of the rod is very small and can be ignored. This load is generally known as static load. The deformation and stress of the rod under the action of static load are called static load deformation and stress, referred to as static deformation and stress. The characteristic of static stress is that it is independent of acceleration and does not change over time.

In most testing of those properties of materials that relate to the stress-strain diagram, the load is applied gradually, to give sufficient time for the strain to fully develop. Furthermore, the specimen is tested to destruction, so the stresses are applied only once. Testing of this kind is applicable, to what are known as static conditions; such conditions closely approximate the actual conditions to which many structural and machine members are subjected.

In engineering, there are many high-speed running components, such as the long blade of the turbine, the shaft of emergency braking, air hammer for forging billets, etc. , where the speed changes rapidly in a short time. This load that changes significantly with time, that is, the load with a large loading rate, is generally known as the dynamic load. The stress caused by the dynamic load applied on the member is called the dynamic stress. This stress sometimes reaches very high values, resulting in the failure of components or parts.

For general acceleration (including linear acceleration and angular acceleration) problems, the properties of material are the same as usual, and the allowable stress under static load can still be used. D'Alembert principle is often applied to deal with such problems.

For the impact problem, the properties of the material will be greatly changed due to the great impact load of the component. Due to the transient and complexity of the impact, the law of conservation of energy is often used in engineering to simplify the analysis and calculation of the impact problem.

3.2 Dynamic Stress of linear Motion Components

Similar to Newton's second law, the characteristic of d'Alembert principle is that it allows dynamic problems to be transformed into statics problems.

D'Alembert's principle states that for a system of accelerating points, if the inertial force is hypothetically added to each particle, the original force system and the inertial force system form the equilibrium force system. In this way, the dynamic problem can be formally transformed into a statics problem, which is the method of dynamic equilibrium.

For the member in linear motion with equal acceleration, the inertial force can be applied by applying d' Alembert principle, and then the stress calculation and strength and stiffness design of the component can be carried out according to the method of stress analysis under static loads.

As shown in Figure 3-1, the equal section straight rod is increased upward at uniform acceleration $\boldsymbol{a}$, with rod length l, cross-sectional area A, density ρ, and section modulus W. If the gravity of the cable is ignored, according to d'Alembert principle, the gravity and inertial force of the rod and tensile force in the cable form a equilibrium force system in form. The deformation of the rod is the bending under the action of the above forces. The gravity and inertial force directions of the rod are downward, and the uniformly distributed force is

$$q = A\rho + \left(\frac{A\rho}{g}\right)a = A\rho\left(1 + \frac{a}{g}\right) \tag{3-1}$$

The bending moment in the central cross-section of the rod is

$$M = F\left(\frac{l}{2} - b\right) - \frac{1}{2}q\left(\frac{l}{2}\right)^2 = \frac{1}{2}A\rho g\left(1 + \frac{a}{g}\right)\left(\frac{l}{4} - b\right)l \tag{3-2}$$

the corresponding stress(dynamic stress)is

$$\sigma_{\mathrm{d}} = \frac{M}{W} = \frac{A\rho g}{2W}\left(1 + \frac{a}{g}\right)\left(\frac{l}{4} - b\right)l \tag{3-3}$$

When the acceleration is equal to zero, the bending positive stress of the rod under static load is determined from Equation(3-3)

$$\sigma_{\mathrm{st}} = \frac{M}{W} = \frac{A\rho g}{2W}\left(\frac{l}{4} - b\right)l \tag{3-4}$$

so σ_{d} can be expressed as

$$\sigma_{\mathrm{d}} = \sigma_{\mathrm{st}}\left(1 + \frac{a}{g}\right) \tag{3-5}$$

When $\sigma_d/\sigma_{st}=K_d$, K_d is referred to as the factor of dynamic load, we have

$$K_d = 1 + \frac{a}{g} \tag{3-6}$$

Equation(3-5) can be written as

$$\sigma_d = K_d \sigma_{st} \tag{3-7}$$

that is, the dynamic stress is equal to the static stress multiplied by the factor of dynamic load.

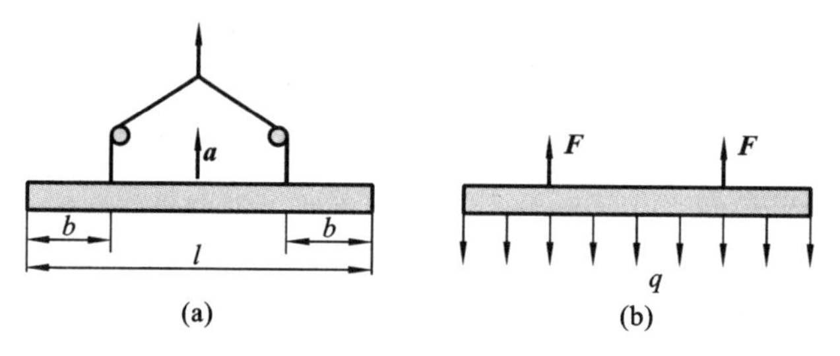

Figure 3-1

The strength condition can be expressed as

$$\sigma_d = K_d \sigma_{st} \leqslant [\sigma] \tag{3-8}$$

Since the effect of the dynamic load is already included in the factor of dynamic load K_d, $[\sigma]$ is the allowable stress under static load.

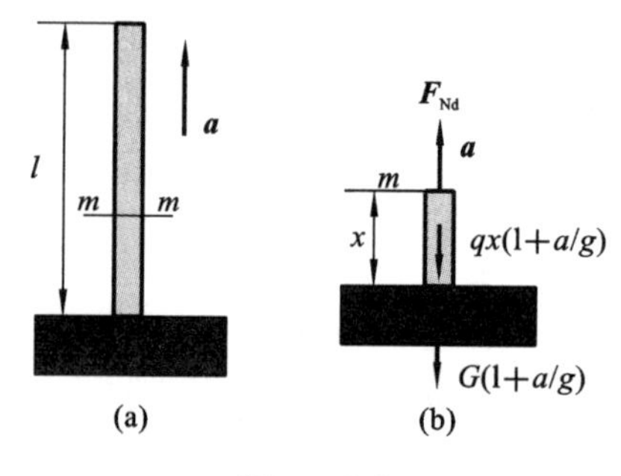

Figure 3-2

Example 3.1

As shown in Figure 3-2, the 50 kN load is lifted upwards by a 60-m-long steel wire of cross-sectional area A of 3 cm^2 at an acceleration a of 2 m/s^2. Knowing that the weight per unit length q of the steel wire is 25 N/m and the allowable stress $[\sigma]$ is 300 MPa. Check the strength of the steel wire.

Solution When the load is lifted with an acceleration of 2 m/s^2, considering the weight of the steel wire, the axial force at each point of the steel wire is not the same. The axial force on any cross-section m—m of the steel wire is

$$F_{Nd} = (G + qx)(1 + a/g)$$

When $x = l$, axial force will reach the maximum value

$$F_{Nd} = (G + ql)(1 + a/g)$$

The maximum dynamic stress in the steel wire is

$$\sigma_d = \frac{(G + ql)(1 + a/g)}{A}$$
$$= \frac{(50000 + 25 \times 60) \times (1 + 2/9.8)}{3 \times 10^{-4}} \text{Pa}$$
$$= 206.7 \times 10^6 \text{ Pa} = 206.7 \text{ MPa}$$

Since $\sigma_d = 206.7$ MPa $< [\sigma] = 300$ MPa, the steel wire is used properly.

3.3 Dynamic Stress of the Rotating Member

Failure problems of rotating members due to dynamic stresses are also common in engineering. To deal with this type of problem, firstly, the motion of the member is analyzed to determine its acceleration, then d'Alembert principle is applied to exert inertial forces on the member, and finally, the internal forces and stresses in the member are determined in accordance with the analysis of static loads.

As shown in Figure 3-3(a), a circular ring rotates with uniform angular velocity $\boldsymbol{\omega}$ about an axis passing through the center of the ring and perpendicular to the plane of the paper. If the thickness δ of the ring is much smaller than the diameter D, the normal acceleration at all points is approximately equal at $D\omega^2/2$. Assuming the cross-sectional area A and the density ρ of the ring, the inertial forces uniformly distributed circumferentially is $q_d = A\rho a_n = A\rho D\omega^2/2$, and the direction is away from the center of the circle, as shown in Figure 3-3(b).

Passing through an imaginary cross section along the diameter by cross-section method, the internal force of a half ring can be shown in Figure 3-3(c). F_{Nd} is the normal force of the section and can be divided by the area to obtain the dynamic stress.

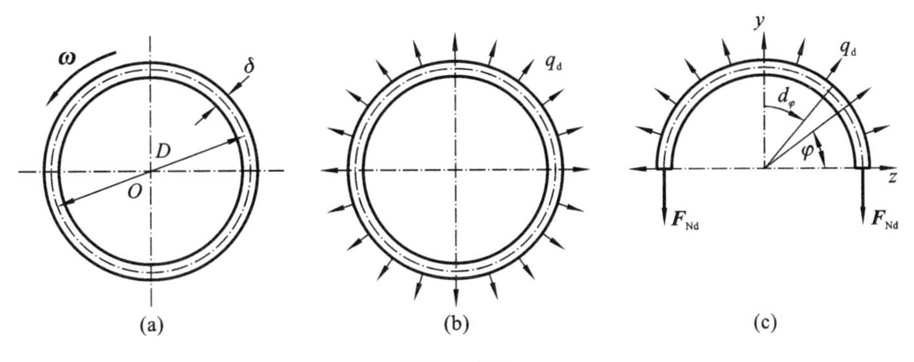

Figure 3-3

With the center of the circle as the origin point, establishing the Oyz coordinate system (as shown in Figure 3-3(c)), from the equilibrium equation $\sum F_y = 0$, we obtain

$$-2F_{Nd}+\int_0^{\pi}q_d\sin\varphi\cdot\frac{D}{2}d\varphi=0 \tag{3-9}$$

$$F_{Nd}=q_dD/2=A\rho D^2\omega^2/4 \tag{3-10}$$

The corresponding stress of the radial section is

$$\sigma_d=F_{Nd}/A=\rho D^2\omega^2/4=\rho v^2 \tag{3-11}$$

where v is the tangential velocity of points on the ring.

The dynamic strength condition for a uniformly rotating ring is

$$\sigma_d=\rho v^2\leqslant[\sigma] \tag{3-12}$$

The above formula shows that the dynamic stresses in the ring are related to density and rotational speed and independent of the cross-sectional area. Increasing the cross-sectional area does not help decrease the maximum stress.

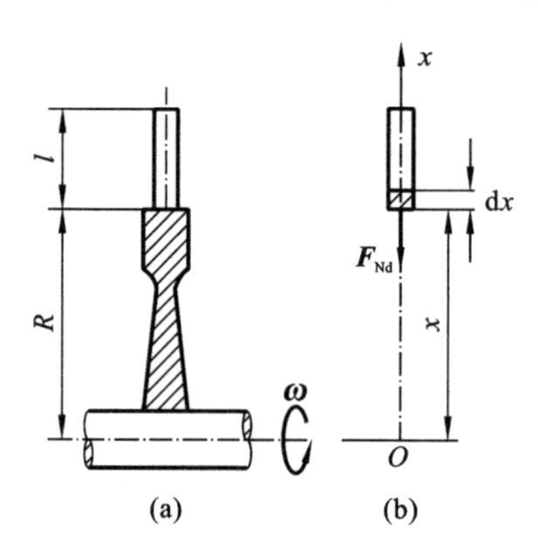

Figure 3-4

Example 3. 2

As shown in Figure 3-4, the blade of the steam turbine can be approximated as a uniform cross-section rod. Knowing that turbine wheel speed of rotating $n=3000$ r/min, radius $R=600$ mm, blade length $l=$ 250 mm, and material density $\rho=7.85\times10^3$ kg/m^3. Determine the maximum tension stress on the root section of the blade.

Solution (1) Determine dynamic load.

When the turbine wheel is rotating at a constant angular velocity, the normal acceleration of the blade is different and can be written as

$$a_n=x\omega^2$$

where x is the distance from the center of the shaft.

In order to determine the axial force at the root of the blade, the dynamic load on the blade must be first determined, that is, the inertia force distributed in the axial direction of the blade.

Assuming m is the mass per unit length of the blade, the inertia force per unit length q_1 in the direction of the blade axis can be expressed as

$$q_1=ma_n=m(x\omega^2)=A\rho(x\omega^2)$$

where A is the cross-sectional area of the blade.

The above formulas show that the inertial force in the axial direction at each point on the blade is proportional to the distance x from the axis of the shaft.

Passing an imaginary section at an arbitrary point, we determine the axial force

F_{Nd} by considering the equilibrium of the portion above the section.

Establishing the equilibrium equation

$$\sum F_x = 0, \quad F_{Nd} - \int_x^{l+R} q_1 \mathrm{d}x = 0$$

solve to

$$F_{Nd} = \int_x^l q_1 \mathrm{d}x = \int_x^{l+R} mx\omega^2 \mathrm{d}x = \frac{A\rho\omega^2}{2}((l+R)^2 - x^2)$$

From the above equation, we find the axial force will reach the maximum value at the root of the blade at $x=600$ mm.

(2) Calculate stress.

The maximum tension stress of the blade will occur at $x=600$ mm, and

$$\sigma_d = \frac{F_{Nd}}{A}$$

Substituting the known data into the above formula, we obtain

$$\begin{aligned}\sigma_{d,max} &= \frac{F_{Nd}}{A} = \frac{A\rho\omega^2((l+R)^2 - R^2)}{2A} \\ &= \frac{7.85 \times 10^3 \times (3000 \times 2\pi/60)^2 \times (0.85^2 - 0.6^2)}{2} \text{Pa} \\ &= 140 \times 10^6 \text{ Pa} = 140 \text{ MPa}\end{aligned}$$

3.4 The Impact Load and Impact Stress in Members

3.4.1 Basic Assumption of Calculating Impact Loads

Consider a straight rod BD of uniform cross-section, it is attached to a fixed end and another end is free. The free end B is hit by a ball of mass m moving with a velocity v_0 (as shown in Figure 3-5(a)). The rod BD deforms under the impact load of the ball, and the stress in the rod reaches its maximum value when the velocity of the ball becomes zero (as shown in Figure 3-5(b)). Thereafter, the deformation of rod BD will decrease and vibration will be generated, and the vibration of the rod will eventually disappear due to damping.

As shown in Figure 3-6, the pile driver utilizes the gravity of a heavy hammer to strike the ground pile through free fall. This delivers a large impact load to the pile that is being driven into the ground. The ground pile is driven to a certain depth for fixation. The researcher needs to calculate the instantaneous maximum values of deformation and stress at impact.

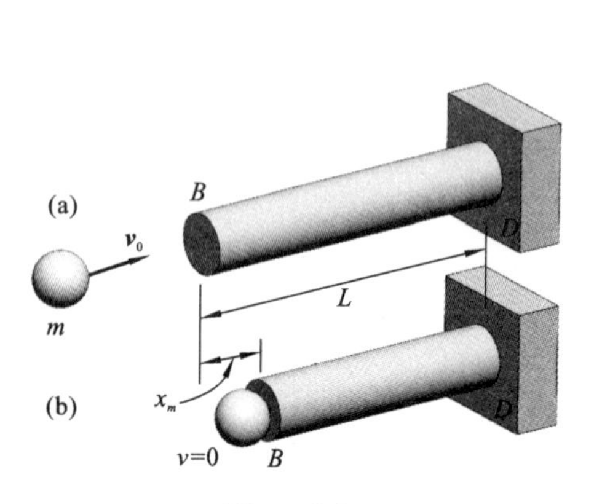

Figure 3-5

Figure 3-6

The stress and deformation distribution on the member are relatively complex during the impact process, so it is difficult to accurately calculate the impact load and the stress and deformation caused by the impact load in the impacted member. Simplified calculation methods are often used in engineering. This simplified calculation method is based on the following assumptions:

(1) The impacting body is rigid and moves with the impacted member without rebound from the start of the impact to the time when the impact displacement is at its maximum.

(2) The mass of the impacted member is negligible, and stress and deformation induced by the impact loads are spread throughout the impacted member at the moment of impact.

(3) During the impact process, the impacted member is within the elastic range.

(4) There is no other form of energy conversion during the impact process, the law of conservation of mechanical energy can be used.

3.4.2 Application of the Law of Conservation of Mechanical Energy

As shown in Figure 3-7 (a), a block of weight W is placed slowly on the midpoint of the simply supported beam AB. In the elastic range, the deflection at the midpoint of the beam is

$$w = \frac{WL^3}{48EI} \tag{3-13}$$

where E is the elastic modulus and I is the moment of inertia.

As shown in Figure 3-7(b), the same block is dropped at rest from a height h onto the midpoint of the simply supported beam AB. At the end of impact, the displacement of the block and the midpoint of the beam both reach their maximum values. $\boldsymbol{F}_d$ and Δ_d represent impact force and impact displacement, respectively, where the subscript d denotes dynamic loads due to impact forces to distinguish them from dynamic loads due to inertial forces.

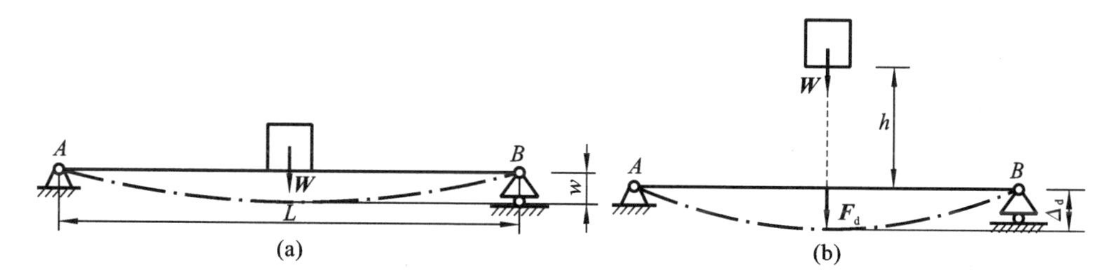

Figure 3-7

For simplify, the beam can be considered as a linear spring with a stiffness coefficient of k.

Assuming position 1 is the original position of the beam before impact, and position 2 is the position at the end of impact, that is, the position at which the beam and the block move to the maximum deformation of the beam. Kinetic and potential energy are considered at these two positions respectively.

Before and at the end of impact, the velocity of the block is zero, thus the kinetic energy of the system is zero at both positions 1 and 2, that is

$$T_1 = T_2 = 0 \tag{3-14}$$

Assuming position 1 is the zero potential energy point, that is, the potential energy of the system at position 1 is zero

$$V_1 = 0 \tag{3-15}$$

The potential energy of the block and the beam at position 2 are denoted as $V_2(W)$ and $V_2(k)$, respectively

$$V_2(W) = -W(h + \Delta_d) \tag{3-16}$$

$$V_2(k) = \frac{1}{2}k\Delta_d^2 \tag{3-17}$$

where $V_2(W)$ is the work done by the gravity of the block from position 2 back to position 1 (zero potential energy point). Because the force is opposite to the displacement, $V_2(W)$ is negative. $V_2(k)$ is the strain energy stored in the beam due to the deformation of the beam(from position 1 to position 2), also known as the potential energy of elasticity, which is numerically equal to the work done by the impact force from position 1 to position 2.

During the impact process, the impacted member is within the elastic range. So impact load F_d is directly proportional to the impact displacement Δ_d, that is

$$F_d = k\Delta_d \tag{3-18}$$

The relation between F_s and Δ_s under static load is

$$F_s = k\Delta_s \tag{3-19}$$

where k is a stiffness coefficient, which is the same for dynamic and static loads. Δ_s is the displacement of the beam at the point of impact when the load is applied slowly.

Since only gravity acts, according to the law of conservation of mechanical energy, the mechanical energy of the system is conserved before the fall of the block to the end of the impact, that is

$$T_1 + V_1 = T_2 + V_2 \tag{3-20}$$

Substituting Equations(3-14)-(3-17) into Equation(3-20), we have

$$\frac{1}{2}k\Delta_d^2 - W(h + \Delta_d) = 0 \tag{3-21}$$

Here $F_s = W$, substituting it into Equation (3-19) yields $k = W/\Delta_s$, then combining Equation(3-21), the following equation can be obtained

$$\Delta_d^2 - 2\Delta_s\Delta_d - 2\Delta_s h = 0$$

then, we obtain

$$\Delta_d = \Delta_s\left(1 + \sqrt{1 + \frac{2h}{\Delta_s}}\right) \tag{3-22}$$

The factor of impact load is

$$K_d = \frac{\Delta_d}{\Delta_s} = 1 + \sqrt{1 + \frac{2h}{\Delta_s}} \tag{3-23}$$

This result shows that the factor of impact load is related to the static displacement, that is, to the stiffness of the beam. The smaller the stiffness of the beam, the larger the static displacement, and the factor of impact load will be reduced accordingly. When designing components to withstand impact loads, this characteristic should be fully utilized to reduce the impact force experienced by the components. For example, the installation of stacked plate springs or air spring-type shock absorbers on automobile chassis, the installation of compression springs between train carriages and wheel axles, the use of long bolts instead of short bolts, and the extensive use of rubber pads in mechanical systems, are all applications of the above principles to reduce the hazards of impact.

The maximum impact force, maximum impact displacement and maximum impact stress that can be achieved by the impactor under impact conditions can be expressed as

$$F_d = K_d W, \quad \Delta_d = K_d \Delta_s, \quad \sigma_d = K_d \sigma_s$$

When $h=0$, we obtain

$$K_d = \frac{\Delta_d}{\Delta_s} = 2$$

This explains that when placing an object on the beam suddenly, the actual load exerted to the beam is twice the weight.

For a horizontally placed system, as shown in Figure 3-1, the potential energy of the system is constant during the impact process, $\Delta V=0$. According to the law of conservation of energy, the change in kinetic energy of the impact system is equal to the strain energy of the rod, we write

$$\Delta T = V_\varepsilon \tag{3-24}$$

When the system speed is zero, the dynamic load on the rod is F_d. Under the condition that the material obeys Hooke's law, the work done by the dynamic load during the impact process is $\frac{1}{2}F_d\Delta_d$, which is equal to the strain energy of the rod, that is

$$V_\varepsilon = \frac{1}{2}F_d\Delta_d \tag{3-25}$$

If the velocity of the impactor in contact with the rod is v, and after the impact it falls to zero, then the change in kinetic energy ΔT is $\frac{1}{2}mv^2$. Substituting the expressions of ΔT and V_ε into Equation(3-24), we have

$$\frac{1}{2}mv^2 = \frac{mg}{2}\frac{\Delta_d^2}{\Delta_s} \tag{3-26}$$

$$\Delta_d = \sqrt{\frac{v^2}{g\Delta_s}}\Delta_s \tag{3-27}$$

The factor of impact load is

$$K_d = \frac{\Delta_d}{\Delta_s} = \sqrt{\frac{v^2}{g\Delta_s}} \tag{3-28}$$

Example 3.3

As shown in Figure 3-8, the cantilever beam has its end B fixed, and there is a heavy object above the free end A that falls freely and strikes the beam. It is known

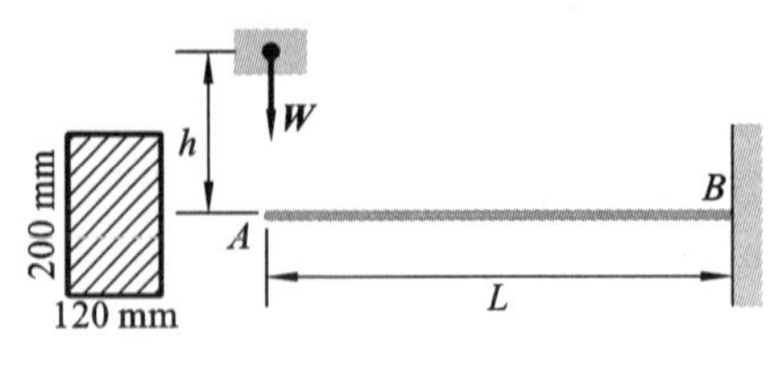

Figure 3-8

that the beam is made of wood with an elastic modulus $E=10$ GPa; the beam length $L=2$ m, and the cross-section is a rectangle with $b\times H=120\text{ mm}\times 200\text{ mm}$; the height of the heavy object h is 40 mm, and the weight $W=1$ kN. Find:

(1) The impact load experienced by the beam;

(2) The maximum impact normal stress and the maximum impact deflection on the beam's cross-section.

Solution (1) Calculate the impact load.

① Calculate the maximum static stress and the maximum deflection at the impact point on the beam's cross-section.

Under the action of the static load $\boldsymbol{W}$, the maximum normal stress on the cross-section of the cantilever beam occurs at the section with the maximum bending moment at the fixed end, and its value is

$$\sigma_{\max}=\frac{M_{\max}}{S}=\frac{WL}{bH^2/6}=\frac{1\times10^3\times2\times6}{120\times200^2\times10^{-9}}\text{Pa}=2.5\times10^6\text{ Pa}=2.5\text{ MPa}$$

From the deflection table of the beam, it can be found that the maximum deflection of a cantilever beam subjected to a concentrated force at the free end occurs at the free end, and its value is

$$w_{\max}=\frac{WL^3}{3EI}=\frac{1\times10^3\times2^3\times10^3}{3\times10\times10^9\times(120\times200^3\times10^{-12}/12)}\text{mm}=\frac{10}{3}\text{ mm}$$

② Determine the factor of impact load.

Based on Equation (3-23) and the known data of this example, the factor of impact load can be calculated as

$$K_{\mathrm{d}}=1+\sqrt{1+\frac{2h}{\Delta_{\mathrm{s}}}}=1+\sqrt{1+\frac{2\times40}{10/3}}=6$$

③ Calculate the impact load.

$$F_{\mathrm{d}}=K_{\mathrm{d}}W=6\times1\times10^3\text{ N}=6000\text{ N}=6\text{ kN}$$

(2) Calculate the maximum impact normal stress and the maximum impact deflection.

The maximum impact normal stress is

$$\sigma_{\mathrm{d}}=K_{\mathrm{d}}\sigma_{\max}=6\times2.5\text{ MPa}=15\text{ MPa}$$

The maximum impact deflection is

$$w_{\mathrm{d,max}}=K_{\mathrm{d}}w_{\max}=6\times\frac{10}{3}\text{ mm}=20\text{ mm}$$

Example 3.4

As shown in Figure 3-9, the non-uniform rod BCD is placed horizontally, fixed at position D, and free at position B. Sections BC and CD are of equal length, the diameter of section BC is twice the diameter of section CD, and the elastic modulus of the rod is E. A ball of mass m moving with a velocity $\boldsymbol{v}_0$ hits the end B, determine the maximum impact stress in the cross-section of the rod.

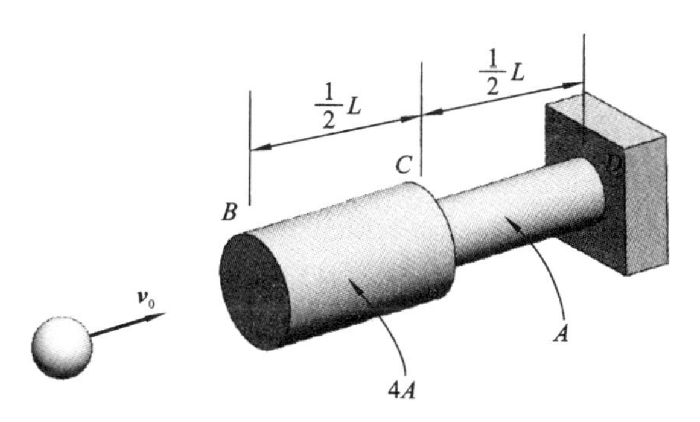

Figure 3-9

Solution (1) Determine the maximum stress and deflection of the rod under static load.

Under the action of the static load mg, the maximum stress in section CD is

$$\sigma_{s,\max} = \frac{mg}{A}$$

The compressive deformation of the entire rod is

$$\Delta_s = \Delta_{BC} + \Delta_{CD} = \frac{mgL}{8EA} + \frac{mgL}{2EA} = \frac{5mgL}{8EA}$$

(2) Determine the factor of impact load.

$$K_d = \sqrt{\frac{v^2}{g\Delta_s}} = \sqrt{\frac{v_0^2}{g\Delta_s}} = \sqrt{\frac{8EAv_0^2}{5mg^2L}}$$

(3) Calculate the maximum impact stress.

$$\sigma_{d,\max} = K_d\sigma_{s,\max} = \sqrt{\frac{8EAv_0^2}{5mg^2L}} \cdot \frac{mg}{A} = \sqrt{\frac{8Emv_0^2}{5AL}}$$

3.5 Impact Toughness

Impact toughness refers to the ability of a material to absorb plastic deformation work and fracture work under impact load, reflecting the subtle defects within the material and impact resistance. In general, the three stages of the material's elasticity, plasticity, and fracture are used to describe the destruction process of the material under impact load.

In the elastic phase, the mechanical properties of the material are basically the same as those under static load, such as the elastic modulus and Poisson's ratio of the material have no significant change. Because the elastic deformation is propagated in the elastic medium at the speed of sound, it can always keep up with the pace of change of the applied load, so the acceleration has no effect on the elastic behavior of the material and its corresponding mechanical properties. The propagation of plastic deformation is relatively slow, if the loading rate is too fast, plastic deformation is too late to fully carry out. In addition, plastic deformation is delayed relative to the loading rate, which leads to an increase in deformation resistance. Macroscopic performance is that the yield strength has a large increase, while the plasticity decreases. Generally for plastic materials, the fracture resistance has little to do with the deformation rate. In the presence of a notch, with the increase of the deformation rate, the toughness of the material always decreases. Therefore, the test with notched specimens under impact load can better reflect the tendency of the material to become brittle and the sensitivity of the notch.

In engineering, the standard for measuring a material's impact resistance is the amount of energy required to break a test specimen. There are many ways to categorize impact tests. According to the temperature, there are high temperature, room temperature, and low temperature types; according to the applied load, there are impact tensile, impact torsion, impact bending, and impact shear; and according to the energy, there are large energy single impact and small energy multiple impacts. The impact test in the material mechanics test is a large energy single impact test of room temperature of a simply supported beam. The specimen with a V-shaped notch or a U-shaped notch is used, as shown in Figure 3-10. The purpose of making a notch on the specimen is to cause stress concentration near the notch, so that the plastic deformation is confined to the notch attachment within a small volume, and to ensure that the specimen is punched off at the notch at one time.

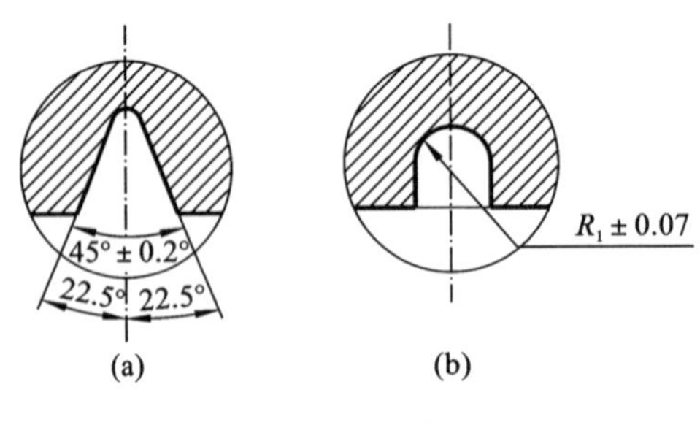

Figure 3-10

A specimen with a notch is placed on the support of the testing machine and the notch is located on the side under tension (as shown in Figure 3-11). When a heavy pendulum falls freely from a certain height and breaks the specimen, the energy absorbed by the specimen is equal to the work done by the pendulum.

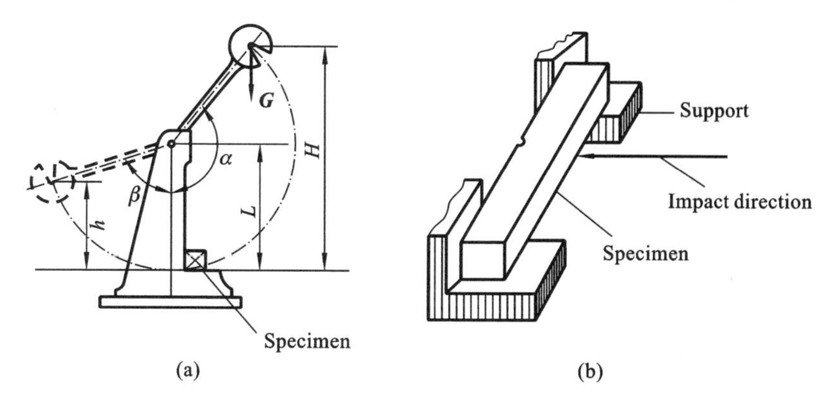

Figure 3-11

The potential energy of the heavy pendulum before impact is

$$V_1 = GH = GL(1 - \cos\alpha)$$

The potential energy of the heavy pendulum after impact is

$$V_2 = Gh = GL(1 - \cos\beta)$$

The work done by the pendulum is

$$W = GL(\cos\beta - \cos\alpha)$$

W is also the impact energy expended in punching the specimen. Dividing the minimum cross-sectional area A of the specimen at the notch by W, we get

$$\alpha_k = \frac{W}{A} = \frac{GL(\cos\beta - \cos\alpha)}{A}$$

where α_k denotes the impact toughness; G is the weight of the pendulum; L is the length of the pendulum; α is the starting angle of the pendulum; β is the angle after impact at which the pendulum lifts up due to inertia after breakage.

Because the α_k is very sensitive to the shape and size of the notch, the deeper the notch, the lower the α_k, the more brittle the material. So the impact toughness of different notches of the same material cannot be calculated and directly compared with each other. Tests show that the notch shape, specimen size, material properties, and other factors will affect the volume of the fracture near the plastic deformation, so the impact test must be carried out under the specified criteria.

As the temperature decreases, plastic materials transition from ductile to brittle behavior. The impact test is commonly used to determine the fracture appearancetransition temperature for steels of medium and low strength. In Figure 3-12, the horizontal axis represents temperature, the left vertical axis indicates the percentage of the granular fracture area to the total cross-sectional area, and the right vertical

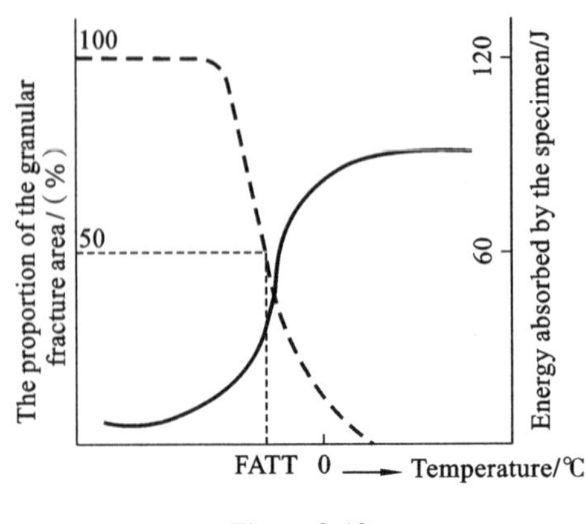

Figure 3-12

axis represents the energy absorbed by the specimen during fracture. The solid line represents the change of α_k with temperature for low carbon steel, corresponding to the right vertical axis, while the dashed line indicates the change in the granular fracture area with temperature, corresponding to the left vertical axis. The solid line shows that, as the temperature decreases, α_k drops abruptly in a narrow temperature range, and the material becomes brittle, which is known as the cold brittle phenomenon. The temperature at which the α_k drop abruptly occurs is called the fracture appearancetransition temperature. After the specimen is broken by impact, some areas of the fracture surface exhibit a granular appearance, which is indicative of brittle fracture; other areas show a fibrous appearance, which is indicative of ductile fracture. V-shaped groove specimen has a higher stress concentration, and thus the fracture partition is more obvious. With a group of V-shaped groove specimens at different temperatures for the test, the results indicate that the percentage of the granular fracture area to the total fracture area increases as the temperature decreases, as shown by the dashed line in Figure 3-12. Generally, the temperature at which the granular fracture area accounts for 50% of the total fracture area is defined as the fracture appearancetransition temperature (FATT).

Not all metals exhibit cold brittleness. For instance, with aluminum, copper, and certain high-strength alloy steels, there is little change in the α_k value over a wide temperature range, and no significant cold brittle phenomenon is observed.

Exercises

3.1 The ordinary hot-rolled I-beam No. 20a shown in Figure 3-13 is moving downward at a uniform deceleration, and the velocity changes from 1.8 m/s to 0.6 m/s in 0.2 s. Knowing that $l=6$ m, $b=1$ m, determine the maximum stress in the I-beam due to bending.

3.2 As shown in Figure 3-14, the winch is used to convey the object weighing 50 kN, moving downward at a velocity of 1.6 m/s. When the steel cable, which is $l=240$ m in length between the weight and the winch, the winch is suddenly

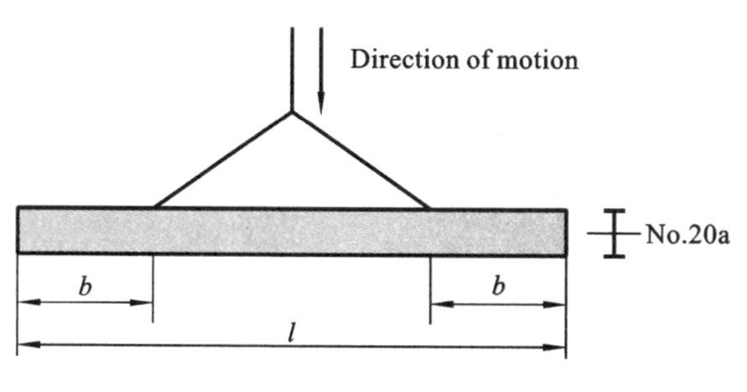

Figure 3-13

braked. Knowing that the cable's elastic modulus $E=210$ GPa and cross-sectional area $A=1000\ mm^2$, determine the maximum tension stress in the cable(neglecting the weight of the cable).

3.3 The bridge crane is made of I-beam No. 16 moving forward at a uniform velocity of 1 m/s(in Figure 3-15, the direction of movement is perpendicular to the paper plane). When the bridge crane stopped suddenly, the block with $W=50$ kN would swing like a pendulum. Knowing that the cross-sectional area A of the rope is $500\ mm^2$, determine the maximum normal stress in the rope and beam respectively (neglecting the self-weight of the rope and the effects caused by the swinging of the block).

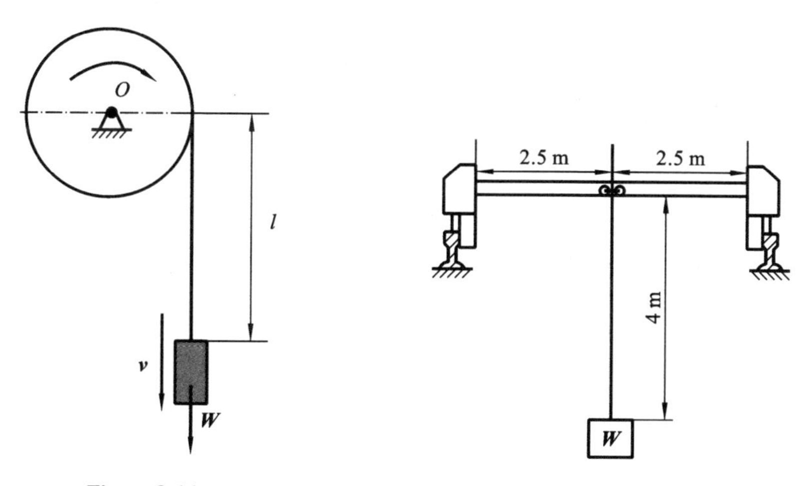

Figure 3-14

Figure 3-15

3.4 As shown in Figure 3-16, a flywheel with rotational inertia $I=0.5\ kN \cdot m \cdot s^2$ is installed on a shaft with a diameter of 80 mm, and the shaft's rotate speed is 300 r/min. After the brake starts to work, the flywheel will stop within 20 revolutions. Determine the maximum stress in the shaft. Assuming that before the brake working, the shaft has disengaged from the driving device, ignore the friction force inside the bearing.

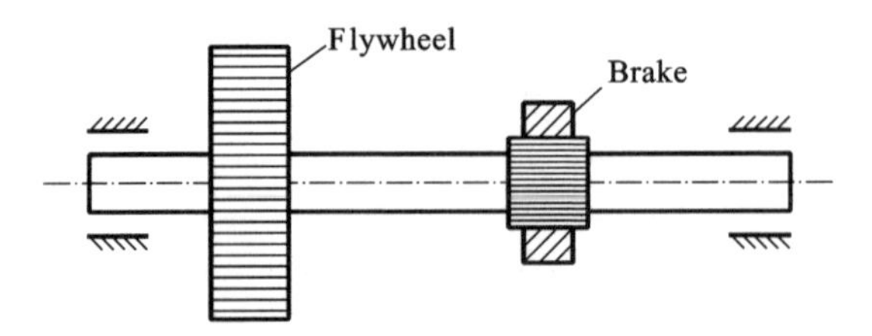

Figure 3-16

3.5 As shown in Figure 3-17, the steel shaft AB is equipped with a uniform disc with a hole. The thickness of the disc is δ, the material density of the disc is ρ, the hole's diameter is ϕ, and the disc and shaft rotate together at a uniform angular speed of ω. Knowing that $\delta=30$ mm, $a=1000$ mm, $e=300$ mm, $d=120$ mm, $\omega=40$ rad/s, and $\rho=7800$ kg/m^3, try to determine the maximum bending normal stress in the shaft caused by the hole.

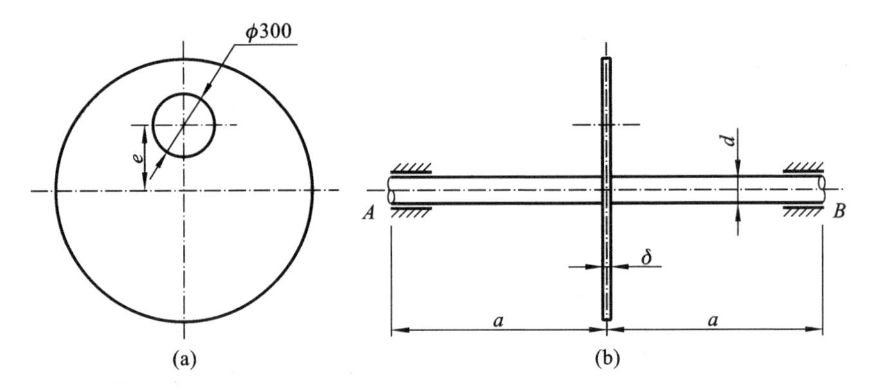

Figure 3-17

3.6 As shown in Figure 3-18, three rods are subjected to the impact of identical weights falling from the same height. Knowing that $l_1=2l_2$, $E_2=2E_1$, $D_1=2D_2$, determine the factor of impact load and the maximum dynamic stress of the three rods respectively.

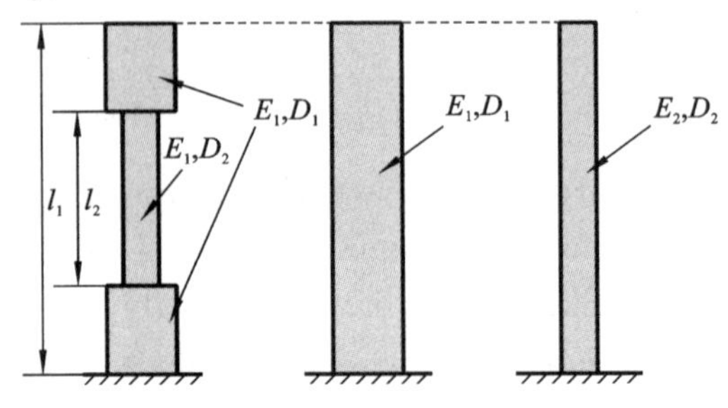

Figure 3-18

3.7 Collar D is released from rest in the position shown in Figure 3-19 and is stopped by a small plate attached at end C of the vertical rod ABC. Determine the mass of the collar D for which the maximum normal stress in section BC does not exceed 125 MPa.

3.8 As shown in Figure 3-20, the collar G weighing 48 kg falls freely from the position in the figure and strikes the plate BDF. The diameter of the steel rod CD is 20 mm, and the diameters of the steel rods AB and EF are 15 mm. The elastic modulus E of the steel used is known to be 200 GPa, and the allowable stress $[\sigma]$ is 180 MPa. Determine the maximum permissible falling height h for the collar G.

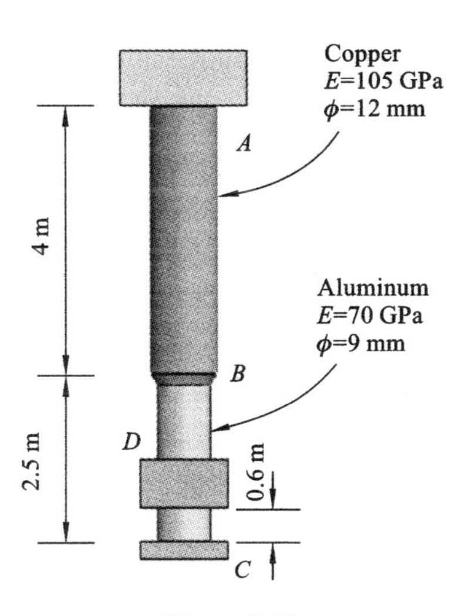

Figure 3-19

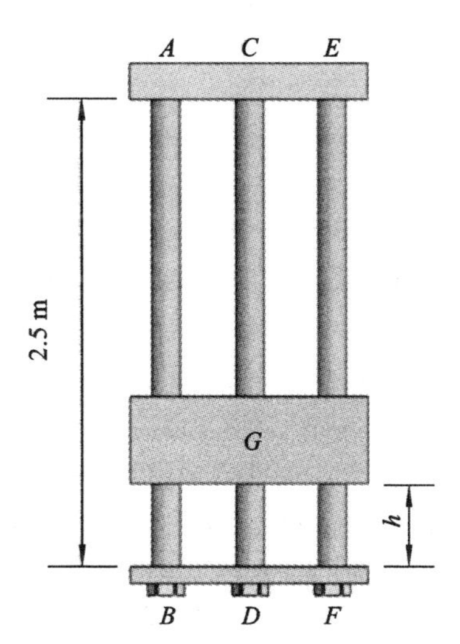

Figure 3-20

Chapter 4 Alternating Stress

Chapter 4
Alternating Stress

4.1 Alternating Stress and Fatigue Failure

In engineering, the condition frequently arises, in which the stresses of a member vary with time or fluctuate between different levels. As shown in Figure 4-1, $\boldsymbol{F}$ denotes the force acting on the gear teeth when the gears mesh. While the gears are meshing, F increases rapidly from zero to a maximum value and then decreases to zero. The stress at the root of the gear tooth changes from zero at the beginning to a maximum value, and then from the maximum value to zero at the time of disengagement. If the gear is rotating at 2000 r/min, the root of the gear will experience 2000 cycles of stress from zero to the maximum value and back to zero per minute. In Figure 4-2, point A on the surface of a shaft subjected to the action of bending loads undergoes both tension and compression for each revolution. In this case, there is always stress at any point on the surface of the shaft, but the level of stress is fluctuating. These kinds of loading occurring in machine components produce stresses that are called variable, repeated, alternating, or fluctuating stresses.

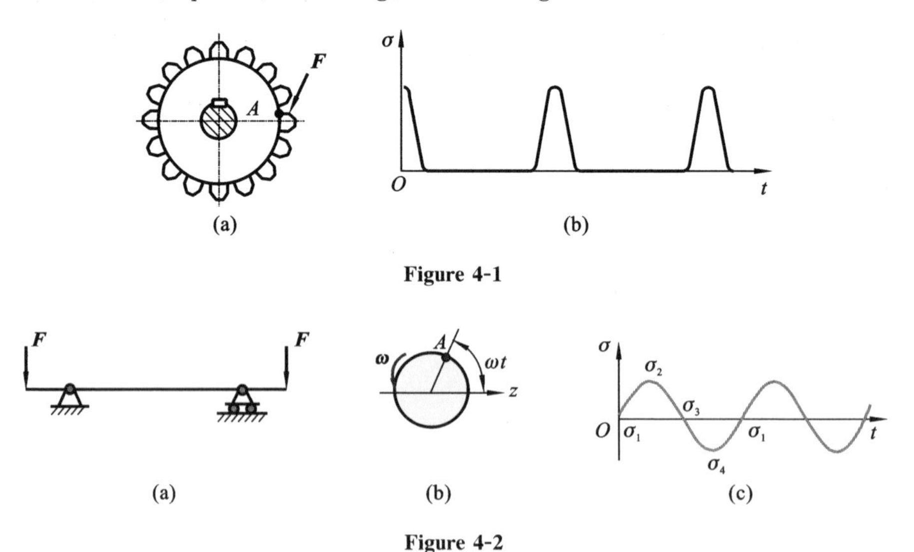

Figure 4-1

Figure 4-2

Often, failure of machine component under the action of repeated or fluctuating stresses is customarily referred to as fatigue failure. Yet the analysis reveals that the actual maximum stresses are well below the ultimate strength of the material, and quite frequently even below the yield strength. The most distinguishing characteristic of these failures is that the stress has been repeated a very large number of times.

When machine components fail statically, they usually develop a very large deflection, because the stress has exceeded the yield strength, and the component is replaced before fracture occurs. Many static failures give visible warning in advance, but a fatigue failure gives no warning! It is sudden and total, hence it is extremely dangerous. It is relatively simple to design against a static failure, because our knowledge is comprehensive. Fatigue is a much more complicated phenomenon, and we only have a partial understanding of it. Therefore, engineers must acquire as much knowledge as possible in this area.

A fatigue failure has an appearance like a brittle fracture, as the fracture surfaces are flat and perpendicular to the stress axis with the absence of necking. The fracture features of a fatigue failure, however, are quite different from those of a static brittle fracture. Fatigue failure is divided into three stages of development. Stage Ⅰ is the initiation of one or more microcracks due to cyclic plastic deformation. Stage Ⅰ cracks are not normally discernible to the naked eye. Stage Ⅱ progresses from microcracks to macrocracks forming parallel plateau-like fracture surfaces separated by longitudinal ridges. The fracture surfaces are generally smooth and normal to the direction of maximum tensile stress. These surfaces can be wavy dark and light bands referred to as beach marks or clamshell marks, as shown in Figure 4-3. During cyclic loading, these cracked surfaces open and close, rubbing together, and the beach mark appearance depends on the changes in the level or frequency of loading and the corrosive nature of the environment. Stage Ⅲ occurs during the final stress cycle when the remaining material cannot support the loads, resulting in a sudden and fast fracture. A stage Ⅲ fracture can be brittle, ductile, or a combination of both. Quite often the beach marks, if they exist, and possible patterns in the stage Ⅲ fracture called chevron lines, point toward the origins of the initial cracks.

Fatigue failure is due to crack formation and propagation. A fatigue crack will typically initiate at a discontinuity in the material where the cyclic stress is at a maximum.

Discontinuities can arise because of:

(1) Design of rapid changes in cross-section, keyways, holes, etc. where stress concentrations occur.

(2) Elements that roll or slide against each other (bearings, gears, cams, etc.) under high contact pressure, developing surface contact stresses that can cause

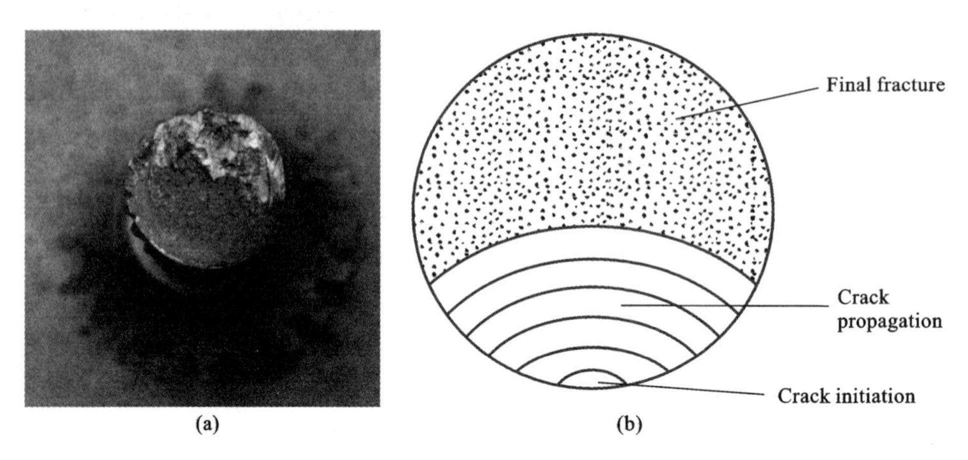

Figure 4-3

surface pitting or spalling after many cycles of the load.

(3) Carelessness in locations of stamp marks, tool marks, scratches, and burrs, poor joint design, improper assembly, and other fabrication faults.

(4) The material itself, after processes such as rolling, forging, casting, extrusion, drawing, and heat treatment, may have compositional inhomogeneity. Microscopic and submicroscopic surface and subsurface discontinuities arise, such as inclusions of foreign material, alloy segregation, voids, hard precipitated particles, and crystal discontinuities.

Various conditions that can accelerate crack initiation include residual tensile stresses, elevated temperatures, temperature cycling, a corrosive environment, and high-frequency cycling.

The rate and direction of fatigue crack propagation are primarily controlled by localized stresses and the structure of the material at the crack. However, as with crack formation, other factors may also exert a significant influence on the propagation of cracks, such as environment, temperature, and frequency. As stated earlier, cracks will grow along planes normal to the maximum tensile stress. The crack growth process can be explained by fracture mechanics.

4.2　Conception of Alternating Stress

As shown in Figure 4-4, an electric motor of weight G is located at the midpoint of a simply supported beam. Due to dynamic unbalance forces $Me^{j\omega t}$, the beam will produce vibration during operation.

Normal stresses at the bottom of the midpoint beam vary sinusoidally with

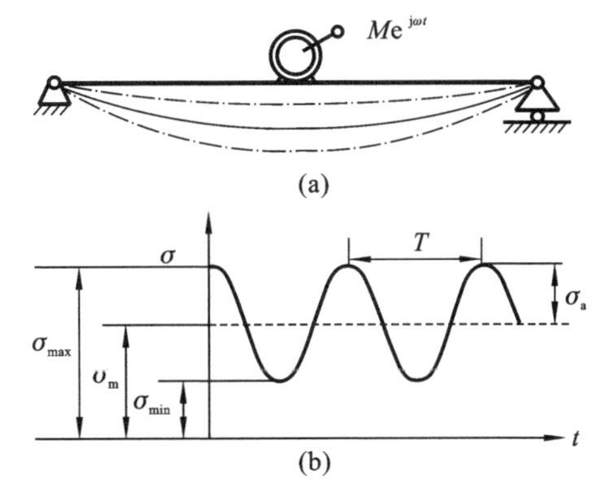

Figure 4-4

time between the maximum stress σ_{max} and the minimum stress σ_{min}. Each repeated change in stress is called a stress cycle. The ratio of the minimum stress to the maximum stress is called the stress ratio, denoted by r, that is

$$r = \frac{\sigma_{min}}{\sigma_{max}} \tag{4-1}$$

The mean stress is defined as

$$\sigma_m = \frac{\sigma_{max} + \sigma_{min}}{2} \tag{4-2}$$

The stress amplitude is defined as

$$\sigma_a = \frac{\sigma_{max} - \sigma_{min}}{2} \tag{4-3}$$

We define a symmetry cycle if σ_{max} and σ_{min} of the alternating stress are equal and opposite (as shown in Figure 4-5(a)), and we have

$$r = -1, \quad \sigma_m = 0, \quad \sigma_a = \sigma_{max}$$

Others are called asymmetry cycles. From Equations(4-2) and (4-3), we have

$$\sigma_{max} = \sigma_m + \sigma_a, \quad \sigma_{min} = \sigma_m - \sigma_a$$

There is another common special type of alternating stress, that is, $\sigma_{min} = 0$, then

$$r = 0, \quad \sigma_m = \sigma_a = \frac{\sigma_{max}}{2}$$

This type is called a pulsation cycle(as shown in Figure 4-5(b)). When a gear rotating around a fixed axis, the stress at the root of a tooth belong to this type in the gear drive. Sometimes, for the convenience of discussion, static stresses are often considered as a special case of alternating stresses, then

$$r = 1, \quad \sigma_m = \sigma_{max} = \sigma_{min}, \quad \sigma_a = 0$$

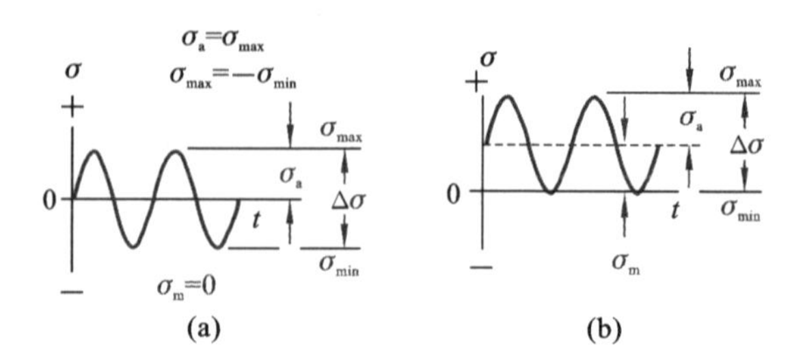

Figure 4-5

4.3 Endurance Limit

Machine components under alternating stress, even if the maximum stress is below the yield limit, fatigue failure may occur. Therefore, yield stress, strength limit, or other static strength indexes can no longer be used as a criterion of fatigue failure. Fatigue strength of a material under cyclic stress is determined by the fatigue test, such as material's fatigue strength in the symmetrical bending cycle can be determined by rotating bending fatigue test.

During the test, the material is machined into 6-10 mm specimens(smooth small specimens) with polished surfaces. Each group consists of 6-10 specimens. The specimens are assembled on the testing machine so that they are subjected to pure bending, as shown in Figure 4-6. The middle portion of the specimen is pure bending under load, and the specimen will be subjected to alternating bending stress of symmetry cycles when the specimen rotates.

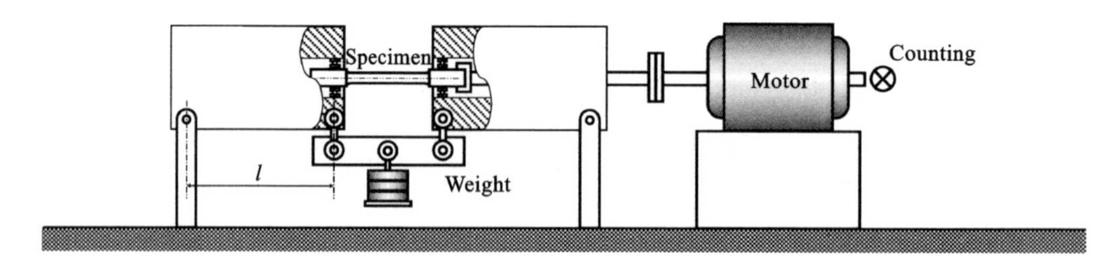

Figure 4-6

If the weight of the weight is G, then the bending moment M and the maximum normal stress σ on the effective length of the specimen are

$$M = \frac{Gl}{2}, \quad \sigma = \frac{M}{W} = \frac{Gl}{2W}$$

where W is the section modulus in bending over the effective length of the specimen.

For each rotation of the motor with the specimen, the specimen undergoes one symmetrical stress cycle. The greater the number of cycles N before fracture occurs, the less likely the material is to fatigue, so the number of cycles is defined as the fatigue life of the material. This test method was first designed by the German Whöler, known as "the father of fatigue", and its original purpose was to simulate the loading conditions of train axles.

Another important contribution of Whöler was his earliest plotting of the S-N curve and his introduction of the concept of fatigue endurance limit. The test uses 8-12 specimens and divides them into several groups, by changing the weight of the weights, so that the specimens are subjected to different stress levels σ_i. Record the number of cycles N_i the specimens have undergone when they experience fatigue failure. Finally, all the data points are labeled in the σ-N coordinate system, and a smooth curve is fitted, as shown in Figure 4-7. A large number of tests have proved that the σ-N curve of metallic materials can be approximated as a straight line in double logarithmic coordinate system. From Figure 4-7, the σ-N curve has a horizontal asymptote, that is, when the fatigue life is greater than N_0, the corresponding stress level stabilizes at a constant value σ_{-1}. Or it is understood that the fatigue life of a material at a certain stress level exceeds N_0, the material will not fatigue even if the number of cycles is increased. For ferrous metals (as shown in Figure 4-7(a)), N_0 is generally taken as 10^7. The maximum stress σ_{-1} that is not fatigued under 10^7 cycles is usually called the fatigue endurance limit of the material, referred to as the endurance limit, fatigue limit, or durability limit. $N_0 = 10^7$ is then called the cyclic base. The asymptotic line of non-ferrous metals is generally not as obvious as that of ferrous metals. In this case, $N_0 = 10^8$ is usually taken, and its corresponding maximum stress is taken as the "conditional" fatigue endurance limit of this type of material. The endurance limits of various materials can be found in relevant manuals.

Endurance limits for other cyclical characteristics can also be determined by testing, usually expressed in S_r. The test results show that the endurance limit has a great relationship with the stress ratio, and as the stress ratio r increases, the endurance limit S_r increases (as shown in Figure 4-8). Fatigue strength design according to the endurance limit is called finite life design.

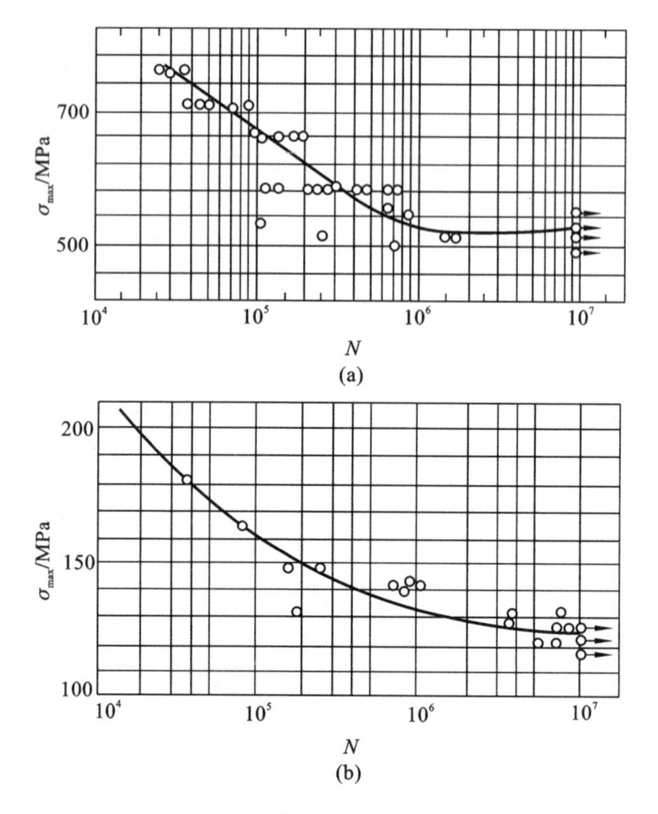

Figure 4-7

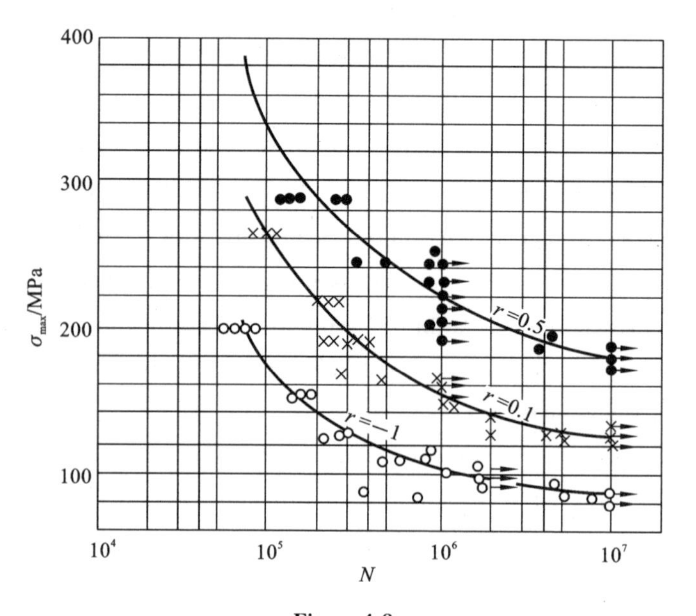

Figure 4-8

4.4 The Effective Factors of Endurance Limit

The endurance limit under symmetry cycle is generally determined using smooth small specimens at room temperature, and the fatigue resistance of different materials can be analyzed through the test data under uniform conditions. As mentioned before, there are some other factors that can affect the fatigue resistance of a material. When the geometry, size, surface quality, load characteristics, and working environment of the components are different, the endurance limit of the material will change. It is then necessary to correct them before they are used in fatigue design. The following is a brief introduction to the intrinsic factors such as geometry, size, surface quality, etc. As for the load characteristics and other important external factors, due to space limitations, they will not be introduced in this book. Readers are referred to professional treatises on fatigue.

4.4.1 The Effect of Stress Concentration

At the locations where there is a sudden change in the section of a member, such as the stepped shaft shoulder, open pore, cutting groove, etc., the local stress is much greater than the nominal stress, which is called stress concentration. When calculating the static load strength conditions, it is necessary to apply a stress concentration factor for correction to ensure that the strength is within the safe range. Under the action of alternating load, fatigue cracks are more likely to form in the local area of stress concentration, and will propagate more rapidly. This results in a significant reduction in the endurance limit. Generally, the effective stress concentration factor is used to express its reduction degree, which is the ratio of the endurance limit σ_{-1} of smooth small specimens without stress concentration and the endurance limit $(\sigma_{-1})_k$ of specimens with stress concentration, namely

$$K_\sigma \text{ or } K_\tau = \frac{\text{endurance limit of a smooth small specimen}}{\text{endurance limit of a specimen of the same size with stress concentration}} \tag{4-4}$$

where K_σ and K_τ represent the effective stress concentration factors for normal stress and shear stress, respectively, with values greater than 1.

The effective stress concentration factor is not only related to the shape of the component, but also related to the properties of the material, that is, related to the strength limit σ_b, which can also be calculated by the following formula

$$K_\sigma = 1 + (K_{t\sigma} - 1)/(1 + a/r)$$

$$K_{\tau} = 1 + (K_{t\tau} - 1)/(1 + 0.06a/r)$$

where $K_{t\sigma}$ and $K_{t\tau}$ represent the theoretical stress concentration factors for normal and shear stresses, respectively, which can be obtained from the relevant manuals; r represents the radius of the notch; a represents the material constant.

For convenience in engineering applications, the test data about the stress concentration factor is organized into curves or tables. Figures 4-9 to 4-13 show the effective stress concentration factors of steel stepped shafts in bending and torsion symmetry cycles.

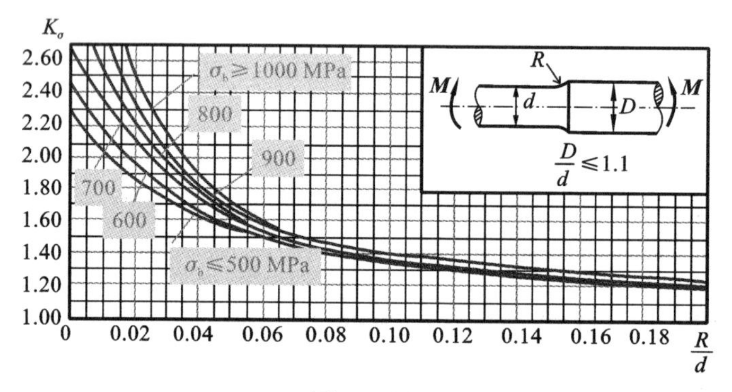

Figure 4-9

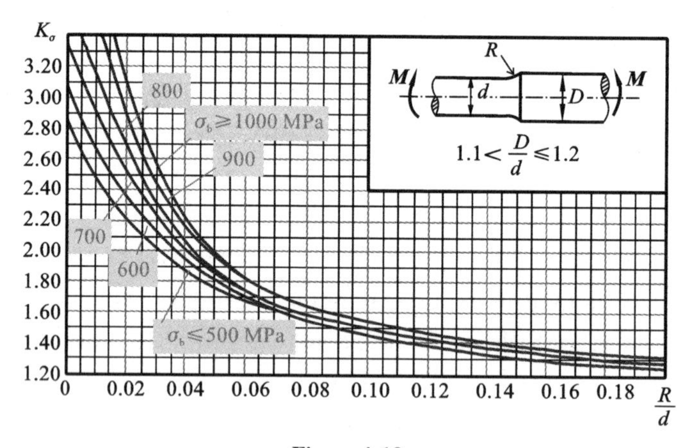

Figure 4-10

From Figures 4-9 to 4-13, for a given diameter d, the smaller the fillet radius, the greater the effective stress concentration factor, and therefore the reduction of its endurance limit is more significant, which indicates that the stress concentration on the endurance limit of high-strength steel has a greater impact. Therefore, in the design of components, it is advisable to increase the fillet radius at the transition of variable cross-section and to position holes, grooves, and the like as much as possible in low-stress areas to alleviate stress concentration.

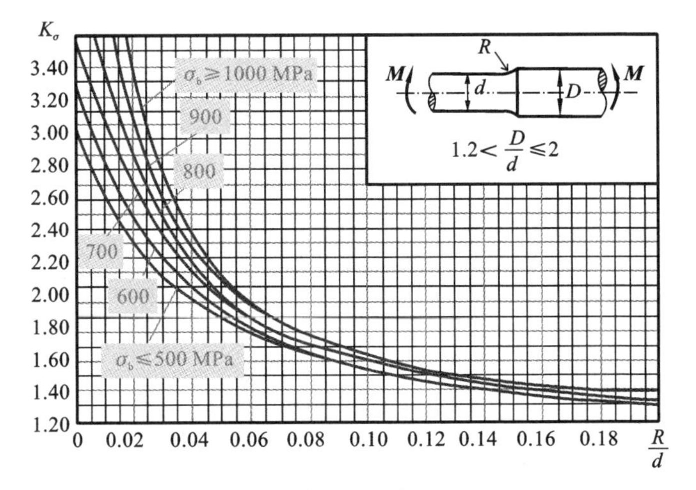

Figure 4-11

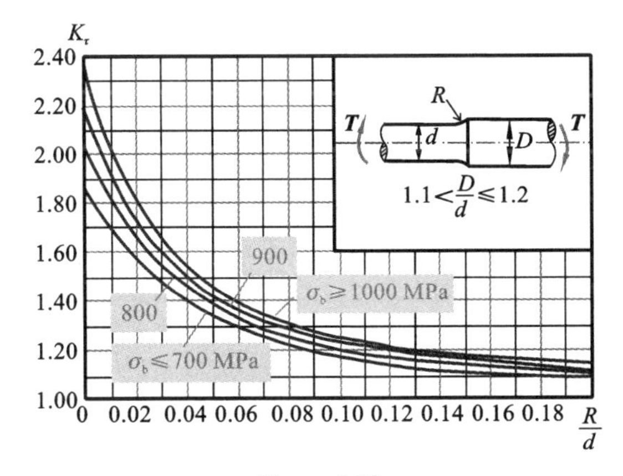

Figure 4-12

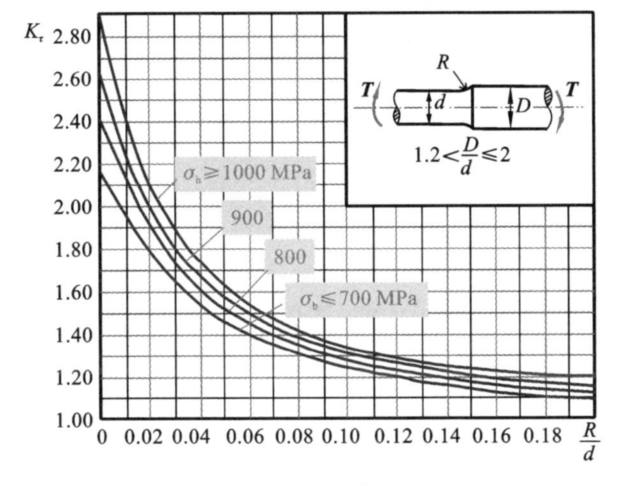

Figure 4-13

4.4.2 The Effect of Member Sizes

As the size of the member increases, the surface area of the member increases, and the possibility of microcracks on its surface due to defects increases, so its endurance limit decreases. In addition, if the stress in the cross-section is linearly distributed, and the surface maximum stress is the same, then the high-stress area of large-size components is larger than that of small components, and the chance of formation of fatigue cracks is more likely. The size factor ε is used to express the effect of size on the endurance limit.

Under symmetry cycle, the size factor ε is defined as

$$\varepsilon=\frac{\text{endurance limit in smooth large specimen}}{\text{endurance limit in smooth small specimen}} \tag{4-5}$$

The size factor is a number less than one. Tests have shown that members with the same size have the same size factor in bending and torsion. Table 4-1 shows the size factors of some commonly used steel materials.

Table 4-1 Size Factors

Diameter/mm		20~30	30~40	40~50	50~60	60~70	70~80	80~100	100~120	120~150	150~500
ε_σ	Carbon steel	0.91	0.88	0.84	0.81	0.78	0.75	0.73	0.70	0.68	0.60
	Alloy steel	0.83	0.77	0.73	0.70	0.68	0.66	0.64	0.62	0.60	0.54
ε_τ	Steels	0.89	0.81	0.78	0.76	0.74	0.73	0.72	0.70	0.68	0.60

4.4.3 The Effect of Member Surface Quality

In generally, the maximum stress of a member appears on the surface where fatigue cracks occur, so the surface quality of the member has a significant impact on the endurance limit. Fine machining, fine grinding and polishing, shot peening, nitriding, surface rolling and other technological measures can effectively improve the fatigue resistance of a member.

The effect of surface quality on fatigue limit is expressed by the surface condition factor β, that is

$$\beta=\frac{\text{endurance limit of specimens with different surface conditions}}{\text{endurance limit of polished specimens}} \tag{4-6}$$

Figure 4-14 demonstrates the surface condition factor β_1 of the steel materials. Table 4-2 provides the surface condition factor β_2 under nitriding and carburization.

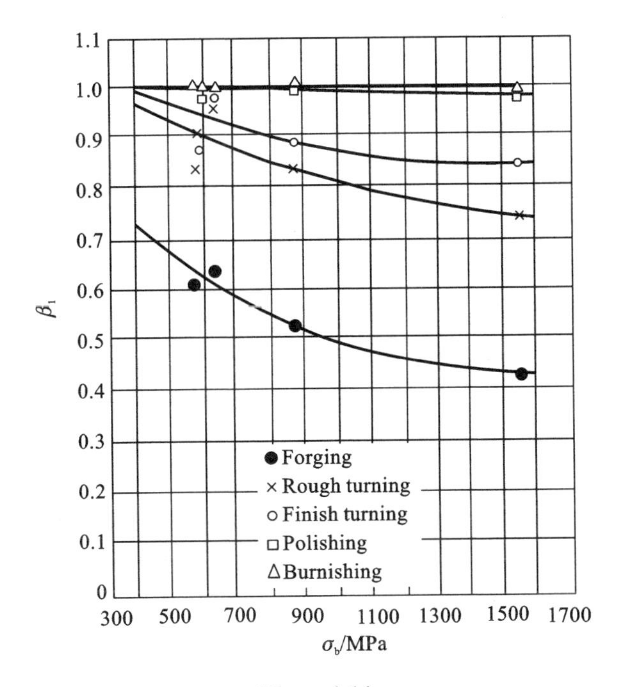

Figure 4-14

Table 4-2 Surface Condition Factor β_2 under Nitriding and Carburization

Surface condition	Thickness /mm	Hardness /HV	Specimen	Diameter /mm	β_2
Nitriding	0.1～0.4	700～1000	smooth	8～15	1.15～2.25
	0.1～0.4	700～1000	smooth	30～40	1.10～1.15
	0.1～0.4	700～1000	notch	8～15	1.90～3.00
	0.1～0.4	700～1000	notch	30～40	1.30～2.00
Carburization	0.2～0.8	670～750	smooth	8～15	1.2～2.1
	0.2～0.8	670～750	smooth	30～40	1.1～1.5
	0.2～0.8	670～750	notch	8～15	1.5～2.5
	0.2～0.8	670～750	notch	30～40	1.2～2.5

In strength calculation, the corresponding value is selected according to the specific situation. For example, if the part has only undergone cutting processing, then $\beta=\beta_1$, and if the part is reinforced more, then $\beta=\beta_2$. It is not necessary to multiply them.

In addition to the three factors of stress concentration, size, and surface quality, the working environment of components, such as temperature, water immersion, and corrosion, also have an impact on the endurance limit. Information can be obtained by consulting the relevant manual.

4.4.4 Measures to Improve Fatigue Strength of Members

Without changing the basic size and material of the component, the fatigue strength of the component can be improved by reducing the stress concentration and improving the surface quality.

(1) Reducing stress concentration. Stress concentration is an important cause of fatigue damage, so engineers should avoid designing holes or slots with sharp corners on the surface of the component, and should appropriately increase the transition fillet at the cross-section mutation to decrease the stress concentration, which can significantly improve the fatigue strength of the component.

(2) Improve surface quality. Since the maximum stress often occurs at the component surface, fatigue cracks usually start to form and expand from the component surface. Therefore, the fatigue strength of a component can be greatly improved by mechanically or chemically improving the surface quality of the component.

In order to strengthen the surface of the component, heat treatment or chemical treatment methods can be used, such as surface high-frequency quenching, carburization, nitriding, and cyaniding. Mechanical methods can also be used, such as surface rolling and shot peening. These surface treatment methods, on the one hand, improve the material strength of the component's surface, and on the other hand, produce pre-compressive stress in the surface of the component, which reduce the tensile stress that is prone to cracking. This helps to inhibit the formation and expansion of fatigue cracks, thereby improving the fatigue strength of the component.

4.5 The Calculation of Fatigue Strength under Symmetry Cycle

In engineering, the endurance limit of a specific member may be affected by a variety of factors. Under normal operating conditions, stress concentration, size, and surface quality are still the main factors. Under symmetry cycle stresses, the endurance limit σ_{-1}^{0} of a member in bending (tension or compression) and the endurance limit τ_{-1}^{0} of a member in torsion can be expressed respectively as

$$\sigma_{-1}^{0} = \frac{\varepsilon_{\sigma}\beta}{K_{\sigma}}\sigma_{-1} \tag{4-7}$$

$$\tau_{-1}^{0} = \frac{\varepsilon_{\tau}\beta}{K_{\tau}}\tau_{-1} \tag{4-8}$$

where σ_{-1} and τ_{-1} are endurance limit in smooth small specimens.

Considering the factor of safety, the allowable fatigue stress can be written as

$$[\sigma_{-1}] = \frac{\sigma_{-1}^{0}}{n} \tag{4-9}$$

$$[\tau_{-1}] = \frac{\tau_{-1}^{0}}{n} \tag{4-10}$$

The fatigue strength conditions under symmetry cycle are

$$\sigma_{\max} < [\sigma_{-1}] = \frac{\varepsilon_{\sigma}\beta}{K_{\sigma}}\frac{\sigma_{-1}}{n} \tag{4-11}$$

$$\tau_{\max} < [\tau_{-1}] = \frac{\varepsilon_{\tau}\beta}{K_{\tau}}\frac{\tau_{-1}}{n} \tag{4-12}$$

where $\sigma_{\max}$ and $\tau_{\max}$ are the maximum stress in the component. Alternatively, the fatigue strength conditions can also be represented in terms of the safety factor n

$$n_{\sigma} = \frac{\dfrac{\varepsilon_{\sigma}\beta}{K_{\sigma}}\sigma_{-1}}{\sigma_{\max}} \tag{4-13}$$

$$n_{\tau} = \frac{\dfrac{\varepsilon_{\tau}\beta}{K_{\tau}}\tau_{-1}}{\tau_{\max}} \tag{4-14}$$

In the above formula, $n_{\sigma}(n_{\tau})$ represents the ratio of the endurance limit of the component under symmetry cycle to the maximum working stress that the component withstands during symmetry cycle; hence, $n_{\sigma}(n_{\tau})$ is the actual safety factor or operating safety factor of the component. n is the specified safety factor.

For asymmetry cycle stresses, we consider two parts of variable stress σ_{a} and static stress σ_{m}. If the static stress σ_{m} is multiplied by the factor ψ_{σ}, it can be converted into an equivalent variable stress. In this way, the asymmetry cycle stress can be converted into an equivalent symmetry cycle stress with a stress amplitude of $\sigma_{a}+\psi_{\sigma}\sigma_{m}$ for fatigue strength calculation. The factor ψ_{σ} can be obtained using the following equation

$$\psi_{\sigma} = \frac{\sigma_{-1}}{\sigma_{b} + 350\ \mathrm{MPa}} \tag{4-15}$$

The experimental study shows that the effective stress concentration factor, size factor, and surface condition factor of a member only have an effect on the stress amplitude, while the effect on the average stress is negligible. Therefore, the design criterion for the fatigue strength of members under constant amplitude asymmetry cycle normal stress is

$$n_\sigma = \frac{\sigma_{-1}}{\frac{K_\sigma}{\varepsilon_\sigma \beta}\sigma_a + \psi_\sigma \sigma_m} \geqslant n \tag{4-16}$$

$$n_\tau = \frac{\tau_{-1}}{\frac{K_\tau}{\varepsilon_\tau \beta}\tau_a + \psi_\tau \tau_m} \geqslant n \tag{4-17}$$

where ψ_σ and ψ_τ are sensitivity factors of asymmetry cycle, and can be approximated as $\psi_\tau = \psi_\sigma$.

Example 4.1

As shown in Figure 4-15, a certain train axle is subjected to a force $F=50$ kN from a carriage. Knowing that $a=500$ mm, $l=1435$ mm, and the diameter d of the middle portion of the axle is 15 cm.

(1) Determine the maximum stress, the minimum stress, and the cyclical characteristic in the middle portion of the axle.

(2) If endurance limit of the axle $\sigma_{-1}=400$ MPa and the specified safety factor $n=1.4$, considering the stress concentration at the keyway installation of the wheel and using $K_\sigma=1.65$, $\varepsilon=0.6$, and $\beta=0.8$, check the fatigue strength of the axle.

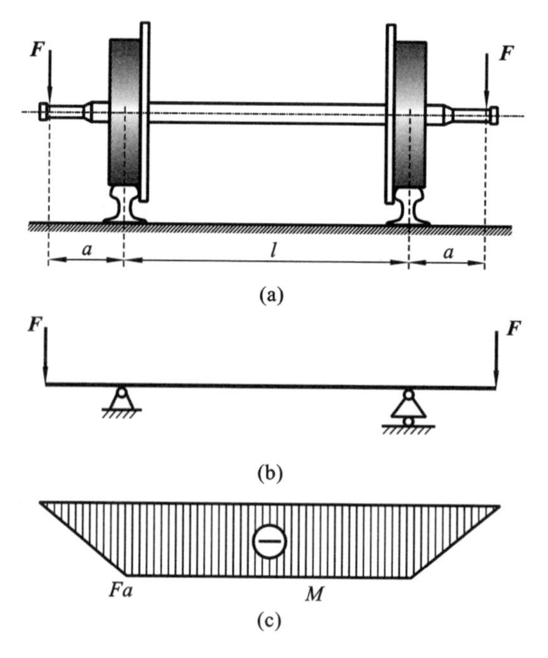

Figure 4-15

Solution (1) The force diagram and bending moment diagram of the axle are shown in Figure 4-15 (b) and Figure 4-15 (c) respectively. The maximum bending moment of the axle is

$$M = Fa = 50 \times 10^3 \times 500 \times 10^{-3}\ \text{N} \cdot \text{m} = 2.5 \times 10^4\ \text{N} \cdot \text{m}$$

The maximum stress is

$$\sigma_{max} = \frac{M}{W} = \frac{M}{\frac{\pi d^3}{32}} = \frac{2.5 \times 10^4}{\frac{\pi \times (15 \times 10^{-2})^3}{32}}\ \text{Pa} = 75.45 \times 10^6\ \text{Pa} = 75.45\ \text{MPa}$$

The minimum stress is

$$\sigma_{min} = -\frac{M}{W} = -\frac{M}{\frac{\pi d^3}{32}} = -\frac{2.5 \times 10^4}{\frac{\pi \times (15 \times 10^{-2})^3}{32}}\ \text{Pa} = -75.45 \times 10^6\ \text{Pa} = -75.45\ \text{MPa}$$

The cyclical characteristic is

$$r = \frac{\sigma_{min}}{\sigma_{max}} = -1$$

(2) The allowable stress is

$$[\sigma_{-1}] = \frac{\sigma_{-1}^0}{n} = \frac{\frac{\varepsilon\beta}{K_\sigma}\sigma_{-1}}{n} = \frac{\frac{0.6 \times 0.8}{1.65} \times 400}{1.4}\ \text{MPa} = 83.12\ \text{MPa}$$

and

$$\sigma_{max} < [\sigma_{-1}]$$

Therefore, the fatigue strength of the axle is safe.

In engineering, the cyclic stresses experienced by components are often a combination of several kinds of cyclic stresses, and the most common combination is bending and torsion cyclic stresses. For example, the cyclic stress of the dangerous point at the dangerous section of a transmission shaft belongs to this type. Under the static load, according to distortional strain energy density theory (the fourth strength theory), the static strength condition under the combination of bending and torsion deformations is expressed as

$$\sqrt{\sigma_{max}^2 + 3\tau_{max}^2} \leqslant \frac{\sigma_s}{n_s} \tag{4-18}$$

Squaring both sides of Equation (4-18) and dividing by σ_s^2, and considering a case of pure shear stress, according to distortional strain energy density theory (the fourth strength theory), $\tau_s = \sigma_s/\sqrt{3}$, substituting it into Equation (4-18), we have

$$\frac{1}{\left(\frac{\sigma_s}{\sigma_{max}}\right)^2} + \frac{1}{\left(\frac{\tau_s}{\tau_{max}}\right)^2} \leqslant \frac{1}{n_s^2} \tag{4-19}$$

where σ_s/σ_{max} represents the operating safety factor for normal stress due to bending and τ_s/τ_{max} represents the operating safety factor for shear stress due to torsion. If they denoted by n_σ and n_τ respectively, the above expression can be written as

$$\frac{1}{n_\sigma^2}+\frac{1}{n_\tau^2}\leqslant\frac{1}{n_s^2} \tag{4-20}$$

alternatively

$$\frac{n_\sigma n_\tau}{\sqrt{n_\sigma^2+n_\tau^2}}\geqslant n_s \tag{4-21}$$

From the results of the fatigue test under symmetry cycle of the combination of bending and torsion, for plastic materials, its fatigue strength conditions have a similar form with the above static strength conditions. Let $n_{\sigma\tau}$ be the operating safety factor of the member under cyclic stress of the combination of bending and torsion. The fatigue strength design criterion under cyclic stress of the combination of bending and torsion is

$$n_{\sigma\tau}=\frac{n_\sigma n_\tau}{\sqrt{n_\sigma^2+n_\tau^2}}\geqslant[n] \tag{4-22}$$

For constant amplitude stress cycles, n_σ and n_τ are calculated according to the constant amplitude symmetry cycle Equations (4-13) and (4-14). For constant amplitude asymmetry cycles, the fatigue strength can still be calculated using Equation(4-21), but in this equation, n_σ and n_τ are calculated according to the constant amplitude asymmetry cycle Equations (4-16) and (4-17).

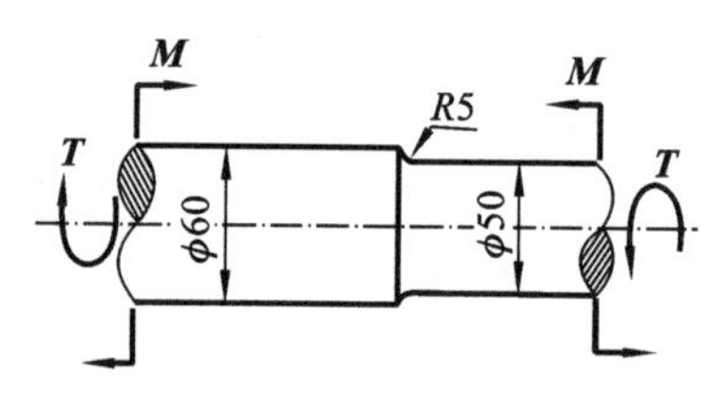

Figure 4-16

Example 4.2

The stepped circular shaft is shown in Figure 4-16 and is made of alloy steel of $\sigma_b=900$ MPa, $\sigma_{-1}=540$ MPa, and $\tau_{-1}=320$ MPa. The symmetry cycle load acting on the shaft is a bending moment of $M=\pm1.5$ kN·m, and the torque changes from 0 to 1.8 kN·m. The surface of the circular shaft is machined by grinding. If the specified safety factor $[n]=1.8$, check the fatigue strength of the shaft.

Solution (1) Calculate the working stress of the shaft. Take the diameter of the shaft $d=50$ mm, as the dangerous section is in the finer section. Calculate the alternating bending stress and its cyclical characteristic

$$\sigma_{max}=\frac{M_{max}}{W}=\frac{32M_{max}}{\pi d^3}=\frac{32\times1.5\times10^3}{\pi\times(50\times10^{-3})^3}\text{ Pa}=122\times10^6\text{ Pa}=122\text{ MPa}$$

$$\sigma_{\min} = \frac{M_{\min}}{W} = \frac{32M_{\min}}{\pi d^3} = \frac{32 \times (-1.5) \times 10^3}{\pi \times (50 \times 10^{-3})^3}\ \text{Pa} = -122 \times 10^6\ \text{Pa} = -122\ \text{MPa}$$

$$r = \frac{\sigma_{\min}}{\sigma_{\max}} = -1,\quad \text{the bending stresses are symmetry cycle stresses}$$

Secondly, calculate the alternating torsional stress and its cyclical characteristic

$$\tau_{\max} = \frac{T_{\max}}{W_t} = \frac{16T_{\max}}{\pi d^3} = \frac{16 \times 1.8 \times 10^3}{\pi \times (50 \times 10^{-3})^3}\ \text{Pa} = 73.3 \times 10^6\ \text{Pa} = 73.3\ \text{MPa}$$

$$\tau_{\min} = 0$$

$$r = \frac{\tau_{\min}}{\tau_{\max}} = 0,\quad \text{the torsional stresses are pulsation cycle stresses}$$

$$\tau_a = \tau_m = \frac{\tau_{\max}}{2} = 36.7\ \text{MPa}$$

(2) Determine various coefficients.

From $\frac{D}{d} = \frac{60}{50} = 1.2$ and $\frac{R}{d} = \frac{5}{50} = 0.1$, according to Figure 4-10, $K_\sigma = 1.55$, and from Figure 4-12, $K_\tau = 1.24$. The size factor is determined by $d = 50$ mm, and according to Table 4-1, it is found that $\varepsilon_\sigma = 0.73$ and $\varepsilon_\tau = 0.78$. For a grinding surface, according to Figure 4-14, one can take $\beta = 1$.

According to Equation(4-15), one obtains

$$\psi_\sigma = \frac{\sigma_{-1}}{\sigma_b + 350\ \text{MPa}} = \frac{540}{900 + 350} = 0.432 = \psi_\tau$$

(3) Check fatigue strength.

The bending stress is a constant amplitude symmetry cycle stress, and the operating safety factor can be obtained from Equation(4-13)

$$n_\sigma = \frac{\frac{\varepsilon_\sigma \beta}{K_\sigma}\sigma_{-1}}{\sigma_{\max}} = \frac{0.73 \times 1 \times 540}{1.55 \times 122} = 2.08$$

The torsional stress is a constant amplitude pulsation cycle stress, and its operating safety factor is calculated using Equation(4-17)

$$n_\tau = \frac{\tau_{-1}}{\frac{K_\tau}{\varepsilon_\tau \beta}\tau_a + \psi_\tau \tau_m} = \frac{320}{\frac{1.24}{0.78 \times 1} \times 36.7 + 0.432 \times 36.7} = 4.31$$

$$n_{\sigma\tau} = \frac{n_\sigma n_\tau}{\sqrt{n_\sigma^2 + n_\tau^2}} = \frac{2.08 \times 4.31}{\sqrt{2.08^2 + 4.31^2}} = 1.87 \geqslant [n] = 1.8$$

According to the calculation results, the fatigue strength of the shaft meets the requirements.

Exercises

4.1 Determine the stress ratio at point A located on the shaft:

(1) In Figure 4-17(a), pulley rotates around the fixed shaft, and $\boldsymbol{F}$ is constant acting on the pulley;

(2) In Figure 4-17(b), pulley and shaft amount together and rotate, and $\boldsymbol{F}$ is constant acting on the pulley.

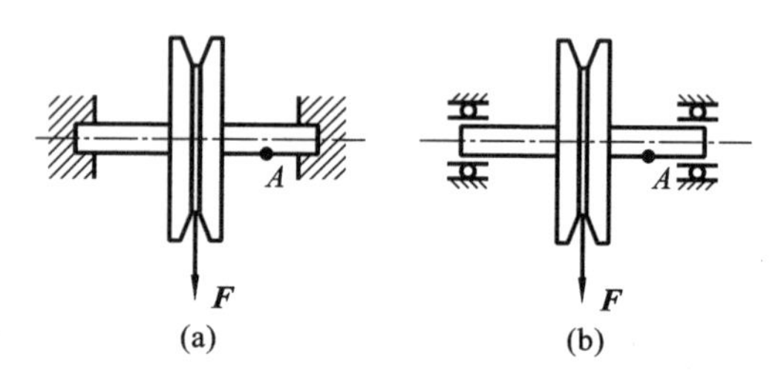

Figure 4-17

4.2 Bolts of diesel engine connecting rods are subjected to the largest tensile force $F_{max}=59$ kN and the smallest force $F_{min}=55.1$ kN during operation. The inner diameter d at the thread is 11.5 mm. Determine the mean stress, stress amplitude, and cyclical characteristic.

4.3 The stepped shaft made of nickel-chromium alloy steel is shown in Figure 4-18. We know $\sigma_b=920$ MPa, $\sigma_{-1}=420$ MPa, and $\tau_{-1}=250$ MPa. The sizes of the shaft are $D=50$ mm, $d=40$ mm, and $R=5$ mm. Determine the effective stress concentration factor and size factor for bending and torsion.

4.4 The surface of the stepped shaft is polished, and its sizes are shown in Figure 4-19. We know $\sigma_b=1150$ MPa, $\tau_{-1}=300$ MPa, and the specified safety factor $n=1.8$. Determine the maximum value T_{max} of the symmetry cycle torque subjected to the shaft.

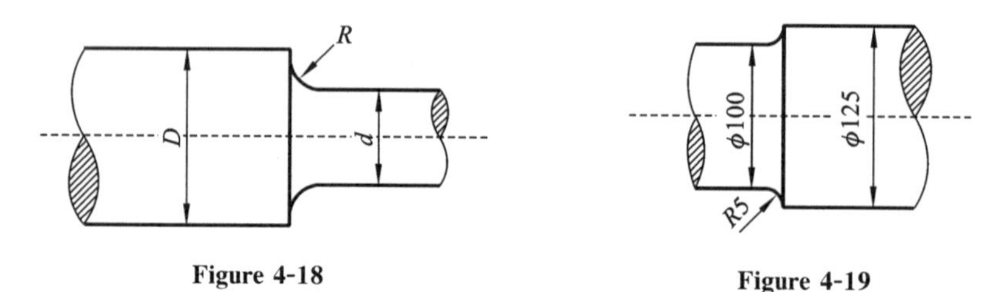

Figure 4-18

Figure 4-19

4.5 As shown in Figure 4-20, the surface of the circular rod is unprocessed and is weakened by a radial circular hole. The rod is subjected to an axial force fluctuating from 0 to F_{max}. The rod is made of ordinary carbon steel. We know $\sigma_b=600$ MPa, $\sigma_s=340$ MPa, $\sigma_{-1}=200$ MPa, $\varphi_\sigma=0.1$, $[n]=1.7$, and $n_s=1.5$. Determine the maximum axial force F_{max} applied to the rod.

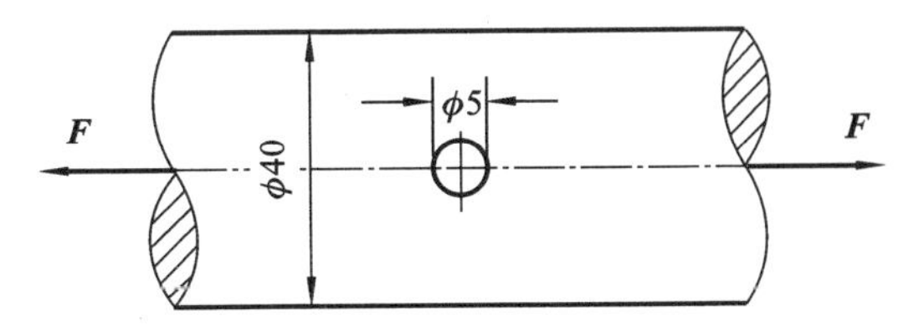

Figure 4-20

Chapter 5 Principle of Virtual Displacement

Chapter 5 Principle of Virtual Displacement

The principle of virtual displacement analyzes and solves force balance problems by using the concept of virtual work. It can be directly used for studying static equilibrium problems. The concept of virtual displacement is closely related to the concept of constraint, the constraints involved in this chapter are the extension of the previous constraints on physical components, which should be regarded as restrictions on the spatial distribution and motion of a particle system. In this chapter, the classification of constraints will be presented first. Then the concepts of virtual displacement and virtual work are defined; next, the principle of virtual displacement is derived. Finally, this principle is applied to practical statics problems.

Combined with the principle of virtual displacement and the d'Alembert principle, the general equations of dynamics can be derived, which constitute the basis of analytical mechanics, and provide a general method for solving complex dynamic systems in addition to Newton's vector mechanics.

5.1 Concepts of Virtual Displacement and Virtual Work

5.1.1 Constraints and its Classification

In general, contacted or connected entities that limit the displacement of non-free objects are termed as constraints. In order to facilitate the expression and application of these constraints in the virtual displacement principle and the integration into the analytical mechanics system, they can be described by the mathematical relations among quantities such as coordinates, velocity, and time. Generally, let a system consist of n particles, where the position and velocity vectors of any particle are $\boldsymbol{r}_i$ and $\boldsymbol{v}_i$, respectively. The constraints of the system of particles can be given as

$$f_j(\boldsymbol{r}_1, \cdots, \boldsymbol{r}_i, \cdots, \boldsymbol{r}_n; \boldsymbol{v}_1, \cdots, \boldsymbol{v}_i, \cdots, \boldsymbol{v}_n; t) \geqslant 0, \quad j = 1, 2, \cdots, S \tag{5-1}$$

where S is the number of constraint relations. A more general definition of a constraint is a conditional relation that restricts a particle or a system of particles.

The relations that express such constraints are called **constraint equations.** According to the difference in attention to the constraint relations, these constraints can be divided into different types.

1. Geometric Constraint and Motion Constraint

A constraint relation that restricts only the geometric position of a particle or a system of particles in space is called a geometric constraint. In the simple pendulum shown in Figure 5-1, the rod length l is a constant, and the sphere (regarded as the particle M) ignoring the size swings around the fixed point O in the Oxy plane. Therefore, the motion of particle M is limited to a circle with point O as the center and rod length l as the radius. Let x and y be the coordinates of particle M, then the constraint equation is

$$x^2 + y^2 = l^2 \tag{5-2}$$

As shown in Figure 5-2, the motion of particle M is limited to a fixed surface, thus, the constraint equation is

$$f(x, y, z) = 0 \tag{5-3}$$

In addition to geometric constraints, constraints can also be expressed as relations that restrict the motion of a system of particles, named as motion constraints. Figure 5-3 shows the case of pure rolling of a wheel along a rectilinear orbit, in which the relationship between the wheel center velocity and the angular velocity is limited by the motion constraint condition $v_A = \omega r$. If x_A and φ represent the coordinate of the wheel center A and the angular displacement of the wheel respectively, the constraint condition can also be expressed as $\dot{x}_A = \dot{\varphi} r$.

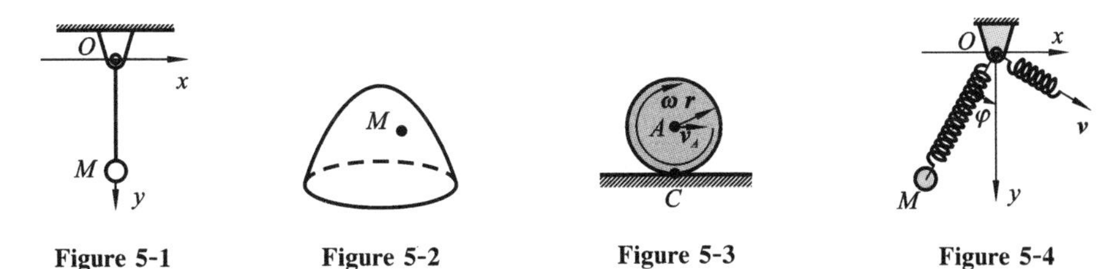

Figure 5-1 Figure 5-2 Figure 5-3 Figure 5-4

2. Steady Constraint and Unsteady Constraint

For the simple pendulum whose rod length does not change with time as shown in Figure 5-1, its constraint equation does not contain the time variable t, and such constraints are called steady constraints. By contrast, as shown in Figure 5-4, the length l of the simple pendulum (the original length is l_0) decreases with time at a fixed speed v, and the constraint condition of the end particle M can be expressed as

$$x^2 + y^2 \leqslant (l_0 - vt)^2 \tag{5-4}$$

It can be seen that when the time variable is included in the constraint equation, this type of constraint is termed as an unsteady constraint.

3. Bilateral Constraint and Unilateral Constraint

The single pendulum shown in Figure 5-1 has a rigid pendulum rod, and the displacement of its end particle M along the rod in both directions of elongation and shortening is limited, so the constraint equation is expressed as an equality, and this type of constraint is called a bilateral (or stubborn) constraint. For the simple pendulum shown in Figure 5-4, since the string cannot be stretched, but only be shortened, the displacement of the end particle M along the extension direction of the rod is limited, while the displacement along the shortening direction is not limited. Thus, the constraint relation is expressed as an inequality, and this type of constraint is called a unilateral (or non-stubborn) constraint.

4. Holonomic Constraint and Non-holonomic Constraint

A constraint composed of a geometric constraint and a motion constraint which can be integrated as a displacement relation is referred to as a holonomic constraint. If a motion constraint equation cannot be integrated into a finite relation between displacements, the corresponding constraint is called a non-holonomic constraint. The constraint equation (5-1) is rewritten as an equation without explicit velocity

$$f_j(\boldsymbol{r}_1, \cdots, \boldsymbol{r}_i, \cdots, \boldsymbol{r}_n; t) = 0, \quad j = 1, 2, \cdots, S \tag{5-5}$$

This is the general form of the complete and bilateral constraint equation, and this chapter only discusses the related problems of this kind of constraint.

5.1.2 Degree of Freedom and Generalized Coordinates

The position of a free particle in space needs to be determined by three independent parameters, so the degree of freedom of the free particle in space is 3. If the particle motion is constrained, the degree of freedom should be reduced accordingly. Holonomic constraints account for most in engineering. For a holonomic constraint, the number of independent parameters to determine the position of the particle system is equal to the degree of freedom of the particle system. For example, the motion of particle M shown in Figure 5-2 is constrained by the surface equation (5-3), which allows the z coordinate to be expressed in x and y coordinates.

$$z = z(x, y) \tag{5-6}$$

It can be found that the position of the particle in space can only be determined by the two independent parameters of x and y coordinates, so its degree of freedom is 2. In general, if a system of particles composed of n particles is subject to S holonomic constraints, and S coordinates of the total $3n$ coordinates can be expressed as a function of the remaining $3n - S$ coordinates by using these constraint equations, then the spatial position of the system of particles is completely determined by $N(N=3n-S)$ independent parameters, which are used to describe the spatial position of the system of particles, called **generalized coordinates.** For a system only subject to holonomic constraints, the number of generalized coordinates is equal to the degree of freedom of the system.

Taking the particle M shown in Figure 5-2 as an example, two independent parameters x and y can be selected to form a set of generalized coordinates. The selection of generalized coordinates is not unique if the number of independent parameters is kept a constant. Generally speaking, if there are two independent parameters ξ and η that can represent the x and y coordinates as functions $x(\xi,\eta)$ and $y(\xi,\eta)$, then the z coordinate can be represented as a function $z(\xi,\eta)$ by using Equation(5-6). For example, if $\xi=(x+y)/2$ and $\eta=(x-y)/2$, the spatial position of the particle M can be determined by the following functions

$$x = \xi + \eta, \quad y = \xi - \eta, \quad z = z(\xi + \eta, \xi - \eta) \tag{5-7}$$

Consider a system of particles with S holonomic bilateral constraints described in Equation(5-5), let $q_1, q_2, \cdots q_N (N=3n-S)$ be a set of generalized coordinates of the system, then the coordinates of each particle can be expressed as

$$\boldsymbol{r}_i = \boldsymbol{r}_i(q_1, q_2, \cdots, q_N, t) \tag{5-8}$$

Using the definition of virtual displacement, the virtual displacement of particle i can be determined by the variational operation of Equation(5-8)

$$\delta \boldsymbol{r}_i = \sum_{j=1}^{N} \frac{\partial \boldsymbol{r}_i}{\partial q_j} \delta q_j \tag{5-9}$$

where $\delta q_j, j=1,2,\cdots,N$ is the variation of the generalized coordinate q_j, which is named as the generalized virtual displacement.

Example 5.1

The plane "three pendulum" is shown in Figure 5-5, try to give the constraint equation, and determine the degree of freedom.

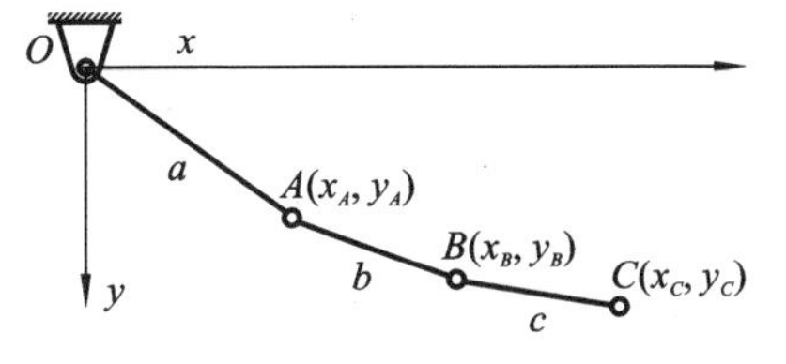

Figure 5-5

Solution The spatial position of the plane "three pendulum" is determined by particles A, B, and C. The lengths of the three rigid rods are constants, and the O-end is a fixed hinged support. According to the plane restriction conditions, the following 6 constraint equations can be given

$$f_1 = x_A^2 + y_A^2 - a^2 = 0$$

$$f_2 = (x_B - x_A)^2 + (y_B - y_A)^2 - b^2 = 0$$
$$f_3 = (x_C - x_B)^2 + (y_C - y_B)^2 - c^2 = 0$$
$$f_4 = z_A = 0$$
$$f_5 = z_B = 0$$
$$f_6 = z_C = 0$$

Therefore, the degree of freedom is

$$j = 3n - S = 3 \times 3 - 6 = 3$$

5.1.3 Virtual Displacement

Consider a system of particles composed of n particles subject to S holonomic bilateral constraints, whose constraints can be expressed by Equation(5-5). Let the position vector of the particle i at time t be $\boldsymbol{r}_i$, then its infinitesimal displacement in infinitesimal time interval $\mathrm{d}t$ can be expressed in analytic form in a rectangular coordinate system

$$\mathrm{d}\boldsymbol{r}_i = \mathrm{d}x\boldsymbol{i} + \mathrm{d}y\boldsymbol{j} + \mathrm{d}z\boldsymbol{k} \tag{5-10}$$

where x_i, y_i, and z_i denote the rectangular coordinates of this particle, $\boldsymbol{i}$, $\boldsymbol{j}$, and $\boldsymbol{k}$ are unit vectors along the coordinate axis. The condition satisfied by $\mathrm{d}\boldsymbol{r}_i$ can be attained by differentiating the functions of multiple variables to Equation(5-5)

$$\sum_i^n \left(\frac{\partial f_j}{\partial x_i}\mathrm{d}x_i + \frac{\partial f_j}{\partial y_i}\mathrm{d}y_i + \frac{\partial f_j}{\partial z_i}\mathrm{d}z_i \right) + \frac{\partial f_j}{\partial t}\mathrm{d}t = 0, \quad j = 1,2,\cdots,S \tag{5-11}$$

Any set of infinitesimal displacements satisfying Equation (5-11) becomes **possible displacements.** The real displacement(referred to as displacement) is one of the possible displacements. If the time t is fixed, a set of virtual displacements of a particle system can be obtained by making a difference between any two sets of possible displacements. The virtual displacement of particle i can be expressed as $\delta\boldsymbol{r}_i$, and

$$\delta\boldsymbol{r}_i = \delta x\boldsymbol{i} + \delta y\boldsymbol{j} + \delta z\boldsymbol{k} \tag{5-12}$$

where δ is a variational symbol that can be understood as the infinitesimal change in displacement under fixed time conditions.

By combining Equations (5-8) and (5-9) and using fixed time conditions, the conditions that the virtual displacement should satisfy are derived

$$\sum_i^n \left(\frac{\partial f_j}{\partial x_i}\delta x_i + \frac{\partial f_j}{\partial y_i}\delta y_i + \frac{\partial f_j}{\partial z_i}\delta z_i \right)\mathrm{d}t = 0, \quad j = 1,2,\cdots,S \tag{5-13}$$

Therefore, for a steady constraint, a virtual displacement is equivalent to the possible displacement. However, for an unsteady constraint, a virtual displacement refers to the infinitesimal displacement allowed by the constraint condition at a certain instant when the time is fixed, which is different from the possible displacement.

It must be pointed out that the virtual displacement and the real displacement are different concepts. A real displacement is the actual displacement of the particle system in a certain time, which is not only related to the constraint conditions but also to the time, acceleration, and initial conditions, but the virtual displacement is only an arbitrarily infinitesimal displacement related to the constraints. Therefore, under steady constraints, a real displacement is an element in a set of many or even infinitely many virtual displacements. For unsteady constraints, a real displacement depends on time, while a virtual displacement requires fixed time, so it is not necessarily an element in the set of virtual displacement. Infinitesimal real displacements are represented by differential symbols such as $\mathrm{d}\boldsymbol{r}$, $\mathrm{d}x$, $\mathrm{d}\varphi$, etc.

5.1.4 Virtual Work

The work done by a force along the virtual displacement is called virtual work. The virtual work of force F along the virtual displacement δr is $F \cdot \delta r$, which is generally denoted by δW. It should be noted that the virtual work and the element work along the real displacement can use the same symbol, but there is an essential difference between them, because the virtual displacement is not the real displacement, so the virtual work is not the real work. When a mechanism is at rest (in equilibrium), any force does not do real work because there is no real displacement, but it can do virtual work.

5.1.5 Ideal Constraint

If the sum of the virtual work done by the forces along any virtual displacement of a system of particles is zero, the constraint is said to be an ideal constraint. If the constraint force on particle i is $\boldsymbol{F}_{\mathrm{N}i}$, the virtual displacement of the particle is $\delta \boldsymbol{r}_i$, and the virtual work done by the constraint force along the virtual displacement is $\delta W_{\mathrm{N}i}$, then the ideal constraint can be expressed as

$$\delta W_{\mathrm{N}} = \sum \delta W_{\mathrm{N}i} = \sum \boldsymbol{F}_{\mathrm{N}i} \cdot \delta \boldsymbol{r}_i = 0 \tag{5-14}$$

From the perspective of virtual work, the common constraints such as smooth fixed surfaces, smooth hinges, non-extendible flexible cables, non-heavy rigid rods, and fixed ends are ideal constraints.

5.2 Principle of Virtual Displacement for Rigid Body Systems

Examine any particle system in a state of static equilibrium(as shown in Figure 5-6), for any selected particle i, the resultant force of the active forces acting on the particle is $\boldsymbol{F}_i$, and the resultant force of the constraint forces is $\boldsymbol{F}_{Ni}$. Since the particle is also in an equilibrium state, therefore

$$\boldsymbol{F}_i + \boldsymbol{F}_{Ni} = \boldsymbol{0} \tag{5-15}$$

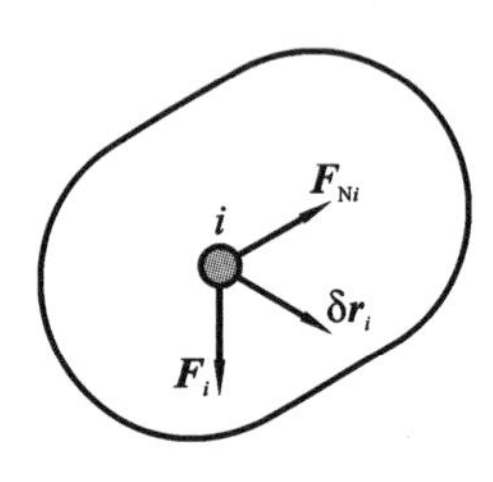

Figure 5-6

If a virtual displacement permitted by the constraints is applied to a system of particles, where the virtual displacement of the particle i is $\delta\boldsymbol{r}_i$, then the sum of the virtual work caused by the active and constraint forces acting on the particle is zero

$$\boldsymbol{F}_i \cdot \delta\boldsymbol{r}_i + \boldsymbol{F}_{Ni} \cdot \delta\boldsymbol{r}_i = 0 \tag{5-16}$$

This equation can be applied to any particle in the system of particles, so it can be obtained by adding all the equations together

$$\sum \boldsymbol{F}_i \cdot \delta\boldsymbol{r}_i + \sum \boldsymbol{F}_{Ni} \cdot \delta\boldsymbol{r}_i = 0 \tag{5-17}$$

If the system of particles has an ideal constraint, then the sum of the virtual work of the constraint force along the virtual displacement is zero, that is, $\sum \boldsymbol{F}_{Ni} \cdot \delta\boldsymbol{r}_i = 0$. The necessary and sufficient condition for the equilibrium of the system of particles can be arrived at by substituting it into Equation(5-17), that is, the virtual work equation satisfied by the active force of the particle system is

$$\delta W_F = \sum \delta W_{Fi} = \sum \boldsymbol{F}_i \cdot \delta\boldsymbol{r}_i = 0 \tag{5-18}$$

where δW_{Fi} and δW_F represent the virtual work of the particle i and the entire system of particles, respectively. Thus, we can draw a general conclusion that for a system of particles with ideal constraints, the necessary and sufficient condition for its equilibrium is that the sum of the virtual work of all the active forces acting on the system along any virtual displacement is zero. This conclusion is called the principle of virtual displacement, also known as the principle of virtual work.

The virtual work equation (5-18) can be rewritten in analytical form in the rectangular coordinate system

$$\delta W_F = \sum (F_{xi}\delta x_i + F_{yi}\delta y_i + F_{zi}\delta z_i) = 0 \tag{5-19}$$

where F_{xi}, F_{yi}, and F_{zi} are the projections of the active force $\boldsymbol{F}_i$ acting on the particle

i on the rectangular coordinate axis, and δx_i, δy_i, and δz_i are the projections of the virtual displacement $\delta \boldsymbol{r}_i$ on the coordinate axis.

It should be noted that the ideal constraint in the condition of the principle of virtual displacement only requires that the sum of virtual work of all constraint forces along the virtual displacement allowed by any constraint condition is zero. When solving a traditional constraint force (component) without a virtual displacement, the constraint force (component) can be transformed into an active force by applying an allowable virtual displacement. For a traditional constraint force (such as a friction force) that generates virtual work, it can be regarded as an active force and its virtual work can be included in the virtual work equation. It can be seen that when applying the virtual work equation, for a constraint force which needs to be determined, one can convert it into an active force by flexibly imposing an allowable virtual displacement if necessary.

5.3 Applications of Virtual Displacements and Virtual Velocities

This section introduces the methods and steps of applying the principle of virtual displacement to solve specific problems. The virtual work equation can be expressed in the form of virtual displacements, and also can be given in the form of virtual velocities (or virtual work rates) by taking the derivative of time, and the kinematic analysis method can be directly applied.

Example 5.2

In the planar mechanism shown in Figure 5-7(a), crank OA rotates around axis O, slider A slides along the chute without friction, and drives rocker O_1B to rotate around axis O_1. Known $\overline{OA}=\overline{O_1B}=l$, if the moment of couple $\boldsymbol{M}$ is applied to the crank OA, the force $\boldsymbol{F}$ is applied to the end B, the mechanism is balanced at the position shown in the figure, and at this time, the rocker O_1B is perpendicular to the line O_1O. Determine the magnitude of the force $\boldsymbol{F}$.

Solution Method 1: assume that the virtual angular displacement $\delta\varphi$ is applied to the crank OA, as shown in Figure 5-7 (b), and the virtual displacement of the slider A is $\delta r_A = l\delta\varphi$. Select slider A as the moving point and rocker O_1B as the moving system, then

$$\delta \boldsymbol{r}_A = \delta \boldsymbol{r}_e + \delta \boldsymbol{r}_r$$

One can achieve the following virtual displacements based on the parallelogram relation

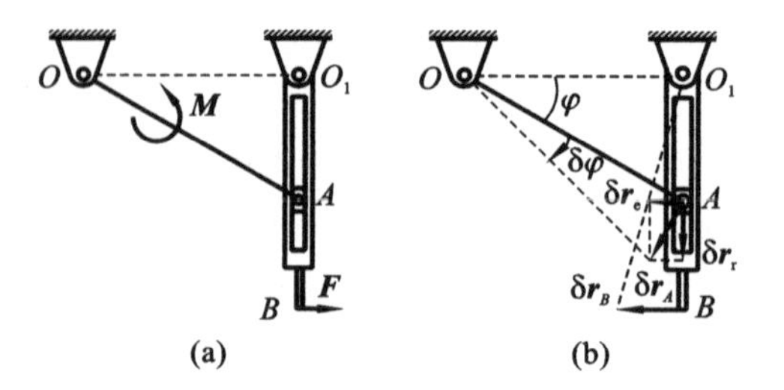

Figure 5-7

$$\delta r_e = \delta r_A \sin\varphi = l\delta\varphi\sin\varphi, \quad \delta r_B = \frac{\overline{O_1B}}{\overline{O_1A}}\delta r_e = \frac{l}{l\sin\varphi}\delta r_e = l\delta\varphi$$

Using the principle of virtual displacement, we have

$$\sum \delta W_F = F\delta r_B - M\delta\varphi = Fl\delta\varphi - M\delta\varphi = 0$$

According to the arbitrariness of the virtual displacement $\delta\varphi$, the solution is obtained as $F=M/l$.

Method 2: through the synthetic motion analysis of slider A, defining the virtual displacement generated in a small interval of time δt as the virtual velocity, such as the virtual velocity of slider A is $\boldsymbol{v}_A=\delta\boldsymbol{r}_A/\delta t$, the vector relationship between the virtual velocities can be obtained

$$\boldsymbol{v}_A = \boldsymbol{v}_e + \boldsymbol{v}_r$$

thus, the virtual velocities can be obtained as

$$v_e = v_A \sin\varphi = lw\sin\varphi, \quad v_B = \frac{\overline{O_1B}}{\overline{O_1A}}v_e = \frac{l}{l\sin\varphi}v_e = lw$$

Based on the principle of virtual displacement, we have

$$Fv_B - Mw = Flw - Mw = 0$$

According to the arbitrariness of the virtual velocity w, the solution is obtained as $F=M/l$.

Example 5.3

In the mechanism shown in Figure 5-8(a), slider A is subjected to force $\boldsymbol{F}_1$, and the end D of rod BD is subjected to force $\boldsymbol{F}_2$. In the shown position, the mechanism is in a balanced state, and rod OA is perpendicular to rod BD, $\overline{AB}=\overline{OA}=l$, $\overline{AD}=a$. Find the relationship between forces $\boldsymbol{F}_1$ and $\boldsymbol{F}_2$.

Solution In accordance with the principle of virtual displacement, we have

$$\sum \delta W_F = 0, \quad F_1 v_B - F_2(v_{DB} - v_B\cos 45^\circ) = 0$$

Using the base point method, the virtual velocity vector as shown in Figure 5-7(b) can be drawn by taking point B as the base point, and the virtual velocity of point A can be expressed as

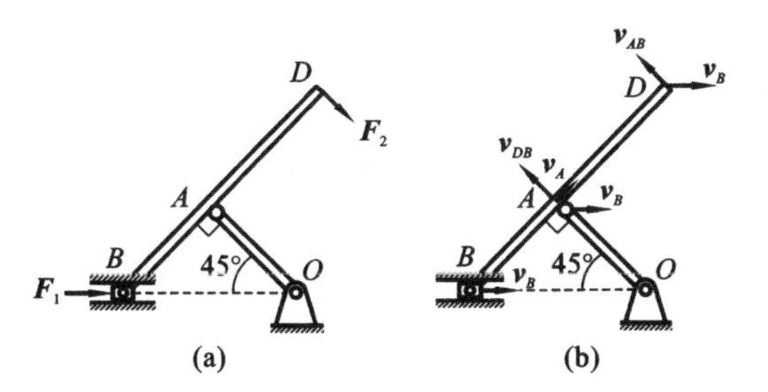

Figure 5-8

$$\boldsymbol{v}_A = \boldsymbol{v}_B + \boldsymbol{v}_{AB}$$

$$v_{AB} = v_B \cos 45° = \frac{\sqrt{2}}{2} v_B$$

Taking point B as the base point, and the virtual velocity of point D is $\boldsymbol{v}_D = \boldsymbol{v}_B + \boldsymbol{v}_{DB}$, then

$$v_{DB} = \frac{v_{AB}}{l}(l+a) = \frac{\sqrt{2}}{2l}(l+a)v_B$$

By substituting the virtual velocity relation into the virtual work equation, one obtains $F_1 = \frac{\sqrt{2}aF_2}{2l}$.

Example 5.4

In the mechanism shown in Figure 5-9, regardless of the weight of each rod, a straight upward force $\boldsymbol{F}$ is applied at the point G, and two points C and G are connected with a spring with negligible self-weight and a stiffness coefficient of k. At the position shown in the figure, the spring has an extension of δ_0, and $\overline{AC} = \overline{CE} = \overline{CD} = \overline{CB} = \overline{DG} = \overline{GE} = l$. Find the horizontal constraint force of support B.

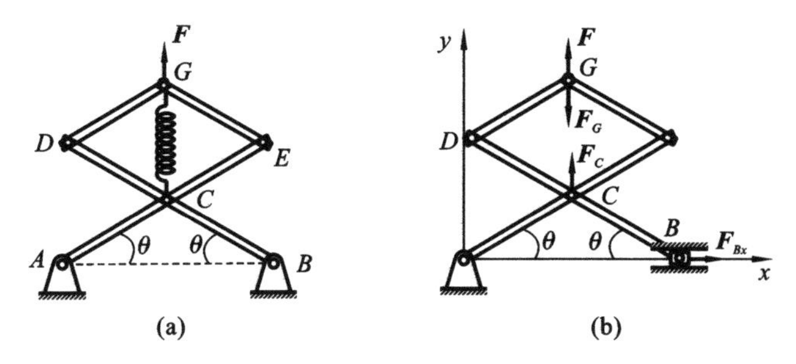

Figure 5-9

Solution Remove the horizontal constraint of support B and replace it with force $\boldsymbol{F}_{Bx}$. If the spring is released and replaced with forces $\boldsymbol{F}_C$ and $\boldsymbol{F}_G$, it should be noted that $F_C = F_G = k\delta_0$. It can be obtained by using the analytic form of the principle of virtual displacement

$$\sum \delta W_{F} = F_{Bx}\delta x_{B} + F\delta y_{G} + F_{C}\delta y_{C} - F_{G}\delta y_{G} = 0$$

Applying angle θ as the parameter, coordinates x_B, y_C, and y_G can be expressed as

$$x_{B} = 2l\cos\theta,\quad y_{C} = l\sin\theta,\quad y_{G} = 3l\sin\theta$$

It can be obtained through variational operations that

$$\delta x_{B} = -2l\sin\theta\delta\theta,\quad \delta y_{C} = l\cos\theta\delta\theta,\quad \delta y_{G} = 3l\cos\theta\delta\theta$$

Substituting into the virtual work equation gives

$$(-2F_{Bx}\sin\theta - 2k\delta_{0}\cos\theta + 3F\cos\theta)l\delta\theta = 0$$

According to the arbitrariness of the virtual displacement $\delta\theta$, the solution is attained as

$$F_{Bx} = \left(\frac{3}{2}F - k\delta_{0}\right)\cot\theta$$

Example 5.5

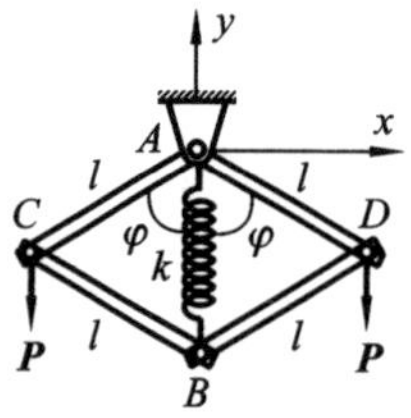

Figure 5-10

As shown in Figure 5-10, the hinged diamond mechanism $ABCD$ has a side length of l and is suspended at vertex A. Points A and B are connected with a spring with a stiffness coefficient of k, and there are balls with a weight of P on hinges C and D. It is known that the spring is not stressed when $\varphi = 45°$. If the spring can bear compression, the weight of each rod is neglected, and the condition $P < 2lk\ (1-\sqrt{2}/2)$ holds, find the φ value when the mechanism is balanced.

Solution In accordance with the principle of virtual displacement, we have $\sum \delta W_{F} = 0$.

The relations between coordinates and virtual displacements are

$$y_{C} = y_{D} = l\cos\varphi,\quad y_{B} = 2l\cos\varphi$$

$$\delta y_{C} = \delta y_{D} = -l\sin\varphi\delta\varphi,\quad \delta y_{B} = -2l\sin\varphi\delta\varphi$$

The spring force is $F_{k} = kl(2\cos\varphi - \sqrt{2})$, therefore, the virtual work equation is

$$2Pl\sin\varphi\delta\varphi - kl(2\cos\varphi - \sqrt{2})2l\sin\varphi\delta\varphi = 0$$

Using the arbitrariness of the virtual displacement $\delta\varphi$, the solution is attained as

$$\varphi = \arccos\left(\frac{P + \sqrt{2}kl}{2kl}2\cos\varphi - \sqrt{2}\right)$$

Example 5.6

Determine the constraint force at support A of the non-heavy composite beam, as shown in Figure 5-11(a).

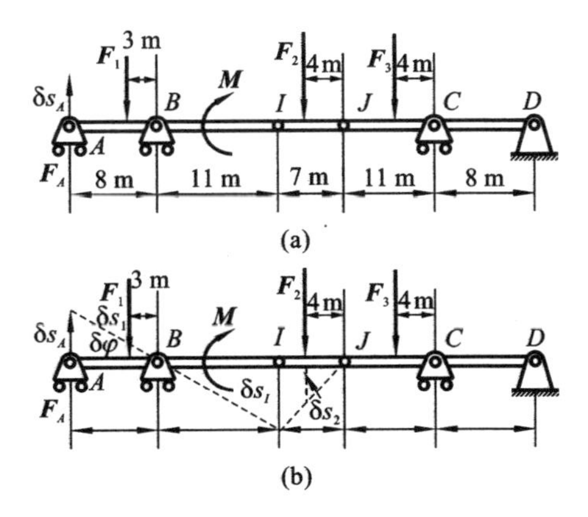

Figure 5-11

Solution Remove the constraint of support A and replace it with force $\boldsymbol{F}_A$, which is regarded as an active force. A vertical virtual displacement is applied at support A, and a virtual displacement allowed by constraints is shown in Figure 5-10(b). According to the principle of virtual work, one attains

$$\delta W_F = F_A \delta s_A - F_1 \delta s_1 + M\delta\varphi + F_2 \delta s_2 = 0$$

The relationship between virtual displacements can be obtained from the kinematic analysis in Figure 5-9(b)as

$$\delta\varphi = \frac{\delta s_A}{8}$$

$$\delta s_1 = 3\delta\varphi = \frac{3}{8}s_A$$

$$\delta s_I = 11\delta\varphi = \frac{11}{8}s_A$$

$$\delta s_2 = \frac{4}{7}\delta s_I = \frac{11}{14}s_A$$

Substituting into the virtual work equation arrives at

$$F_A = \frac{3}{8}F_1 - \frac{11}{14}F_2 - \frac{M}{8}$$

Example 5.7

As shown in Figure 5-12, rods OA and AB are hinged, and end O is suspended on the cylindrical hinge. $\overline{OA} = a$, $\overline{AB} = b$, the weight of each rod and friction of each hinge are not considered. Points A and B are imposed on downward forces $\boldsymbol{F}_A$ and $\boldsymbol{F}_B$ respectively, while point B is subjected to a

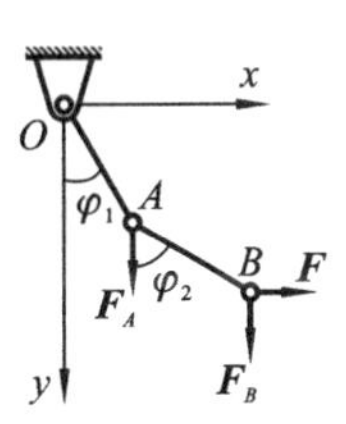

Figure 5-12

horizontal force $\boldsymbol{F}$ simultaneously. Find the relationship between φ_1, φ_1 and $\boldsymbol{F}_A$, $\boldsymbol{F}_B$, $\boldsymbol{F}$ in the equilibrium state.

Solution The position of the system can be determined by the four coordinates x_A, y_A and x_B, y_B of points A and B, and rods OA and AB are both constrained by the constant lengths of their own, so the degree of freedom of the system is 2. Now, φ_1 and φ_2 are selected as generalized coordinates, therefore

$$y_A = a\cos\varphi_1, \quad y_B = a\cos\varphi_1 + b\cos\varphi_2, \quad x_B = a\sin\varphi_1 + b\sin\varphi_2$$

$$\delta y_A = -a\sin\varphi_1\delta\varphi_1, \quad \delta y_B = -a\sin\varphi_1\delta\varphi_1 - b\sin\varphi_2\delta\varphi_2,$$

$$\delta x_B = a\cos\varphi_1\delta\varphi_1 + b\cos\varphi_1\delta\varphi_2$$

According to the principle of virtual displacement, one obtains

$$\sum \delta W_F = F_A\delta y_A + F\delta x_B + F_B\delta y_B = 0$$

$$F_A(-a\sin\varphi_1\delta\varphi_1) + F(a\cos\varphi_1\delta\varphi_1 + b\cos\varphi_1\delta\varphi_2) + F_B(-a\sin\varphi_1\delta\varphi_1 - b\sin\varphi_2\delta\varphi_2) = 0$$

$$(Fa\cos\varphi_1 - F_Aa\sin\varphi_1 - F_Ba\sin\varphi_1)\delta\varphi_1 + (Fb\cos\varphi_1 - F_Bb\sin\varphi_2)\delta\varphi_2 = 0$$

Using the independence of virtual displacements, assuming $\delta\varphi_1 \neq 0$ and $\delta\varphi_2 = 0$, one arrives at $F_B = F\cot\varphi_1 - F_A$. In addition, assuming $\delta\varphi_1 = 0$ and $\delta\varphi_2 \neq 0$, one attains $F_B = F\cot\varphi_2$.

From the above examples, it can be seen that the key to solving the equilibrium problem by using the principle of virtual displacement is to establish the relationship between various virtual displacements, which can be divided into two categories: analytical method and non-analytical method. In the virtual work expression of the analytical method, the virtual work of each force is decomposed into the product form of the projection of the force on each coordinate axis and the corresponding coordinate variation, which requires attention to the symbol of each projection. It is not necessary to add additional symbols to coordinate variations, and the final sign is naturally determined by the variational operation. The non-analytical method can be subdivided into the direct method (or definition method) and the virtual velocity method, usually needing to use kinematic analysis, such as the synthetic motion of points, the base point method for plane motion, the instantaneous velocity center method, and the velocity projection theorem to establish the relationship between virtual displacements or virtual velocities. A reasonable method needs to be chosen for a specific problem.

When using the principle of virtual displacement to solve a constraint (component), the key is to remove the corresponding constraint (component), replace it with the active force (component). For multi-degree-of-freedom systems, the virtual work equations are transformed into the equations that need to be solved for unknown forces (components) corresponding to different constraint conditions of virtual displacements by using the independence of generalized coordinates and the arbitrariness of virtual displacement.

Exercises

5.1 A telescopic meter is shown in Figure 5-13. Each rod is connected with a smooth hinge, $\overline{OA}=\overline{OB}=l$, $\overline{AD}=\overline{BC}=2l$, regardless of its own weight. Provided that the magnitude of horizontal forces is $F_1=F_2=P$, point E is exerted on by a vertical force $\boldsymbol{F}$. Find the θ value at an equilibrium state.

5.2 In the mechanism shown in Figure 5-14, $\overline{OC}=\overline{AC}=\overline{BC}=l$, forces $\boldsymbol{F}_1$ and $\boldsymbol{F}_2$ are exerted on sliders A and B respectively, and the mechanism is balanced at the illustrated position. Determine the moment of couple $\boldsymbol{M}$ acting on the crank OC by applying the principle of virtual displacement.

5.3 Figure 5-15 shows that the mechanism is in equilibrium when subjected to force $\boldsymbol{F}$ and moment of couple $\boldsymbol{M}$ simultaneously, with $\overline{OA}=\overline{OB}=l$. Regardless of the weight of each component and the friction everywhere, find the relationship between the force $\boldsymbol{F}$ and the moment of couple $\boldsymbol{M}$ using the principle of virtual displacement.

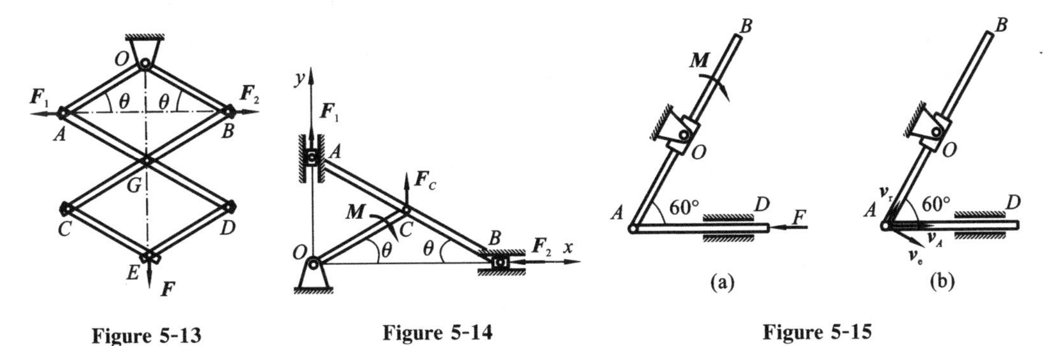

Figure 5-13 Figure 5-14 Figure 5-15

5.4 Non-weight, uniform rods AB and BD, with lengths l, are hinged at point B, have a fixed end constraint at point A, and the protruding angle E is smooth. Force $\boldsymbol{F}$ is imposed along the axis of rod BD, as shown in Figure 5-16. Find the horizontal constraint force $\boldsymbol{F}_{Ax}$ at point A.

5.5 As shown in Figure 5-17, two equal-length rigid rods AB and BC are hinged at point B, and a spring is connected at points D and E. The stiffness coefficient of the spring is k, and when the distance between points A and C is equal to a, the tension in the spring is zero. It is regardless of the weight of each component and the friction everywhere. If a horizontal force $\boldsymbol{F}$ is applied at point C

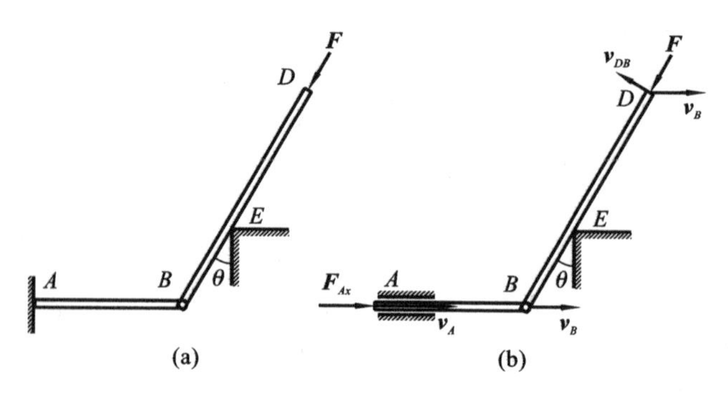

Figure 5-16

and the bar system is in equilibrium, try to find the distance between points A and C at this moment.

5.6 In the planar mechanism shown in Figure 5-18, the two rods are equal in length, point A is a fixed hinge support, point F is a smooth small roller. Suspend a block with weight P from point B. Two points D and E are connected by a spring. The original length of the spring is l, the spring stiffness coefficient is k, and the other dimensions are shown in the figure, regardless of the weight of each rod. Find the mechanism's equilibrium condition.

5.7 As shown in Figure 5-19, a four-link mechanism is subjected to a moment of couple $\boldsymbol{M}$ on rod DE, and a vertical force $\boldsymbol{P}$ on the pin B. The mechanism is in a balanced state as illustrated in the figure. Find the relationship between the force $\boldsymbol{P}$ and the moment of couple $\boldsymbol{M}$.

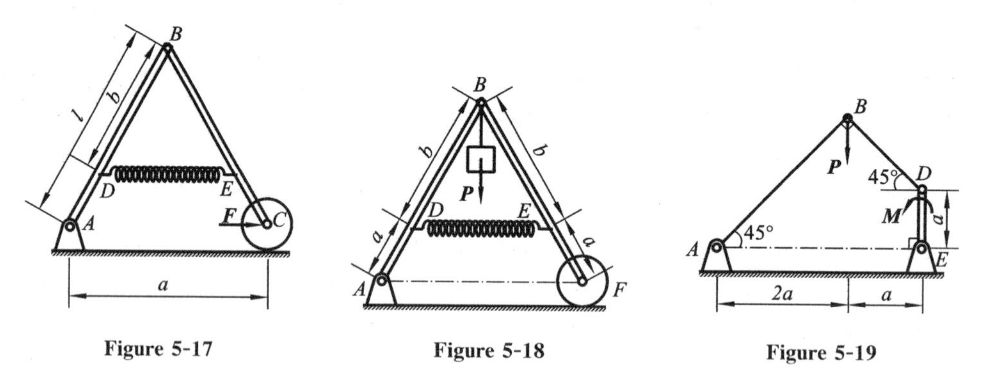

Figure 5-17　　Figure 5-18　　Figure 5-19

5.8 A homogeneous rod AB has a length of $2l$, whose center of mass is at point C, and is placed in a smooth semicircular groove with a radius R, as shown in Figure 5-20. Determine the relationship between θ , l , and R at equilibrium.

5.9 A composite beam is shown in Figure 5-21, where $q=2$ kN/m, $F=5$ kN, and $M=12$ kN • m. Determine the constraint force at the fixed end A.

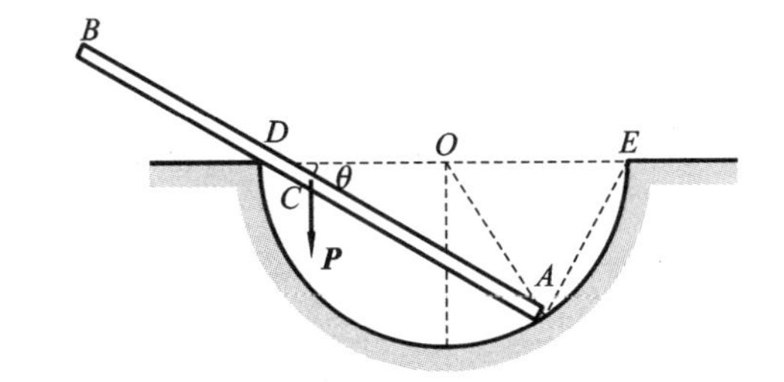

Figure 5-20

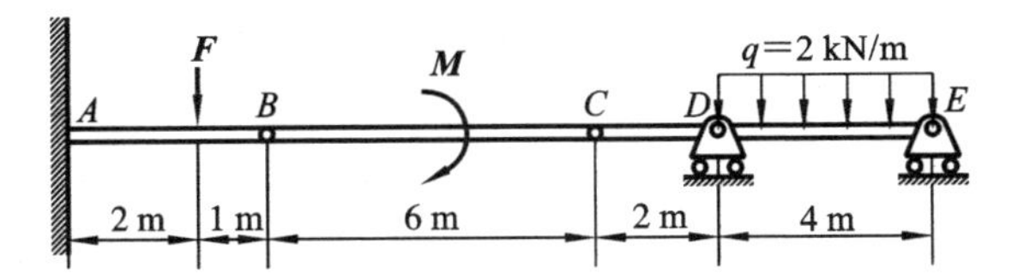

Figure 5-21

Chapter 6 Lagrange Equation

Chapter 6
Lagrange Equation

When applying vector mechanics to analyze complex constrained dynamic systems, we inevitably face problems with multiple constraints, a large number of equations, and a complex solution process. Lagrange, a French scientist, published a book named *Analytical Mechanics* in 1788, in which a method to solve the dynamic problems of complex constrained systems was derived, combined the principle of virtual displacement with the d'Alembert principle, namely Lagrange equation of the first kind and Lagrange equation of the second kind. This method can be used to simply solve the dynamic problems of non-free particle systems. This chapter will provide a brief introduction to this method.

6.1 General Equation of Dynamics

6.1.1 General Form

Consider an ideal constraint system composed of n particles. Assuming the mass of the i-th particle is m_i, the position vector is $\boldsymbol{r}_i$, the active force acting on the particle is $\boldsymbol{F}_i$, the constraint force is $\boldsymbol{F}_{Ni}$, and the inertial force acting on the particle is $\boldsymbol{F}_{Ii}=-m_i\ddot{\boldsymbol{r}}_i$.

According to the d' Alembert principle, the active force, restraining force, and inertial force acting on the entire particle system form an equilibrium force system, that is

$$\sum_{i=1}^{n}(\boldsymbol{F}_i+\boldsymbol{F}_{Ni}+\boldsymbol{F}_{Ii})=\boldsymbol{0} \tag{6-1}$$

According to the principle of virtual displacement, there are

$$\sum_{i=1}^{n}(\boldsymbol{F}_i+\boldsymbol{F}_{Ni}+\boldsymbol{F}_{Ii})\cdot\delta\boldsymbol{r}_i=0 \tag{6-2}$$

If the system is only subject to ideal constraints, $\sum_{i=1}^{n}\boldsymbol{F}_{Ni}\cdot\delta\boldsymbol{r}_i=0$, then

$$\sum_{i=1}^{n}(\boldsymbol{F}_i+\boldsymbol{F}_{Ii})\cdot\delta\boldsymbol{r}_i=\sum_{i=1}^{n}(\boldsymbol{F}_i-m_i\ddot{\boldsymbol{r}}_i)\cdot\delta\boldsymbol{r}_i=0 \tag{6-3}$$

Equation (6-3) is called the **general equation of dynamics.** This equation indicates that under ideal constraint conditions, the sum of the work done by the active force system and the imaginary inertial force system on the virtual displacement at any instant is equal to zero.

The analytical formula of Equation(6-3) in the rectangular coordinate system can be written as

$$\sum_{i=1}^{n}[(F_{ix}-m_i\ddot{x}_i)\delta x_i+(F_{iy}-m_i\ddot{y}_i)\delta y_i+(F_{iz}-m_i\ddot{z}_i)\delta z_i]=0 \qquad (6\text{-}4)$$

The general equation of dynamics combines the d'Alembert principle with the principle of virtual displacement, which can solve the dynamic problems of particle systems, especially suitable for solving the dynamic problems of non-free particle systems. The following are some examples.

Example 6.1

In the system shown in Figure 6-1, the homogeneous circular wheel has a radius of R and a mass of m_1. The thin rope passing through the center of the wheel is connected to a weight of m_2 through a fixed pulley, regardless of the friction at the fixed pulley. Under the action of the heavy object, the circular wheel undergoes pure rolling on the plane. Find the angular acceleration of the circular wheel.

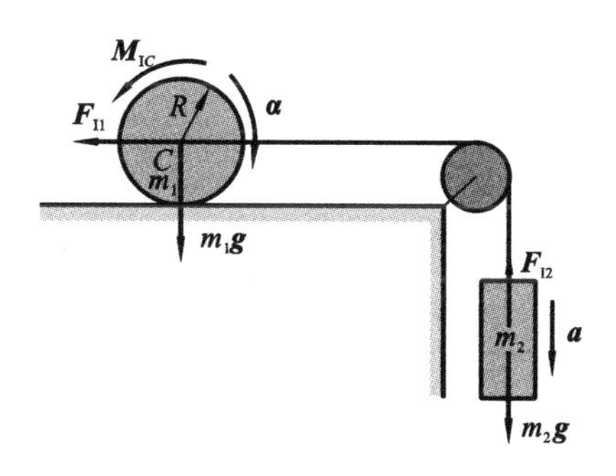

Figure 6-1

Solution Take the system of the circular wheel and the heavy object as the research object. The active forces acting on the system are $m_1\boldsymbol{g}$ and $m_2\boldsymbol{g}$, and the inertial forces are

$$\boldsymbol{F}_{I1}=-m_1\boldsymbol{a},\quad \boldsymbol{F}_{I2}=-m_2\boldsymbol{a},\quad \boldsymbol{M}_{IC}=-J_C\boldsymbol{\alpha}$$

Giving virtual displacements δs_1, δs_2, and $\delta\varphi$ for the system, and according to the general equation of dynamics (6-4), we can obtain

$$-m_1a\delta s_1-\frac{1}{2}m_1R^2\alpha\delta\varphi-m_2a\delta s_2+m_2g\delta s_2=0$$

substitute $\delta s_1=\delta s_2=R\delta\varphi$ and $a=R\alpha$ into the above equation, and obtain

$$-m_1a\delta s_1-\frac{1}{2}m_1R^2\frac{a}{R}\frac{\delta s_1}{R}-m_2a\delta s_1+m_2g\delta s_1=0$$

Eliminating δs_1 from each item in the above equation, it can be obtained that

$$a=\frac{m_2g}{\frac{3}{2}m_1+m_2}$$

therefore, the angular acceleration of the circular wheel is

$$\alpha = \frac{m_2 g}{\left(\frac{3}{2}m_1 + m_2\right)R}$$

6.1.2 Generalized Coordinate Form

For a system composed of n particles with s complete bilateral constraints, the number of generalized coordinates is $k=3n-s$. Let k generalized coordinates be q_1, q_2, $\cdots$, q_k. Then the coordinates of the n particles can be expressed as

$$\boldsymbol{r}_i = \boldsymbol{r}_i(q_1, q_2, \cdots, q_k, t), \quad i = 1, 2, \cdots, n \tag{6-5}$$

The virtual displacement of the i-th particle can be determined by performing an isochronous variational operation on Equation(6-5) as follows

$$\delta \boldsymbol{r}_i = \sum_{j=1}^{k} \frac{\partial \boldsymbol{r}_i}{\partial q_j}\delta q_j, \quad i = 1, 2, \cdots, n \tag{6-6}$$

where δq_j, $j=1,2,\cdots,k$ is the variation of the generalized coordinate q_j, known as the **generalized virtual displacement.** The generalized virtual displacement can be either a linear displacement or an angular displacement.

Substitute Equation(6-6) into Equation(6-3) and exchange the sum order of i and j, then there is

$$\begin{aligned}
&\sum_{i=1}^{n}(\boldsymbol{F}_i - m_i\ddot{\boldsymbol{r}}_i) \cdot \left(\sum_{j=1}^{k}\frac{\partial \boldsymbol{r}_i}{\partial q_j}\delta q_j\right) \\
&= \sum_{j=1}^{k}\left[\sum_{i=1}^{n}(\boldsymbol{F}_i - m_i\ddot{\boldsymbol{r}}_i) \cdot \frac{\partial \boldsymbol{r}_i}{\partial q_j}\right]\delta q_j \\
&= \sum_{j=1}^{k}\left(\sum_{i=1}^{n}\boldsymbol{F}_i \cdot \frac{\partial \boldsymbol{r}_i}{\partial q_j} - \sum_{i=1}^{n} m_i\ddot{\boldsymbol{r}}_i \cdot \frac{\partial \boldsymbol{r}_i}{\partial q_j}\right)\delta q_j \\
&= \sum_{j=1}^{k}\left(Q_j - \sum_{i=1}^{n} m_i\ddot{\boldsymbol{r}}_i \cdot \frac{\partial \boldsymbol{r}_i}{\partial q_j}\right)\delta q_j = 0
\end{aligned}$$

that is

$$\sum_{j=1}^{k}\left(Q_j - \sum_{i=1}^{n} m_i\ddot{\boldsymbol{r}}_i \cdot \frac{\partial \boldsymbol{r}_i}{\partial q_j}\right)\delta q_j = 0 \tag{6-7}$$

Equation(6-7) is the general equation of dynamics in generalized coordinate form.

$$Q_j = \sum_{i=1}^{n}\left(\boldsymbol{F}_i \cdot \frac{\partial \boldsymbol{r}_i}{\partial q_j}\right) \tag{6-8a}$$

its analytical formula is

$$Q_j = \sum_{i=1}^{n}\left(F_{ix}\frac{\partial x_i}{\partial q_j} + F_{iy}\frac{\partial y_i}{\partial q_j} + F_{iz}\frac{\partial z_i}{\partial q_j}\right) \tag{6-8b}$$

Q_j is referred to as **generalized force.** The dimension of generalized force corresponds to that of generalized virtual displacement. When the generalized virtual displacement is a linear displacement, the dimension of generalized force is that of the force. And when the generalized virtual displacement is an angular displacement, the dimension of generalized force is that of the moment.

Example 6.2

Block A with a mass of m_1 can slide back and forth along a smooth horizontal plane without friction. A simple pendulum B with a length of l is connected to the block A, and the mass of the single pendulum B is m_2. The degree of freedom of the system is 2. If x_A and φ are taken as the generalized coordinates of the system, as shown in Figure 6-2, calculate the corresponding generalized force.

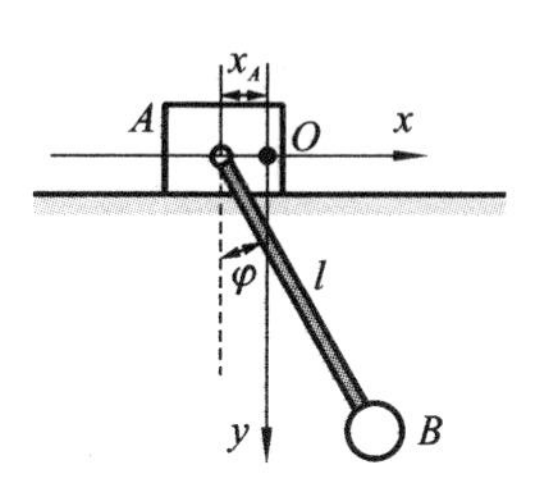

Figure 6-2

Solution Due to

$$x_B = x_A + l\sin\varphi, \quad y_B = l\cos\varphi$$

thus

$$\frac{\partial x_B}{\partial x_A} = 1, \quad \frac{\partial y_B}{\partial x_A} = 0, \quad \frac{\partial x_B}{\partial \varphi} = l\cos\varphi, \quad \frac{\partial y_B}{\partial \varphi} = -l\sin\varphi$$

Substituting the above equation into Equation(6-8b) yields

$$Q_{x_A} = F_{Ax}\frac{\partial x_A}{\partial x_A} + F_{Ay}\frac{\partial y_A}{\partial x_A} + F_{Bx}\frac{\partial x_B}{\partial x_A} + F_{By}\frac{\partial y_B}{\partial x_A} = 0$$

$$Q_{\varphi} = F_{Ax}\frac{\partial x_A}{\partial \varphi} + F_{Ay}\frac{\partial y_A}{\partial \varphi} + F_{Bx}\frac{\partial x_B}{\partial \varphi} + F_{By}\frac{\partial y_B}{\partial \varphi} = -m_2 gl\sin\varphi$$

Here, the dimension of the generalized force Q_{x_A} is that of the force, and the dimension of Q_{φ} is that of the moment.

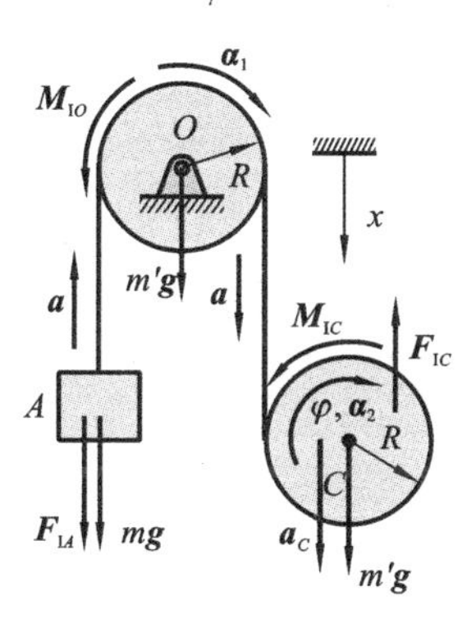

Figure 6-3

Example 6.3

In the system shown in Figure 6-3, a circular pulley C with a thin rope spans over a fixed pulley O. Both the circular pulley C and the fixed pulley O have a mass of m' and a radius of R. The other end of the thin rope is connected to a weight A with a mass of m. The thin rope cannot be extended and there is no sliding between the thin rope and the pulley. When the straight part of the thin rope is plumb, calculate the acceleration of the pulley center C.

Solution Study the entire system. The degree of freedom of the system is 2, taking x and φ as generalized coordinates. Assuming that the angular accelerations of the fixed pulley O and the circular pulley C are $\boldsymbol{\alpha}_1$ and $\boldsymbol{\alpha}_2$, respectively. The acceleration of the pulley center C is $\boldsymbol{a}_C$, and the acceleration of the weight A is $\boldsymbol{a}$, then the inertial forces of the system can be simplified as

$$F_{IA} = ma, \quad M_{IO} = \frac{1}{2}m'R^2\alpha_1, \quad M_{IC} = \frac{1}{2}m'R^2\alpha_2, \quad F_{IC} = m'a_C$$

The directions of the inertial forces are shown in Figure 6-3.

Due to the independence of generalized coordinates, it can be assumed that $\delta x \neq 0$ and $\delta\varphi = 0$. Then, according to the general equation of dynamics in generalized coordinate form(6-7), we can obtain

$$-mg\delta x - F_{IA}\delta x - M_{IO}\frac{\delta x}{R} + m'g\delta x - m'a_C\delta x = 0$$

that is

$$-mg\delta x - ma\delta x - \frac{1}{2}m'R^2\alpha_1\frac{\delta x}{R} + m'g\delta x - m'a_C\delta x = 0$$

or

$$-mg - ma - \frac{1}{2}m'R\alpha_1 + m'g - m'a_C = 0 \tag{a}$$

Substituting $a = R\alpha_1$ and $a_C = a + R\alpha_2$ into the above equation yields

$$(m' - m)g - (m + \frac{1}{2}m')a - m'a_C = 0 \tag{b}$$

Let $\delta x = 0$ and $\delta\varphi \neq 0$. At this time, the distance that the pulley center C decreases is $\delta h = R\delta\varphi$. Substitute it into Equation(6-7) and obtain

$$m'g\delta h - F_{IC}\delta h - M_{IC}\delta\varphi = 0$$

that is

$$m'g\delta h - m'a_C\delta h - \frac{1}{2}m'R^2\alpha_2\delta\varphi = 0$$

or

$$g - a_C - \frac{1}{2}R\alpha_2 = 0 \tag{c}$$

Substituting $a_C = a + R\alpha_2$ into Equation(c) yields

$$a = 3a_C - 2g \tag{d}$$

Substituting Equation(d) into Equation(b) yields

$$a_C = \frac{2m' + m}{2.5m' + 3m}g$$

6.2 Lagrange Equation of the Second Kind

6.2.1 Lagrange Equation in its Basic Form

The general equation of dynamics in generalized coordinate form is not convenient for direct application, and from this equation, the Lagrange equation with obvious physical significance can be derived.

Similarly, consider a system composed of n particles constrained by s complete bilateral constraints. The number of generalized coordinates is $k = 3n - s$. Let k generalized coordinates be q_1, q_2, $\cdots$, q_k, then there are two classical Lagrangian relationships

$$\frac{\partial \boldsymbol{r}_i}{\partial q_j} = \frac{\partial \dot{\boldsymbol{r}}_i}{\partial \dot{q}_j} \tag{6-9}$$

$$\frac{\mathrm{d}}{\mathrm{d}t}\left(\frac{\partial \boldsymbol{r}_i}{\partial q_j}\right) = \frac{\partial \dot{\boldsymbol{r}}_i}{\partial q_j} \tag{6-10}$$

Proof (1) Differentiate both sides of $\boldsymbol{r}_i = \boldsymbol{r}_i(q_1, q_2, \cdots, q_k, t), i = 1, 2, \cdots, n$ with respect to time t and obtain

$$\frac{\mathrm{d}\boldsymbol{r}_i}{\mathrm{d}t} = \dot{\boldsymbol{r}}_i = \sum_{j=1}^{k} \frac{\partial \boldsymbol{r}_i}{\partial q_j}\frac{\mathrm{d}q_j}{\mathrm{d}t} + \frac{\partial \boldsymbol{r}_i}{\partial t} = \sum_{j=1}^{k} \frac{\partial \boldsymbol{r}_i}{\partial q_j}\dot{q}_j + \frac{\partial \boldsymbol{r}_i}{\partial t}$$

Differentiating both sides of the above equation with respect to $\dot{q}_j$, because $\frac{\partial \boldsymbol{r}_i}{\partial q_j}$ and $\frac{\partial \boldsymbol{r}_i}{\partial t}$ are functions only of generalized coordinates and time t, it is obtained that

$$\frac{\partial \dot{\boldsymbol{r}}_i}{\partial \dot{q}_j} = \frac{\partial \boldsymbol{r}_i}{\partial q_j}$$

Equation(6-9) is proven.

(2) Calculate the partial derivative of $\boldsymbol{r}_i = \boldsymbol{r}_i(q_1, q_2, \cdots, q_k, t), i = 1, 2, \cdots, n$ with respect to a certain generalized coordinate q_j, and obtain

$$\frac{\partial \boldsymbol{r}_i}{\partial q_j} = \frac{\partial \boldsymbol{r}_i(q_1, q_2, \cdots, q_k, t)}{\partial q_j}$$

differentiate the above equation with respect to time t

$$\frac{\mathrm{d}}{\mathrm{d}t}\left(\frac{\partial \boldsymbol{r}_i}{\partial q_j}\right) = \sum_{m=1}^{k} \frac{\partial}{\partial q_m}\left(\frac{\partial \boldsymbol{r}_i}{\partial q_j}\right)\dot{q}_m + \frac{\partial}{\partial t}\left(\frac{\partial \boldsymbol{r}_i}{\partial q_j}\right) \tag{6-11}$$

meanwhile

$$\frac{\partial \dot{\boldsymbol{r}}_i}{\partial q_j} = \frac{\partial}{\partial q_j}\left(\sum_{m=1}^{k} \frac{\partial \boldsymbol{r}_i}{\partial q_m}\dot{q}_m + \frac{\partial \boldsymbol{r}_i}{\partial t}\right) = \sum_{m=1}^{k} \frac{\partial^2 \boldsymbol{r}_i}{\partial q_j \partial q_m}\dot{q}_m + \frac{\partial^2 \boldsymbol{r}_i}{\partial q_j \partial t} \tag{6-12}$$

Equations(6-11) and (6-12) are equal, therefore

$$\frac{\mathrm{d}}{\mathrm{d}t}\left(\frac{\partial \boldsymbol{r}_i}{\partial q_j}\right)=\frac{\partial \dot{\boldsymbol{r}}_i}{\partial q_j}$$

Equation(6-10) is proven.

In Equation(6-7), $\sum_{j=1}^{k}\left(\boldsymbol{Q}_j-\sum_{i=1}^{n}m_i\ddot{\boldsymbol{r}}_i\cdot\frac{\partial \boldsymbol{r}_i}{\partial q_j}\right)\delta q_j=0$, let $\boldsymbol{Q}_j^*=-\sum_{i=1}^{n}m_i\ddot{\boldsymbol{r}}_i\cdot\frac{\partial \boldsymbol{r}_i}{\partial q_j}$, then

$$\boldsymbol{Q}_j^*=-\sum_{i=1}^{n}m_i\frac{\mathrm{d}}{\mathrm{d}t}\left(\dot{\boldsymbol{r}}_i\cdot\frac{\partial \boldsymbol{r}_i}{\partial q_j}\right)+\sum_{i=1}^{n}m_i\dot{\boldsymbol{r}}_i\cdot\frac{\mathrm{d}}{\mathrm{d}t}\left(\frac{\partial \boldsymbol{r}_i}{\partial q_j}\right)$$

Substituting Equations(6-9) and (6-10) into the above equation yields

$$\begin{aligned}\boldsymbol{Q}_j^*&=-\sum_{i=1}^{n}m_i\frac{\mathrm{d}}{\mathrm{d}t}\left(\dot{\boldsymbol{r}}_i\cdot\frac{\partial \dot{\boldsymbol{r}}_i}{\partial \dot{q}_j}\right)+\sum_{i=1}^{n}m_i\dot{\boldsymbol{r}}_i\cdot\frac{\partial \dot{\boldsymbol{r}}_i}{\partial q_j}\\&=-\frac{\mathrm{d}}{\mathrm{d}t}\left(\sum_{i=1}^{n}m_i\dot{\boldsymbol{r}}_i\cdot\frac{\partial \dot{\boldsymbol{r}}_i}{\partial \dot{q}_j}\right)+\frac{\partial}{\partial q_j}\sum_{i=1}^{n}\left(\frac{1}{2}m_i\dot{\boldsymbol{r}}_i\cdot\dot{\boldsymbol{r}}_i\right)\\&=-\frac{\mathrm{d}}{\mathrm{d}t}\left[\frac{\partial}{\partial \dot{q}_j}\sum_{i=1}^{n}\left(\frac{1}{2}m_i\dot{\boldsymbol{r}}_i\cdot\dot{\boldsymbol{r}}_i\right)\right]+\frac{\partial}{\partial q_j}\sum_{i=1}^{n}\left(\frac{1}{2}m_i\dot{\boldsymbol{r}}_i\cdot\dot{\boldsymbol{r}}_i\right)\\&=-\frac{\mathrm{d}}{\mathrm{d}t}\left(\frac{\partial T}{\partial \dot{q}_j}\right)+\frac{\partial T}{\partial q_j}\end{aligned}\tag{6-13}$$

where $T=\sum_{i=1}^{n}\left(\frac{1}{2}m_i\dot{\boldsymbol{r}}_i\cdot\dot{\boldsymbol{r}}_i\right)$ is the kinetic energy of the particle system.

Substituting Equation(6-13) into Equation(6-7) yields

$$\sum_{j=1}^{k}\left[\boldsymbol{Q}_j-\frac{\mathrm{d}}{\mathrm{d}t}\left(\frac{\partial T}{\partial \dot{q}_j}\right)+\frac{\partial T}{\partial q_j}\right]\delta q_j=0$$

Due to the independence of the generalized coordinates q_j, $j=1,2,\cdots,k$, it can be concluded that

$$\frac{\mathrm{d}}{\mathrm{d}t}\left(\frac{\partial T}{\partial \dot{q}_j}\right)-\frac{\partial T}{\partial q_j}-\boldsymbol{Q}_j=0,\quad j=1,2,\cdots,k\tag{6-14}$$

Equation(6-14) is the Lagrange equation, also known as Lagrange equation of the second kind. This equation is a second-order ordinary differential equation, where the number of equations is equal to the degree of freedom k of a particle system. In order to obtain the Lagrange equation, the kinetic energy T of the system must be expressed as a function of generalized coordinates and generalized velocities, and the generalized force $\boldsymbol{Q}_j$ must be calculated.

Example 6.4

As shown in Figure 6-4, the simple pendulum A is suspended at point O, with a mass of m and a length of l, oscillating back and forth in the Oxy plane. Try to find the differential equation of motion for the simple pendulum.

Solution The degree of freedom of the system is 1. Take φ as the generalized coordinate and establish the coordinate system shown in Figure 6-4, then

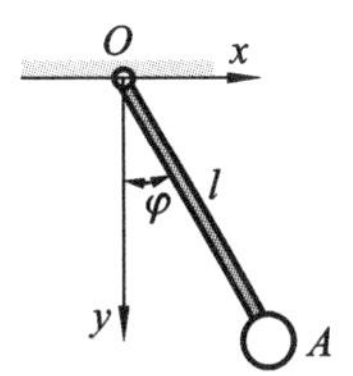

Figure 6-4

$$x = l\sin\varphi, \quad y = l\cos\varphi$$

$$\dot{x} = l\dot{\varphi}\cos\varphi, \quad \dot{y} = -l\dot{\varphi}\sin\varphi$$

The kinetic energy of the system is

$$T = \frac{1}{2}m(\dot{x}^2 + \dot{y}^2) = \frac{1}{2}ml^2\dot{\varphi}^2$$

Calculate the partial derivative of kinetic energy T with respect to the generalized velocity $\dot{\varphi}$ and generalized coordinate φ, respectively

$$\frac{\partial T}{\partial \dot{\varphi}} = ml^2\dot{\varphi}$$

$$\frac{\partial T}{\partial \varphi} = 0 \tag{a}$$

then take the full derivative

$$\frac{\mathrm{d}}{\mathrm{d}t}\left(\frac{\partial T}{\partial \dot{\varphi}}\right) = ml^2\ddot{\varphi} \tag{b}$$

Calculate the generalized force using Equation(6-8b)

$$Q = mg\frac{\partial y}{\partial \varphi} = -mgl\sin\varphi \tag{c}$$

Substitute Equations(a), (b), and (c) into $\frac{\mathrm{d}}{\mathrm{d}t}\left(\frac{\partial T}{\partial \dot{\varphi}}\right) - \frac{\partial T}{\partial \varphi} - Q = 0$ and organize them as follows

$$l\ddot{\varphi} + g\sin\varphi = 0$$

The above equation is the differential equation of motion for the simple pendulum.

6.2.2 Lagrange Equation in a Conservative Force Field

The calculation of generalized force Q_j is usually done using Equation(6-8b), that is

$$Q_j = \sum_{i=1}^{n}\left(F_{ix}\frac{\partial x_i}{\partial q_j} + F_{iy}\frac{\partial y_i}{\partial q_j} + F_{iz}\frac{\partial z_i}{\partial q_j}\right), \quad j = 1, 2, \cdots, k$$

If all of the active forces acting on the particle system are conservative forces, the calculation of generalized forces can be carried out using the potential energy function.

Assuming that the action point of a conservative force $\boldsymbol{F}$ moves from point M to point M', as shown in Figure 6-5. The potential energies of these two points are $V_M = V(x, y, z)$ and $V_{M'} = V(x + \mathrm{d}x, y + \mathrm{d}y, z + \mathrm{d}z)$, respectively. The elemental work of the conservative force $\boldsymbol{F}$ can be calculated by the difference of potential energy, that is

$$\delta W = V(x,y,z) - V(x+\mathrm{d}x, y+\mathrm{d}y, z+\mathrm{d}z) = -\mathrm{d}V \tag{6-15}$$

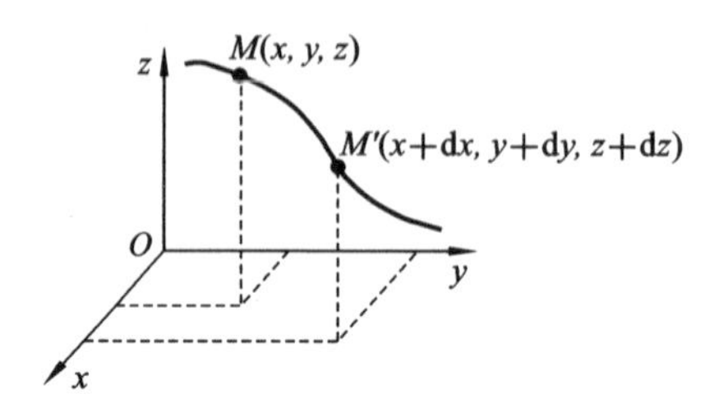

Figure 6-5

The total differential of potential energy V can be written as

$$\mathrm{d}V = \frac{\partial V}{\partial x}\mathrm{d}x + \frac{\partial V}{\partial y}\mathrm{d}y + \frac{\partial V}{\partial z}\mathrm{d}z \tag{6-16}$$

then

$$\delta W = -\frac{\partial V}{\partial x}\mathrm{d}x - \frac{\partial V}{\partial y}\mathrm{d}y - \frac{\partial V}{\partial z}\mathrm{d}z \tag{6-17}$$

If the projections of the conservative force $\boldsymbol{F}$ in the rectangular coordinate system are F_x, F_y, and F_z, respectively, the analytical formula for the elemental work of the force $\boldsymbol{F}$ is

$$\delta W = F_x\mathrm{d}x + F_y\mathrm{d}y + F_z\mathrm{d}z \tag{6-18}$$

Comparing Equations(6-17) and (6-18), it can be concluded that

$$F_x = -\frac{\partial V}{\partial x},\quad F_y = -\frac{\partial V}{\partial y},\quad F_z = -\frac{\partial V}{\partial z} \tag{6-19}$$

From this, it can be seen that if the expression of the potential energy function is known, the conservative force acting on the object can be obtained by applying Equation(6-19).

If a system has multiple conservative forces, the total potential energy V can be expressed as a function of the coordinates of each particle

$$V = V(x_1, y_1, z_1, \cdots, x_n, y_n, z_n)$$

then, the conservative forces acting on each particle can be expressed using the potential energy as

$$F_{ix} = -\frac{\partial V}{\partial x_i},\quad F_{iy} = -\frac{\partial V}{\partial y_i},\quad F_{iz} = -\frac{\partial V}{\partial z_i} \tag{6-20}$$

Due to the fact that the coordinates$(x_1, y_1, z_1, \cdots, x_n, y_n, z_n)$of each particle can also be represented by generalized coordinates$(q_1, q_2, \cdots, q_k)$

$$x_1 = x_1(q_1, q_2, \cdots, q_k)$$
$$y_1 = y_1(q_1, q_2, \cdots, q_k)$$
$$\vdots$$
$$z_n = z_n(q_1, q_2, \cdots, q_k)$$

the potential energy of a particle system can also be expressed as a function of generalized coordinates

$$V = V(q_1, q_2, \cdots, q_k)$$

By substituting Equation(6-20) into Equation(6-8b), we get

$$Q_j = -\sum_{i=1}^{n}\left(\frac{\partial V}{\partial x_i}\frac{\partial x_i}{\partial q_j}+\frac{\partial V}{\partial y_i}\frac{\partial y_i}{\partial q_j}+\frac{\partial V}{\partial z_i}\frac{\partial z_i}{\partial q_j}\right) = -\frac{\partial V}{\partial q_j} \tag{6-21}$$

According to Equation(6-21), for a conservative system, as long as the potential energy of the system is written, the generalized force can be conveniently calculated.

Substituting Equation(6-21) into Lagrange equation(6-14) yields

$$\frac{\mathrm{d}}{\mathrm{d}t}\left(\frac{\partial T}{\partial \dot{q}_j}\right)-\frac{\partial T}{\partial q_j}+\frac{\partial V}{\partial q_j}=0, \quad j=1,2,\cdots,k \tag{6-22}$$

Define $L=T-V$, also known as Lagrange function. Since the potential energy V is independent of the generalized velocity $\dot{q}_j$, then

$$\frac{\partial L}{\partial \dot{q}_j}=\frac{\partial (T-V)}{\partial \dot{q}_j}=\frac{\partial T}{\partial \dot{q}_j} \tag{6-23}$$

Substitute Equation(6-23) into Equation(6-22) and organize it into

$$\frac{\mathrm{d}}{\mathrm{d}t}\left(\frac{\partial L}{\partial \dot{q}_j}\right)-\frac{\partial L}{\partial q_j}=0, \quad j=1,2,\cdots,k \tag{6-24}$$

Equation(6-24) is the Lagrange equation of a conservative system.

Example 6.5

Resolve the differential equation of motion of the simple pendulum in Example 6.4 using the Lagrange equation of a conservative system.

Solution Taking φ as the generalized coordinate, the kinetic energy of the system is

$$T=\frac{1}{2}m(\dot{x}^2+\dot{y}^2)=\frac{1}{2}ml^2\dot{\varphi}^2$$

Assuming that the position O is the zero position of the gravitational potential energy, the potential energy of the system is

$$V=-mgl\cos\varphi$$

The Lagrange function of the system is

$$L=T-V=\frac{1}{2}ml^2\dot{\varphi}^2+mgl\cos\varphi \tag{a}$$

Take the partial derivative of L for generalized velocity $\dot{\varphi}$ and generalized coordinate φ

$$\frac{\partial L}{\partial \dot{\varphi}}=ml^2\dot{\varphi}$$

$$\frac{\partial L}{\partial \varphi}=-mgl\sin\varphi \tag{b}$$

then calculate the full derivative

$$\frac{\mathrm{d}}{\mathrm{d}t}\left(\frac{\partial L}{\partial \dot{\varphi}}\right) = ml^2\ddot{\varphi} \tag{c}$$

substitute Equations(b) and (c) into $\frac{\mathrm{d}}{\mathrm{d}t}\left(\frac{\partial L}{\partial \dot{\varphi}}\right) - \frac{\partial L}{\partial \varphi} = 0$, and organize it as follows

$$l\ddot{\varphi} + g\sin\varphi = 0$$

The above equation yields the same result as obtained in Example 6.4.

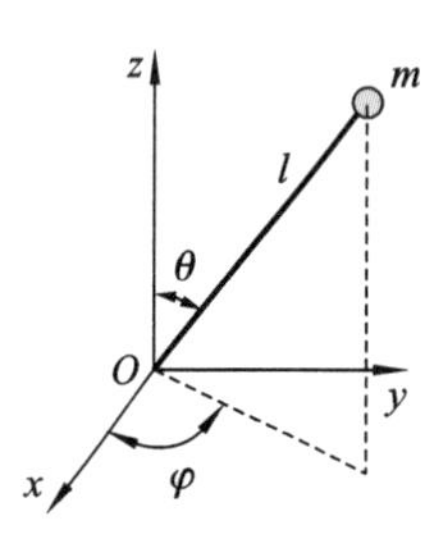

Figure 6-6

Example 6.6

A spherical pendulum refers to a particle moving along a sphere with a constant radius. Assuming the mass of the particle is m, it is fixed at one end of a massless rod of length l, with the other end of the rod fixed at point O. The rod can travel in any direction in space without considering friction, as shown in Figure 6-6. Find the differential equations of motion for the spherical pendulum.

Solution The spherical pendulum has two degrees of freedom. Take θ and φ as the generalized coordinates, then

$$x = l\sin\theta\cos\varphi, \quad y = l\sin\theta\sin\varphi, \quad z = l\cos\theta$$

$$\dot{x} = l\dot{\theta}\cos\theta\cos\varphi - l\dot{\varphi}\sin\theta\sin\varphi, \quad \dot{y} = l\dot{\theta}\cos\theta\sin\varphi + l\dot{\varphi}\sin\theta\cos\varphi, \quad \dot{z} = -l\dot{\theta}\sin\theta$$

The kinetic energy of the system is

$$T = \frac{1}{2}m(\dot{x}^2 + \dot{y}^2 + \dot{z}^2) = \frac{1}{2}ml^2(\dot{\theta}^2 + \dot{\varphi}^2\sin^2\theta)$$

Assuming that the position O is the zero position of the gravitational potential energy, the potential energy of the system is

$$V = mgl\cos\theta$$

The Lagrange function of the system is

$$L = T - V = \frac{1}{2}ml^2(\dot{\theta}^2 + \dot{\varphi}^2\sin^2\theta) - mgl\cos\theta \tag{a}$$

Take the partial derivative of L for generalized velocity $\dot{\theta}$ and generalized coordinate θ

$$\frac{\partial L}{\partial \dot{\theta}} = ml^2\dot{\theta}, \quad \frac{\partial L}{\partial \theta} = ml^2\dot{\varphi}^2\sin\theta\cos\theta + mgl\sin\theta \tag{b}$$

then calculate the full derivative

$$\frac{\mathrm{d}}{\mathrm{d}t}\left(\frac{\partial L}{\partial \dot{\theta}}\right) = ml^2\ddot{\theta} \tag{c}$$

Substitute Equations(b) and (c) into $\frac{\mathrm{d}}{\mathrm{d}t}\left(\frac{\partial L}{\partial \dot{\theta}}\right) - \frac{\partial L}{\partial \theta} = 0$, and organize it as follows

$$\ddot{\theta}-\dot{\varphi}^{2}\sin\theta\cos\theta-\frac{g}{l}\sin\theta=0$$

Similarly, take the partial derivative of L for generalized velocity $\dot{\varphi}$ and generalized coordinate φ

$$\frac{\partial L}{\partial \dot{\varphi}}=ml^{2}\dot{\varphi}\sin^{2}\theta,\quad \frac{\partial L}{\partial \varphi}=0 \tag{d}$$

then calculate the full derivative

$$\frac{\mathrm{d}}{\mathrm{d}t}\left(\frac{\partial L}{\partial \dot{\varphi}}\right)=2ml^{2}\dot{\theta}\dot{\varphi}\sin\theta\cos\theta+ml^{2}\ddot{\varphi}\sin^{2}\theta \tag{e}$$

substitute Equations(d) and (e) into $\frac{\mathrm{d}}{\mathrm{d}t}\left(\frac{\partial L}{\partial \dot{\varphi}}\right)-\frac{\partial L}{\partial \varphi}=0$, and organize it as follows

$$2\dot{\theta}\dot{\varphi}\sin\theta\cos\theta+\ddot{\varphi}\sin^{2}\theta=0$$

Therefore, the differential equations of motion for the spherical pendulum are

$$\ddot{\theta}-\dot{\varphi}^{2}\sin\theta\cos\theta-\frac{g}{l}\sin\theta=0$$

$$2\dot{\theta}\dot{\varphi}\sin\theta\cos\theta+\ddot{\varphi}\sin^{2}\theta=0$$

Example 6.7

A slider A with a mass of m_1 is connected to a spring, as shown in Figure 6-7. The slider A can slide back and forth along a smooth horizontal plane without friction, and the stiffness coefficient of the spring is k. Connect a single pendulum B with a mass of m_2 on slider A. The length of the simple pendulum is l. List the differential equations of motion for the system.

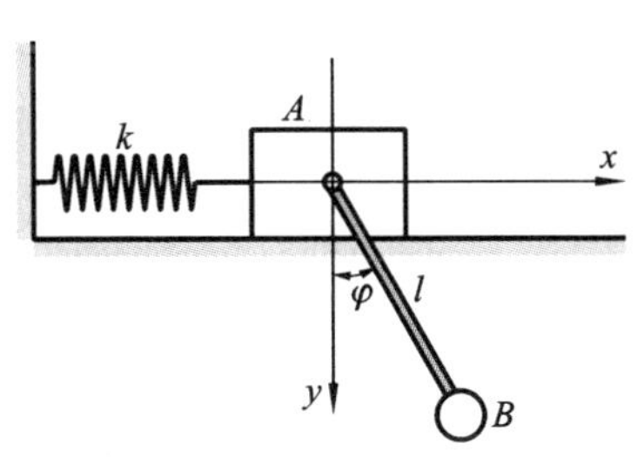

Figure 6-7

Solution Take the system as the research object. The coordinate system is shown in Figure 6-7. When the spring elongation is zero, the position of slider A is the origin of the coordinate system. The degree of freedom of the system is 2, taking x_1 and φ as generalized coordinates, then there are

$$y_1=0,\quad x_1=x_1;\quad x_2=x_1+l\sin\varphi,\quad y_2=l\cos\varphi$$

Differentiate both sides of the above equations with respect to time t, and obtain

$$\dot{y}_1=0,\quad \dot{x}_1=\dot{x}_1;\quad \dot{x}_2=\dot{x}_1+l\dot{\varphi}\cos\varphi,\quad \dot{y}_2=-l\dot{\varphi}\sin\varphi$$

The kinetic energy of the system is

$$T=\frac{1}{2}m_1\dot{x}_1^2+\frac{1}{2}m_2(\dot{x}_2^2+\dot{y}_2^2)=\frac{1}{2}(m_1+m_2)\dot{x}_1^2+\frac{1}{2}m_2(l^2\dot{\varphi}^2+2l\dot{x}_1\dot{\varphi}\cos\varphi)$$

If the original length of the spring is selected as the zero potential energy position of the system's elastic potential energy, and the position of slider A is the zero potential energy position of the system's gravitational potential energy, the potential energy of the system is

$$V = \frac{1}{2}kx_1^2 - m_2 gl\cos\varphi$$

The Lagrange function of the system is

$$L = T - V = \frac{1}{2}(m_1 + m_2)\dot{x}_1^2 + \frac{1}{2}m_2(l^2\dot{\varphi}^2 + 2l\dot{x}_1\dot{\varphi}\cos\varphi) - \frac{1}{2}kx_1^2 + m_2 gl\cos\varphi$$

Take the partial derivative of L for generalized velocity $\dot{x}_1$ and generalized coordinate x_1

$$\frac{\partial L}{\partial \dot{x}_1} = (m_1 + m_2)\dot{x}_1 + m_2 l\dot{\varphi}\cos\varphi$$

$$\frac{\partial L}{\partial x_1} = -kx_1 \tag{a}$$

then calculate the full derivative

$$\frac{\mathrm{d}}{\mathrm{d}t}\left(\frac{\partial L}{\partial \dot{x}_1}\right) = (m_1 + m_2)\ddot{x}_1 + m_2 l\ddot{\varphi}\cos\varphi - m_2 l\dot{\varphi}^2\sin\varphi \tag{b}$$

substitute Equations(a) and (b) into $\frac{\mathrm{d}}{\mathrm{d}t}\left(\frac{\partial L}{\partial \dot{x}_1}\right) - \frac{\partial L}{\partial x_1} = 0$, and organize it as follows

$$(m_1 + m_2)\ddot{x}_1 + m_2 l\ddot{\varphi}\cos\varphi - m_2 l\dot{\varphi}^2\sin\varphi + kx_1 = 0$$

Similarly, take the partial derivative of L for generalized velocity $\dot{\varphi}$ and generalized coordinate φ

$$\frac{\partial L}{\partial \dot{\varphi}} = m_2 l^2\dot{\varphi} + m_2 l\dot{x}_1\cos\varphi$$

$$\frac{\partial L}{\partial \varphi} = -m_2 gl\sin\varphi - m_2 l\dot{x}_1\dot{\varphi}\sin\varphi \tag{c}$$

then calculate the full derivative

$$\frac{\mathrm{d}}{\mathrm{d}t}\left(\frac{\partial L}{\partial \dot{\varphi}}\right) = m_2 l^2\ddot{\varphi} + m_2 l\ddot{x}_1\cos\varphi - m_2 l\dot{x}_1\dot{\varphi}\sin\varphi \tag{d}$$

substitute Equations(c) and (d) into $\frac{\mathrm{d}}{\mathrm{d}t}\left(\frac{\partial L}{\partial \dot{\varphi}}\right) - \frac{\partial L}{\partial \varphi} = 0$, and organize it as follows

$$m_2 l^2\ddot{\varphi} + m_2 l\ddot{x}_1\cos\varphi - m_2 l\dot{x}_1\dot{\varphi}\sin\varphi + m_2 gl\sin\varphi + m_2 l\dot{x}_1\dot{\varphi}\sin\varphi = 0$$

that is

$$l\ddot{\varphi} + \ddot{x}_1\cos\varphi + g\sin\varphi = 0$$

Therefore, the differential equations of motion of the system are

$$(m_1 + m_2)\ddot{x}_1 + m_2 l\ddot{\varphi}\cos\varphi - m_2 l\dot{\varphi}^2\sin\varphi + kx_1 = 0$$

$$l\ddot{\varphi} + \ddot{x}_1\cos\varphi + g\sin\varphi = 0$$

If the oscillation of simple pendulum B is very small, it can be approximated that $\sin\varphi \approx \varphi$ and $\cos\varphi \approx 1$. Ignoring high-order small quantities containing $\dot{\varphi}^2$, the differential equations of motion of the system can be obtained as

$$(m_1 + m_2)\ddot{x}_1 + m_2 l\ddot{\varphi} + kx_1 = 0$$

$$l\ddot{\varphi} + \ddot{x}_1 + g\varphi = 0$$

Example 6.8

Homogeneous rods OA and AB are connected by a hinge, with the O-end suspended on a cylindrical hinge, as shown in Figure 6-8. The masses of rods OA and AB are m_1 and m_2, and the lengths are l_1 and l_2, respectively. Points C and D are their centroids, and a constant horizontal force $\boldsymbol{F}$ is applied at the B-end. Try to write the differential equations of motion for the system.

Solution Take the system as the research object. The coordinate system is shown in Figure 6-8. The system has complete ideal constraints and can be solved using the Lagrange equation.

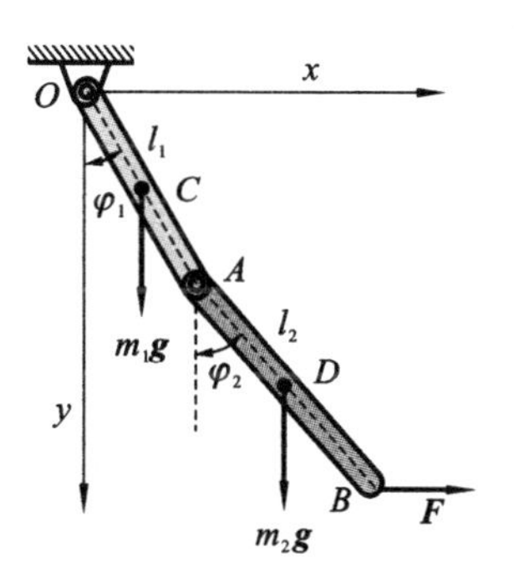

Figure 6-8

The active forces acting on the system are $m_1\boldsymbol{g}$, $m_2\boldsymbol{g}$, and $\boldsymbol{F}$. $\boldsymbol{F}$ is the constant active force and can be treated as gravity. Take point O as the zero potential energy position.

The degree of freedom of the system is 2. Take φ_1 and φ_2 as the generalized coordinates, then there are

$$x_C = \frac{l_1}{2}\sin\varphi_1, \quad y_C = \frac{l_1}{2}\cos\varphi_1$$

$$x_D = l_1\sin\varphi_1 + \frac{l_2}{2}\sin\varphi_2, \quad y_D = l_1\cos\varphi_1 + \frac{l_2}{2}\cos\varphi_2$$

$$x_B = l_1\sin\varphi_1 + l_2\sin\varphi_2$$

then

$$\dot{x}_D = l_1\dot{\varphi}_1\cos\varphi_1 + \frac{l_2}{2}\dot{\varphi}_2\cos\varphi_2, \quad \dot{y}_D = -l_1\dot{\varphi}_1\sin\varphi_1 - \frac{l_2}{2}\dot{\varphi}_2\sin\varphi_2 \tag{a}$$

The rod OA rotates on a fixed axis, and its kinetic energy is

$$T_{OA} = \frac{1}{2}J_O\dot{\varphi}_1^2 = \frac{1}{2}\left(\frac{1}{3}m_1 l_1^2\right)\dot{\varphi}_1^2$$

The rod AB moves in a plane, and its kinetic energy is

$$T_{AB} = \frac{1}{2}J_C\dot{\varphi}_2^2 + \frac{1}{2}m_2(\dot{x}_D^2 + \dot{y}_D^2) = \frac{1}{2}\left(\frac{1}{12}m_2 l_2^2\right)\dot{\varphi}_2^2 + \frac{1}{2}m_2(\dot{x}_D^2 + \dot{y}_D^2)$$

Substitute Equation(a) into the above equation and organize it into

$$T_{AB}=\frac{1}{2}\left(\frac{1}{12}m_2l_2^2\right)\dot{\varphi}_2^2+\frac{1}{2}m_2\left[(l_1\dot{\varphi}_1)^2+\left(\frac{l_2}{2}\dot{\varphi}_2\right)^2+l_1l_2\dot{\varphi}_1\dot{\varphi}_2\cos(\varphi_1-\varphi_2)\right]$$

The total kinetic energy of the system is

$$T=T_{OA}+T_{AB}=\frac{1}{2}\left[\left(\frac{1}{3}m_1+m_2\right)l_1^2\dot{\varphi}_1^2+\frac{1}{3}m_2l_2^2\dot{\varphi}_2^2+m_2l_1l_2\dot{\varphi}_1\dot{\varphi}_2\cos(\varphi_1-\varphi_2)\right]$$

The potential energy of the system is

$$\begin{aligned}V&=-m_1gy_C-m_2gy_D-Fx_B\\&=-m_1g\frac{l_1}{2}\cos\varphi_1-m_2g\left(l_1\cos\varphi_1+\frac{l_2}{2}\cos\varphi_2\right)-F(l_1\sin\varphi_1+l_2\sin\varphi_2)\end{aligned}$$

The Lagrange function of the system is

$$\begin{aligned}L=T-V=&\frac{1}{2}\left[\left(\frac{1}{3}m_1+m_2\right)l_1^2\dot{\varphi}_1^2+\frac{1}{3}m_2l_2^2\dot{\varphi}_2^2+m_2l_1l_2\dot{\varphi}_1\dot{\varphi}_2\cos(\varphi_1-\varphi_2)\right]\\&+m_1g\frac{l_1}{2}\cos\varphi_1+m_2g\left(l_1\cos\varphi_1+\frac{l_2}{2}\cos\varphi_2\right)+F(l_1\sin\varphi_1+l_2\sin\varphi_2)\end{aligned}$$

Take the partial derivative of L for generalized coordinate φ_1 and generalized velocity $\dot{\varphi}_1$

$$\frac{\partial L}{\partial\dot{\varphi}_1}=\left(\frac{1}{3}m_1+m_2\right)l_1^2\dot{\varphi}_1+\frac{1}{2}m_2l_1l_2\dot{\varphi}_2\cos(\varphi_1-\varphi_2)$$

$$\frac{\partial L}{\partial\varphi_1}=-\frac{1}{2}m_2l_1l_2\dot{\varphi}_1\dot{\varphi}_2\sin(\varphi_1-\varphi_2)-m_1g\frac{l_1}{2}\sin\varphi_1-m_2gl_1\sin\varphi_1+Fl_1\cos\varphi_1\quad\text{(b)}$$

then calculate the full derivative

$$\begin{aligned}\frac{\mathrm{d}}{\mathrm{d}t}\left(\frac{\partial L}{\partial\dot{\varphi}_1}\right)=&\left(\frac{1}{3}m_1+m_2\right)l_1^2\ddot{\varphi}_1+\frac{1}{2}m_2l_1l_2\ddot{\varphi}_2\cos(\varphi_1-\varphi_2)\\&-\frac{1}{2}m_2l_1l_2\dot{\varphi}_1\dot{\varphi}_2\sin(\varphi_1-\varphi_2)+\frac{1}{2}m_2l_1l_2\dot{\varphi}_2^2\sin(\varphi_1-\varphi_2)\end{aligned}\quad\text{(c)}$$

substitute Equations(b) and (c) into $\frac{\mathrm{d}}{\mathrm{d}t}\left(\frac{\partial L}{\partial\dot{\varphi}_1}\right)-\frac{\partial L}{\partial\varphi_1}=0$, and organize it as follows

$$\begin{aligned}&\left(\frac{1}{3}m_1+m_2\right)l_1^2\ddot{\varphi}_1+\frac{1}{2}m_2l_1l_2\ddot{\varphi}_2\cos(\varphi_1-\varphi_2)+\frac{1}{2}m_2l_1l_2\dot{\varphi}_2^2\sin(\varphi_1-\varphi_2)\\&+m_1g\frac{l_1}{2}\sin\varphi_1+m_2gl_1\sin\varphi_1-Fl_1\cos\varphi_1=0\end{aligned}$$

Similarly, take the partial derivative of L for generalized coordinate φ_2 and generalized velocity $\dot{\varphi}_2$

$$\frac{\partial L}{\partial\dot{\varphi}_2}=\frac{1}{3}m_2l_2^2\dot{\varphi}_2+\frac{1}{2}m_2l_1l_2\dot{\varphi}_1\cos(\varphi_1-\varphi_2)$$

$$\frac{\partial L}{\partial\varphi_2}=\frac{1}{2}m_2l_1l_2\dot{\varphi}_1\dot{\varphi}_2\sin(\varphi_1-\varphi_2)-m_2g\frac{l_2}{2}\sin\varphi_2+Fl_2\cos\varphi_2\quad\text{(d)}$$

then calculate the full derivative

$$\frac{\mathrm{d}}{\mathrm{d}t}\left(\frac{\partial L}{\partial \dot{\varphi}_2}\right)=\frac{1}{3}m_2 l_2^2\ddot{\varphi}_2+\frac{1}{2}m_2 l_1 l_2\ddot{\varphi}_1\cos(\varphi_1-\varphi_2)-\frac{1}{2}m_2 l_1 l_2\dot{\varphi}_1^2\sin(\varphi_1-\varphi_2)$$
$$+\frac{1}{2}m_2 l_1 l_2\dot{\varphi}_1\dot{\varphi}_2\sin(\varphi_1-\varphi_2)\tag{e}$$

Substitute Equations (d) and (e) into $\frac{\mathrm{d}}{\mathrm{d}t}\left(\frac{\partial L}{\partial \dot{\varphi}_2}\right)-\frac{\partial L}{\partial \varphi_2}=0$, and organize it as follows

$$\frac{1}{3}m_2 l_2^2\ddot{\varphi}_2+\frac{1}{2}m_2 l_1 l_2\ddot{\varphi}_1\cos(\varphi_1-\varphi_2)-\frac{1}{2}m_2 l_1 l_2\dot{\varphi}_1^2\sin(\varphi_1-\varphi_2)$$
$$+m_2 g\frac{l_2}{2}\sin\varphi_2-Fl_2\cos\varphi_2=0$$

Therefore, the differential equations of motion of the system are

$$\left(\frac{1}{3}m_1+m_2\right)l_1^2\ddot{\varphi}_1+\frac{1}{2}m_2 l_1 l_2\ddot{\varphi}_2\cos(\varphi_1-\varphi_2)+\frac{1}{2}m_2 l_1 l_2\dot{\varphi}_2^2\sin(\varphi_1-\varphi_2)$$
$$+m_1 g\frac{l_1}{2}\sin\varphi_1+m_2 g l_1\sin\varphi_1-Fl_1\cos\varphi_1=0$$

$$\frac{1}{3}m_2 l_2^2\ddot{\varphi}_2+\frac{1}{2}m_2 l_1 l_2\ddot{\varphi}_1\cos(\varphi_1-\varphi_2)-\frac{1}{2}m_2 l_1 l_2\dot{\varphi}_1^2\sin(\varphi_1-\varphi_2)$$
$$+m_2 g\frac{l_2}{2}\sin\varphi_2-Fl_2\cos\varphi_2=0$$

Alternative solution If the basic form of the Lagrange equation is used to solve this problem, it is necessary to first calculate the generalized forces.

$$y_C=\frac{l_1}{2}\cos\varphi_1,\quad y_D=l_1\cos\varphi_1+\frac{l_2}{2}\cos\varphi_2,\quad x_B=l_1\sin\varphi_1+l_2\sin\varphi_2$$

By performing variational operations on the above three equations, it is obtained that

$$\delta y_C=-\frac{l_1}{2}\sin\varphi_1\delta\varphi_1$$

$$\delta y_D=-l_1\sin\varphi_1\delta\varphi_1-\frac{l_2}{2}\sin\varphi_2\delta\varphi_2$$

$$\delta x_B=l_1\cos\varphi_1\delta\varphi_1+l_2\cos\varphi_2\delta\varphi_2$$

then the virtual work done by the active forces $m_1\boldsymbol{g}$, $m_2\boldsymbol{g}$, and $\boldsymbol{F}$ is

$$m_1 g\delta y_C+m_2 g\delta y_D+F\delta x_B=Q_{\varphi_1}\delta\varphi_1+Q_{\varphi_2}\delta\varphi_2$$

Substitute the expressions of δy_C, δy_D, and δx_B into the above equation and organize them as follows

$$\frac{l_1}{2}[2F\cos\varphi_1-(m_1+2m_2)g\sin\varphi_1]\delta\varphi_1+\frac{l_2}{2}(2F\cos\varphi_2-m_2 g\sin\varphi_2)\delta\varphi_2$$
$$=Q_{\varphi_1}\delta\varphi_1+Q_{\varphi_2}\delta\varphi_2$$

Comparing the corresponding terms of $\delta\varphi_1$ and $\delta\varphi_2$ on both sides of the above equation, it can be concluded that

$$Q_{\varphi_1} = \frac{l_1}{2}[2F\cos\varphi_1 - (m_1 + 2m_2)g\sin\varphi_1] \tag{a}$$

$$Q_{\varphi_2} = \frac{l_2}{2}(2F\cos\varphi_2 - m_2 g\sin\varphi_2) \tag{b}$$

Take the partial derivative of kinetic energy T for generalized coordinate φ_1 and generalized velocity $\dot{\varphi}_1$

$$\frac{\partial T}{\partial \dot{\varphi}_1} = \left(\frac{1}{3}m_1 + m_2\right)l_1^2\dot{\varphi}_1 + \frac{1}{2}m_2 l_1 l_2 \dot{\varphi}_2 \cos(\varphi_1 - \varphi_2)$$

$$\frac{\partial T}{\partial \varphi_1} = -\frac{1}{2}m_2 l_1 l_2 \dot{\varphi}_1 \dot{\varphi}_2 \sin(\varphi_1 - \varphi_2) \tag{c}$$

then calculate the full derivative

$$\begin{aligned}\frac{\mathrm{d}}{\mathrm{d}t}\left(\frac{\partial T}{\partial \dot{\varphi}_1}\right) = {} & \left(\frac{1}{3}m_1 + m_2\right)l_1^2\ddot{\varphi}_1 + \frac{1}{2}m_2 l_1 l_2 \ddot{\varphi}_2 \cos(\varphi_1 - \varphi_2) \\ & - \frac{1}{2}m_2 l_1 l_2 \dot{\varphi}_1 \dot{\varphi}_2 \sin(\varphi_1 - \varphi_2) + \frac{1}{2}m_2 l_1 l_2 \dot{\varphi}_2^2 \sin(\varphi_1 - \varphi_2)\end{aligned} \tag{d}$$

substitute Equations(a), (c), and (d) into $\frac{\mathrm{d}}{\mathrm{d}t}\left(\frac{\partial T}{\partial \dot{\varphi}_1}\right) - \frac{\partial T}{\partial \varphi_1} - Q_{\varphi_1} = 0$, and organize it as follows

$$\begin{aligned}&\left(\frac{1}{3}m_1 + m_2\right)l_1^2\ddot{\varphi}_1 + \frac{1}{2}m_2 l_1 l_2 \ddot{\varphi}_2 \cos(\varphi_1 - \varphi_2) + \frac{1}{2}m_2 l_1 l_2 \dot{\varphi}_2^2 \sin(\varphi_1 - \varphi_2) \\ & - \frac{l_1}{2}[2F\cos\varphi_1 - (m_1 + 2m_2)g\sin\varphi_1] = 0\end{aligned}$$

Similarly, take the partial derivative of kinetic energy T for generalized coordinate φ_2 and generalized velocity $\dot{\varphi}_2$

$$\frac{\partial T}{\partial \dot{\varphi}_2} = \frac{1}{3}m_2 l_2^2 \dot{\varphi}_2 + \frac{1}{2}m_2 l_1 l_2 \dot{\varphi}_1 \cos(\varphi_1 - \varphi_2)$$

$$\frac{\partial T}{\partial \varphi_2} = \frac{1}{2}m_2 l_1 l_2 \dot{\varphi}_1 \dot{\varphi}_2 \sin(\varphi_1 - \varphi_2) \tag{e}$$

then calculate the full derivative

$$\begin{aligned}\frac{\mathrm{d}}{\mathrm{d}t}\left(\frac{\partial T}{\partial \dot{\varphi}_2}\right) = {} & \frac{1}{3}m_2 l_2^2 \ddot{\varphi}_2 + \frac{1}{2}m_2 l_1 l_2 \ddot{\varphi}_1 \cos(\varphi_1 - \varphi_2) \\ & - \frac{1}{2}m_2 l_1 l_2 \dot{\varphi}_1^2 \sin(\varphi_1 - \varphi_2) + \frac{1}{2}m_2 l_1 l_2 \dot{\varphi}_1 \dot{\varphi}_2 \sin(\varphi_1 - \varphi_2)\end{aligned} \tag{f}$$

Substitute Equations(b), (e), and (f) into $\frac{\mathrm{d}}{\mathrm{d}t}\left(\frac{\partial T}{\partial \dot{\varphi}_2}\right) - \frac{\partial T}{\partial \varphi_2} - Q_{\varphi_2} = 0$, and organize it as follows

$$\frac{1}{3}m_2 l_2^2 \ddot{\varphi}_2 + \frac{1}{2}m_2 l_1 l_2 \ddot{\varphi}_1 \cos(\varphi_1 - \varphi_2) - \frac{1}{2}m_2 l_1 l_2 \dot{\varphi}_1^2 \sin(\varphi_1 - \varphi_2)$$

$$-\frac{l_2}{2}(2F\cos\varphi_2 - m_2 g\sin\varphi_2) = 0$$

Therefore, the differential equations of motion of the system are

$$\left(\frac{1}{3}m_1 + m_2\right)l_1^2 \ddot{\varphi}_1 + \frac{1}{2}m_2 l_1 l_2 \ddot{\varphi}_2 \cos(\varphi_1 - \varphi_2) + \frac{1}{2}m_2 l_1 l_2 \dot{\varphi}_2^2 \sin(\varphi_1 - \varphi_2)$$

$$-\frac{l_1}{2}[2F\cos\varphi_1 - (m_1 + 2m_2)g\sin\varphi_1] = 0$$

$$\frac{1}{3}m_2 l_2^2 \ddot{\varphi}_2 + \frac{1}{2}m_2 l_1 l_2 \ddot{\varphi}_1 \cos(\varphi_1 - \varphi_2) - \frac{1}{2}m_2 l_1 l_2 \dot{\varphi}_1^2 \sin(\varphi_1 - \varphi_2)$$

$$-\frac{l_2}{2}(2F\cos\varphi_2 - m_2 g\sin\varphi_2) = 0$$

It can be found that the differential equations of motion obtained by both methods are the same.

6.3 The First Integral of Lagrange Equation

From the examples in Section 6.2, it can be seen that for a complete system, applying the Lagrange equation can easily establish the differential equation of motion of the system. The differential equation of motion is a second-order ordinary differential equation system consisting of k independent variables related to time t, which are usually nonlinear and difficult to solve. But under certain physical conditions, it can be first integrated to reduce the order of the system of equations from second-order to first-order. This reduces the steps required to solve the Lagrange equation, and these first-order equations themselves have obvious physical significance. Below, we will discuss two types of first integrals separately.

6.3.1 Energy Integral

For a complete conservative system, if the Lagrange function L of the system does not explicitly contain time t, then the Lagrange equation has a energy integral, that is

$$\sum_{j=1}^{k} \frac{\partial L}{\partial \dot{q}_j}\dot{q}_j - L = E \tag{6-25}$$

where E is a constant and has a dimension of energy. It is also known as generalized energy. This equation indicates the generalized energy conservation of the system when L does not explicitly contain time t. Equation (6-25) is also known as the integral of generalized energy.

Equation(6-25) can be proven as follows.

Proof When the Lagrange function L does not explicitly contain time t, there is

$$L = L(q_1, \cdots, q_k, \dot{q}_1, \cdots, \dot{q}_k)$$

Take the total derivative of the above equation and obtain

$$\frac{\mathrm{d}L}{\mathrm{d}t} = \sum_{j=1}^{k}\left(\frac{\partial L}{\partial q_j}\dot{q}_j + \frac{\partial L}{\partial \dot{q}_j}\ddot{q}_j\right) \tag{6-26}$$

The Lagrange equation for conservative systems is

$$\frac{\mathrm{d}}{\mathrm{d}t}\left(\frac{\partial L}{\partial \dot{q}_j}\right) = \frac{\partial L}{\partial q_j}, \quad j = 1, 2, \cdots, k$$

Substituting the above equation into Equation(6-26) yields

$$\frac{\mathrm{d}L}{\mathrm{d}t} = \sum_{j=1}^{k}\left[\frac{\mathrm{d}}{\mathrm{d}t}\left(\frac{\partial L}{\partial \dot{q}_j}\right)\dot{q}_j + \frac{\partial L}{\partial \dot{q}_j}\ddot{q}_j\right] = \sum_{j=1}^{k}\frac{\mathrm{d}}{\mathrm{d}t}\left(\frac{\partial L}{\partial \dot{q}_j}\dot{q}_j\right) = \frac{\mathrm{d}}{\mathrm{d}t}\left(\sum_{j=1}^{k}\frac{\partial L}{\partial \dot{q}_j}\dot{q}_j\right)$$

sort out the previous formula and obtain

$$\frac{\mathrm{d}}{\mathrm{d}t}\left(\sum_{j=1}^{k}\frac{\partial L}{\partial \dot{q}_j}\dot{q}_j - L\right) = 0$$

thus

$$\sum_{j=1}^{k}\frac{\partial L}{\partial \dot{q}_j}\dot{q}_j - L = E$$

Equation(6-25) is proven.

For the complete conservative system, if the constraints of the system are steady constraints, there is

$$T + V = E = \text{constant} \tag{6-27}$$

Equation(6-27) indicates that the integral of generalized energy of a steady-state conservative system is the mechanical energy of the system. That is to say, the conservation of mechanical energy in a steady-state conservative system.

Proof If all the constraints in a system are steady constraints, $\boldsymbol{r}_i$ of every particle does not explicitly contain time t, and there is

$$\boldsymbol{r}_i = \boldsymbol{r}_i(q_1, q_2, \cdots, q_k), \quad i = 1, 2, \cdots, n$$

Differentiate the above equation

$$\boldsymbol{v}_i = \dot{\boldsymbol{r}}_i = \sum_{j=1}^{k}\frac{\partial \boldsymbol{r}_i}{\partial q_j}\dot{q}_j$$

Then, the kinetic energy of the system is

$$T = \frac{1}{2}\sum_{i=1}^{n}m_i\left(\sum_{j=1}^{k}\frac{\partial \boldsymbol{r}_i}{\partial q_j}\dot{q}_j\right)\cdot\left(\sum_{l=1}^{k}\frac{\partial \boldsymbol{r}_i}{\partial q_l}\dot{q}_l\right) = \frac{1}{2}\sum_{j=1}^{k}\sum_{l=1}^{k}A_{jl}\dot{q}_j\dot{q}_l \tag{6-28}$$

where $A_{jl} = \sum_{i=1}^{n}m_i\frac{\partial \boldsymbol{r}_i}{\partial q_j}\cdot\frac{\partial \boldsymbol{r}_i}{\partial q_l}$.

Take the partial derivative of Equation(6-28) for $\dot{q}_l$ to obtain

$$\frac{\partial T}{\partial \dot{q}_l} = \sum_{j=1}^{k} A_{jl}\dot{q}_j$$

Multiply both sides of the above equation by $\dot{q}_l$ to obtain

$$\frac{\partial T}{\partial \dot{q}_l}\dot{q}_l = \sum_{j=1}^{k} A_{jl}\dot{q}_j\dot{q}_l, \quad l = 1,2,\cdots,k \tag{6-29}$$

Summing the k formulas in Equation(6-29) yields

$$\sum_{l=1}^{k} \frac{\partial T}{\partial \dot{q}_l}\dot{q}_l = \sum_{j=1}^{k}\sum_{l=1}^{k} A_{jl}\dot{q}_j\dot{q}_l = 2T$$

that is

$$\sum_{j=1}^{k} \frac{\partial T}{\partial \dot{q}_j}\dot{q}_j = 2T \tag{6-30}$$

Equation(6-30) is also known as Euler's theorem on homogeneous functions.

Since the potential energy of a conservative system is independent of the generalized velocity $\dot{q}_j$, there is

$$\sum_{j=1}^{k} \frac{\partial V}{\partial \dot{q}_j}\dot{q}_j = 0 \tag{6-31}$$

Subtracting Equations(6-30) and (6-31) yields

$$\sum_{j=1}^{k} \frac{\partial L}{\partial \dot{q}_j}\dot{q}_j = 2T \tag{6-32}$$

Substituting Equation(6-32) into Equation(6-25) yields

$$2T - L = 2T - T + V = T + V = E$$

that is

$$T + V = E$$

Thus, Equation(6-27) is proven.

Example 6.9

Taking the simple pendulum in Figure 6-4 as an example, find the first integral of the differential equation of motion of the simple pendulum.

Solution This system is a steady-state conservative system, thus, there exists an energy integral.

The kinetic energy of the system is

$$T = \frac{1}{2}m(\dot{x}^2 + \dot{y}^2) = \frac{1}{2}ml^2\dot{\varphi}^2 \tag{a}$$

Taking position O as the zero potential energy position of the gravitational potential energy, the potential energy of the system is

$$V = -mgl\cos\varphi \tag{b}$$

Substituting Equations(a) and (b) into Equation(6-27) yields

$$l\dot{\varphi}^2 - 2g\cos\varphi = \text{constant}$$

The above equation is the first integral of the differential equation of motion of the simple pendulum. If the above equation is taken as a derivative of time t, the same differential equation of motion as in Examples 6.4 and 6.5 can be obtained.

6.3.2 Cyclic Integral

For a complete conservative system, if the Lagrangian function L does not explicitly contain a generalized coordinate q_j, that is, $\frac{\partial L}{\partial q_j} = 0$, then q_j is called the cyclic coordinate of the system. The generalized velocity $\dot{q}_j$ corresponding to the generalized coordinate q_j should be included in L, otherwise the system will be independent of the generalized coordinate q_j. Under this condition, for the cyclic coordinate q_j, Equation(6-24) is simplified as

$$\frac{\mathrm{d}}{\mathrm{d}t}\left(\frac{\partial L}{\partial \dot{q}_j}\right) = 0$$

Integrating the above equation yields

$$\frac{\partial L}{\partial \dot{q}_j} = C_j \tag{6-33}$$

where C_j is a integral constant. The equation is called a cyclic integral. For a conservative system, if there are cyclic coordinates, there are cyclic integrals. Of course, the system may have more than one cyclic coordinate. There are as many cyclic integrals as there are cyclic coordinates in the system.

Introduce generalized momentum as

$$p_j = \frac{\partial L}{\partial \dot{q}_j} \tag{6-34}$$

then, there is

$$p_j = C_j \tag{6-35}$$

Equation(6-35) is also known as generalized momentum conservation equation.

Example 6.10

Find the first integrals of the differential equations of motion of the spherical pendulum shown in Figure 6-6.

Solution The system is a conservative system with steady complete constraints. From Example 6.6, it can be seen that the Lagrange function of the system is

$$L = T - V = \frac{1}{2}ml^2(\dot{\theta}^2 + \dot{\varphi}^2\sin^2\theta) - mgl\cos\theta$$

Because the Lagrange function L does not explicitly include time t and the generalized coordinate φ, there exists an energy integral and a cyclic integral of the cyclic coordinate φ.

First, calculate the energy integral. Substituting the expressions of T and V from Example 6.6 into Equation(6-27) yields

$$\frac{1}{2}ml^2(\dot{\theta}^2+\dot{\varphi}^2\sin^2\theta)+mgl\cos\theta=\text{constant}$$

organize the above equation into

$$\frac{1}{2}(\dot{\theta}^2+\dot{\varphi}^2\sin^2\theta)+\frac{g}{l}\cos\theta=C$$

Now take the cyclic integral. Calculate the partial derivative of L with respect to generalized velocity $\dot{\varphi}$

$$\frac{\partial L}{\partial\dot{\varphi}}=ml^2\dot{\varphi}\sin^2\theta$$

substituting the above equation into $\frac{\partial L}{\partial\dot{\varphi}}=C'_\varphi$ yields

$$ml^2\dot{\varphi}\sin^2\theta=C'_\varphi$$

divide both sides by ml^2 to obtain

$$\dot{\varphi}\sin^2\theta=C_\varphi$$

Therefore, the first integrals of the differential equations of motion of the spherical pendulum are

$$\frac{1}{2}(\dot{\theta}^2+\dot{\varphi}^2\sin^2\theta)+\frac{g}{l}\cos\theta=C$$

$$\dot{\varphi}\sin^2\theta=C_\varphi$$

* 6.4 Lagrange Equation of the First Kind

When deriving the Lagrange equation of the second kind from

$$\sum_{j=1}^{k}\left[Q_j-\frac{\mathrm{d}}{\mathrm{d}t}\left(\frac{\partial T}{\partial\dot{q}_j}\right)+\frac{\partial T}{\partial q_j}\right]\delta q_j=0$$

to

$$\frac{\mathrm{d}}{\mathrm{d}t}\left(\frac{\partial T}{\partial\dot{q}_j}\right)-\frac{\partial T}{\partial q_j}-Q_j=0,\quad j=1,2,\cdots,k$$

the independence of δq_j, $j=1,2,\cdots,k$ was used. However, if there are non-holonomic constraints in the system, the independence of δq_j, $j=1,2,\cdots,k$ cannot be satisfied. In addition, there are no constraint forces present in the Lagrange equation of the second kind, so the Lagrange equation of the second kind cannot be used to solve the constraint forces. Additionally, for some complete constraint systems, it is more convenient to describe them using non-independent coordinates.

The lagrange equation of the first kind uses rectangular coordinates to describe non-free particle systems, where all constraints are replaced by constraint forces. It is easy to simulate and handle dynamic problems of non-free particle systems using programmatic equations. It is not only applicable to complete constraint systems but also to first-order linear non-complete constraint systems. With the development of computer technology, the Lagrange equation of the first kind has been widely applied in engineering.

Assuming a system of n particles is subject to s constraints, δx_i should satisfy s relationships

$$\sum_{i=1}^{3n} a_{ji}\delta x_i = 0, \quad j = 1,2,\cdots,s \tag{6-36}$$

Multiply the s equations in Equation(6-36) by the indefinite multiplier λ_j, $j=1,2,\cdots,s$, respectively, and add the s equations together to obtain

$$\sum_{i=1}^{3n}\Big(\sum_{j=1}^{s}\lambda_j a_{ji}\Big)\delta x_i = 0 \tag{6-37}$$

Following the derivation process of the Lagrange equation of the second kind, the general equation of dynamics represented by T can be obtained as

$$\sum_{i=1}^{3n}\left[Q_i - \frac{\mathrm{d}}{\mathrm{d}t}\left(\frac{\partial T}{\partial \dot{x}_i}\right) + \frac{\partial T}{\partial x_i}\right]\delta x_i = 0 \tag{6-38}$$

Due to the fact that the $3n$ δx_i in Equation(6-38) are not independent of each other, it is not possible to conclude that every expression within the brackets in the equation equals zero.

Adding Equations(6-37) and (6-38) yields

$$\sum_{i=1}^{3n}\left[Q_i - \frac{\mathrm{d}}{\mathrm{d}t}\left(\frac{\partial T}{\partial \dot{x}_i}\right) + \frac{\partial T}{\partial x_i} + \sum_{j=1}^{s}\lambda_j a_{ji}\right]\delta x_i = 0 \tag{6-39}$$

Divide Equation(6-39) into two parts. Mark the $3n-s$ independent variables as $\delta x_i^{(v)}$, $i=1,2,\cdots,3n-s$, and mark the s dependent variables as $\delta x_i^{(u)}$, $i=1,2,\cdots,s$. Therefore, Equation(6-39) is written as

$$\begin{aligned}&\sum_{i=1}^{3n-s}\left[Q_i - \frac{\mathrm{d}}{\mathrm{d}t}\left(\frac{\partial T}{\partial \dot{x}_i}\right) + \frac{\partial T}{\partial x_i} + \sum_{j=1}^{s}\lambda_j a_{ji}\right]\delta x_i^{(v)} \\ &+ \sum_{i=1}^{s}\left[Q_i - \frac{\mathrm{d}}{\mathrm{d}t}\left(\frac{\partial T}{\partial \dot{x}_i}\right) + \frac{\partial T}{\partial x_i} + \sum_{j=1}^{s}\lambda_j a_{ji}\right]\delta x_i^{(u)} = 0\end{aligned} \tag{6-40}$$

Select the indefinite multiplier λ_j, $j=1,2,\cdots,s$ to make sure the coefficients before $\delta x_i^{(u)}$, $i=1,2,\cdots,s$ are all zero, that is

$$Q_i - \frac{\mathrm{d}}{\mathrm{d}t}\left(\frac{\partial T}{\partial \dot{x}_i}\right) + \frac{\partial T}{\partial x_i} + \sum_{j=1}^{s}\lambda_j a_{ji} = 0, \quad i = 1,2,\cdots,s \tag{6-41}$$

In fact, we can consider Equation(6-41) as s algebraic equations with λ_j as the unknown variable, and the rank of the coefficient matrix is s, so the system of equations must have solutions.

Substituting Equation (6-41) into Equation (6-40) and considering the independence of $\delta x_i^{(v)}$, $i=1,2,\cdots,3n-s$, it can be concluded that

$$Q_i - \frac{\mathrm{d}}{\mathrm{d}t}\left(\frac{\partial T}{\partial \dot{x}_i}\right) + \frac{\partial T}{\partial x_i} + \sum_{j=1}^{s} \lambda_j a_{ji} = 0, \quad i = 1,2,\cdots,3n-s \tag{6-42}$$

Equations (6-41) and (6-42) indicate that by appropriately selecting the indefinite multiplier λ_j, $j=1,2,\cdots,s$, the coefficients of each δx_i, $i=1,2,\cdots,3n$ in Equation(6-40) can be zero, that is

$$Q_i - \frac{\mathrm{d}}{\mathrm{d}t}\left(\frac{\partial T}{\partial \dot{x}_i}\right) + \frac{\partial T}{\partial x_i} + \sum_{j=1}^{s} \lambda_j a_{ji} = 0, \quad i = 1,2,\cdots,3n \tag{6-43}$$

Equation(6-43) is called the Lagrange equation of the first kind of the system, which is a second-order ordinary differential equation system about $3n$ rectangular coordinates, combined with s constraint equations in Equation(6-36) to form the closed equation system of the system.

If the active forces of the system are all potential forces, Equation(6-43) is written as

$$\frac{\mathrm{d}}{\mathrm{d}t}\left(\frac{\partial L}{\partial \dot{x}_i}\right) - \frac{\partial L}{\partial x_i} = \sum_{j=1}^{s} \lambda_j a_{ji}, \quad i = 1,2,\cdots,3n \tag{6-44}$$

Equation(6-44) is the Lagrange equation of the first kind for a conservative system.

Example 6.11

Using the Lagrange equation of the first kind to solve the simple pendulum system in Figure 6-4.

Solution This system is a conservative system. The degree of freedom of the system is 1, and the position of the particle can be represented by the rectangular coordinate(x, y). The constraint of the system is

$$x^2 + y^2 = l^2 \tag{a}$$

Perform a variational operation on the above equation to obtain

$$2x\delta x + 2y\delta y = 0$$

From the above equation, it can be seen that

$$a_x = 2x, \quad a_y = 2y \tag{b}$$

The kinetic energy of the system is

$$T = \frac{1}{2}m(\dot{x}^2 + \dot{y}^2)$$

Assuming the zero potential energy position is at the origin, the potential energy of the system is

$$V = -mgy$$

therefore, the Lagrange function L of the system is

$$L = T - V = \frac{1}{2}m(\dot{x}^2 + \dot{y}^2) + mgy$$

Take the partial derivatives of L for $\dot{x}$ and x

$$\frac{\partial L}{\partial \dot{x}} = m\dot{x}$$

$$\frac{\partial L}{\partial x} = 0 \tag{c}$$

then take the full derivative

$$\frac{\mathrm{d}}{\mathrm{d}t}\left(\frac{\partial L}{\partial \dot{x}}\right) = m\ddot{x} \tag{d}$$

Substituting Equations (b), (c), and (d) into $\frac{\mathrm{d}}{\mathrm{d}t}\left(\frac{\partial L}{\partial \dot{x}}\right) - \frac{\partial L}{\partial x} = \lambda a_x$ yields

$$m\ddot{x} = 2\lambda x$$

Similarly, take the partial derivatives of L for $\dot{y}$ and y

$$\frac{\partial L}{\partial \dot{y}} = m\dot{y}$$

$$\frac{\partial L}{\partial y} = mg \tag{e}$$

then take the full derivative

$$\frac{\mathrm{d}}{\mathrm{d}t}\left(\frac{\partial L}{\partial \dot{y}}\right) = m\ddot{y} \tag{f}$$

Substituting Equations (b), (e), and (f) into $\frac{\mathrm{d}}{\mathrm{d}t}\left(\frac{\partial L}{\partial \dot{y}}\right) - \frac{\partial L}{\partial y} = \lambda a_y$ yields

$$m\ddot{y} - mg = 2\lambda y$$

Therefore, the Lagrange equations of the first kind for this system are

$$m\ddot{x} = 2\lambda x$$

$$m\ddot{y} = mg + 2\lambda y$$

The above two equations and constraint equation (a) form a closed equation system.

Exercises

6.1 A straight rod with a mass of m_1 can freely move up and down in a fixed sleeve. The lower end of the rod contacts a triangular slider with a mass of m_2, which moves on a smooth horizontal surface, as shown in Figure 6-9. Try to calculate the accelerations of the two objects.

6.2 As shown in Figure 6-10, the pulley system is suspended with a weight A of m_1 on the moving pulley, and a weight B of m_2 is suspended after the rope bypasses the fixed pulley. Assuming that the gravity of the pulley and rope, as well as the friction between the wheel and axle, are ignored, calculate the acceleration of the weight B falling.

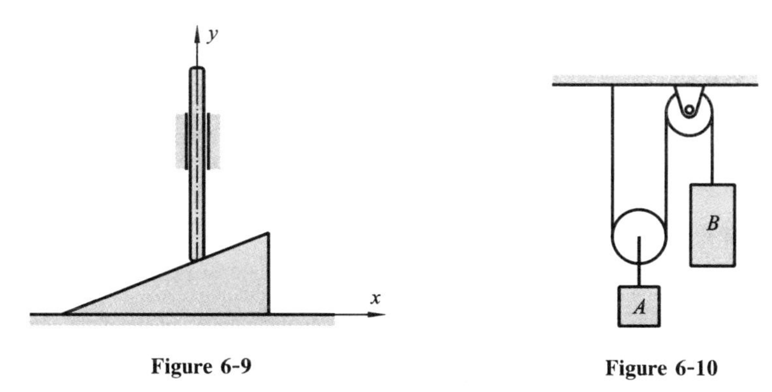

Figure 6-9 **Figure 6-10**

6.3 Two homogeneous wheels with a radius of R and a mass of m' are connected by a connecting rod at the center. The two wheels perform pure rolling on an inclined plane with an inclination angle of θ, as shown in Figure 6-11. Given the mass of the connecting rod as m, try to determine the acceleration of the connecting rod.

6.4 There are two homogeneous circular wheels with a mass of m and a radius of R. Wheel A can rotate around point O, while wheel B is wrapped with a thin rope and spans over wheel A, as shown in Figure 6-12. When the straight part of the string is plumb, calculate the acceleration of point C at the center of wheel B.

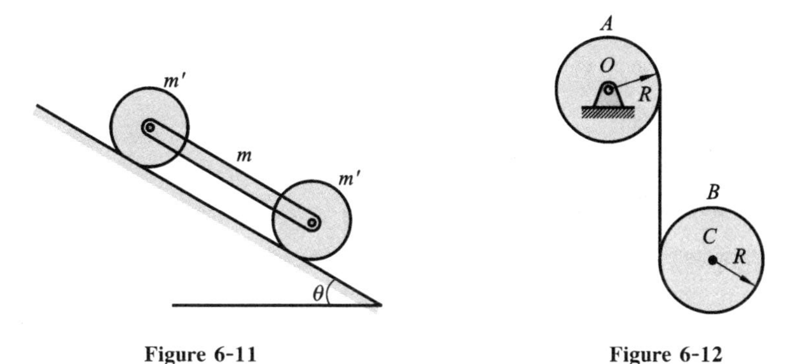

Figure 6-11 **Figure 6-12**

6.5 Using the Lagrange equation to derive the differential equation of rotation for a rigid body rotating around a fixed axis. The external moment acting on the rigid body is $\boldsymbol{M}_C^{(e)}$, and the axis of rotation is C-axis, as shown in Figure 6-13.

6.6 In the system shown in Figure 6-14, the mass of object A is m_1, which can move along a smooth horizontal plane, and the mass of pendulum B is m_2. The two objects are connected by a weightless rod with a length of l. Try using the Lagrange equation to establish the differential equation of motion for the system.

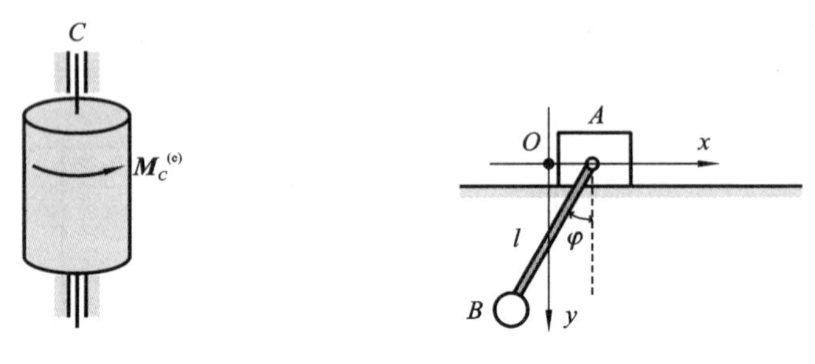

Figure 6-13　　Figure 6-14

6.7 In the system shown in Figure 6-15, wheel A rolls purely along a horizontal plane, and the wheel center is connected to the wall by a horizontal spring. Block C with a mass of m_1 is connected to point A by a thin rope crossing the fixed pulley B. Both wheels A and B are homogeneous disks with a radius of R and a mass of m_2. The spring's stiffness coefficient is k, regardless of mass. When the spring is relatively soft and the thin rope can always be tensioned, try to establish the differential equation of motion for this system.

6.8 A homogeneous disk with a radius of R has a mass of m', and a homogeneous straight rod with a mass of m is hinged at its mass center O. The length of the rod is l. The cylinder only rolls on a horizontal plane without sliding, as shown in Figure 6-16. Try to list the differential equation of motion for the system.

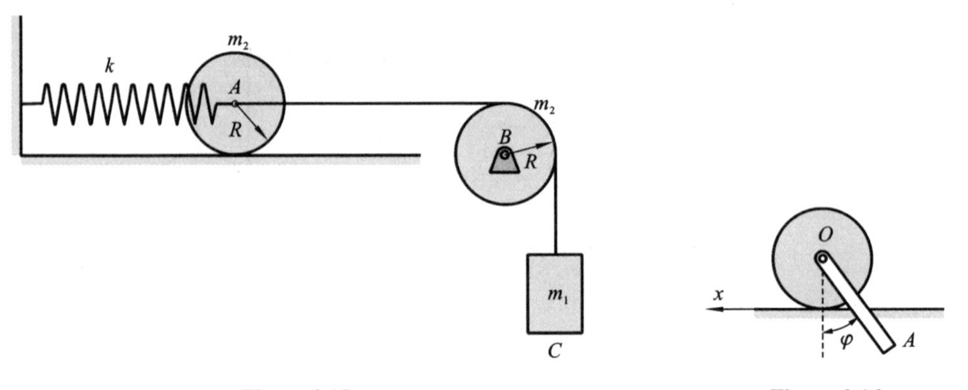

Figure 6-15　　Figure 6-16

6.9 The double pendulum mechanism consists of two particles A and B with a mass of m, as well as weightless slender rods OA and AB. The thin rods OA and AB are connected by hinges, and the O-end is suspended from the cylindrical hinge, as shown in Figure 6-17. Both rods have a length of l, and the particle B is subjected to a horizontal force $\boldsymbol{F}$. The system moves in a vertical plane, disregarding friction throughout the system. Try to find the differential equation of motion for the system.

6.10 A small ball with a mass of m is wrapped with a thin thread on a fixed cylinder with a radius of r, as shown in Figure 6-18. At the initial stage, the ball is at the equilibrium position shown by the dashed line in the figure, and the length of the sagging part of the thin thread is L, regardless of the mass of the thin thread. Now use a hammer to suddenly hit the small ball, causing it to start moving in the vertical plane. Try to find the differential equation of motion for the small ball.

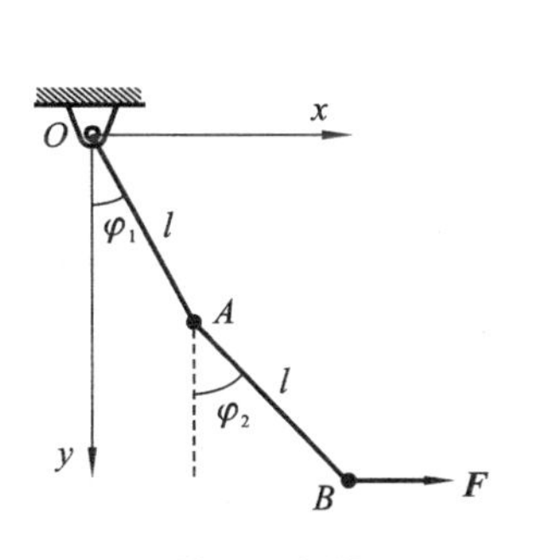

Figure 6-17

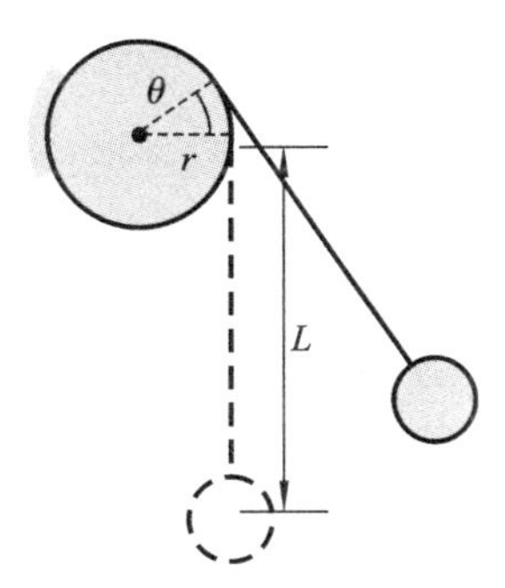

Figure 6-18

6.11 The right triangle block A in Figure 6-19 can slide along a smooth horizontal plane. A homogeneous cylinder B is placed on the smooth inclined surface of the block A, which is wound with a non-stretchable rope. The rope is suspended by a block D with a mass of m through a pulley C. The block D can move along the vertical smooth groove of the triangular block. The mass of cylinder B is known to be $2m$, and the mass of block A is $3m$. At the beginning, the system is in a stationary state, and the size and mass of pulley C are omitted. Try to determine the motion equations of each object in the system.

6.12 As shown in Figure 6-20, a simple pendulum with a length of l is suspended at point O, and the mass of the small ball is m. The suspension point O is moving upwards with an acceleration of $\boldsymbol{a}_0$. Try to find the period of micro vibration of the pendulum.

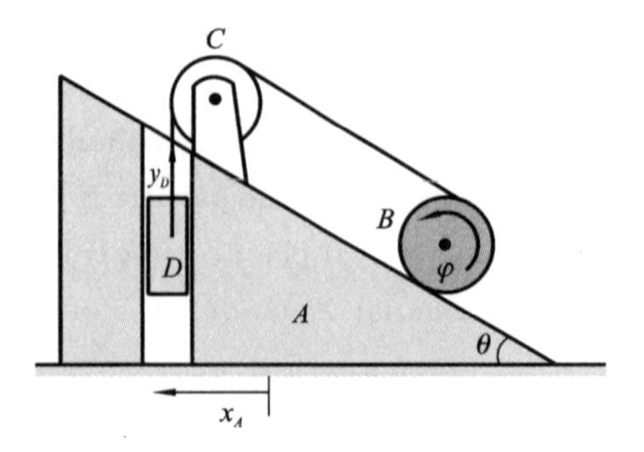

Figure 6-19

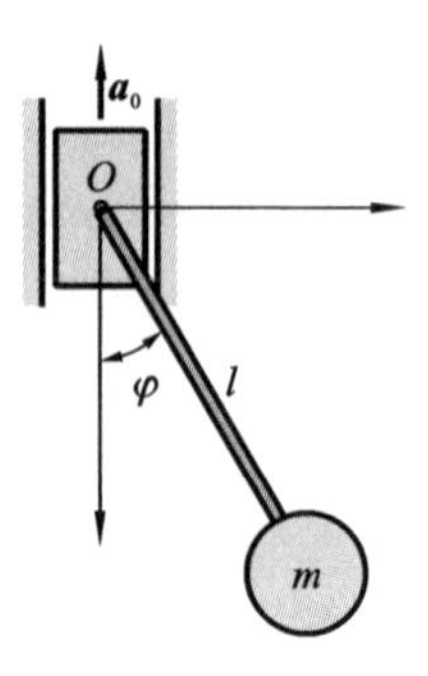

Figure 6-20

Chapter 7 Energy Methods

Chapter 7
Energy Methods

7.1 Overview

The energy principle is a mechanical principle derived from the conservation law of energy or the principle of virtual work, which expresses the motion (equilibrium) state of the object and the continuity of deformation in the form of energy. The most basic energy principles in solid mechanics include the minimum potential energy principle, minimum complementary energy principle, generalized variational principle, and so on. The calculation methods based on the energy principle are called energy methods, which are widely used in calculations of internal force(stress), strain, and displacement of components. With the rapid development of computational mechanics in recent years, energy methods have received more attention and obtained wider applications.

The work-energy principle is one of the fundamental principles in mechanics, which can be described as: for any system of bodies, the sum of external work and non-conservative internal work is equal to the increment of the mechanical energy of the system(the sum of kinetic and potential energies). Under the action of external forces, particles on an elastic body displace along the directions of the forces, thus the external forces do work, while the non-conservative internal forces do not do work. Elastic solids store potential energy due to deformation, that is, deformation energy(or strain energy). Assuming that an external force gradually increases from zero to a final value, the solid is in equilibrium at every moment during the deformation process, ignoring the influence of kinetic energy and other forms of energy changes, the relationship between the elastic deformation energy V_ε and the external work W can be simply expressed by the work-energy principle

$$V_\varepsilon = W \tag{7-1}$$

The simple expression has been applied to single deformation problems such as stretching (compression) and torsion. In fact, it is also applicable to the solution of bending deformation of elastic solid components and various combined deformation problems.

When the external force is limited to the elastic deformation range of the component, the stored elastic deformation energy can be completely released and external work can be done during the process of slowly unloading the external force, so that the component can return to the state before loading. If the external force exceeds the elastic deformation range of the component, the plastic deformation will cause the dissipative loss of deformation energy in the process of unloading the external force, resulting in that the deformation energy cannot be completely converted into work, and the component cannot be restored to the state before loading.

7.2 Calculation of Deformation Energy of a Member

In this section, the calculation of deformation energy for a single deformation such as stretching(compression), shear, torsion, and bending in the range of linear elastic loading of a member is summarized.

1. Axial Stretching(Compression)

For an element with the volume dV(as shown in Figure 7-1), the final value of the axial force is $\sigma dydz$, the left end face is treated as the reference surface, and the final displacement of the right end face is εdx. According to Hooke's law of normal stress-strain $\sigma = E\varepsilon$ in the range of linear elasticity, the work-energy principle is used to obtain

$$dV_\varepsilon = \frac{1}{2}\sigma \varepsilon dxdydz \tag{7-2}$$

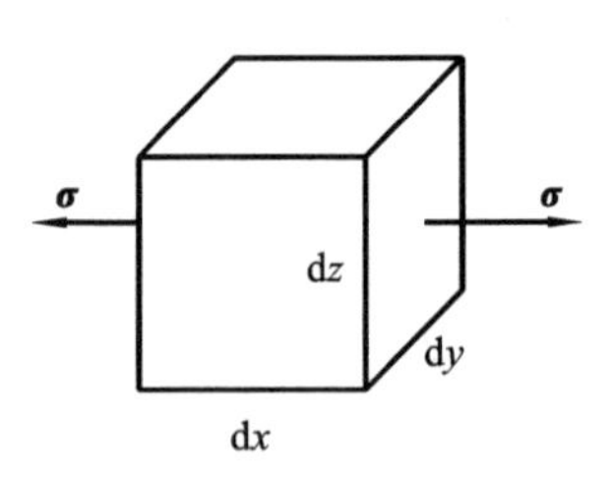

Figure 7-1

therefore, the deformation energy density (deformation energy per unit volume) v_ε can be expressed as

$$v_\varepsilon = \frac{1}{2}\sigma \varepsilon = \frac{\sigma^2}{2E} = \frac{E\varepsilon^2}{2} \tag{7-3}$$

For a straight member with uniform cross sections whose axial force F_N varies with the axial position, the deformation energy of any micro-segment with length dx can be expressed as

$$dV_\varepsilon = \frac{\sigma^2}{2E}Adx = \frac{F_N^2(x)}{2EA}dx \tag{7-4}$$

thus, the deformation energy of the whole member can be obtained by integrating

$$V_\varepsilon = \int_l \frac{F_N^2(x)}{2EA}dx \tag{7-5}$$

When the axial force is identically equal to the axial external force F, the deformation energy of the member can be obtained by the integral of Equation(7-5)

$$V_\varepsilon = \frac{F^2 l}{2EA} \tag{7-6}$$

If the axial force or cross-section changes in segments, such as a stepped shaft composed of n segments of shaft or a truss structure composed of n rods, it always follows that

$$V_\varepsilon = \sum_{i=1}^{n} \frac{F_{Ni}^2 l_i}{2E_i A_i} \tag{7-7}$$

When the axial force or cross-section changes continuously, one obtains

$$V_\varepsilon = \int_l \frac{F_N^2(x)}{2EA(x)} dx \tag{7-8}$$

Actually, using the work-energy principle, the deformation energy of the member can be denoted by

$$V_\varepsilon = W = \frac{1}{2} F \Delta l \tag{7-9}$$

Applying $\Delta l = \frac{Fl}{EA}$, the expression of deformation energy consistent with Equation(7-6) can be obtained.

2. Pure Shear

For a pure shear element with the volume dV (as shown in Figure 7-2), the final value of shear force is $\tau dy dz$, the left end face is regarded as the reference surface, and the final displacement of the right end face is γdx. According to Hooke's law of shear stress-strain $\tau = G\gamma$ in the range of linear elasticity, the work-energy principle is employed to yield

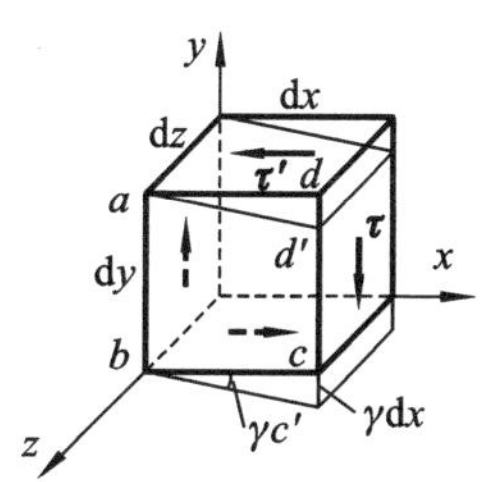

Figure 7-2

$$dV_\varepsilon = \frac{1}{2} \tau \gamma dx dy dz \tag{7-10}$$

hence, the pure shear deformation energy density v_ε can be expressed as

$$v_\varepsilon = \frac{1}{2} \tau \gamma = \frac{\tau^2}{2G} = \frac{G\gamma^2}{2} \tag{7-11}$$

3. Torsion

For a uniform cross-section circular shaft whose torque T varies with the position of section, by using the polar moment of inertia of the circular section with respect to the center $I_p = \frac{\pi d^4}{32}$, the deformation energy of any microsegment of length dx can be obtained by integration

$$dV_\varepsilon = \int_A \frac{\tau^2}{2G} dA dx = \int_0^{d/2} \frac{T^2(x)\rho^2}{I_p^2 2G} 2\pi\rho d\rho dx = \frac{T^2(x)}{2GI_p} dx \tag{7-12}$$

therefore, integrating Equation (7-12) yields the deformation energy of the whole circular shaft

$$V_{\varepsilon} = \int_{l} \frac{T^{2}(x)}{2GI_{p}} dx \tag{7-13}$$

When the torque is identically equal to the moment of the external couple M_e, using Equation (7-13), the deformation energy of the circular shaft can be obtained

$$V_{\varepsilon} = \frac{M_{e}^{2} l}{2GI_{p}} \tag{7-14}$$

If the torque or sections change in segments, one obtains

$$V_{\varepsilon} = \sum_{i} \frac{T_{i}^{2} l_{i}}{2G_{i} I_{pi}} \tag{7-15}$$

In addition, using the work-energy principle, the deformation energy of the circular shaft is expressed as

$$V_{\varepsilon} = W = \frac{1}{2} M_{e} \Delta\varphi \tag{7-16}$$

Applying $\Delta\varphi = \dfrac{M_{e} l}{GI_{p}}$, the same expression for the deformation energy of the circular shaft as Equation (7-14) can be achieved.

4. Bending

For a beam bent by transverse forces, shear force and bending moment exist on each cross-section at the same time, and they both change with the position of the cross-section. Hence, it is necessary to calculate the corresponding deformation energy of the shear force and bending moment. However, for slender beams, the shear deformation energy is small relative to the bending deformation energy, and its influence can be ignored. Therefore, only the bending deformation energy needs to be calculated. At this point, the bending deformation energy of any microsegment with the length dx is given as

$$dV_{\varepsilon} = \frac{M^{2}(x)}{2EI} dx \tag{7-17}$$

thus, the bending deformation energy of the whole beam can be expressed in an integral form

$$V_{\varepsilon} = \int_{l} \frac{M^{2}(x)}{2EI} dx \tag{7-18}$$

When the bending moment is identically equal to the moment of the external couple M_e, using Equation (7-18), the bending deformation energy of the whole beam can be obtained

$$V_{\varepsilon} = \frac{M_{e}^{2} l}{2EI} \tag{7-19}$$

at this time, if the work-energy principle is used, the bending deformation energy of the whole beam can be expressed as

$$V_\varepsilon = W = \frac{1}{2}M_e \Delta\theta \tag{7-20}$$

By substituting the relative angle of rotation $\Delta\theta = \frac{M_e l}{EI}$ at the two ends of the beam in the linear elastic stage into Equation (7-20), the identical expression of bending deformation energy to Equation(7-19) can be obtained.

7.3 General Formula of Deformation Energy

Section 7.2 discussed the calculation of deformation energy under several single basic deformations, in which the expressions (Equations (7-9), (7-16), and (7-20)) of axial stretching (compression), torsion, and bending deformation energy in the linear elastic stage can be unified as

$$V_\varepsilon = W = \frac{1}{2}F\lambda \tag{7-21}$$

The generalized force F represents a force for stretching (compression) problems and a moment of couple for torsion and bending problems. λ represents the generalized displacement corresponding to each generalized force F, which corresponds in turn to linear displacement Δl, angular displacements $\Delta\varphi$ and $\Delta\theta$ for the three types of problems.

This section discusses elastic solids in more general situations. It is assumed that the constrained elastic solid shown in Figure 7-3 does not have rigid displacement under the action of any generalized force system F_i, $i = 1, 2, \cdots, n$, but the corresponding generalized displacements δ_i, $i = 1, 2, \cdots, n$ are generated by the cumulative deformation along the direction of each generalized force. According to the principle of independent action of forces exerted on an elastic solid, the deformation energy (density) generated by the loading of the forces on the elastic solid has nothing to do with the loading order of the forces, but only depends on the final value of the forces (stresses) and displacements (strains). Therefore, the deformation energy (density) of the member under the action of each generalized force (stress) can be calculated independently, and then the total deformation energy (density) of the member can be summed up.

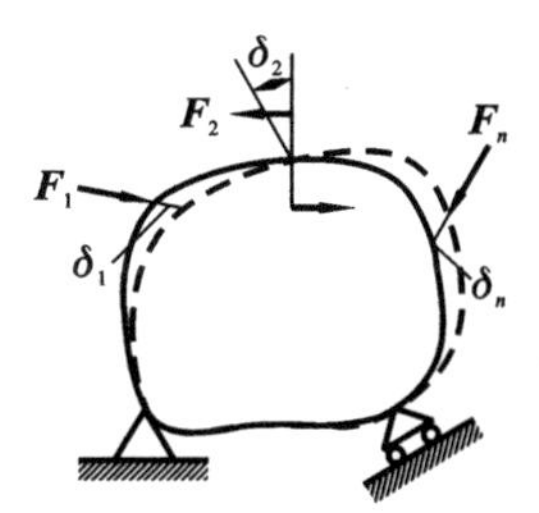

Figure 7-3

For both linear and nonlinear elastic solids, if the generalized stress-strain relation σ-ε and generalized force-displacement relation F-λ are given, the deformation energy density and deformation energy can be obtained by integration

$$v_\varepsilon = \int_0^{\varepsilon_1} \sigma \mathrm{d}\varepsilon, \quad V_\varepsilon = W = \int_0^{\lambda_1} F \mathrm{d}\lambda \tag{7-22}$$

Therefore, the deformation energy density and deformation energy of an elastic solid under the action of any generalized force system mentioned above can be expressed as

$$v_\varepsilon = \sum_{i=1}^{n} \int_0^{\varepsilon_{1i}} \sigma_i \mathrm{d}\varepsilon, \quad V_\varepsilon = W = \sum_{i=1}^{n} \int_0^{\lambda_{1i}} F_i \mathrm{d}\lambda \tag{7-23}$$

In particular, for linear elastic solids, it follows that

$$\sigma_i = k_i \varepsilon_i, \quad F_i = c_i \lambda_i \tag{7-24}$$

where k_i and c_i, $i = 1, 2, \cdots, n$ are both constants. Substituting the derivative of Equation(7-24) into Equation(7-23) yields the deformation energy density and deformation energy expressions of a linear elastic solid

$$v_\varepsilon = \sum_{i=1}^{n} \left(\frac{1}{2}\sigma_i \varepsilon_i\right), \quad V_\varepsilon = W = \sum_{i=1}^{n} \left(\frac{1}{2} F_i \lambda_i\right) \tag{7-25}$$

It can be found that the deformation energy of a linear elastic solid is equal to the sum of half of the product of each generalized force and the corresponding generalized displacement. This conclusion is known as the Clapeyron principle.

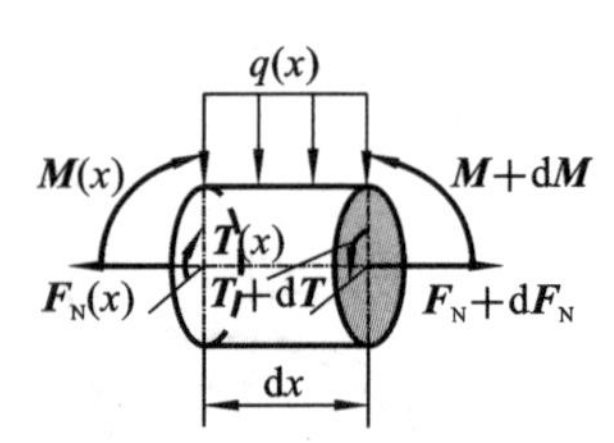

Figure 7-4

As shown in Figure 7-4, the linear elastic element with the length $\mathrm{d}x$ is subjected to a vertically distributed load $q(x)$, axial forces $\boldsymbol{F}_\mathrm{N}$ and $(\boldsymbol{F}_\mathrm{N} + \mathrm{d}\boldsymbol{F}_\mathrm{N})$, torques $\boldsymbol{T}$ and $(\boldsymbol{T} + \mathrm{d}\boldsymbol{T})$, bending moments $\boldsymbol{M}$ and $(\boldsymbol{M}+\mathrm{d}\boldsymbol{M})$ on the cross-sections at both ends. The axial relative displacement, relative torsion angle, and relative angle of the two cross-sections corresponding to axial force, torque, and bending moment are set as $\mathrm{d}(\Delta l)$, $\mathrm{d}(\Delta\varphi)$, and $\mathrm{d}(\Delta\theta)$, respectively. Applying Equation (7-25), the combined deformation energy of the element can be attained

$$\mathrm{d}V_\varepsilon = \frac{F_\mathrm{N}^2(x)}{2EA(x)}\mathrm{d}x + \frac{T^2(x)}{2GI_\mathrm{p}(x)}\mathrm{d}x + \frac{M^2(x)}{2EI(x)}\mathrm{d}x \tag{7-26}$$

The general expression for the total deformation energy of the member can be obtained by integrating Equation(7-26)

$$V_\varepsilon = \int_l \frac{F_\mathrm{N}^2(x)}{2EA(x)}\mathrm{d}x + \int_l \frac{T^2(x)}{2GI_\mathrm{p}(x)}\mathrm{d}x + \int_l \frac{M^2(x)}{2EI(x)}\mathrm{d}x \tag{7-27}$$

Equation(7-27) is suitable for the case of a variable cross-section or non-circular cross-section and only needs to consider the change of cross-sectional geometric parameters with position or adopt the polar moment of inertia of a non-circular section.

Example 7.1

As shown in Figure 7-5, a plane curved bar with a quarter-circle axis is subjected to a concentrated force $\boldsymbol{F}$ perpendicular to the view plane along end B. EI and GI_p are known to be constants. Determine the deformation energy of the curved bar and the vertical displacement of cross-section B.

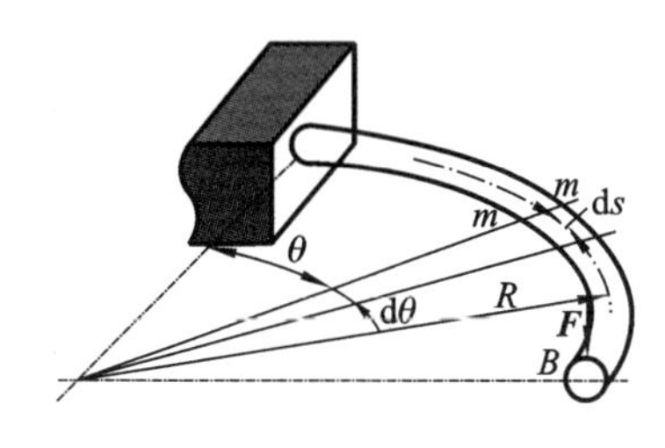

Figure 7-5

Solution Let the position of any cross-section m—m be determined by the center angle θ, and the bending moment and torque on the cross-section are respectively

$$M = FR\sin\theta$$

$$T = FR(1-\cos\theta)$$

For the curved bar with a cross-sectional size much smaller than the radius R, the strain energy can be obtained by using the strain energy formula of a straight bar, considering the microsegment with an arc length $ds = Rd\theta$

$$\begin{aligned} dV_\varepsilon &= \frac{T^2(\theta)R}{2GI_p}d\theta + \frac{M^2(\theta)R}{2EI}d\theta \\ &= \frac{F^2R^3(1-\cos\theta)^2}{2GI_p}d\theta + \frac{F^2R^3\sin^2\theta}{2EI}d\theta \end{aligned}$$

The deformation energy of the whole curved bar can be obtained by integrating

$$\begin{aligned} V_\varepsilon &= \int_0^{\pi/2} \frac{F^2R^3(1-\cos\theta)^2}{2GI_p}d\theta + \int_0^{\pi/2} \frac{F^2R^3\sin^2\theta}{2EI}d\theta \\ &= \left(\frac{3\pi}{8}-1\right)\frac{F^2R^3}{GI_p} + \frac{\pi}{8}\frac{F^2R^3}{EI} \end{aligned}$$

The work done by the concentrated force $\boldsymbol{F}$ along its displacement λ_B is

$$W = \frac{1}{2}F\lambda_B$$

In accordance with the work-energy principle, one obtains

$$\frac{1}{2}F\lambda_B = \left(\frac{3\pi}{8}-1\right)\frac{F^2R^3}{GI_p} + \frac{\pi}{8}\frac{F^2R^3}{EI}$$

therefore

$$\lambda_B = \left(\frac{3\pi}{4}-2\right)\frac{FR^3}{GI_p} + \frac{\pi}{4}\frac{FR^3}{EI}$$

Example 7.2

As shown in Figure 7-6, a simply supported beam AB has a length l, and is exerted by a concentrated force $\boldsymbol{F}$ vertically downward along section C. EI and GA are known to be constants. When the influence of shear deformation energy is ignored, determine the deformation energy of the uniform cross-sectional straight beam and the vertical displacement of section C. Discuss the ratios of shear deformation energy to bending deformation energy corresponding to rectangular, solid circle, and thin-walled ring sections, respectively, when the concentrated force $\boldsymbol{F}$ acts on the middle section of the beam, and Poisson's ratio $\mu=0.3$, $\frac{h}{l}=\frac{1}{10}$ or $\frac{d}{l}=\frac{1}{10}$. Note: d represents the diameter of a solid circular section or the average diameter of a thin-walled circular section.

Solution　The piecewise functions of bending moment $M(x)$ and shear force $F_s(x)$ are obtained respectively

$$M(x)=\begin{cases}\dfrac{F(l-a)}{l}x, 0\leqslant x\leqslant a\\ \dfrac{Fa}{l}(l-x), a\leqslant x\leqslant l\end{cases},\quad F_s(x)=\begin{cases}\dfrac{F(l-a)}{l}, 0\leqslant x\leqslant a\\ -\dfrac{Fa}{l}, a\leqslant x\leqslant l\end{cases}$$

The normal stress and shear stress at a location with the plumb direction coordinate of y on any cross-section of the beam (as shown in Figure 7-7) are respectively

$$\sigma=\frac{M(x)y}{I},\quad \tau=\frac{F_s(x)S_z^*(y)}{Ib(y)}$$

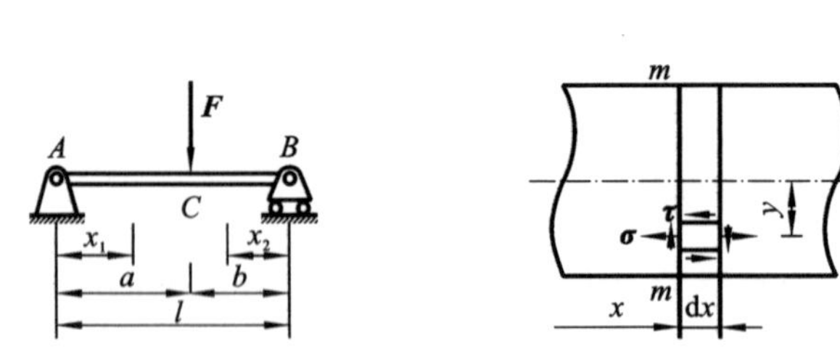

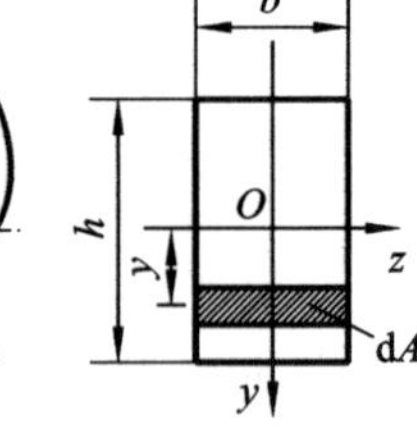

Figure 7-6　　Figure 7-7

The bending and shear deformation energy densities are obtained from Equations(7-3) and (7-11)

$$v_{\varepsilon\sigma}=\frac{M^2(x)y^2}{2EI^2},\quad v_{\varepsilon\tau}=\frac{F_s^2(x)[S_z^*(y)]^2}{2GI^2b^2(y)}$$

When an element with the volume $dV=dAdx$ is selected, the bending and shear deformation energies are respectively

$$dV_{\varepsilon\sigma}=\frac{M^2(x)y^2}{2EI^2}dAdx,\quad dV_{\varepsilon\tau}=\frac{F_s^2(x)[S_z^*(y)]^2}{2GI^2b^2(y)}dAdx$$

The bending deformation energy, shear deformation energy, and the total deformation energy of the whole beam are attained by integrating

$$V_{\varepsilon\sigma}=\int_l\frac{M^2(x)}{2EI}dx,\quad V_{\varepsilon\tau}=\int_l\frac{\kappa F_s^2(x)}{2GA}dx,\quad V_\varepsilon=\int_l\frac{M^2(x)}{2EI}dx+\int_l\frac{\kappa F_s^2(x)}{2GA}dx$$

The dimensionless coefficient $\kappa=\frac{A}{I^2}\int_A\left[\frac{S_z^*(y)}{b(y)}\right]^2dA$ depends on the geometry of the cross-section. For rectangular and circular cross-sections, respectively, they have values of

$$\kappa=\frac{144}{bh^5}\int_{-h/2}^{h/2}\frac{1}{4}\left[\frac{h^2}{4}-y^2\right]^2bdy=\frac{6}{5},\quad \kappa=\frac{d^2}{18I^5}\int_{-d/2}^{d/2}\left[\left(\frac{d}{2}\right)^2-y^2\right]^{5/2}dy=\frac{10}{9}$$

In the case of thin-walled ring sections, $\kappa=2$.

When the shear deformation energy is ignored, the total deformation energy of the beam is

$$\begin{aligned}V_\varepsilon&=\int_l\frac{M^2(x)}{2EI}dx\\&=\int_0^a\frac{F^2(l-a)^2x^2}{2EIl^2}dx+\int_a^l\frac{F^2a^2(l-x)^2}{2EIl^2}dx\\&=\frac{F^2a^2(l-a)^2}{6EIl}\end{aligned}$$

According to the work-energy principle, it follows that

$$\frac{1}{2}F\lambda_C=\frac{F^2a^2(l-a)^2}{6EIl}$$

thus, the vertical displacement of cross-section C is

$$\lambda_C=\frac{Fa^2(l-a)^2}{3EIl}$$

When the concentrated force $\boldsymbol{F}$ acts on the middle section, the shear deformation energy, bending deformation energy, and their ratio are respectively

$$V_{\varepsilon\sigma}=\frac{F^2l^3}{96EI},\quad V_{\varepsilon\tau}=\frac{\kappa F^2l}{8GA},\quad V_{\varepsilon\tau}:V_{\varepsilon\sigma}=\frac{12\kappa EI}{GAl^2}$$

using $G=\frac{E}{2(\mu+1)}$ yields $V_{\varepsilon\tau}:V_{\varepsilon\sigma}=\frac{24(\mu+1)\kappa I}{Al^2}$.

For rectangular sections, $V_{\varepsilon\tau}:V_{\varepsilon\sigma}=2(\mu+1)\kappa(h/l)^2=0.0312$. For circular sections, $V_{\varepsilon\tau}:V_{\varepsilon\sigma}=\frac{4}{3}(\mu+1)\kappa(d/l)^2=0.0193$. For thin-walled ring sections, $V_{\varepsilon\tau}:V_{\varepsilon\sigma}=6(\mu+1)\kappa(d/l)^2=0.156$.

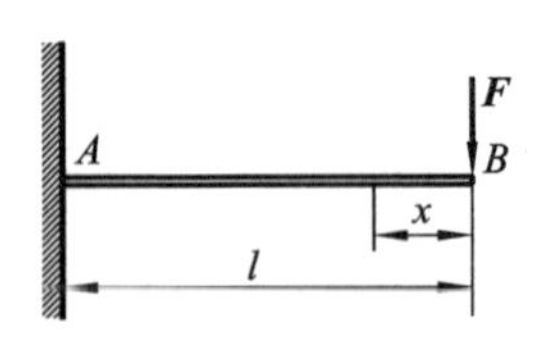

Figure 7-8

Example 7.3

Given the length l, section width b, and section height h of a cantilever beam with rectangular sections shown in Figure 7-8. If a concentrated force $\boldsymbol{F}$ exerts downward at the free end B, the relationships of bending normal stress-strain and force-displacement $\sigma = k_1\varepsilon^{1/2}$ and $F = k_2\lambda^{1/2}$ hold respectively, and the bending plane hypothesis is satisfied. Find the deformation energy density of arbitrary cross-section, the deformation energy of the whole beam, the deflection of the free end B, and the relationship between coefficients k_1 and k_2.

Solution The bending normal strain $\varepsilon = \pm \dfrac{|y|}{\rho}$ at a distance $|y|$ from the neutral axis is achieved in accordance with the bending plane hypothesis. By using the given conditions, the bending normal stress can be obtained as

$$\sigma = \pm \frac{k_1 |y|^{1/2}}{\rho^{1/2}}$$

Using pure bending conditions, one obtains

$$\begin{aligned} M &= \int_A \sigma y \mathrm{d}A \\ &= 2\int_0^{h/2} \frac{k_1 y^{1/2}}{\rho^{1/2}} yb\mathrm{d}y \\ &= \frac{\sqrt{2}k_1 bh^{5/2}}{10\rho^{1/2}} \end{aligned}$$

thus

$$\frac{1}{\rho^{1/2}} = \frac{5\sqrt{2}M}{k_1 bh^{5/2}}, \quad \sigma = \frac{5\sqrt{2}My^{1/2}}{bh^{5/2}}$$

using $\sigma = k_1\varepsilon^{1/2}$ yields $\mathrm{d}\varepsilon = \left(\dfrac{\sigma}{k_1}\right)^2$, and therefore, the deformation energy density is

$$v_\varepsilon = \int_0^{\varepsilon_1} \sigma \mathrm{d}\varepsilon = \frac{2\sigma^3}{(k_1)^2} = \frac{500\sqrt{2}M^3 y^{3/2}}{(k_1)^2 b^3 h^{15/2}}$$

Applying the bending moment equation $M(x) = Fx, 0 \leqslant x \leqslant l$, the integration obtains the deformation energy over the whole beam

$$\begin{aligned} V_\varepsilon &= \int_0^l 2\int_0^{h/2} v_\varepsilon \mathrm{d}y\mathrm{d}x \\ &= \frac{1000\sqrt{2}}{(k_1)^2 b^2 h^{15/2}} \int_0^{h/2} y^{3/2}\mathrm{d}y \int_0^l (Fx)^3 \mathrm{d}x \\ &= \frac{25F^3 l^4}{(k_1)^2 b^2 h^5} \end{aligned}$$

Additionally, using $F = k_2\lambda^{1/2}$ yields $\mathrm{d}\lambda = \dfrac{2F\mathrm{d}F}{(k_2)^2}$, and thus, the integral gives the work done by the force

$$\begin{aligned} W &= \int_0^{\lambda_1} F\mathrm{d}\lambda \\ &= \int_0^F F\frac{2F}{(k_2)^2}\mathrm{d}F \\ &= \frac{2F^3}{3(k_2)^2} \end{aligned}$$

According to the work-energy principle $V_\varepsilon = W$, one obtains

$$\frac{k_2}{k_1} = \sqrt{\frac{2}{75}}\frac{bh^{5/2}}{l^2}$$

7.4 Reciprocal Theorems

In the previous section, based on the principle of physical independence of forces, the Clapeyron principle, which is applicable to the calculation of deformation energy of linear elastic members, is elaborated. On this basis, this section will derive the reciprocal theorems of work and displacement. They will be used for solving problems of analysis and calculation of linear elastic members.

The linear elastic member is loaded with two generalized force systems A and B according to the following two different schemes.

In scheme one, force system A is loaded first. This gives rise to a generalized displacement λ_{Ai} in the direction of the force corresponding to the point of action of a generalized force F_{Ai} (as shown in Figure 7-9(a)). As a result, the force system A does variable-force work of $\sum_{i=1}^{I}\left(\frac{1}{2}F_{Ai}\lambda_{Ai}\right)$.

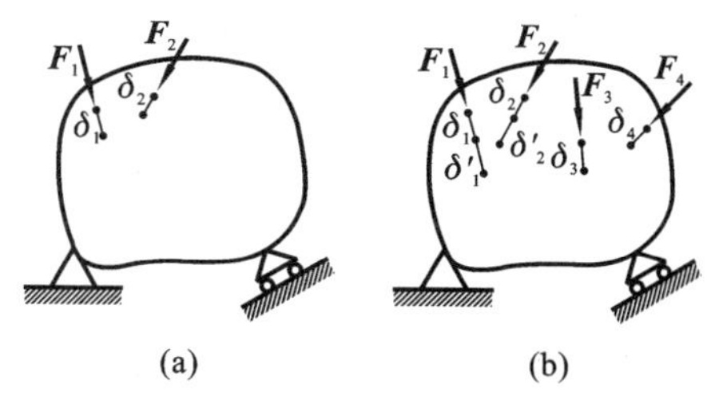

Figure 7-9

Then, force system B is loaded, causing a generalized displacement λ_{Bj} in the direction of the force corresponding to the action point of a generalized force F_{Bi} in force system B, thus leading to variable-force work of $\sum_{j=1}^{J}\left(\frac{1}{2}F_{Bj}\lambda_{Bj}\right)$, also causing an additional generalized displacement λ'_{Ai} along the direction of the force corresponding to the action point of a generalized force F_{Ai} in force system A. Note that when force system B is loaded, each force in force system A already exists and remains unchanged, resulting in additional constant force work of $\sum_{i=1}^{I}(F_{Ai}\lambda'_{Ai})$ on the member. Thus, the total deformation energy on the member is

$$V_{\varepsilon 1}=\sum_{i=1}^{I}\left(\frac{1}{2}F_{Ai}\lambda_{Ai}+F_{Ai}\lambda'_{Ai}\right)+\sum_{j=1}^{J}\left(\frac{1}{2}F_{Bj}\lambda_{Bj}\right)$$

In scheme two, force system B is loaded first. This gives rise to a generalized displacement λ_{Bi} in the direction of the force corresponding to the point of action of a generalized force F_{Bi}. Consequently, force system B does variable-force work of $\sum_{j=1}^{J}\left(\frac{1}{2}F_{Bj}\lambda_{Bj}\right)$. Then, force system A is loaded, causing a generalized displacement λ_{Ai} in the direction of the force corresponding to the action point of a generalized force F_{Ai} in force system A, thus resulting in variable-force work of $\sum_{i=1}^{I}\left(\frac{1}{2}F_{Ai}\lambda_{Ai}\right)$, and also leading to an additional generalized displacement λ'_{Bj} along the direction of the force corresponding to the action point of a generalized force F_{Bj} in force system B. Note that when force system A is loaded, each force in force system B already exists and remains unchanged, resulting in additional constant force work of $\sum_{j=1}^{J}(F_{Bj}\lambda'_{Bj})$ on the member. Thus, the total deformation energy on the member is

$$V_{\varepsilon 2}=\sum_{i=1}^{I}\left(\frac{1}{2}F_{Ai}\lambda_{Ai}\right)+\sum_{j=1}^{J}\left(\frac{1}{2}F_{Bj}\lambda_{Bj}+F_{Bj}\lambda'_{Bj}\right)$$

Since the total deformation energy on the member only depends on the final value of each force in the loaded force system and has nothing to do with the loading order, $V_{\varepsilon 2}=V_{\varepsilon 1}$, therefore one obtains the reciprocal theorem of work

$$\sum_{i=1}^{I}(F_{Ai}\lambda'_{Ai})=\sum_{j=1}^{J}(F_{Bj}\lambda'_{Bj}) \tag{7-28}$$

that is, the work done by the first set of forces on the displacement caused by the second set of forces is equal to the work done by the second set of forces on the displacement caused by the first set of forces. If the first set of forces is only F_A and the second set of forces is only F_B, Equation(7-28) is simplified as

$$F_A\lambda'_A=F_B\lambda'_B$$

In particular, if generalized forces $F_A = F_B$, then the reciprocal theorem of displacement can be obtained

$$\lambda'_A=\lambda'_B \tag{7-29}$$

that is, when the generalized forces F_A and F_B are equal in magnitude, the displacement caused by F_B along the direction of F_A at the action point of F_A is equal to the displacement caused by F_A along the direction of F_B at the action point of F_B.

Example 7.4

Given the moment of couple $M=Fl$ acting on hinged support B of the statically indeterminate beam shown in Figure 7-10, and $a=l/2$, determine the constraint force at hinged support B by using the reciprocal theorem.

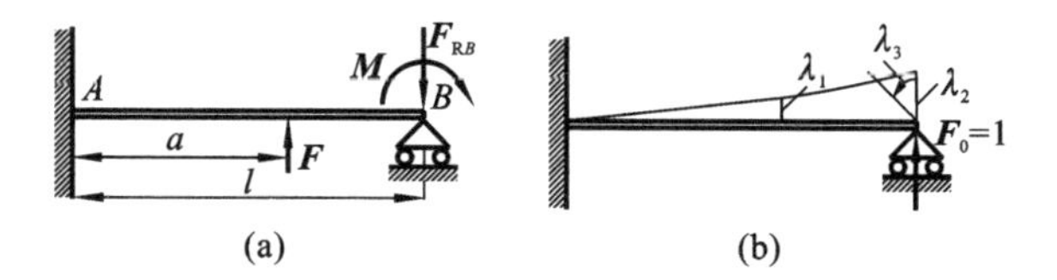

Figure 7-10

Solution Hinged support B becomes a cantilever beam after the constraint is released and the force of constraint $\boldsymbol{F}_{RB}$ is added. $\boldsymbol{F}$, $\boldsymbol{F}_{RB}$, and $\boldsymbol{M}$ form the first group of forces. The linear, linear and angular displacements corresponding to the positions of $\boldsymbol{F}$, $\boldsymbol{F}_{RB}$, and $\boldsymbol{M}$ can be obtained by setting a unit force $\boldsymbol{F}_0$ acting on the free end of the cantilever beam as the second group of forces

$$\lambda_1=\frac{a^2}{6EI}(3l-a)=\frac{5l^3}{48EI},\quad \lambda_2=\frac{l^3}{3EI},\quad \lambda_3=\frac{l^2}{2EI}$$

The work of the first set of forces on the displacement caused by the second set of forces is

$$W_{21}=F\lambda_1-F_{RB}\lambda_2-M\lambda_3=F\frac{5l^3}{48EI}-F_{RB}\frac{l^3}{3EI}-Fl\frac{l^2}{2EI}$$

The second group of force $\boldsymbol{F}_0$ acts vertically on hinged support B, and the corresponding actual vertically displacement is zero. That is, the work done by the second group of forces on the displacement caused by the first group of forces is zero. According to the reciprocal theorem of work, one attains

$$F\frac{5l^3}{48EI}-F_{RB}\frac{l^3}{3EI}-Fl\frac{l^2}{2EI}=0$$

therefore, the solution is

$$F_{RB}=-\frac{19F}{16}$$

7.5 Castigliano's Theorem

Section 7.4 introduces the reciprocal theorems of work and displacement of elastic members. This section will focus on the derivation and application of

Castigliano second theorem for elastic members, and will also briefly introduce Castigliano first theorem.

If an elastic member is sufficiently constrained, there is no rigid displacement under the action of a generalized force system F_i, and only the displacement λ_i caused by the accumulation of deformation along the direction of each force is generated. According to the work-energy principle, the total deformation energy V_ε stored in the elastic member is equal to the total work done by the force system. From the principle of physical independence of forces, we can see that the deformation energy $V_{\varepsilon i}$ contributed by any generalized force F_i in the force system is only a function of F_i. So the total deformation energy V_ε should be a function of all the forces in the force system, that is

$$V_\varepsilon = V_\varepsilon(F_1, \cdots, F_i, \cdots, F_n)$$

If an increment ΔF_i is given to any force F_i, the total deformation energy V_ε of the member will produce an increment $\Delta V_\varepsilon = \dfrac{\partial V_\varepsilon}{\partial F_i}\Delta F_i$ according to the properties of the multivariate function. Hence, the total deformation energy is

$$V_\varepsilon + \frac{\partial V_\varepsilon}{\partial F_i}\Delta F_i$$

Now imagine that ΔF_i is loaded first as the first set of forces, and the generalized force system F_i is loaded later as the second set of forces. When ΔF_i is loaded, the displacement $\Delta\lambda_i$ in the direction of F_i is caused, and the deformation energy contributed to the linear elastic member is $\dfrac{1}{2}\Delta F_i \Delta\lambda_i$. Then the generalized force system F_i is loaded, and although ΔF_i already exists at this time, for the linear elastic member, the displacement along the direction of the force F_i is the same as when the force system is loaded separately, that is, it is still λ_i. Therefore, the deformation energy contributed by the force system is still V_ε. Considering that ΔF_i remains constant when the force system is loaded, the constant force work on the displacement λ_i also contributes to the deformation energy of $\Delta F_i \lambda_i$. Therefore, the total deformation energy of the member after loading by the two groups of forces can be expressed as the sum of the contributions of the above three parts, namely

$$\frac{1}{2}\Delta F_i \Delta\lambda_i + V_\varepsilon + \Delta F_i \lambda_i$$

Since the deformation energy of the elastic member is independent of the loading order of the forces, it follows that

$$V_\varepsilon + \frac{\partial V_\varepsilon}{\partial F_i}\Delta F_i = \frac{1}{2}\Delta F_i \Delta\lambda_i + V_\varepsilon + \Delta F_i \lambda_i$$

neglecting the high order small quantity $\frac{1}{2}\Delta F_i \Delta\lambda_i$, one obtains

$$\lambda_i = \frac{\partial V_\varepsilon}{\partial F_i} \tag{7-30}$$

This is known as Castigliano second theorem. It shows that the total deformation energy of a linear elastic member can be regarded as a multivariate function of independent generalized force variables F_i, and the displacement λ_i along the direction of the force at the action point of any generalized force F_i is equal to the first partial derivative of the total deformation energy V_ε of the member with respect to the force F_i.

Similarly, the total deformation energy of an elastic member can be regarded as a multivariate function of the independent generalized displacement λ_i, and the generalized force F_i acting on any generalized displacement λ_i is equal to the first partial derivative of the total deformation energy V_ε of the member with respect to the force λ_i, namely

$$F_i = \frac{\partial V_\varepsilon(\lambda_1, \cdots, \lambda_i, \cdots, \lambda_n)}{\partial \lambda_i}$$

This is called Castigliano first theorem, which applies to both linear and nonlinear elastic components, while Castigliano second theorem applies only to linear elastic components.

By substituting the expression of the combined deformation energy(7-27) into the expression of Castigliano second theorem (7-30), the expression of the displacement λ_i at the action point of the force F_i along the direction of the force when the combined deformation occurs in the linear elastic member under the action of the generalized force system can be obtained

$$\begin{aligned}\lambda_i &= \frac{\partial V_\varepsilon}{\partial F_i} = \frac{\partial}{\partial F_i}\left[\int_l \frac{F_N^2(x)}{2EA(x)}dx + \int_l \frac{T^2(x)}{2GI_p(x)}dx + \int_l \frac{M^2(x)}{2EI(x)}dx\right] \\ &= \int_l \frac{F_N(x)}{EA(x)}\frac{\partial F_N(x)}{\partial F_i}dx + \int_l \frac{T(x)}{GI_p(x)}\frac{\partial T(x)}{\partial F_i}dx + \int_l \frac{M(x)}{EI(x)}\frac{\partial M(x)}{\partial F_i}dx\end{aligned} \tag{7-31}$$

For a transverse bending straight beam whose cross-sectional height is much less than the axial length or a plane curved beam whose cross-sectional height is much less than the axial curvature radius, only the last integral term on the right side of Equation(7-31) needs to be retained, thus obtain

$$\lambda_i = \frac{\partial V_\varepsilon}{\partial F_i} = \int_l \frac{M(x)}{EI(x)}\frac{\partial M(x)}{\partial F_i}dx \tag{7-32}$$

For a ladder shaft consisting of n shafts or a truss composed of n rods, combining the deformation energy expression(7-7) and Castigliano second theorem, we obtain

$$\lambda_i = \frac{\partial V_\varepsilon}{\partial F_i} = \sum_{j=1}^{n} \frac{F_{Nj} l_j}{E_j A_j} \frac{\partial F_{Nj}}{\partial F_i} \tag{7-33}$$

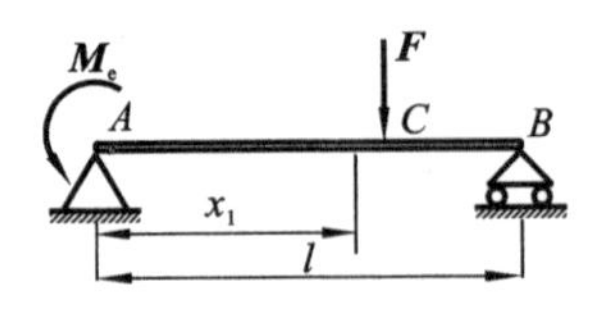

Figure 7-11

Example 7.5

Given that the bending stiffness EI of the simply supported beam shown in Figure 7-11 is a constant, find the deflection w_C of cross-section C under a concentrated force **F** and the rotational angle θ_A of the fixed hinge support A.

Solution Since a concentrated force **F** at position C and a concentrated moment $\boldsymbol{M}_e$ at the fixed hinge support A of the simply supported beam, based on Castigliano second theorem for the transverse bending beam, the deflection at position C can be obtained according to the displacement expression(7-32)

$$w_C = \frac{\partial V_\varepsilon}{\partial F} = \int_l \frac{M(x)}{EI(x)} \frac{\partial M(x)}{\partial F} \mathrm{d}x \tag{a}$$

while the rotational angle at position A is

$$\theta_A = \frac{\partial V_\varepsilon}{\partial M_e} = \int_l \frac{M(x)}{EI(x)} \frac{\partial M(x)}{\partial M_e} \mathrm{d}x \tag{b}$$

For section AC, it follows that

$$M(x) = \frac{F(l-a)+M_e}{l}x, \quad \frac{\partial M}{\partial F} = \frac{(l-a)}{l}x, \quad \frac{\partial M}{\partial M_e} = \frac{x}{l}, \quad 0 \leqslant x \leqslant a \tag{c}$$

For section BC, one obtains

$$M(x) = \frac{Fa-M_e}{l}(l-x), \quad \frac{\partial M}{\partial F} = \frac{a}{l}(l-x), \quad \frac{\partial M}{\partial M_e} = \frac{x}{l}-1, \quad a \leqslant x \leqslant l \tag{d}$$

$$\begin{aligned} w_C = \frac{\partial V_\varepsilon}{\partial F} &= \frac{1}{EI}\int_0^a \frac{F(l-a)+M_e}{l}x \cdot \frac{(l-a)}{l}x \,\mathrm{d}x \\ &\quad + \frac{1}{EI}\int_a^l \frac{Fa-M_e}{l}(l-x) \cdot \frac{a}{l}(l-x)\,\mathrm{d}x \\ &= \frac{[F(l-a)+M_e](l-a)a^3 + (Fa-M_e)a(l-a)^3}{3EIl^2} \end{aligned}$$

$$\begin{aligned} \theta_A &= \frac{\partial V_\varepsilon}{\partial M_e} = \frac{1}{EI}\int_0^a \frac{F(l-a)+M_e}{l}x \cdot \frac{x}{l}\mathrm{d}x + \frac{1}{EI}\int_a^l \frac{Fa-M_e}{l}(l-x) \cdot \left(\frac{x}{l}-1\right)\mathrm{d}x \\ &= \frac{[F(l-a)+M_e]l^3 + (Fa-M_e)(l-a)^3}{3EIl^2} \end{aligned}$$

To solve the displacement of a linear elastic member using Castigliano second theorem, derivation operations of the corresponding loads are necessary. In problems similar to Example 7.5, the load corresponding to the desired displacement already exists, and the load naturally appears in the expressions of deformation energy and internal force of the member. However, in some other problems, the load corresponding to the desired displacement does not exist. In order to make the load appear in the expressions of the deformation energy and internal force of the structure, in order to achieve the derivation operation of the load, but considering that it is not a real existence, it is necessary to apply the zero value condition in the subsequent integral operation, which is called the additional force method. The following is an example to introduce the concrete implementation steps of this method.

Example 7.6

It is known that the bending stiffness EI of the plane rigid frame shown in Figure 7-12 is a constant, and the moment of couple at position B is $\boldsymbol{M}_e$. When ignoring the influence of shear force and axial force, find the rotational angle θ_C at section C and the horizontal displacement λ_{Ax} at position D.

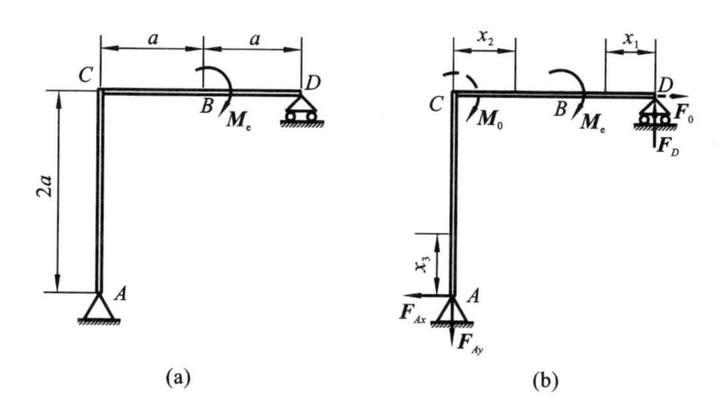

Figure 7-12

Solution The moment of couple $\boldsymbol{M}_0$ is added to section C, and the horizontal force $\boldsymbol{F}_0$ is added at position D, and they are called additional loads. The constraint forces at positions A and D are solved as

$$F_{Ax} = F_0, \quad F_{Ay} = \frac{M_e + M_0}{2a} + F_0, \quad F_D = \frac{M_e + M_0}{2a} + F_0$$

Solve for the bending moment equations of each member of the rigid frame and their partial derivative expressions with respect to M_0 and F_0.

For section DB, one obtains

$$M(x_1) = F_D x_1 = \left(\frac{M_e + M_0}{2a} + F_0\right)x_1, \quad \frac{\partial M(x_1)}{\partial M_0} = \frac{x_1}{2a}, \quad \frac{\partial M(x_1)}{\partial F_0} = x_1$$

For section CB, one obtains

$$M(x_2)=M_0+F_{Ax}2a-F_{Ay}x_2=M_0\left(1-\frac{x_2}{2a}\right)+F_0(2a-x_2)-\frac{M_e x_2}{2a},$$

$$\frac{\partial M(x_2)}{\partial M_0}=1-\frac{x_2}{2a},\quad \frac{\partial M(x_2)}{\partial F_0}=2a-x_2$$

For section AC, one obtains

$$M(x_3)=F_{Ax}x_3=F_0x_3,\quad \frac{\partial M(x_3)}{\partial M_0}=0,\quad \frac{\partial M(x_3)}{\partial F_0}=x_3$$

Thus, the rotational angle at section C can be calculated as

$$\begin{aligned}\theta_C=\frac{\partial V_\varepsilon}{\partial M_0}&=\int_l\frac{M(x)}{EI}\frac{\partial M(x)}{\partial M_0}\mathrm{d}x=\frac{1}{EI}\int_0^a\left(\frac{M_e+M_0}{2a}+F_0\right)_{\substack{M_0=0\\F_0=0}}x_1\frac{x_1}{2a}\mathrm{d}x_1\\&+\frac{1}{EI}\int_0^a\left[M_0\left(1-\frac{x_2}{2a}\right)+F_0(2a-x_2)-\frac{M_e x_2}{2a}\right]_{\substack{M_0=0\\F_0=0}}\cdot\left(1-\frac{x_2}{2a}\right)\mathrm{d}x_2\\&+\frac{1}{EI}\int_0^{2a}F_0x_3\mid_{F_0=0}\cdot 0\mathrm{d}x_3\\&=-\frac{M_e a}{12EI}\end{aligned}$$

The minus sign in the above formula indicates that the section C rotates anticlockwise. Since the moment of couple $\boldsymbol{M}_0$ and the horizontal force $\boldsymbol{F}_0$ do not exist originally, the conditions $M_0=0$ and $F_0=0$ are used in the calculation of the above formula, and the conditions are substituted into the relevant terms of the above formula before the integration operation, thus simplifying the calculation.

In addition, the horizontal displacement at position A can be obtained

$$\begin{aligned}\lambda_{Ax}=\frac{\partial V_\varepsilon}{\partial F_0}&=\int_l\frac{M(x)}{EI}\frac{\partial M(x)}{\partial F_0}\mathrm{d}x=\frac{1}{EI}\int_0^a\left(\frac{M_e+M_0}{2a}+F_0\right)_{\substack{M_0=0\\F_0=0}}x_1\cdot x_1\mathrm{d}x_1\\&+\frac{1}{EI}\int_0^a\left[M_0\left(1-\frac{x_2}{2a}\right)+F_0(2a-x_2)-\frac{M_e x_2}{2a}\right]_{\substack{M_0=0\\F_0=0}}\cdot(2a-x_2)\mathrm{d}x_2\\&+\frac{1}{EI}\int_0^{2a}F_0x_3\mid_{F_0=0}\cdot x_3\mathrm{d}x_3\\&=-\frac{M_e a^2}{6EI}\end{aligned}$$

The minus sign in the above formula denotes that position A moves horizontally to the left.

Example 7.7

It is known that the axis of the plane curved rod shown in Figure 7-13 is a quarter circle, the bending stiffness EI is a constant, A-end is a fixed end, and the free end B exerts a horizontal concentrated force $\boldsymbol{F}$. Find the horizontal displacement

λ_{Bx} and vertical displacement λ_{By} at position B.

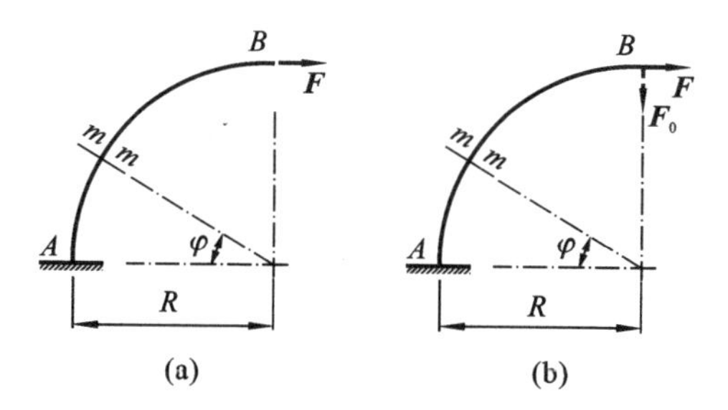

Figure 7-13

Solution The vertical force $\boldsymbol{F}_0$ is added at position B to determine the bending moment equation of any m—m section and its partial derivatives with respect to F and F_0

$$M(\varphi) = FR(1-\sin\varphi) + F_0 R\cos\varphi, \quad \frac{\partial M(\varphi)}{\partial F} = R(1-\sin\varphi), \quad \frac{\partial M(\varphi)}{\partial F_0} = R\cos\varphi$$

The horizontal displacement at position B is

$$\begin{aligned}\lambda_{Bx} &= \frac{\partial V_\varepsilon}{\partial F} = \int_l \frac{M(\varphi)}{EI}\frac{\partial M(\varphi)}{\partial F}\mathrm{d}s \\ &= \frac{1}{EI}\int_0^{\pi/2}[FR(1-\sin\varphi)+F_0R\cos\varphi]_{F_0=0}\cdot R(1-\sin\varphi)R\mathrm{d}\varphi \\ &= \left(\frac{3\pi}{4}-2\right)\frac{FR^3}{EI}\end{aligned}$$

The vertical displacement at position B is

$$\begin{aligned}\lambda_{By} &= \frac{\partial V_\varepsilon}{\partial F_0} = \int_l \frac{M(\varphi)}{EI}\frac{\partial M(\varphi)}{\partial F_0}\mathrm{d}s \\ &= \frac{1}{EI}\int_0^{\pi/2}[FR(1-\sin\varphi)+F_0R\cos\varphi]_{F_0=0}\cdot R\cos\varphi R\mathrm{d}\varphi \\ &= \frac{FR^3}{2EI}\end{aligned}$$

7.6 Principle of Virtual Work

Examine the member shown in Figure 7-14, which is in equilibrium under the action of a system of external forces. In the figure, the solid curve represents the actual deformed axis after deformation, and the dashed line represents the axis after additional deformation of the member caused by external forces applied in addition to the original force system, or other reasons such as temperature changes. The displacements caused by the original force system and other reasons are called real displacements and virtual displacements, respectively. Since the virtual displacement is an additional displacement generated at the equilibrium position, based on the hypothesis of small deformation, in the process of generating virtual displacement, the original internal and external force systems are unchanged, and the equilibrium conditions are always met, while the virtual displacement itself should meet the boundary conditions and continuity conditions like the real displacement. The virtual displacement only needs to satisfy these constraints, so it has infinitely many possibilities, but under certain conditions it can be a real displacement. The work of the force on the member on the virtual displacement is referred to as virtual work.

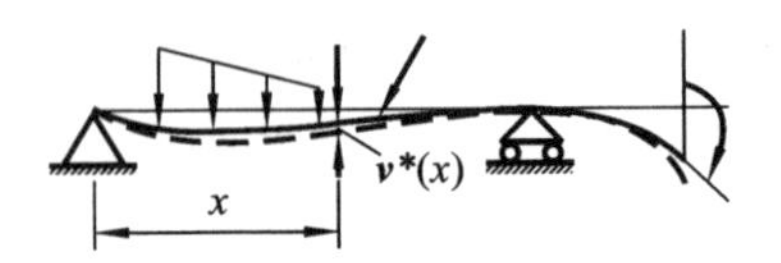

Figure 7-14

If the member is divided into infinite microsegments, select any microsegment shown in Figure 7-14, which is subjected to external forces and internal forces such as axial forces, bending moments, and shear forces on the cross-sections at both ends. When the equilibrium position of the microsegment represented by the solid line reaches the position represented by the dotted line due to virtual displacement, the internal and external forces on the microsegment do virtual work. The total virtual work can be obtained by summing(integrating) all the internal and external force virtual work of microsegments on the member. As for the whole member, due to the continuity characteristics of virtual displacement, the virtual linear displacement and angular displacement corresponding to internal forces such as axial forces, shear forces, and bending moments are the same in the public cross-section of the adjacent two microsections, but the internal forces on the common surface are equal in magnitude and opposite in direction. Therefore, the virtual work of internal forces cancels each other, resulting in the virtual work of internal forces of the whole member being zero, leaving only the virtual work of external forces from the sum of the segments. If $F_1, F_2, F_3, \cdots, q(x), \cdots$ denote (generalized) external forces, $v_1^*, v_2^*, v_3^*, \cdots, v^*(x), \cdots$ represent the (generalized) virtual displacement of the point at which the external force is applied along its action direction, since the external force remains unchanged during the generation of the virtual displacement, the total virtual work can be expressed as

$$W = F_1 v_1^* + F_2 v_2^* + F_3 v_3^* + \cdots + \int_l q(x) v^*(x) \mathrm{d}x + \cdots \tag{7-34}$$

The virtual displacement of each microsegment of the member can be decomposed into two components, that is, the rigid virtual displacement caused by the cumulative deformation of the parts outside the microsegment and the deformation virtual displacement of the microsegment itself. Since the force system acting on the microsegment (including external and internal forces) constitutes an equilibrium force system, it can be seen from the principle of virtual displacement of the particle system that the sum of the virtual work done by the equilibrium force system on the rigid virtual displacement is zero, so only the virtual work done on the deformation virtual displacement is left on the microsegment. The deformation virtual displacement on the microsegment can be decomposed into the axial relative linear displacement $d(\Delta l)^*$, the relative angular displacement $d\theta^*$, and the relative linear displacement $d\lambda^*$ corresponding to the axial force, bending moment, and shear force respectively at both ends of the section (as shown in Figure 7-15). Therefore, on the deformation virtual displacement of the above microsegment, only the internal force on the cross-section at both ends does work, and its value is

$$dW = F_N d(\Delta l)^* + M d\theta^* + F_s d\lambda^* \tag{7-35}$$

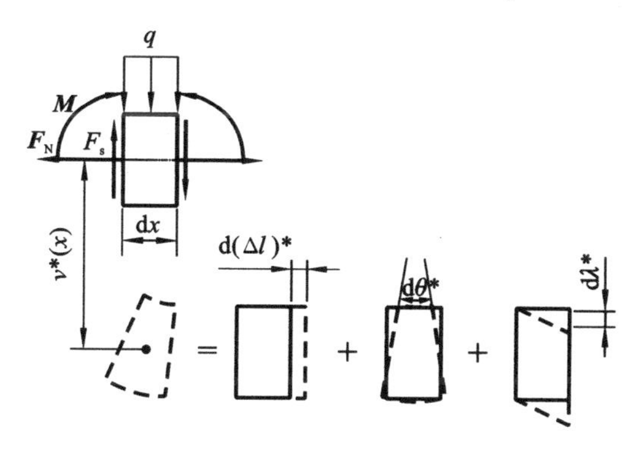

Figure 7-15

Integrating Equation (7-35) and using Equation (7-34) yield the total virtual work of the member

$$\begin{aligned} W &= \int_l F_N d(\Delta l)^* + \int_l M d\theta^* + \int_l F_s d\lambda^* \\ &= F_1 v_1^* + F_2 v_2^* + F_3 v_3^* + \cdots + \int_l q(x) v^*(x) dx + \cdots \end{aligned} \tag{7-36}$$

Equation (7-36) is one of the expressions of the principle of virtual work, which shows that the virtual work done by an external force on the virtual displacement is equal to the virtual work done by an internal force on the corresponding deformation virtual displacement. The right end of the equation can be regarded as the strain energy corresponding to the virtual displacement. Therefore, the above principle of virtual work also shows that the virtual work of the external force is equal to the virtual strain energy of the member on the corresponding virtual displacement. If the torsional couple is applied to the member at the same time, it is only necessary to add the virtual work of the external couple and the virtual work of the torque (strain energy) at the left and right ends of the principle of virtual work expression at the same time. Since no specific stress-strain relationship is involved in the derivation process of the principle of virtual work, the principle of virtual work has nothing to do with material properties, and it is applicable to both linear elastic and nonlinear elastic materials. From the point of view of the relationship between force and displacement, the principle of virtual work is applicable to a structure with a nonlinear relationship between force and displacement.

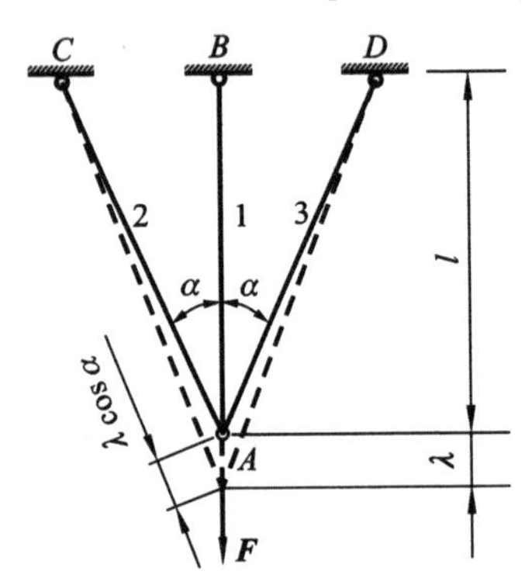

Figure 7-16

Example 7.8

As shown in Figure 7-16, in the linear elastic statically indeterminate truss structure, the tensile (compressional) stiffness EA of each member is the same, the load $\boldsymbol{F}$ is known, and $\alpha = 60°$. Calculate the internal force of each member.

Solution When the three rods are in the equilibrium position, the vertical displacement happening to rod 1 is λ, then the elongations of rod 2 and rod 3 are both $\lambda\cos\alpha$, and the axial forces of the three rods are respectively

$$F_{N1} = \frac{EA\lambda}{l}, \quad F_{N2} = F_{N3} = \frac{EA\lambda}{l}\cos^2\alpha \tag{a}$$

Assuming that an arbitrary virtual displacement $\Delta\lambda$ is applied in the plumb direction at position A on the basis of the equilibrium position, the virtual work corresponding to the external force F is $F\Delta\lambda$. At the same time, the elongation of rod 1 is $\Delta\lambda$, while the elongations of rod 2 and rod 3 are both $\Delta\lambda\cos\alpha$. The virtual work of the axial force on the virtual displacement is constant force work. According to the principle of virtual work, it follows that

$$F\Delta\lambda = \frac{EA\lambda}{l}\Delta\lambda + 2\frac{EA\lambda}{l}\cos^2\alpha\Delta\lambda\cos\alpha \tag{b}$$

According to the arbitrariness of the virtual displacement $\Delta\lambda$, we can see

$$F - \frac{EA\lambda}{l}(1 + 2\cos^3\alpha) = 0 \tag{c}$$

thus, we obtain

$$\lambda = \frac{Fl}{EA(1 + 2\cos^3\alpha)} = \frac{4Fl}{5EA} \tag{d}$$

then axial forces are

$$F_{N1}=\frac{4}{5}F,\quad F_{N2}=F_{N3}=\frac{1}{5}F \tag{e}$$

Definitely, this example can be solved by combining the equilibrium equation, the deformation compatibility condition, and Hooke's law.

7.7 Unit Load Method—Mohr's Theorem

For linear elastic beams, rigid frames, trusses, and other structures, combining the integral expression of deformation energy and the reciprocal theorem of work, a general method for solving displacement can be derived, known as the unit load method. The following is an example of horizontal transverse bending beam shown in Figure 7-17 (given bending stiffness EI) to illustrate the method for determining the vertical displacement Δ at any position under a single bending deformation.

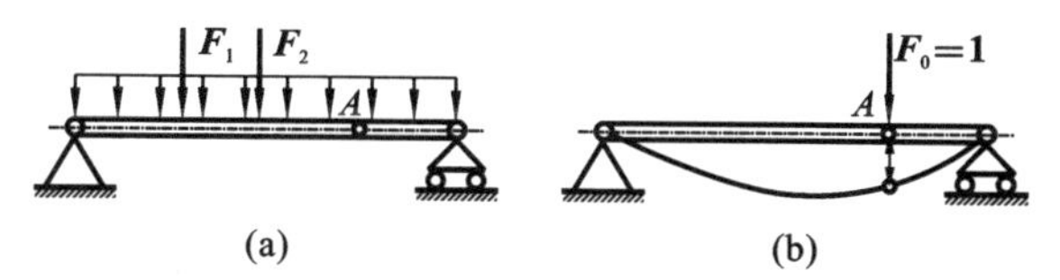

Figure 7-17

Let the bending moment under the action of the original force system be $\boldsymbol{M}(x)$ and the corresponding strain energy should be $V_\varepsilon=\int_l \frac{M^2(x)}{2EI}\mathrm{d}x$. The unit force $\boldsymbol{F}_0$ is applied separately in the vertical direction at position A, and the resulting bending moment is $\overline{\boldsymbol{M}}(x)$ and the strain energy is $\overline{V}_\varepsilon=\int_l \frac{\overline{M}^2(x)}{2EI}\mathrm{d}x$. According to the superposition principle of linear elastic system, the bending moment when the force system and the unit force $\boldsymbol{F}_0$ act together is $\boldsymbol{M}(x)+\overline{\boldsymbol{M}}(x)$, and the total strain energy is $V_{\varepsilon T}=\int_l \frac{[M(x)+\overline{M}(x)]^2}{2EI}\mathrm{d}x$. If the force system is loaded in two steps, the unit force $\boldsymbol{F}_0$ is loaded first to produce the strain energy $\overline{V}_\varepsilon$, then the original force system is loaded to produce the strain energy V_ε meanwhile the work of the existing unit force $\boldsymbol{F}_0$ denoted by $1\times\Delta$ is considered as constant force work. Therefore, in accordance with the reciprocal theorem of work, it follows that

$$V_{\varepsilon T}=\int_l \frac{[M(x)+\overline{M}(x)]^2}{2EI}\mathrm{d}x=\int_l \frac{M^2(x)}{2EI}\mathrm{d}x+\int_l \frac{\overline{M}^2(x)}{2EI}\mathrm{d}x+1\times\Delta \tag{7-37}$$

one easily obtains

$$\Delta = \int_l \frac{M(x)\overline{M}(x)}{EI} dx \tag{7-38}$$

For structures whose internal forces include $\boldsymbol{F}_N(x)$, $\boldsymbol{T}(x)$, and $\boldsymbol{M}(x)$, **Mohr's theorem** can be generalized to a general form

$$\Delta = \int_l \frac{F_N(x)\overline{F}_N(x)}{EI} dx + \int_l \frac{T(x)\overline{T}(x)}{EI} dx + \int_l \frac{M(x)\overline{M}(x)}{EI} dx \tag{7-39}$$

where $\overline{F}_N(x)$, $\overline{T}(x)$, and $\overline{M}(x)$ are internal forces caused by unit load. The above method is also called the unit load method. For single stretching (compression), torsion, bending deformation, or any combined deformation structures, one can choose a single or combined integral terms at the right end of Equation (7-39) as appropriate. In particular, for planar truss structures, one obtains

$$\Delta = \sum_{i=1}^{n} \frac{\overline{F}_{Ni} F_{Ni} l_i}{(EA)_i} \tag{7-40}$$

Example 7.9

As shown in Figure 7-18, the bending stiffness EI and loads $\boldsymbol{F}$ and q of the simply supported beam are known. Calculate the vertical displacement of section C.

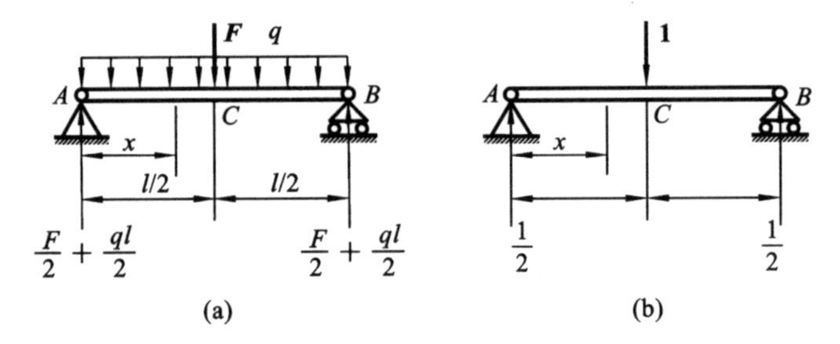

Figure 7-18

Solution Due to the symmetry of the structure and the load, only the bending moment equations of section AC corresponding to the force system and unit force are given as

$$M(x) = \frac{Fx}{2} + \frac{qlx}{2} - \frac{qx^2}{2} \tag{a}$$

$$\overline{M}(x) = \frac{x}{2} \tag{b}$$

Using Mohr's theorem yields

$$\Delta_C = \int_l \frac{M(x)\overline{M}(x)}{EI} dx = 2\int_0^{l/2} \left(\frac{Fx}{2} + \frac{qlx}{2} - \frac{qx^2}{2}\right)\frac{x}{2} dx = \frac{Fl^3}{48} + \frac{5ql^4}{384} \tag{c}$$

Example 7.10

As shown in Figure 7-19, the rigid frame with uniform cross-section has a constant bending stiffness EI. Find the horizontal relative displacement Δ_{AD} of the two free ends A and D.

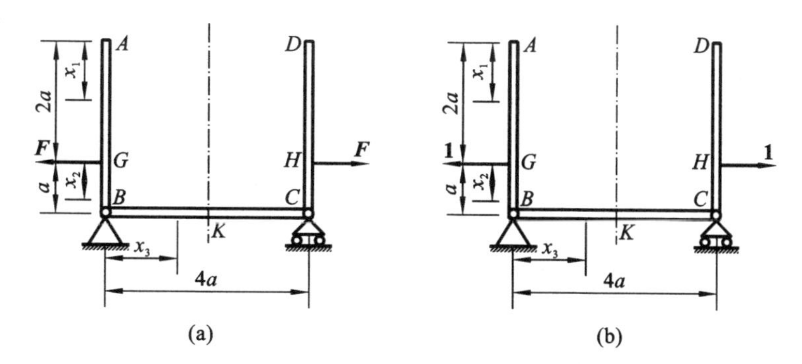

Figure 7-19

Solution Because of the symmetry of the structure and the load, it is only necessary to provide the bending moment equations for each segment of the rigid frame corresponding to the original force system and the unit force, each for half.

For section AG, one obtains

$$M(x_1) = 0, \quad \overline{M}(x_1) = 0, \quad 0 \leqslant x_1 \leqslant 2a \tag{d}$$

For section GB, one obtains

$$M(x_2) = Fx_2, \quad \overline{M}(x_2) = x_2, \quad 0 \leqslant x_2 \leqslant a \tag{e}$$

For section BK, one obtains

$$M(x_3) = Fa, \quad \overline{M}(x_3) = a, \quad 0 \leqslant x_3 \leqslant 2a \tag{f}$$

Using Mohr's theorem, one obtains

$$\Delta_{AD} = \int_l \frac{M(x)\overline{M}(x)}{EI}\mathrm{d}x = \frac{2}{EI}\left[\int_0^{2a} 0 \cdot 0\mathrm{d}x + \int_0^{2a} Fx_2 \cdot x_2\mathrm{d}x_2 + \int_0^{2a} Fa \cdot a\mathrm{d}x_3\right]$$

$$= \frac{28Fa^3}{3EI} \tag{g}$$

Example 7.11

As shown in Figure 7-20, the bending stiffness of an open ring with uniform cross-section is a constant. Find the relative rotational angle θ_{AB} of the two free ends A and B.

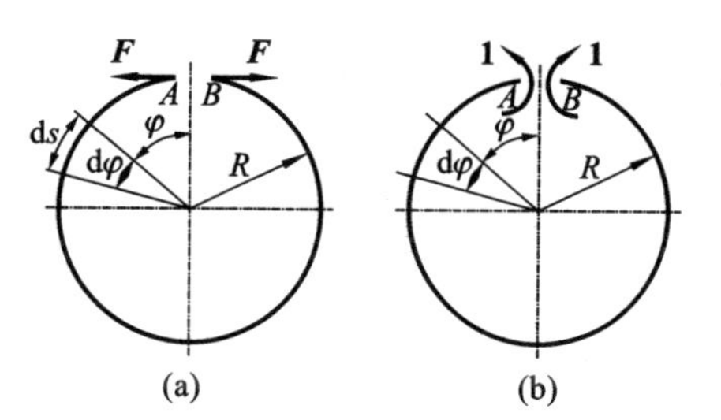

Figure 7-20

Solution Due to the symmetry of the structure and the load, it is only necessary to give the bending moment equations of the force system and the unit force corresponding to each half of the ring

$$M(\varphi) = -FR(1-\cos\varphi),\quad \overline{M}(\varphi) = -1,\quad 0 \leqslant \varphi \leqslant \pi \tag{h}$$

Using Mohr's theorem yields

$$\theta_{AD} = \int_l \frac{M(s)\overline{M}(s)}{EI}\mathrm{d}s = \frac{2}{EI}\left[\int_0^{\pi} -FR(1-\cos\varphi)(-1)R\mathrm{d}\varphi\right] = \frac{2\pi FR^2}{EI} \tag{i}$$

The relative rotational angle is positive, indicating that the relative rotation direction is consistent with the rotation direction of the applied unit couple.

7.8 Diagram Multiplication Method

When a straight bar or a bar system composed of straight bars is bent, the displacement can be calculated by Mohr's theorem, but the integral operation can also be converted into algebraic operation of geometric figures, which is called the **diagram multiplication method.**

For a bar with uniform cross-section that is subjected to bending, where the bending stiffness EI is a constant, the original force system generally has the bending moment diagram shown in Figure 7-21(a). The unit load usually has a piecewise linear bending moment diagram, as shown in Figure 7-21(b) for any arbitrary segment, and the bending moment expression is given as $\overline{M}(x) = ax + b$. When conducting a calculation by Mohr's theorem, after extracting the reciprocal stiffness to the outside of the integral operation, only the integral problem of the following form needs to be solved

$$\begin{aligned}\int_l M(x)\overline{M}(x)\mathrm{d}x &= \int_l M(x)(ax+b)\mathrm{d}x \\ &= a\int_l xM(x)\mathrm{d}x + b\int_l M(x)\mathrm{d}x\end{aligned}$$

Where, the second integral $\int_l M(x)\mathrm{d}x$ and the first integral $\int_l xM(x)\mathrm{d}x$ obtained are the areas enclosed by the bending moment curve of the original force system (let the area be ω and the centroid coordinate be x_C) and the static moment of the figure with respect to the M axis, respectively. Hence, the above equation can be expressed as

$$\int_l M(x)\overline{M}(x)\mathrm{d}x = a\omega x_C + b\omega = \omega(ax_C + b)$$

It is not difficult to find that the term $(ax_C + b)$ in the above equation is the bending moment value at the abscissa x_C in Figure 7-21(b), denoted as $\overline{M}_C$. Thus

$$\int_l M(x)\overline{M}(x)\mathrm{d}x = \omega\overline{M}_C \tag{7-41}$$

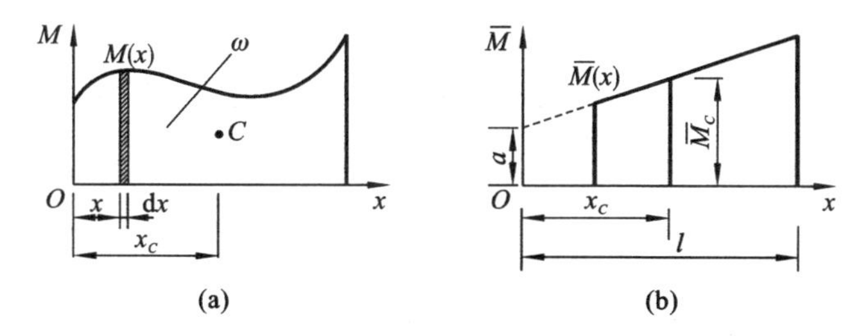

Figure 7-21

When applying the diagram multiplication method, the areas and centroid coordinates of certain graphs are used. For convenience, computational formulas of the areas and centroid coordinates of common graphs are listed in Table 7-1.

Table 7-1 Computational Formulas of the Areas and Centroid Coordinates of Common Graphs

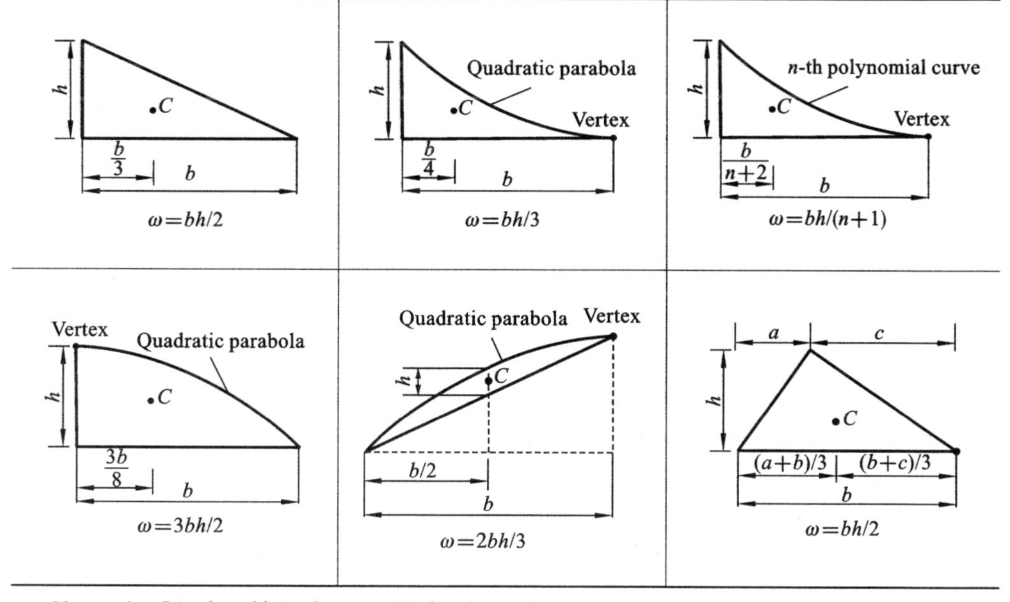

Note: point C in the table is the centroid of each graph.

Example 7.12

As shown in Figure 7-22, the simply supported beam with uniform cross-section has a constant bending stiffness EI. Find the deflection w_C of the middle section and the rotational angle θ_A at the A-end interface with the diagram multiplication method.

Solution Draw the bending moment diagram of the original force system (as shown in Figure 7-22(d)), the bending moment diagram of the unit force of section C (as shown in Figure 7-22(e)), and the bending moment diagram of the unit couple of A-end interface (as shown in Figure 7-22(f)).

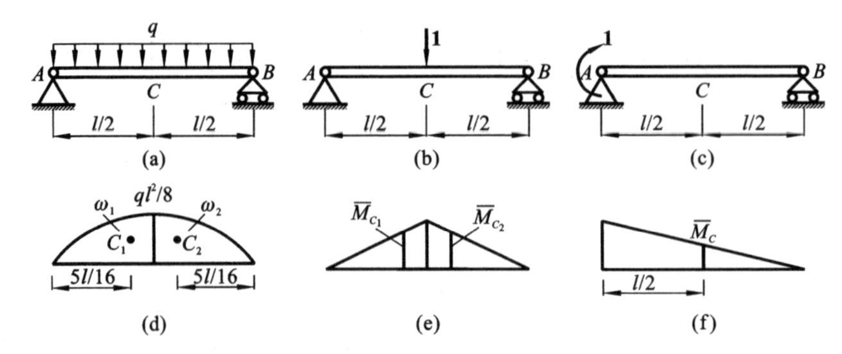

Figure 7-22

(1) Solve for w_C. Using Table 7-1 yields

$$\omega_1 = \omega_2 = \frac{2}{3} \cdot \frac{ql^2}{8} \cdot \frac{l}{2} = \frac{ql^3}{24}, \quad \overline{M}_{C_1} = \overline{M}_{C_2} = \frac{5}{8} \cdot \frac{l}{4} = \frac{5l}{32}$$

$$w_C = \frac{2}{EI}\omega_1 \overline{M}_{C_1} = \frac{2}{EI}\frac{ql^3}{24}\frac{5l}{32} = \frac{5ql^4}{384EI}(\downarrow)$$

(2) Solve for θ_A.

$$\omega = \omega_1 + \omega_2 = \frac{ql^3}{12}, \quad \overline{M}_C = \frac{1}{2}$$

$$\theta_A = \frac{1}{EI}\omega \overline{M}_C = \frac{1}{EI}\frac{ql^3}{12}\frac{1}{2} = \frac{ql^3}{24EI}(\text{clockwise})$$

Example 7.13

As shown in Figure 7-23, the overstretched beam with uniform cross-section has a constant bending stiffness EI. Calculate the rotational angle θ_B at the B- end interface with the diagram multiplication method.

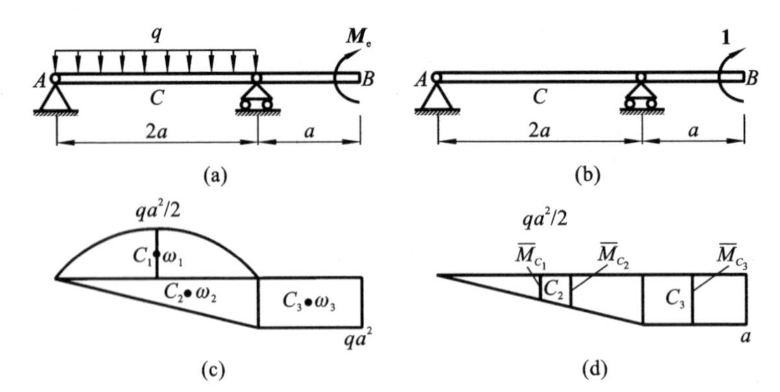

Figure 7-23

Solution Draw the bending moment diagram of the original force system (as shown in Figure 7-23(c)) and the bending moment diagram of the unit couple at section B(as shown in Figure 7-23(d)). Using Table 7-1 obtains

$$\omega_1 = \frac{2}{3} \cdot \frac{qa^2}{2} \cdot 2a = \frac{2qa^3}{3}, \quad \overline{M}_{C_1} = -\frac{1}{2}$$

$$\omega_2 = -\frac{qa^2}{2} \cdot 2a = -qa^3, \quad \overline{M}_{C_2} = -\frac{2}{3}$$

$$\omega_3 = -qa^2 \cdot a = -qa^3, \quad \overline{M}_{C_3} = -1$$

$$w_C = \frac{1}{EI}[\omega_1 \overline{M}_{C_1} + \omega_2 \overline{M}_{C_2} + \omega_3 \overline{M}_{C_3}]$$

$$= \frac{1}{EI}\left[\frac{2qa^3}{3}\left(-\frac{1}{2}\right) + (-qa^3)\left(-\frac{2}{3}\right) + (-qa^3)(-1)\right] = \frac{4qa^3}{3EI}\text{(clockwise)}$$

Exercises

7.1 The material of the two straight rods with circular sections is the same, and their sizes are shown in Figure 7-24. One of them is a constant cross-sectional rod and the other is a variable cross-sectional rod. Compare the strain energy of the two rods.

7.2 The rods of the truss shown in Figure 7-25 have the same material and the same cross-sectional area. Try to find the strain energy of the truss under the action of force ***F***.

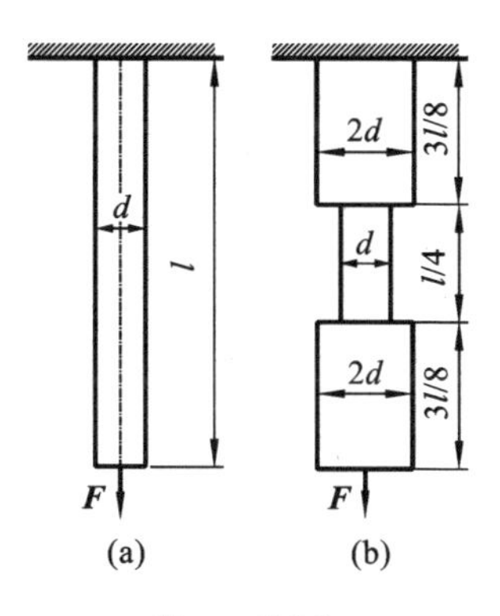

Figure 7-24

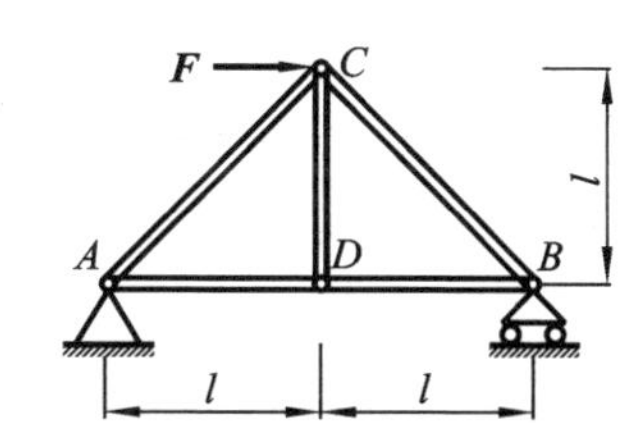

Figure 7-25

7.3 The force on the drive shaft is shown in Figure 7-26. The diameter of the shaft is 40 mm, the material is 45 steel, E=210 GPa, and G=80 GPa. Try to find the strain energy of the shaft.

7.4 As shown in Figure 7-27, the overstretched beam AC, whose bending stiffness EI is a constant, is subjected to a vertical force ***F*** at position C. Try to find the deflection of section C and the rotational angle of the section at the front bearing B.

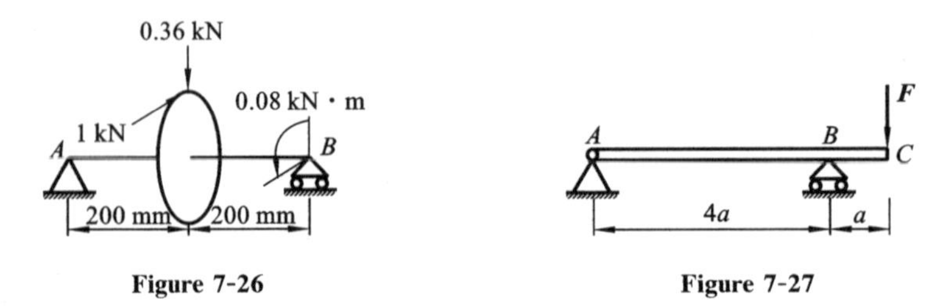

Figure 7-26

Figure 7-27

7.5 The constant bending stiffness EI of each bar of the rigid frame is the same, as shown in Figure 7-28. Try to find the displacements of sections A and B, and the rotational angle of section C.

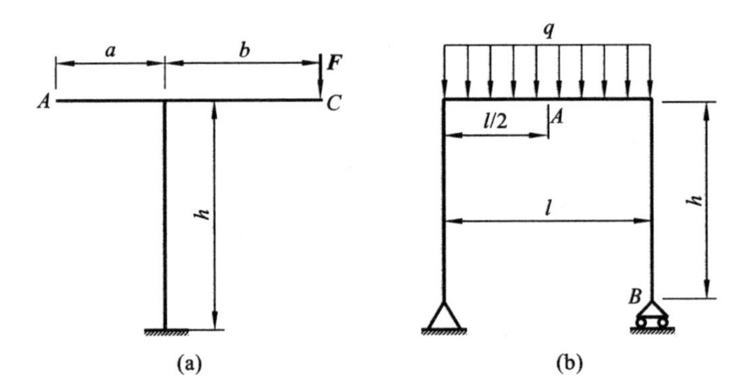

Figure 7-28

7.6 The rigid frame with AC and CD parts is shown in Figure 7-29, where $I = 3\times 10^7\ \text{mm}^4$, $E = 200$ GPa, $F = 10$ kN, and $l = 1$ m. Find the horizontal displacement and the rotational angle of section D.

7.7 As shown in Figure 7-30, the beams ABC and CD are hinged at C-end, where EI is a constant. Try to find the relative rotational angle of the cross-sections on both sides of C-end .

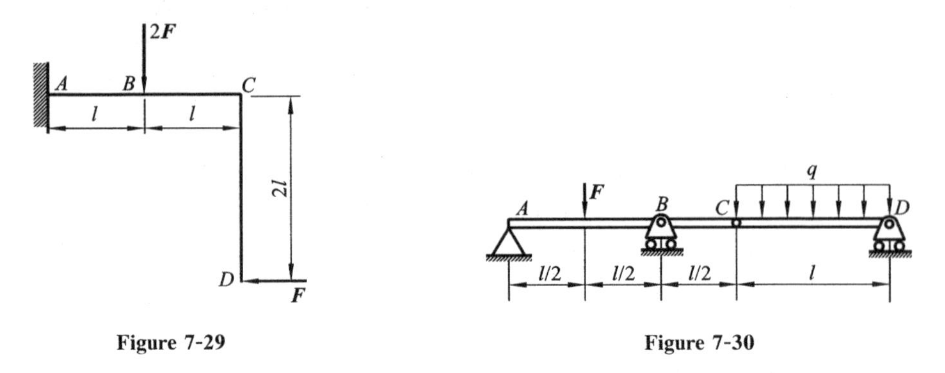

Figure 7-29

Figure 7-30

7.8 In the curved crank on the horizontal plane shown in Figure 7-31, bar AB

is perpendicular to bar BC, and the force $\boldsymbol{F}$ is applied to endpoint C. The material at both ends of the curved crank is the same. The bars AB and BC are circular sectional rods with equal diameter. Try to find the plumb displacement at point C.

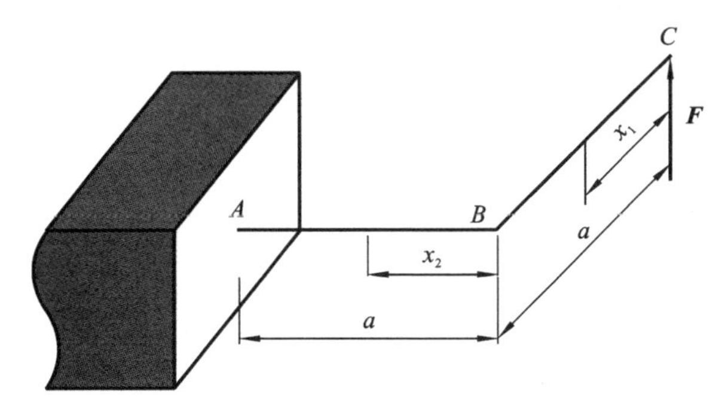

Figure 7-31

Chapter 8 Statically Indeterminate Structure

Chapter 8 Statically Indeterminate Structure

A structure is referred to as a statically determinate structure if its constraint forces and internal forces can be determined by static equilibrium equations. Conversely, if these forces cannot be completely determined solely by static equilibrium equations, the structure is called a statically indeterminate structure.

The advantages of statically indeterminate structures are that they have higher strength and greater stiffness compared to the statically determinate structures. The stress analysis methods for statically indeterminate structures differ from those of statically determinate structures. When solving statically indeterminate structures, both static equilibrium conditions and deformation compatibility conditions should be considered. Therefore, when analyzing the forces and deformations of a structure, it is essential to first determine which type of structure it belongs to.

8.1 Overview of Statically Indeterminate Structure

From the point of view of force analysis, the number of constrained reactions or the total number of reactions and internal forces to be solved for statically indeterminate structures is more than the number of independent equilibrium equations that can be established. Therefore, using equilibrium equations alone cannot determine all the reactions or internal forces, and it necessitates the establishment of additional equations.

8.1.1 Classification for Statically Indeterminate Structure

For statically indeterminate structures, if the constraint reactions are considered as surplus forces, it is referred to as external static indeterminacy, and if the internal forces are surplus forces, it is called internal static indeterminacy. Statically indeterminate structures can also simultaneously have both external and internal static indeterminacy, known as combined static indeterminacy.

1. External Static Indeterminacy

Figure 8-1 (a) represents an external statically indeterminate structure. This structure has four constraint reactions but only three independent equilibrium equations, hence it cannot be entirely solved.

2. Internal Static Indeterminacy

Figure 8-1(b) represents an internal statically indeterminate structure.

3. Combined Static Indeterminacy

If there are redundant constraints both inside and outside the structure, it is referred to as a combined statically indeterminate structure, as shown in Figure 8-1(c).

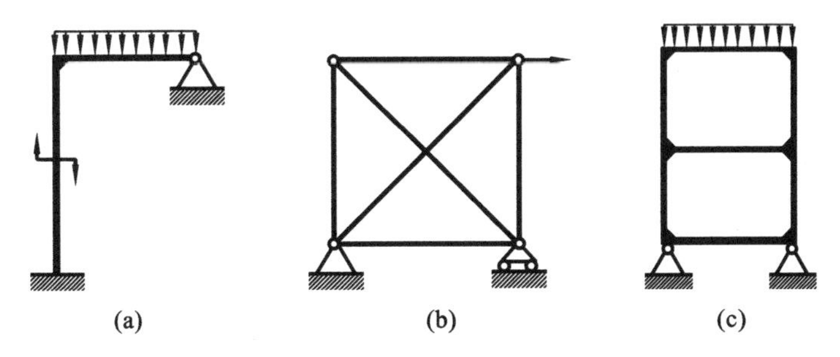

Figure 8-1

8.1.2 Determination of Statically Indeterminate Degree

(1) Determination of external statically indeterminate degree: Determine the number of reactions at support and the number of independent equilibrium equations are determined respectively based on the nature of constraints and the force type acting on the structure. The difference between these two quantities is the degree of static indeterminacy of the structure. Figure 8-1(a) shows a structure with statically indeterminate degrees of 2.

(2) Determination of internal statically indeterminate degree: For a plane closed frame, it has the degrees of internal static indeterminacy of 3. For a plane truss, the degree of internal static indeterminacy is equal to the number of unknown forces minus twice the number of nodes. Figure 8-1(b) shows a structure with a statically indeterminate degree of 1.

8.2 Solving Statically Indeterminate Structure by Force Method

The methods for solving statically indeterminate structures can be divided into two categories: the force method and the displacement method. The method that uses unknown forces as the primary unknowns is called the force method, while the method that uses unknown displacements as the primary unknowns is called the displacement method. The specific steps for solving statically indeterminate structures using the force method are as follows: ①Determine the degree of static indeterminacy. ② Remove surplus constraints to determine the fundamental structure(referred to as the statically determinate base). The equivalent system is obtained by replacing the redundant constraint with the unknown redundant reaction. ③ Deformation compatibility conditions are transformed into additional equations involving external forces and surplus constraint reactions according to the physical relationships. ④Solve the problem using energy methods or superposition methods.

Deformation compatibility equations can be standardized into a common format, leading to a more standardized solution process that is convenient for computer programming, and is particularly advantageous for solving high-order statically indeterminate structures. These standardized equations are referred to as generalized equations in the force method.

The statically indeterminate beam shown in Figure 8-2 (a) is taken as an example. The beam has 4 constraint reactions but only 3 independent equilibrium equations, so it is a structure with a statically indeterminate degree of 1. By removing the surplus constraint at point B, the statically determinate base of the original statically indeterminate system is obtained, as shown in Figure 8-2 (b). Then, the unknown force X_1 corresponding to the surplus constraint is marked. After drawing the original external forces, the equivalent system of the original statically indeterminate structure is obtained. The original statically indeterminate beam is simplified into a statically determinate beam as shown in Figure 8-2(c).

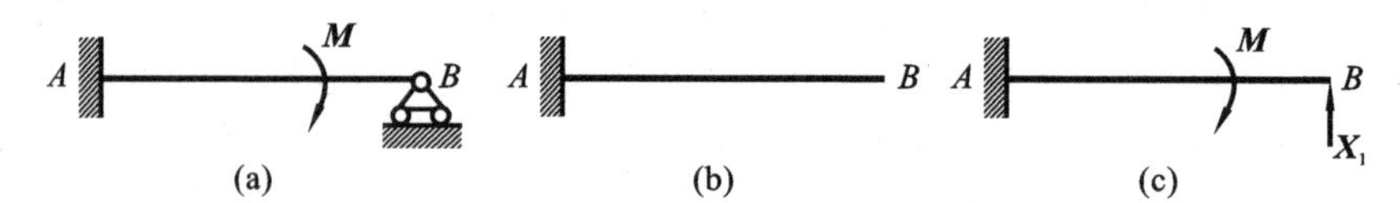

Figure 8-2

The displacement Δ_1 at point B along the X_1 direction can be considered as the superposition of two independent displacements.

$$\Delta_1 = \Delta_{1X_1} + \Delta_{1M} \tag{8-1}$$

where Δ_{1X_1} represents the displacement along the X_1 direction caused by the surplus constraint force X_1 at point B, and Δ_{1M} represents the displacement along the X_1 direction caused by the original external load M at point B. The first subscript "1" in the displacement symbols Δ_{1X_1} and Δ_{1M} indicates that the displacement occurs at the action point of X_1 along the X_1 direction, and the second subscript "X_1" or "M"

indicates that the displacement is caused by X_1 or M, respectively.

There is originally a hinge support at point B. According to the displacement compatibility condition, the displacement Δ_1 along the X_1 direction at point B must be equal to zero, that is

$$\Delta_1 = \Delta_{1X_1} + \Delta_{1M} = 0 \tag{8-2}$$

For linear elastic structures, displacement is directly proportional to force. Because force X_1 is X_1 times a unit load, Δ_{1X_1} is X_1 times δ_{11} according to the superposition principle. Δ_{1X_1} can be expressed as

$$\Delta_{1X_1} = \delta_{11} X_1 \tag{8-3}$$

where δ_{11} is the displacement at point B along the X_1 direction caused by a unit load along the X_1 direction.

By substituting Equation(8-3) into Equation(8-2), we get

$$\delta_{11} X_1 + \Delta_{1M} = 0 \tag{8-4}$$

Equation(8-4) is the canonical equation of the force method, representing the standardized expression of deformation compatibility equations. By determining the coefficient δ_{11} and the constant Δ_{1M} in Equation(8-4), the unknown constraint force X_1 can be solved according to the canonical equation of the force method. This can be done, for example, through the superposition method or the energy method

$$\delta_{11} = \frac{l^3}{3EI}, \quad \Delta_{1M} = -\frac{Ml^2}{2EI}$$

By substituting the above equations into Equation(8-4), we get

$$X_1 = \frac{3M}{2l} \tag{8-5}$$

Indeed, the canonical equation of the force method transforms the solution of statically indeterminate structures into the determination of unknown coefficients and the solution of linear equations. This simplifies the calculation process and standardizes the solution approach.

Example 8.1

As shown in Figure 8-3, a statically indeterminate beam is subjected to loading. Assuming that the bending stiffness EI is a constant, we need to determine the reactions at the sliding hinge support.

Solution The original beam is a first-order statically indeterminate structure. We release the sliding hinge support at point B as a surplus constraint and replace it with the surplus constraint force X_1, as shown in Figure 8-3(b).

According to the deformation compatibility condition, which states that the deflection of the beam at this point must be zero, the canonical equation becomes

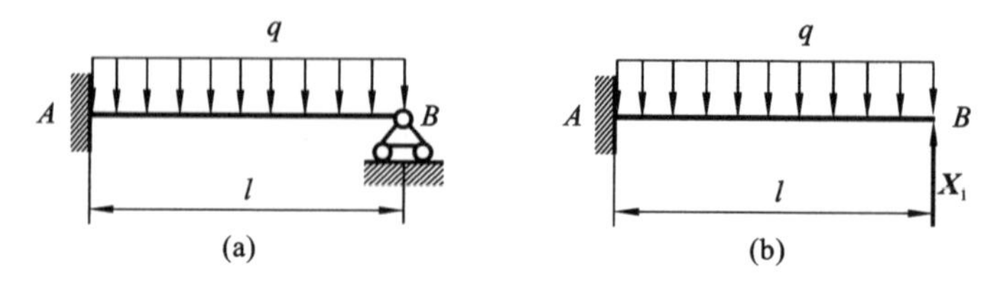

Figure 8-3

$$\delta_{11} X_1 + \Delta_{1F} = 0 \tag{8-6}$$

The deflection at point B caused by a unit load at point B along the X_1 direction can be represented as

$$\delta_{11} = \frac{l^3}{3EI}$$

The deflection caused by the uniformly distributed external load q at point B is

$$\Delta_{1F} = -\frac{ql^4}{8EI}$$

By substituting expressions of δ_{11} and Δ_{1F} into Equation(8-6), we get

$$\frac{l^3}{3EI} X_1 - \frac{ql^4}{8EI} = 0$$

The surplus reaction X_1 at point B is obtained as

$$X_1 = \frac{3}{8} ql$$

Example 8.2

The stiff frame ABC with a bending stiffness of EI is subjected to forces as shown in Figure 8-4(a). Determine the reactions at point C.

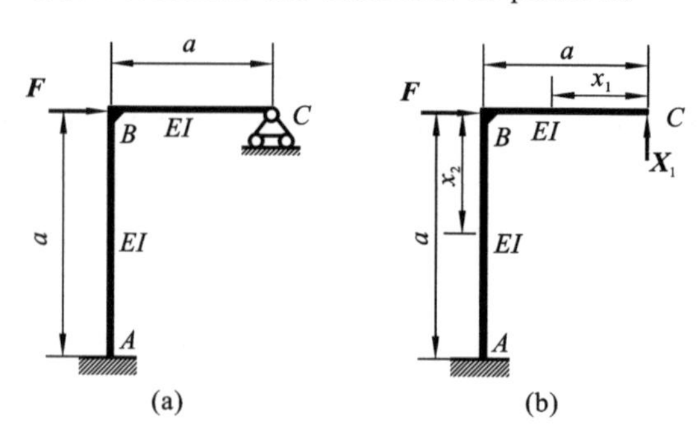

Figure 8-4

Solution The original frame is a first-order statically indeterminate structure. We release the surplus constraint(the sliding hinge support)at point C and replace it with a surplus constraint force X_1, as shown in Figure 8-4(b).

The bending moment generated by the external load F can be expressed as

$$M_F(x_1) = 0, \quad 0 \leqslant x_1 \leqslant a$$
$$M_F(x_2) = -Fx_2, \quad 0 \leqslant x_2 \leqslant a$$

The bending moment produced by a unit load along the vertical direction at point C is

$$\overline{M}_1(x_1) = x_1, \quad 0 \leqslant x_1 \leqslant a$$
$$\overline{M}_1(x_2) = a, \quad 0 \leqslant x_2 \leqslant a$$

By the unit-load method, we obtain

$$\delta_{11} = \int_0^a \frac{[\overline{M}_1(x_1)]^2}{EI}\mathrm{d}x_1 + \int_0^a \frac{[\overline{M}_1(x_2)]^2}{EI}\mathrm{d}x_2 = \frac{4a^3}{3EI}$$

$$\Delta_{1F} = \int_0^a \frac{M_F(x_2)\overline{M}_1(x_2)}{EI}\mathrm{d}x_2 = -\frac{Fa^3}{2EI}$$

Using the canonical equation $\delta_{11}X_1 + \Delta_{1F} = 0$, we have

$$X_1 = \frac{3}{8}F$$

The above explanations are for cases with only one surplus constraint. Now, let's consider the situation where there is more than one surplus constraint using the example of stiff frame AB shown in Figure 8-5(a) based on the force method. Frame AB has fixed-end constraints at both ends A and B, resulting in a total of 6 constraint forces, making it a third-order statically indeterminate structure. By releasing the constraints at fixed end B and treating the 3 reactions here as surplus constraint forces, we obtain an equivalent system shown in Figure 8-5(b). In the equivalent system, in addition to the original external load F, there are also a horizontal force X_1, a vertical force X_2, and a moment of couple X_3, all of which are surplus constraint forces.

The original frame has fixed-end constraints at point B, where the vertical displacement Δ_1 along the X_1 direction, horizontal displacement Δ_2 along the X_2 direction, and rotation Δ_3 along the X_3 direction are all equal to zero. Here, Δ_1, Δ_2, and Δ_3 respectively represent the displacements of point B in the X_1, X_2, and X_3 directions under the combined action of external force F and surplus constraint forces X_1, X_2, and X_3.

Δ_{1F} represents the displacement of point B along the X_1 direction under the action of external force F, and δ_{11}, δ_{12}, and δ_{13} represent the displacements of point B along the X_1 direction under the action of unit vertical force, unit horizontal force, and unit moment of couple, respectively. These are clearly identified in Figure 8-5 (c)-(f). Thus, the total displacement of point B along the X_1 direction is given by

$$\Delta_1 = \delta_{11}X_1 + \delta_{12}X_2 + \delta_{13}X_3 + \Delta_{1F} = 0$$

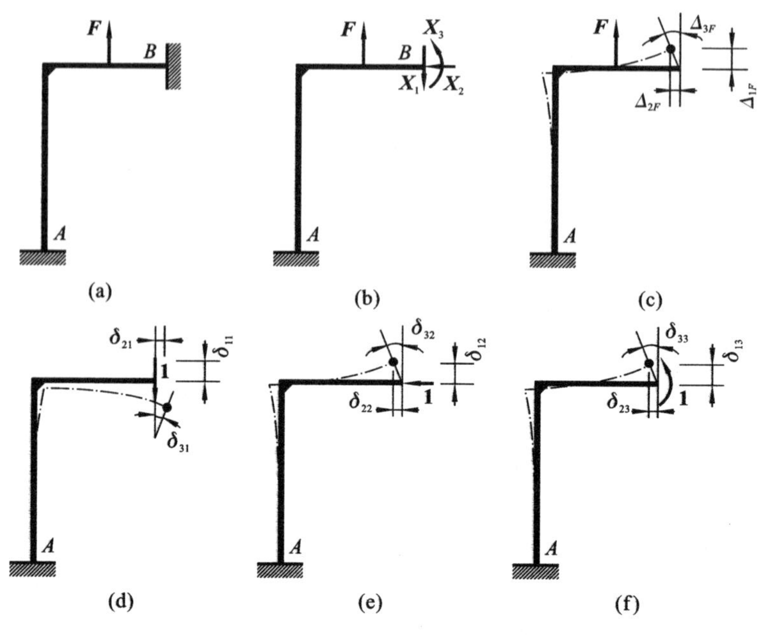

Figure 8-5

Following the exact same method, we can separately write the total displacements of point B along the X_2 and X_3 directions. Finally, we obtain a set of linear equations as follows

$$\begin{cases} \delta_{11}X_1 + \delta_{12}X_2 + \delta_{13}X_3 + \Delta_{1F} = 0 \\ \delta_{21}X_1 + \delta_{22}X_2 + \delta_{23}X_3 + \Delta_{2F} = 0 \\ \delta_{31}X_1 + \delta_{32}X_2 + \delta_{33}X_3 + \Delta_{3F} = 0 \end{cases} \tag{8-7}$$

The nine coefficients δ_{ij} ($i=1,2,3$ and $j=1,2,3$) in Equation (8-7) have the following meaning: the first subscript i indicates that the displacement occurs at the point of action of X_i and is along the direction of X_i, while the second subscript j indicates that the displacement is caused by the constraint force X_j.

According to the reciprocal theorem of displacement, it can be easily determined that $\delta_{12}=\delta_{21}$, $\delta_{13}=\delta_{31}$, and $\delta_{23}=\delta_{32}$. Therefore, the canonical equation for a third-order statically indeterminate problem has six independent undetermined coefficients.

Similarly, the canonical equation of the force method for an n-order statically indeterminate problem is determined as

$$\begin{cases} \Delta_1 = \delta_{11}X_1 + \delta_{12}X_2 + \delta_{13}X_3 + \cdots + \Delta_{1F} = 0 \\ \Delta_2 = \delta_{21}X_1 + \delta_{22}X_2 + \delta_{23}X_3 + \cdots + \Delta_{2F} = 0 \\ \vdots \\ \Delta_n = \delta_{n1}X_1 + \delta_{n2}X_2 + \delta_{n3}X_3 + \cdots + \Delta_{nF} = 0 \end{cases} \tag{8-8}$$

According to the reciprocal theorem of displacement, there exists a relationship between the undetermined coefficients of the canonical equation for an n-order statically indeterminate problem: $\delta_{ij}=\delta_{ji}$, where $i=1,2,\cdots,n$ and $j=1,2,\cdots,n$. The matrix of undetermined coefficients in the equation is a symmetric matrix. Using Mohr's theorem, δ_{ij} and Δ_{iF} can be expressed as

$$\begin{cases}\delta_{ij}=\int_l \dfrac{\overline{M}_i\overline{M}_j}{EI}\mathrm{d}x, & i,j=1,2,\cdots,n\\ \Delta_{iF}=\int_l \dfrac{M_F\overline{M}_i}{EI}\mathrm{d}x, & i=1,2,\cdots,n\end{cases} \tag{8-9}$$

Example 8.3

For the stiff frame ABC with a bending stiffness of EI, where position B is a rigid joint, and both ends of the frame are fixed, and the segment AB is subjected to a uniformly distributed load, as shown in Figure 8-6(a). We need to determine the reaction at point C.

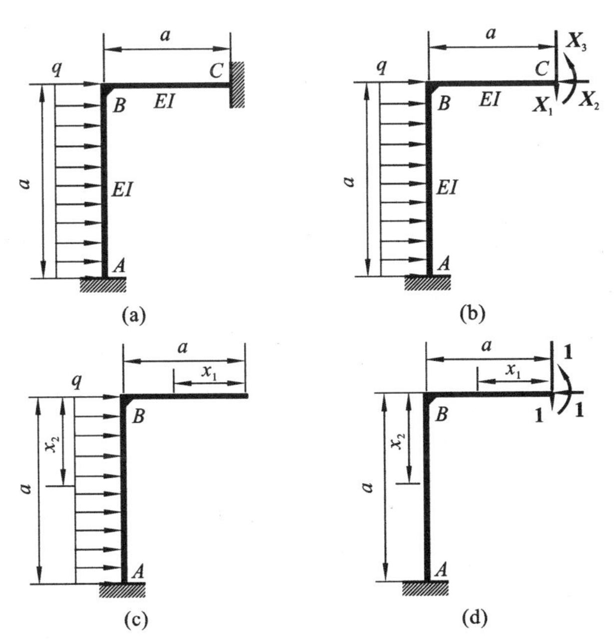

Figure 8-6

Solution In Figure 8-6(a), we have a statically indeterminate frame of the third-order. The restraint force at point C is chosen as the surplus constraint, by releasing the corresponding restraints and substituting three surplus constraint forces, an equivalent system as shown in Figure 8-6(b) is obtained. From Figure 8-6(c), the moment generated by the uniform load q can be expressed as

$$M_q(x_1)=0,\quad 0<x_1\leqslant a$$

$$M_q(x_2)=-\frac{1}{2}qx_2^2,\quad 0\leqslant x_2<a$$

At point C, when unit loads along the X_1, X_2, and X_3 directions act individually, the generated moments can be expressed as

$$\overline{M}_1(x_1)=x_1,\quad 0<x_1\leqslant a$$

$$\overline{M}_1(x_2)=a,\quad 0\leqslant x_2<a$$

$$\overline{M}_2(x_1)=x_1,\quad 0<x_1\leqslant a$$

$$\overline{M}_2(x_2)=x_2,\quad 0\leqslant x_2<a$$

$$\overline{M}_3(x_1)=1,\quad 0<x_1\leqslant a$$

$$\overline{M}_3(x_2)=1,\quad 0\leqslant x_2<a$$

According to Equation(8-9), the three constant terms and nine coefficients in the canonical equations are obtained

$$\Delta_{1F}=-\frac{1}{EI}\int_0^a\frac{qx_2^2}{2}\cdot a\cdot \mathrm{d}x_2=-\frac{qa^4}{6EI}$$

$$\Delta_{2F}=-\frac{1}{EI}\int_0^a\frac{qx_2^2}{2}\cdot x_2\cdot \mathrm{d}x_2=-\frac{qa^4}{8EI}$$

$$\Delta_{3F}=-\frac{1}{EI}\int_0^a\frac{qx_2^2}{2}\cdot 1\cdot \mathrm{d}x_2=-\frac{qa^3}{6EI}$$

$$\delta_{11}=\frac{1}{EI}\int_0^a x_1\cdot x_1\cdot \mathrm{d}x_1+\frac{1}{EI}\int_0^a a\cdot a\cdot \mathrm{d}x_2=\frac{4a^3}{3EI}$$

$$\delta_{22}=\frac{1}{EI}\int_0^a x_2\cdot x_2\cdot \mathrm{d}x_2=\frac{a^3}{3EI}$$

$$\delta_{33}=\frac{1}{EI}\int_0^a 1\cdot 1\cdot \mathrm{d}x_1+\frac{1}{EI}\int_0^a 1\cdot 1\cdot \mathrm{d}x_2=\frac{2a}{EI}$$

$$\delta_{12}=\delta_{21}=\frac{1}{EI}\int_0^a x_2\cdot a\cdot \mathrm{d}x_2=\frac{a^3}{2EI}$$

$$\delta_{13}=\delta_{31}=\frac{1}{EI}\int_0^a x_1\cdot 1\cdot \mathrm{d}x_1+\frac{1}{EI}\int_0^a a\cdot 1\cdot \mathrm{d}x_2=\frac{3a^2}{2EI}$$

$$\delta_{23}=\delta_{32}=\frac{1}{EI}\int_0^a x_2\cdot 1\cdot \mathrm{d}x_2=\frac{a^2}{2EI}$$

Substituting the constant terms and coefficients determined previously into the canonical equation(8-7) and simplifying, we get

$$8aX_1+3aX_2+9X_3-qa^2=0$$

$$12aX_1+8aX_2+12X_3-3qa^2=0$$

$$9aX_1+3aX_2+12X_3-qa^2=0$$

By solving the above equation, we get

$$X_1=-\frac{qa}{16},\quad X_2=\frac{7qa}{16},\quad X_3=\frac{qa^2}{48}$$

where the negative sign represents that the reaction is in the opposite direction to the assumed direction.

In summary, the steps to solve statically indeterminate problems are as follows:

(1) Determine the degree of static indeterminacy, release surplus constraints, and obtain the corresponding statically determinate structure.

(2) Use methods like the energy method or superposition principle to calculate δ_{ij} and Δ_{iF}.

(3) Utilize displacement coordination to calculate X_i from the canonical equation based on force method.

8.3 Application of Symmetry

Many practical statically indeterminate structures possess symmetry. By utilizing the symmetry of the structure, the process of solving statically indeterminate structures can be simplified.

Symmetrical structures refer to structures that have one or multiple axes of symmetry, in which the geometric shape, constraints, cross-sectional areas, and other aspects are symmetric with respect to the axes of symmetry. If the loads applied to symmetrical structures are also symmetric about the axes of symmetry, meaning that the load magnitude, direction, and point of application are all symmetrical with respect to the structural axis, these loads are referred to as symmetrical loads, as shown in Figure 8-7(a). If, in such symmetrical structures, the load magnitude and point of application are symmetric, but the direction is anti-symmetric, it is referred to as anti-symmetric loads, as shown in Figure 8-7(b).

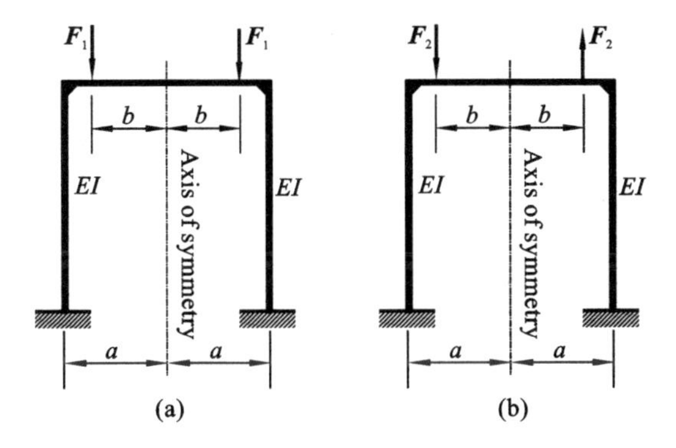

Figure 8-7

Under symmetric loads, all physical quantities of symmetric structures are symmetric about the axes of symmetry. Due to the symmetry of deformation and internal forces, anti-symmetric internal forces (shear force and torsion) are always equal to zero on the symmetric plane. The shear force equals zero on the symmetric plane, as shown in Figure 8-7 (a). Conversely, under anti-symmetric loads, all physical quantities of symmetric structures are anti-symmetric about the axes of symmetry. Due to the anti-symmetry of deformation and internal forces, symmetric internal forces (axial force and bending moment) are always equal to zero on the symmetric plane. The axial force and bending moment equal zero on the symmetric plane, as shown in Figure 8-7(b).

As the method for solving statically indeterminate problems is the force method, the properties of internal forces on symmetric planes can be utilized to determine some internal forces, thereby reducing the order of statically indeterminate problems and simplifying the problem.

Using the stiff frame shown in Figure 8-7(a) as an example to illustrate the application of load symmetry properties, the frame has three surplus constraints. By cutting the frame along the axis of symmetry and releasing the three surplus constraints, the statically determinate base is obtained. The three surplus constraint forces correspond to the axial force X_1, shear force X_2, and bending moment X_3 on the symmetric cross-section, as shown in Figure 8-8(a).

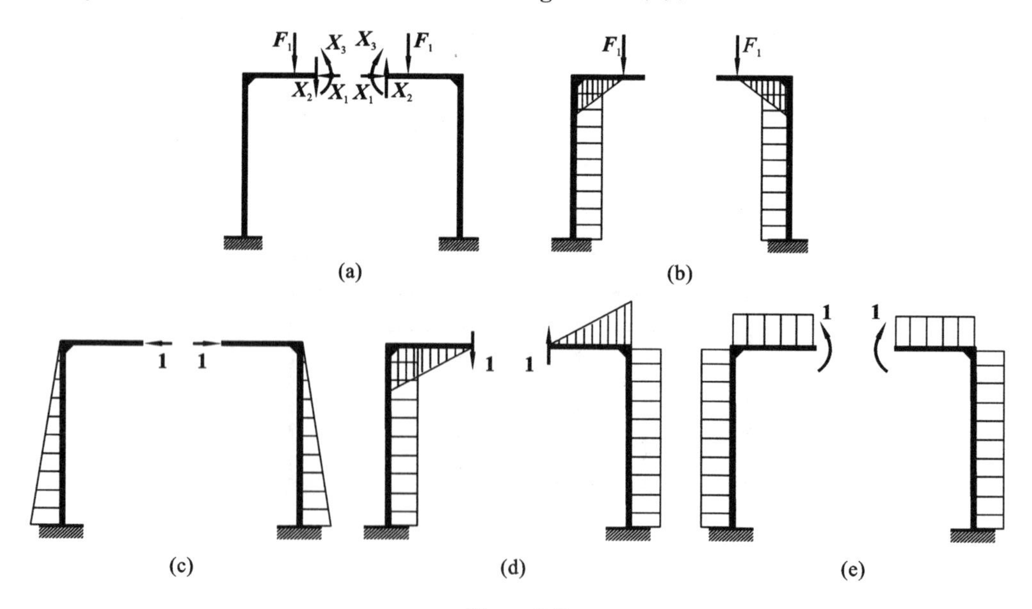

Figure 8-8

The deformation compatibility condition states that the horizontal relative displacements, vertical relative displacements, and relative rotations on both sides of the cut symmetric plane are all equal to zero. In canonical equation form, this can be expressed as

$$\begin{cases}\delta_{11}X_1+\delta_{12}X_2+\delta_{13}X_3+\Delta_{1F}=0\\ \delta_{21}X_1+\delta_{22}X_2+\delta_{23}X_3+\Delta_{2F}=0\\ \delta_{31}X_1+\delta_{32}X_2+\delta_{33}X_3+\Delta_{3F}=0\end{cases} \tag{8-10}$$

The bending moment diagrams for the basic statically determinate system when subjected to external loads F and unit loads acting individually in each direction, namely M_F, $\overline{M}_1$, $\overline{M}_2$, and $\overline{M}_3$, are shown in Figures 8-8(b)-(e). Among these, $\overline{M}_2$ is anti-symmetric about the symmetric cross-section, while the rest, M_F, $\overline{M}_1$, and $\overline{M}_3$, are symmetric about the symmetric cross-section.

By Mohr's theorem, we get

$$\Delta_{2F}=\int_l \frac{M_F\overline{M}_2}{EI}\mathrm{d}x=0$$

$$\delta_{12}=\delta_{21}=\int_l \frac{\overline{M}_2\overline{M}_1}{EI}\mathrm{d}x=0$$

$$\delta_{23}=\delta_{32}=\int_l \frac{\overline{M}_3\overline{M}_2}{EI}\mathrm{d}x=0$$

therefore, the canonical equation(8-10) becomes

$$\begin{cases}\delta_{11}X_1+\delta_{13}X_3+\Delta_{1F}=0\\ \delta_{22}X_2=0\\ \delta_{31}X_1+\delta_{33}X_3+\Delta_{3F}=0\end{cases} \tag{8-11}$$

From the second equation in the canonical equation(8-11), it can be seen that the anti-symmetric internal force $X_2=0$. This means that when a symmetric structure is subjected to symmetric loads, the anti-symmetric internal forces on the symmetric cross-section are zero.

Taking the stiff frame shown in Figure 8-9(a) as an example to illustrate the application of load anti-symmetry properties.

The bending moment diagrams for the basic statically determinate system when subjected to external loads F and unit loads acting individually in each direction, namely M_F, $\overline{M}_1$, $\overline{M}_2$, and $\overline{M}_3$, are shown in Figures 8-9(b)-(e). Among these, M_F and $\overline{M}_2$ are anti-symmetric, while $\overline{M}_1$ and $\overline{M}_3$ are symmetric. Therefore, the coefficients in the canonical equation are

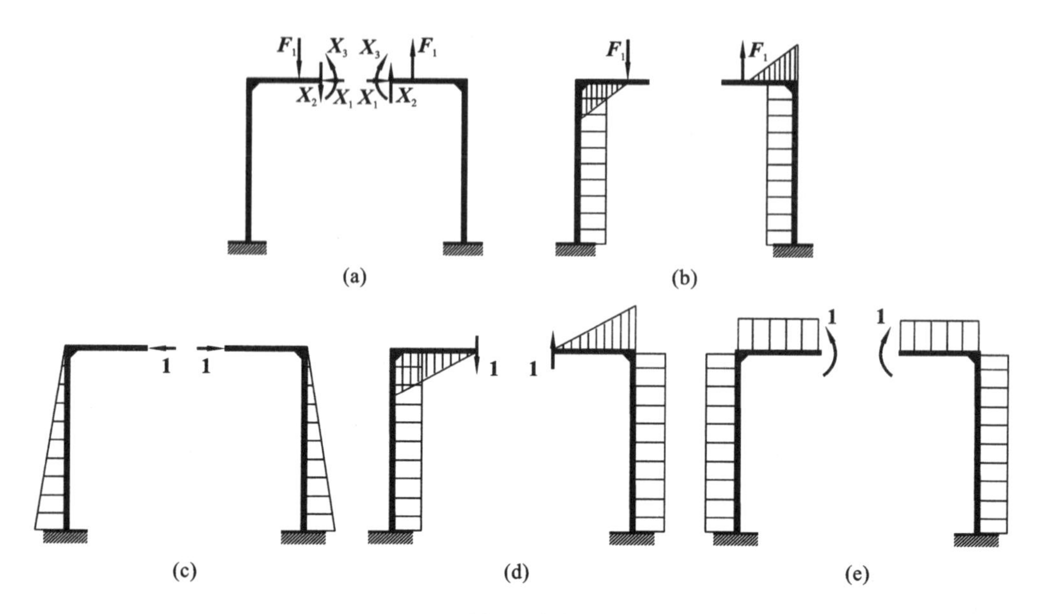

Figure 8-9

$$\Delta_{1F}=\Delta_{3F}=0,\quad \delta_{12}=\delta_{21}=0,\quad \delta_{23}=\delta_{32}=0$$

The canonical equation simplifies to

$$\begin{cases}\delta_{11}X_1+\delta_{13}X_3=0\\ \delta_{22}X_2+\Delta_{2F}=0\\ \delta_{31}X_1+\delta_{33}X_3=0\end{cases}\tag{8-12}$$

The first and third equations from the aforementioned canonical equation(8-12) form a homogeneous system of equations in terms of X_1 and X_3. Because its determinant of coefficient is not equal to zero, the homogeneous system of equations has only the zero solution, which corresponds to symmetric internal forces $X_1=0$ and $X_3=0$. Therefore, when a symmetric structure is subjected to anti-symmetric loads, the symmetric internal forces on the symmetric sections are zero.

For many engineering problems, the applied loads are neither symmetric nor anti-symmetric. In such cases, a single statically indeterminate problem can be transformed into multiple statically indeterminate problems. For the structure and loads shown in Figure 8-10(a), the loads can be decomposed into symmetric loads (as shown in Figure 8-10(b)) and anti-symmetric loads (as shown in Figure 8-10 (c)). You can then solve each of these problems separately using symmetry and anti-symmetry. Finally, the solutions of these two cases are superimposed to obtain the solution for the original load.

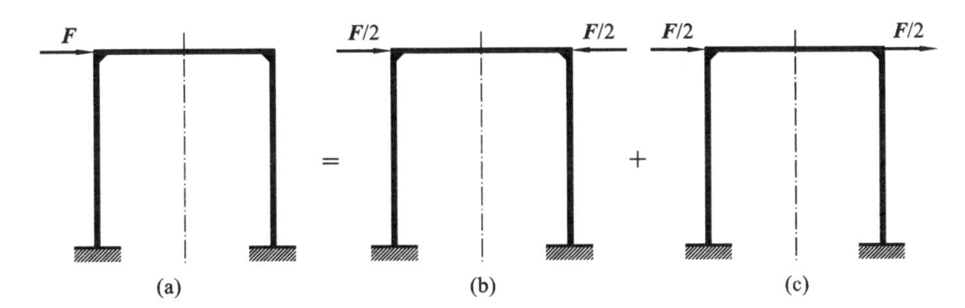

Figure 8-10

Exercises

8.1 The statically indeterminate beam with a constant bending stiffness EI is shown in Figure 8-11, assuming that the constraint forces at the fixed end along the axis of the beam can be neglected. We need to determine the restraint forces at both ends of the beam.

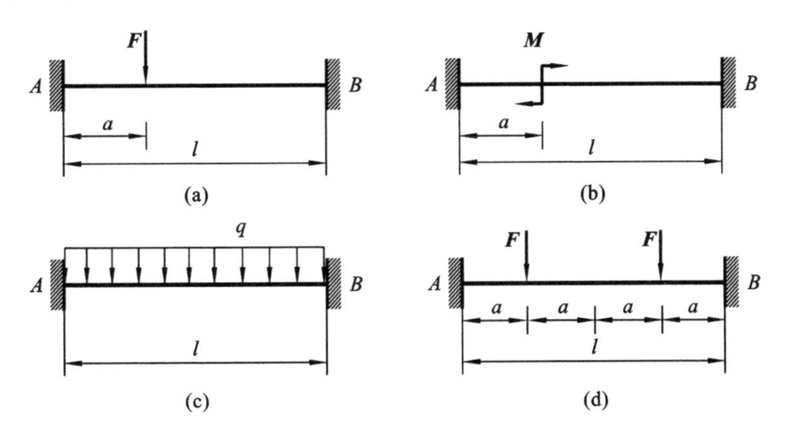

Figure 8-11

8.2 Figure 8-12 shows a set of rods with the same material and equal cross-sectional areas. We need to determine the internal forces in each rod.

8.3 Figure 8-13 depicts a statically indeterminate stiff frame where each member has a constant and equal value of EI. We need to determine the restraint forces at each support.

8.4 Figure 8-14 illustrates a statically indeterminate stiff frame where each member has a constant and equal value of bending stiffness EI. We need to determine the internal forces at section B.

8.5 Figure 8-15 shows that beam AB and rod BC are hinged at point B. It is

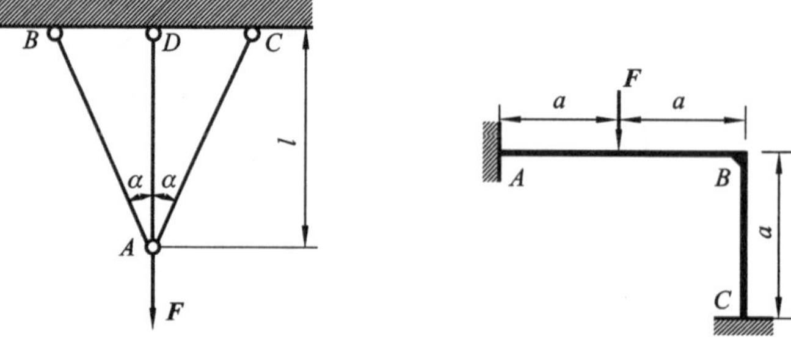

Figure 8-12　　Figure 8-13

known that the bending stiffness of beam AB is EI, and the tensile stiffness of rod BC is EA, where $EA = 3EI/(10a^2)$. We need to determine the restraint force at point C.

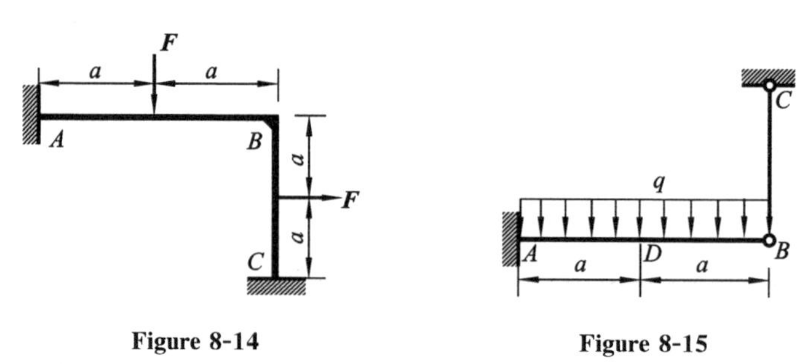

Figure 8-14　　Figure 8-15

8.6 Draw the bending moment diagram for the statically indeterminate frame, where each member has a constant and equal value of EI, as shown in Figure 8-16.

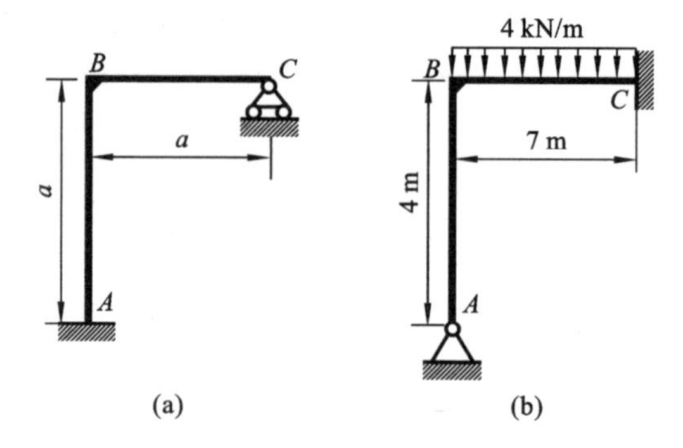

Figure 8-16

8.7 Draw the shear force diagrams and bending moment diagrams for each of the beams shown in Figure 8-17. Assume that EI is a constant.

8.8 Figure 8-18 illustrates a statically indeterminate frame where each

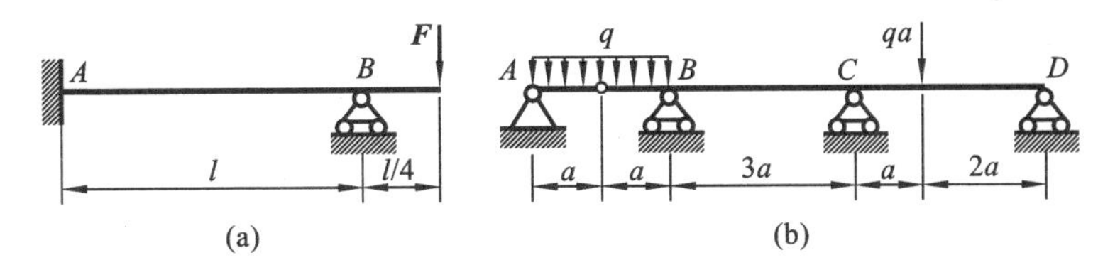

Figure 8-17

member has a constant and equal value of EI. We need to determine the internal forces on the geometrically symmetric plane of the frame.

8.9 Figure 8-19 shows a truss where each member has a constant tensile stiffness of EA. We need to determine the restraint forces at each support.

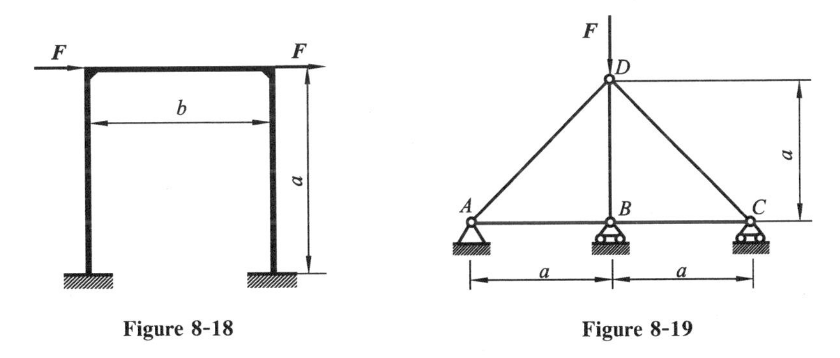

Figure 8-18 Figure 8-19

8.10 Figure 8-20 depicts a truss where each member has a constant tensile stiffness of EA. We need to determine the axial force in member CD of the truss.

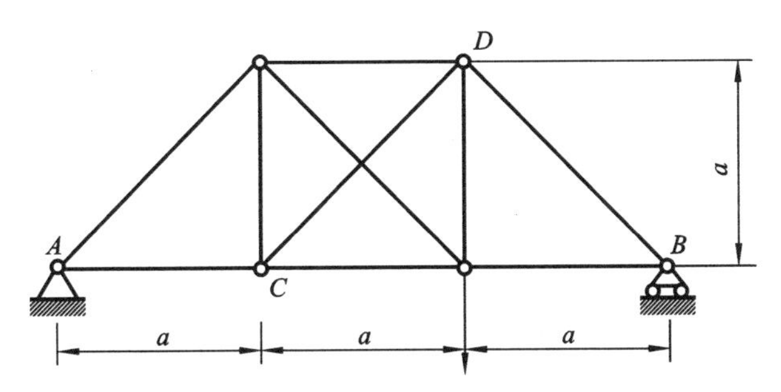

Figure 8-20

主要参考文献

[1] 刘鸿文. 材料力学[M]. 6 版. 北京:高等教育出版社,2017.

[2] 哈尔滨工业大学理论力学教研室. 理论力学[M]. 8 版. 北京:高等教育出版社,2016.

[3] 李俊峰,张雄. 理论力学[M]. 2 版. 北京:清华大学出版社,2010.

[4] 范钦珊,殷雅俊. 材料力学[M]. 2 版. 北京:清华大学出版社,2008.

[5] 李剑敏. 工程力学[M]. 武汉:华中科技大学出版社,2011.

[6] BEER F P,JOHNSTON E R. Mechanics of materials[M]. 3rd ed. New York: McGraw-Hill,2011.

[7] HIBBELER R C. Engineering mechanics—statics and dynamics[M]. 12th ed. Upper Saddle River: Pearson Prentice Hall,2010.